KB254051

오리진

| **곽영직** |

서울대학교 물리학과를 졸업하고 미국 켄터키 대학교 대학원에서 박사과정을 마쳤다. 현재 수원대학교 물리학과 교수로 있다. 『자연과학의 역사』 『물리학이 즐겁다』 『큰 인간 작은 우주』 『수학의 직관적 이해』 등을 썼다.

ORIGINS

# 오리진

## 140억 년의 우주 진화

닐 디그래스 타이슨 · 도널드 골드스미스 지음 | 곽영직 옮김

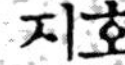

지호

하늘을 보는 모든 이들에게

그리고 자신이 왜 존재하게 되었는지 아직 모르는

모든 이들에게

# 감사의 말

원고를 읽고 또 읽으면서 우리가 하려고 하는 이야기가 제대로 전달되었는지 확인해준 프린스턴 대학의 로버트 럽턴에게 우선 감사드린다. 그의 우주물리학과 영어에 대한 전문가적 식견은 이 책이 우리가 처음 생각했던 것보다 한 차원 높은 곳까지 도달할 수 있도록 해주었다. 또한 시카고에 있는 페르미 연구소의 신 캐럴, 하와이 대학의 토비어스 오웬, 미국 자연사박물관의 스티븐 소터, 캘리포니아 대학 샌디에이고 캠퍼스의 래리 스콰이어, 프린스턴 대학의 마이클 스트라우스, PBS NOVA 방송국의 프로듀서인 톰 레븐슨에게도 이 책의 내용을 여러모로 향상시킬 수 있도록 조언해준 것에 대해 깊은 감사를 표한다.

처음부터 우리 프로젝트에 신뢰를 보여준 저너트 에이전시의 베스티 러너에게도 감사드린다. 베스티 러너는 우리 원고를 하나의 책으로서

뿐만 아니라 여러 분야의 사람들이 같이 나눌 수 있는 우주에 대한 깊은 관심의 표현으로 보아주었다.

2부의 많은 부분과 1부와 3부의 일부분은 닐 디그래스 타이슨이 『자연사 *Natural History*』지에 실었던 내용이다. 이 잡지의 편집장인 피터 브라운과 특히 세련된 작가적 능력을 유감없이 발휘해준 수석 편집자인 에이비스 랑에게도 깊은 감사를 드린다.

또한 이 책의 집필과 출판을 지원해준 슬론 재단에게 감사드린다. 필자들은 이와 같은 사업을 지원해주는 이 재단의 전통을 높게 평가한다.

닐 디그래스 타이슨, 뉴욕

도널드 골드스미스, 버클리, 캘리포니아

2004년 6월

# 과학의 기원과 기원을 다루는 과학에 대한 단상

과학 지식의 새로운 합성이 시작되어 여러 가지 결과들을 꽃피우고 있다. 최근에 알게 된 우주 기원에 대한 해답들은 천체물리학 영역에서만 얻어진 것이 아니다. 천체물리학은 천체화학, 천체생물학, 천체입자물리학 등의 이름으로 불리는 여러 학문 분야들과 서로 협조하고 융합함으로써 많은 새로운 사실들을 밝혀낼 수 있었다. 우리는 어디서 왔는가라는 질문의 답을 찾는 과학자들은 여러 과학 분야와의 협조를 통해 우주가 어떻게 운행되고 있는지와 관련된 훨씬 넓은 범위의 문제들을 깊이 있게 통찰하고 이해할 수 있었다.

『오리진, 140억 년의 우주 진화』에서는 이러한 지식의 융합을 통해 얻어진 우주의 기원에 대해서뿐만 아니라 물질로 구성된 은하와 같은 가장 큰 구조의 기원, 우주를 비추고 있는 별들의 기원, 생명체의 보금

자리를 제공해주는 행성의 기원, 이 행성들에 살고 있는 생명체의 기원까지를 독자들에게 소개하려고 한다.

사람들은 논리적인 면에서나 감성적인 면에서 여러 가지 이유로 기원에 대한 주제에 큰 흥미를 가지고 있다. 우리는 어떤 것이 어디서 왔는지 알지 못하고서는 그것의 핵심을 알았다고 생각하지 않는다. 우리는 우리 자신의 기원을 다루는 이야기들을 들을 때마다 우리 안에서 큰 감동이 일어나는 것을 느낀다.

우리의 뇌리에는 자기 중심적 사고와 지구에서 살아온 경험이 깊이 박혀 있다. 따라서 기원의 문제를 다루는 이야기에서 우리 주변에서 일어나는 사건과 자연현상이 중심 역할을 하는 경우가 많다. 그러나 우주에 대해 우리가 더 많이 알게 될수록 우주가 우리를 중심으로 이루어져 있지 않다는 사실을 깨닫게 된다. 우리는 수천억 개나 되는 은하 가운데 하나인 보통 은하의 변두리에 위치한 보통 별을 돌고 있는, 먼지로 이루어진 보통 행성에 살고 있을 뿐이다. 우주적으로 볼 때 우리가 그리 특별하지 않다는 사실에 대해 인간은 심리적으로 심한 거부감을 느낀다. 그래서 우리가 우주에서 가장 중요한 존재라는 것을 여러 가지로 강조하려고 노력한다. 우리들 중 많은 사람들은 자신도 모르는 사이에 "나는 수많은 별들을 바라볼 때마다, 이 별들이 그렇게 중요하지 않다는 사실에 충격을 받곤 한다"라고 말하는 만화 속 주인공을 닮아가고 있다.

인류 역사에 등장했던 수많은 문화들은 인간의 운명을 결정짓는 우주적인 힘이 인간을 존재하게 했다고 설명하는 여러 신화들을 만들어냈다. 이런 신화들은 우리가 특별한 존재가 아니라는 생각으로부터 우리를 보호해주고 있다. 대부분의 기원 설화들은 우주 창조와 같은 큰 틀에서 시작한다. 하지만 우주와 우주를 이루는 구성물들 그리고 지구 생명체의 창조 과정은 간략히 설명하는 반면, 마치 인류가 우주 창조 과정의 중심에 있는 것처럼 인류의 역사와 사회적 갈등에 대해서는 길게 설명한다.

기원에 대한 여러 가지 다른 과학적 설명들은 모두 적어도 원론적으로는 우주가 일반적인 법칙에 의해 운행되고 있다는 전제를 받아들이고 있다. 그리고 우주를 지배하는 일반적인 법칙들은 우리 주변의 세계를 자세히 관측함으로써 알 수 있다고 생각한다. 고대 그리스 철학자들은 우리 인간이 자연이 어떻게 운행되고 있는지를 알아낼 수 있을 뿐만 아니라 뒤에 숨어서 모든 자연현상을 지배하는 진리까지 알아낼 수 있는 능력을 가지고 있다고 생각했다. 하지만 그들은 이 근원적인 진리를 찾아내는 일은 매우 어려울 것이라고 주장했다. 2천3백 년 전에 플라톤은 진리를 알아내려는 인간의 노력이 얼마나 어려운 것인지를 설명하기 위해 유명한 예를 들었다. 그는 지식을 추구하는 사람들을 동굴 입구 쪽으로 등을 돌리고 있도록 묶여서 뒤를 돌아볼 수 없는 상태에서 동굴 벽에 비친 그림자만으로 사물의 실상을 정확히 알아내야 하는 죄수에 비유하였다.

플라톤은 이와 비슷한 맥락에서 우주를 이해하려는 인간의 노력을 설명하려 했다. 그는 또한 인간은 기껏해야 한 부분밖에 어림잡을 수 없는 신비스러우면서도 확실하지 않은 우주를 통제하는 절대자의 존재를 믿으려고 하는 경향이 있다는 것을 강조하기도 했다. 플라톤에서부터 부처, 모세에서부터 마호메트, 가상적인 우주 창조자로부터 〈매트릭스〉라는 영화에 이르기까지 모든 문화권의 인류는 절대자에 의해 우주가 지배되고 있다는 것을 인정하고 있다. 그러나 이 절대자는 자신의 전부를 우리에게 보여주는 것이 아니라 자신의 일부만을 보여주는 호의를 베풀고 있다.

5백 년 전쯤부터 자연을 이해하는 새로운 방법이 서서히 자리잡게 되었다. 우리가 현재 과학이라고 부르는 이 새로운 방법은 인류가 이루어낸 발견과 기술이 협력한 결과였다. 유럽 전역에 보급된 인쇄물은 거의 같은 시기에 이루어진 육상 및 수상 교통수단의 발전과 더불어 사람들 사이의 정보교환이 매우 빠르고 효과적으로 이루어질 수 있도록 했다. 이로 인해 사람들은 다른 사람들이 생각하고 말하는 것을 과거보다 빠르게 배울 수 있게 되었고, 다른 사람들의 생각에 빨리 반응할 수 있게 되었다. 16세기와 17세기에 시작된 새로운 과학 방법은 여러 가지 비판을 받기도 했지만 지식을 습득하는 가장 확실한 방법으로 자리 잡게 되었다. 과학에서 우주를 이해하는 가장 효과적인 방법은 우주를 자세하게 관찰하는 것과 관찰된 사실을 설명할 수 있는 기초 원리를 찾아내는 것이다.

과학에는 또 하나의 개념이 추가되었다. 과학이 발전하기 위해서는 계속적으로 제기되는 방법론적인 의심, 즉 조직적인 회의 과정이 있어야 한다는 것이다. 자기 자신이 얻은 결론을 의심하는 사람은 그다지 많지 않다. 따라서 다른 사람이 얻은 결론을 의심하고 오류를 찾아내는 사람을 격려하고 칭찬함으로써 과학은 우리와 다른 방법으로 문제에 접근하는 사람들을 포용할 수 있게 된다. 과학의 이런 속성이 다른 사람의 결론을 못 믿도록 유도한다고 비판하는 사람도 있다. 그런가 하면 다른 과학자의 결론이 틀렸다는 것을 증명하는 것만으로 보상을 받을 수 있다는 것이 정당하지 않다고 주장하는 사람들도 있다. 그러나 다른 과학자에게 그의 오류를 지적해주거나 그의 결론이 틀릴 수 있는 중요한 이유를 말해주는 과학자의 행동은 좋은 의미로 보아야 한다. 그것은 명상 시간에 다른 생각을 하고 있는 신참자의 귀를 때리는 고승의 행동과 마찬가지로 다른 사람에게 이익이 되는 행동이다. 더구나 과학자들은 선생과 제자 같은 상하 관계가 아니라 수평적 관계에 있다. 자신이 저지른 오류를 찾아내는 것보다 다른 사람의 잘못을 지적해주는 것은 훨씬 쉬운 일이다. 과학은 이런 쉬운 일을 보상해줌으로써 과학자들이 자신의 오류를 스스로 찾아내 교정하는 체제를 갖추도록 유도한다. 과학자들은 인간의 지식을 넓히려는 동료들의 성실한 노력은 인정하면서도 그들의 결론이 옳지 않다는 것을 지적해내려고 애쓴다. 이렇게 함으로써 과학은 자연을 분석하는 가장 효과적인 방법을 찾아낼 수 있었다. 따라서 과학이 이루어낸 성과는 한 사람이 얻어낸 전리품이 아니라 과학자 집단의 성취물이라고 할 수 있다. 과학자 사회는 선임자의 생각을 무조건 따르는 사회가 아니며 그런 사회가 되려고 하지도 않는다.

과학자들의 이런 태도는 특히 이론적인 분야에서 더욱 효과를 발휘한다. 모든 과학자가 항상 가장 효과적인 방법으로 다른 사람들의 결과를 의심하는 것은 아니다. 힘 있는 자리에 있는 과학자나 어떤 이유로 과학과 직접적으로 관계있는 일에서 멀리 떨어져 있는 과학자들에게 깊은 인상을 심어주어야 할 필요성 때문에 과학자들이 오류를 지적하는 것을 자제하기도 한다. 그러나 장기적으로 보면 오류는 오래 숨겨질 수 없다. 누군가가 그 오류를 발견해낼 것이고 그러한 발견을 자신의 업적으로 만들기 위해 널리 알리려 할 것이기 때문이다. 다른 과학자들의 도전을 막아내고 살아남은 결론들은 과학적인 '법칙'이라는 확고한 지위를 차지하게 된다. 하지만 이런 법칙들도 언젠가는 크고 깊은 진리의 한 부분에 지나지 않는다는 것이 밝혀질 것이라는 것을 과학자들은 잘 알고 있다.

그러나 과학자들이 모든 시간을 다른 사람들의 실수를 찾아내는 데 사용하지는 않는다. 과학적인 노력의 대부분은 새로운 관찰 결과를 설명할 수 있는 불완전한 가설을 시험하는 데 집중된다. 하지만 오랜만에 한 번씩―기술이 진보한 시대에는 좀더 자주―중요한 새로운 이론이 등장하거나 진전된 관측 결과가 새로운 가설 체계를 제시하기도 한다. 자연현상에 대한 새로운 설명이 기존의 지식을 바꾸어놓는 일은 과거에도 있었고 앞으로도 있을 것이다. 새로 알게 된 지식이 중요하면 할수록 그것을 알게 된 순간은 과학의 역사에서 가장 위대한 순간으로 기억될 것이다. 과학의 발전은 더 좋은 자료를 수집하고 이 자료로부터 새로운 사실을 추론해내는 사람들에 의해 이루어진다. 그러나 성공하면 더 큰 보상을 받을 수 있다는 이유 때문에 위험을 무릅쓰고 널리 받아들여지는 결론에 과감히 도전하는 개인이나 그룹도 나타나고 가끔은 이들에 의해 과학의 발전이 앞당겨지기도 한다.

과학이 가지고 있는 이런 회의적인 성격은 사람들이 진리라고 생각하는 것에 상처를 주지 않고 소중하게 보존하려는 인간의 너그러운 마음보다 훨씬 더 많은 것을 이루어내도록 했다. 만약 과학이 단지 우주에 대한 또 다른 설명 체계의 하나였다면 과학은 결코 많은 것을 이룩할 수 없었을 것이다. 과학이 커다란 성공을 이룰 수 있었던 것은 과학의 결론들이 실제로 작용한다는 사실 때문이다. 만약 당신이 과학적 이론—이 이론이 틀렸다는 것을 증명하기 위한 시도에도 불구하고 살아남은 원리—에 의해 만든 비행기를 탄다면 베다(Veda, 인도의 가장 오래된 경전/옮긴이) 점성술로 만든 비행기를 타는 것보다 목적지에 도달할 가능성이 훨씬 클 것이다.

최근에 과학이 자연현상을 성공적으로 설명해내는 것을 본 사람들은 과학에 대해 네 가지 중 하나의 태도로 반응한다. 첫째 그룹에 속하는 사람들은 소수의 사람들로 과학적 방법이야말로 자연을 이해하는 가장 큰 희망이라고 생각한다. 이들은 우주를 이해하는 데는 과학 이외의 다른 방법이 있을 수 없다고 생각해 다른 방법은 아예 찾으려고도 하지 않는다. 두번째는 과학을 무시하는 사람들로 의외로 많은 사람들이 여기에 속한다. 이들은 과학을 흥미롭지도 않고, 불분명하며, 인간의 영혼에 반한다고 여긴다(소리나 영상이 어디서 오는지 한 번도 생각하지 않은 채 열심히 텔레비전을 보고 있는 사람들은 '마술'과 '기계'가 같은 어원을 가진 단어라고 여기고 있는 것이 아닌가 하는 생각을 갖게 한다). 세번째는 소수의 사람들로 과학이 그들의 오래된 신앙을 방해한다고 생각해 과학적 결과들이 틀렸다는 것을 적극적으로 증명하려고 노력하는, 과학에 대해 적대적인 사람들이다. 그러나 과학에 대한 그들의 비판적인 자세는 과학의 회의적인 체계와는 다르다. 그들에게 다음과 같은 질문을 해보면 그들을 회의적인 과학자들과 쉽게 구별할 수 있다. "무슨 증거를 대면 당신이 틀렸다는 것을 인정하겠는가?" 그들은 과학이 틀렸다는 증거만 찾을 뿐 과학의 결과가 옳다는 증거는 모두 외면한다. 이러한 반과학자들은 존 던이 현대 과학 최초의 위대한 성과에 대해 1611년에 쓴 시 「세계

의 해부 : 첫번째 기념일 The Anatomy of the World : The First Anniversary」를 읽고 충격을 받을 것이다.

> 그리고 새로운 철학이 모든 것을 의심 속으로 불렀네.
> 불의 원소는 꺼졌는지
> 태양은 잃어버리지 않았는지, 그리고 지구도.
> 어디를 찾아보아야 할지를 말해주는 인간의 지혜는
> 어디에도 없네.
> 자유로운 사람은 세상이 소모되었다고 할지니
> 행성이나 하늘에서
> 그들은 항상 새로운 것을 찾고, 그들은 이 세상이
> 원소로 분해되는 것을 보리라.
> 모든 것이 조각나고 모든 결합은 사라지리라.*

　네번째는 또 다른 다수의 사람들로 자연에 대한 과학적 접근 방법을 받아들이면서 동시에 우주에 대한 완전한 이해 너머에 존재하는 절대자의 존재를 인정하는 사람들이다. 자연과 초자연 사이에 튼튼한 다리를 놓은 철학자인 스피노자는 우주는 자연이자 **동시에** 신이라고 주장하

---

* 17세기 영국 사회는 새로운 과학 지식의 등장으로 큰 혼란에 빠져 있었다. 코페르니쿠스의 지동설과 갈릴레오의 천문학적 발견 앞에서 인간이 우주의 중심이라는 전통적인 믿음은 흔들릴 수밖에 없었다. 영국 시를 대표하는 시인이자 성직자였던 존 던은 당시의 사회 변화를 인정하고 흔들리고 있는 기존의 세계관에 대한 안타까움을 이 시에서 표현하고 있다. 그의 말대로 "새로운 철학이 모든 것을 의심 속으로 부르는" 시대에 그것은 엄청난 충격이었다.

여 자연과 신 사이의 어떤 차이도 인정하지 않았다. 특히 이 부류에 속하는 현대 종교인들은 마음속에서 자연과 절대자가 지배하는 영역을 나눔으로써 조화를 이루려고 노력하고 있다.

우리가 이 가운데 어떤 부류에 속하느냐에 관계없이 지금이야말로 우주에 대해 새로운 무언가를 배워야 하는 적당한 시기라는 것을 부정할 사람은 없을 것이다. 그러면 이제 범죄현장에 남겨진 증거물들로부터 사실을 밝혀내는 수사관이 된 기분으로 우주의 기원에 대한 모험적인 탐구를 시작하기로 하자. 우리는 당신을 우주의 단서를 찾아내서— 그리고 그것을 해석해서—우주를 우리 것으로 만들려는 우리의 탐험에 초대한다.

# 차례

# 가장 위대한 이야기

세상은 오랫동안 조용하게 버티고 있었다.
어느 날, 세상이 적당한 운동을 시작했다.
그리고 모두들 따라 움직이기 시작했다.
—루크레티우스

지금부터 140억 년 전, 시간이 생겨날 때에, 우주의 모든 공간과 모든 물질, 그리고 모든 에너지가 손톱만 한 크기의 공간에 모여 있었다. 이때에는 우주의 온도가 아주 높아 우주를 운행하는 자연의 기본적인 힘들이 하나의 통합된 힘으로 존재했다. 우주의 나이가 $10^{-43}$초 되었을 때—이보다 더 이른 시기에는 우리가 이야기하는 공간이나 물질에 대한 이론들이 의미를 가지지 못한다—우주의 온도는 $10^{30}$도였고, 통일장 안에 있는 에너지로부터 블랙홀이 순간적으로 만들어졌다가 사라지는 일이 반복되고 있었다. 이런 극한 상황에서는 이론 물리학적으로 볼 때 공간과 시간이 거품이나 스펀지와 같은 구조로 심하게 휘어져 있었다. 이 시기에는 아인슈타인의 일반상대성 이론(현대적 인력 이론)과 양자역학(가장 작은 단위에서의 물질의 성질을 설명하는 이론)에 의해 설명되는 현상들을 따로 구별할 수 없었다.

우주가 팽창하고 온도가 내려감에 따라 만유인력은 다른 힘으로부터 분리되었다. 곧이어 강한 핵력과 전자기-약력이 서로 분리되었고, 엄청난 에너지가 방출되면서 우주가 $10^{50}$배로 팽창하는 사건이 일어났다. '인플레이션 단계'라고 부르는 이러한 급속한 팽창은 물질과 에너지를 균일하게 늘려 우주의 어느 한 점의 밀도와 다른 점의 밀도 차이를 10만 분의 1보다 작게 만들었다.

현재 실험 물리학이 증명한 바에 따르면, 이때 우주의 온도는 충분히 높아 광자(빛 입자)는 순간적으로 입자와 반입자 쌍으로 변환되고, 이들은 곧 다시 에너지로 바뀌어 광자가 되었다. 잘 알려지지 않은 이유로 인해 입자와 반입자 사이의 대칭이 힘의 분화 이전에 '붕괴'되어 입자가 반입자보다 조금 더 많아지게 되었다. 이러한 비대칭은 아주 작은 것이었지만 미래의 우주 진화 과정에서 아주 중요한 역할을 하게 되었다. 입자와 반입자 사이의 비대칭은 아주 작아 10억 개의 반입자가 만들어질 때마다 10억 1개의 입자가 만들어지는 정도였다.

우주가 계속적으로 식어감에 따라 전자기-약력이 전자기력과 약한 핵력으로 분리되어, 자연을 구성하는 네 가지 힘*이 완성되었다. 광자들의 에너지가 작아짐에 따라 광자들로부터 입자와 반입자가 만들어지는 일이 더 이상 가능하지 않게 되었다. 모든 입자와 반입자 쌍들은 소멸하였고, 우주에는 10억 개의 광자마다 한 개 비율의 보통 입자들만

---

* 자연에는 네 가지 기본적인 힘이 있다. 질량 사이에 작용하는 만유인력, 전하 사이에 작용하는 전자기력, 쿼크 사이에 작용하는 강한 핵력, 쿼크와 경입자에 모두 작용하는 약한 핵력이 그것이다. 마찰력과 같이 우리가 일상생활에서 경험하는 힘들은 이 기본적인 힘이 다른 형태로 나타난 것이다.

남게 되었다. 이제 우주에는 더 이상 반입자는 남아 있지 않게 되었다. 입자와 반입자의 비대칭이 존재하지 않았더라면 팽창하는 우주에는 빛 밖에 없었을 것이고 따라서 천체물리학도 존재하지 않았을 것이다. 우주가 시작되고 약 3분 정도가 지났을 때, 물질은 양성자와 중성자가 되었고 이들이 결합하여 가장 작은 원자핵들이 만들어졌다. 반면에 자유롭게 날아다니는 전자들이 빛을 앞뒤로 반사하여 우주는 물질과 에너지로 이루어진 불투명한 스프와 같았을 것이다.

우주의 온도가 수천 도—용광로 속보다 조금 더 높은 온도—이하로 내려가자 전자들의 운동이 느려져 원자핵들이 이 스프로부터 전자를 낚아채 가장 작은 원자들인 수소, 헬륨, 리튬의 세 가지 원자를 만들었다. 이때 최초로 우주는 가시광선으로 볼 때 투명한 우주가 되었고, 이때 남아 있던 광자들을 우리는 현재 우주배경복사*로 관측하고 있는 것이다. 첫 수십억 년 동안에 우주는 계속 팽창하였고, 온도도 계속 내려가 물질이 인력에 의해 우리가 은하라고 부르는 거대한 구조를 형성할 수 있게 되었다. 우리가 관측할 수 있는 범위 안에도 수천억 개의 은하가 형성되었고, 각각의 은하는 핵에서 핵융합 반응이 진행되고 있는 수천억 개의 별들을 포함하게 되었다. 태양 질량의 10배 이상의 질량을 가진 별들의 내부는 행성과 행성 위의 생명체를 만들 수 있는 원소들인 수소보다 무거운 많은 원소들을 만들어낼 수 있는 온도와 압력에 이를

---

* 우주배경복사는 대폭발 후의 우주 팽창으로 온도가 내려가 물질과 에너지의 상호 변환이 불가능하기 되었을 때 남아 있던 빛으로 우주에 골고루 퍼져 있으며 우주의 팽창과 함께 식어서 현재 우주배경복사의 온도는 절대온도 2.73도이다. 우주배경복사의 분포를 조사하면 우주 초기의 물질 분포와 우주 팽창과 관련한 많은 사실들을 알 수 있다.

수 있다. 별의 내부에서 만들어진 무거운 원소들이 별 속에 그대로 남아 있었다면 이들은 아무 쓸모가 없었을 것이다. 그러나 질량이 큰 별들은 죽어가면서 대폭발을 일으켜 물질을 흩어놓아 은하를 화학적으로 풍요로운 장소로 만들었다.

70억 내지 80억 년 동안 계속된 이러한 물질 제조 과정을 거친 후에 우주의 불특정한 부분(처녀자리 초은하단의 주변)에 있는 불특정한 은하(우리 은하)의 불특정한 지역(오리온 팔)에서 불특정한 별(태양)이 형성되었다. 태양계를 형성한 기체 구름은 몇 개의 행성과 수천 개의 소행성, 그리고 수많은 혜성을 만들기에 충분할 만큼 많은 물질을 가지고 있었으며 이 물질은 별 내부에서 만들어져 공간에 흩어진 원자량이 큰 원자를 많이 포함하고 있었다. 태양계가 만들어지는 동안에 태양을 도는 구름 속에서 물질이 응축되기 시작하였다. 수억 년 동안 혜성들과 태양계를 이루고 남은 파편들이 빠른 속도로 암석 상태의 행성 표면에 충돌하여 행성 표면의 온도를 높였기 때문에 이때는 복잡한 구조의 분자들이 만들어질 수 없었다. 태양계 공간을 떠도는 물질이 줄어들자 행성의 표면 온도는 내려가기 시작했다. 우리가 지구라고 부르는 행성은 그것을 둘러싸고 있는 대기가 액체 상태인 바다를 유지할 수 있도록 태양으로부터 적당한 거리에 있는 궤도에 형성되었다. 지구가 태양 가까이에 만들어졌다면 바닷물은 모두 증발하였을 것이다. 지구가 태양으로부터 더 먼 곳에서 만들어졌다면 바다는 얼어붙었을 것이다. 어느 경우에도 우리가 알고 있는 생명체의 진화는 가능하지 않았을 것이다.

화학적으로 풍부한 액체 상태의 바다에서 알 수 없는 작용에 의해 간단한 혐기성 박테리아가 형성되어 이산화탄소가 풍부하던 지구의 대기를 산소가 풍부한 대기로 바꾸어놓기 시작했다. 이에 따라 지구에는 산소를 이용하는 호기성 박테리아가 형성되기 시작했고 이들이 진화하여 바다와 땅을 뒤덮는 일이 가능하게 되었다. 산소는 보통 두 개의 원자가 결합하여 산소 분자($O_2$)를 이루지만 대기의 상층부에서는 세 개의 원자가 결합하여 오존($O_3$)을 형성하는데 오존은 태양에서 오는 생명체에 치명적인 자외선을 차단하여 지구 표면을 보호해주었다.

지구와 우주 생명체(아직 추정이기는 하지만)의 놀라운 다양성은 우주에 풍부하게 존재하는 탄소와, 탄소로부터 만들어진 수많은 형태의 (단순하거나 또는 복잡한 구조의) 분자들에 기인한다. 탄소를 기본으로 하는 분자들은 다른 모든 원소들을 기본으로 하는 분자들을 합한 것보다 다양하다. 그러나 생명체는 매우 상처를 입기 쉽다. 태양계를 형성하고 남은 큰 파편들과 지구는 한때 자주 충돌했었다. 이것은 지구 생태계에 커다란 재앙이었다. 6천5백만 년 전에 오늘날 우리가 유카탄 반도라고 부르는 곳에 10조 톤이나 되는 소행성이 충돌하여 육상 식물과 그 당시 지구를 지배하던 공룡을 포함한 육상 동물의 70퍼센트를 멸종시켰다. 이 생태계의 재앙은 살아남은 작은 포유동물들이 자유롭게 지구의 빈자리를 차지하도록 했다. 포유동물 중 우리가 영장류라고 부르는 큰 뇌를 가진 종이 호모 사피엔스로 진화했고 이들의 지능은 과학이라는 도구와 방법을 창안해낼 수 있을 정도로 발달했다. 이들은 천체물리학을 생각해냈고, 우주의 진화와 기원에 대해 여러 가지 추론을 하게 되었다.

그렇다, 우주에는 시작이 있다. 우주는 계속적으로 진화한다. 그리고 우리 몸을 이루는 모든 원자들은 우주 최초의 대폭발(빅뱅)과 별의 내부에서 진행된 핵융합 반응과 연결되어 있다. 우리는 단순히 우주에 있는 것이 아니라 우주의 일부분이다. 우리는 우주에서 탄생했다. 어떤 사람은 우주 자신이 우주의 한 귀퉁이에 살고 있는 우리에게 우주에 대해 무엇인지를 알아낼 수 있는 능력을 주었다고 믿는다. 우리는 이제 겨우 그 일을 시작했다.

# 1부

# 우주의 기원

1장

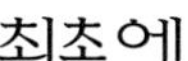

## 최초에

최초에 물리학이 있었다. '물리학'은 물질, 에너지, 공간 그리고 시간이 어떻게 행동하고 상호 작용하는지를 설명해준다. 우주 드라마에서 이러한 주인공들 사이의 상호 작용은 모든 생물학적인 그리고 화학적인 현상의 바탕이 된다. 지구에 살고 있는 우리들에게 익숙한 모든 자연현상들은 물리법칙을 바탕으로 시작되었고, 물리법칙에 의해 운행되고 있다. 우리가 이런 법칙을 천문학적인 무대에 적용하면 천체물리학이라고 부르는 거대한 세계를 다루는 물리학 체계가 된다.

과학적인 탐구의 거의 모든 분야에서, 특히 물리학 분야에서 새로운 사실을 발견하려고 노력하는 선구자들은 극한 상황에서 일어나는 사건과 현상을 측정하고 이해하려고 노력한다. 블랙홀 부근과 같은 물질의 극한에서는 인력이 시공간을 심하게 휘어놓는다. 에너지의 극한 상태인 천5백만 도나 되는 별의 핵에서는 핵융합 반응이 진행되고 있다. 우리가 발견하거나 상상할 수 있는 극한 상황 중에서 가장 극적인 상황은 우주 최초의 짧은 순간 동안 계속되었던 상상할 수 없을 정도로 온도와 밀도가 높았던 때일 것이다. 이러한 극한 상황에서 무슨 일이 일어났었는지를 이해하기 위해서는, 물리학자들이 이전 시대의 물리학과 구별하기 위하여 현대 물리학이라고 부르는 1900년 이후 성립된 물리학의 법칙들을 이용하여야 한다.

고전 물리학의 가장 큰 특징 중 하나는 사건이나 법칙 그리고 예측들을 누구나 잠시 생각해보면 이해할 수 있다는 것이다. 고전 물리학의 법칙들은 보통의 건물에서 보통의 실험을 거쳐 확인되었다. 물질 사이에 작용하는 만유인력과 운동, 전자기 현상, 열 에너지의 본질 및 열 현상과 관계된 법칙들은 현재 고등학교 수준의 물리학 과정에서 다루어지고 있다. 자연계에 대한 새로운 발견이었던 고전 물리학은 산업혁명의 원동력이 되었고, 이전 세대 사람들은 상상도 하지 못했던 문화와 사회의 변화를 가져왔다. 또한 고전 물리학은 우리가 일상생활에서 겪는 일들이 왜 일어나는지 그리고 어떻게 일어나는지를 설명하는 중심 이론이 되었다.

반면에 현대 물리학은 인간의 감각 저 너머에서 일어나는 일들을 다루기 때문에 이해하기가 쉽지 않다. 이것은 어쩌면 아주 다행한 일이다. 우리가 현대 물리학의 내용을 잘 이해할 수 없는 것은 현대 물리학에서 이야기하고 있는 이상한 일들이 일상생활에서는 일어나지 않기 때문이다. 따라서 우리는 현대 물리학에서 나타나는 괴이한 현상들과는 관계없이 일상생활을 평화롭게 영위해갈 수 있다. 우리는 아침마다 침대에서 일어나, 집 안을 거닐다 식사를 하고 밖으로 달려 나간다. 하루가 끝날 때쯤 우리의 사랑하는 가족들은 우리가 아침에 집을 나설 때와 같은 모습으로 집으로 돌아올 것이라고 기대하고 있다. 그러나 일상생활 속에서 양자역학적 현상이 자주 일어나면 우리의 하루는 엉망이 되고 말 것이다. 사무실에 도착한 후 10시 회의를 위해 온도가 높은 회의실에 들어섰다고 가정해보자. 그리고 그곳에서 우리 몸 안의 모든 전자들이 달아났다고 생각해보자. 더 심하게는 우리 몸을 구성하는 모든 원자들이 제멋대로 날아가 버렸다고 생각해보자. 그것은 참으로 불행한 일이다. 이번에는 75와트짜리 전등불 아래에서 일을 하고 있는데 누가 갑자기 5백 와트짜리 전등불을 비춰서 갑자기 벽과 벽 사이를 이리저리 튀어다니게 되었고 결국은 창문 밖으로 날아갔다고 상상해보자. 또는 일이 끝난 후에 스모 경기장에 가서 거의 공처럼 생긴 두 선수가 충돌한 후 갑자기 두 줄기 빛으로 변환되어 서로 반대 방향으로 사라져 가는 것을 목격했다고 생각해보자. 아니면 검은 건물이 갑자기 발을 시작으로 온몸을 작은 구멍 속으로 빨아들여 다시는 보지도 듣지도 못하도록 만들었다고 생각해보자.

만약 이런 일들이 우리의 일상생활에서 일어난다면 우리는 상대성 이론이나 양자물리학을 이해하는 기초 지식을 일상생활의 경험을 통해 얻을 수 있을 것이다. 따라서 그다지 힘들이지 않고 현대 물리학을 이해할 수 있게 될 것이다. 그러나 그렇게 되면 우리의 사랑하는 가족들은 우리가 직장에 출근하도록 내버려두지 않을 것이다. 우리가 현대 물리학을 쉽게 이해할 수 없는 것은 이런 이상한 일들이 우리 주위에서는 일어나지 않기 때문이다. 그러나 우주 초기에는 이런 일들이 여기저기서 다반사로 일어나고 있었다. 이런 일들을 상상하고 이해하기 위해서는 우리는 새로운 종류의 상식으로 무장하는 수밖에 없다. 다시 말해서 아주 높은 온도와 밀도 그리고 압력 아래에서 물질이 어떻게 행동하고 물리학이 이들의 행동을 어떻게 기술하는지에 대한 새로운 통찰력을 가져야 한다는 것이다.

그러기 위해서 우리는 $E = mc^2$의 세계로 들어가야만 한다.

아인슈타인은 1905년에 이 유명한 식이 들어 있는 논문을 발표했다.[*] 이 해에 그는 독일의 저명한 물리학 잡지인 『물리학 연보*Annalen der Physik*』에 「움직이는 물체의 전기역학에 대하여Zur Elektrodynamik bewegter Körper」라는 제목의 연구 논문을 발표했다. 이 논문은 시간과 공간에 대한 우리의 생각을 영원히 바꾸어놓은 특수상대성 이론으로 훨씬 더 잘 알려져 있다. 1905년에 스위스 베른의 한 특허사무소에서 일하고 있던 26살의 아인슈타인은 그후 같은 해에 같은 잡지에 그의 유명한 방정식을 포함하는 짧은 논문(2쪽 반 분량)을 발표했다. 이 논문의 독일어 제목은 "Ist die Trägheit eines Körpers von seinem Energieinhalt abhängig?"인데 이는 "물체의 관성질량은 물체가 가지고 있는 에너지에 의존하는가?"라는 뜻이다. 질문 형태로 되어 있는 논문의 원본을 찾아내서 그 질문의 답을 구하기 위해 실험도구를 설계하고 직접 실험하는 노력을 덜어주기 위해 이 질문의 답을 이야기하면 '그렇다'이다. 아인슈타인은 다음과 같이 썼다.

---

[*] 1905년에 아인슈타인은 특수상대성 이론, 광전효과, 브라운 운동에 관한 세 편의 논문을 발표하였다. 이 논문들은 현대 물리학 발전에 큰 영향을 미쳤다. 유엔은 이 '기적의 해'로부터 꼭 백 년이 되는 2005년을 세계 물리의 해로 정해 아인슈타인의 업적을 기리고 있다.

만약 입자가 전자기파 형태의 에너지($E$)를 방출한다면 이 입자의 질량은 $\frac{E}{c^2}$만큼 감소한다… 입자의 질량은 에너지의 양을 나타낸다. 만약 에너지가 $E=mc^2$에 의해 변환한다면 질량도 마찬가지 방법으로 변환될 것이다.

아인슈타인은 그의 이론을 검증하기 위해 다음과 같은 실험을 해볼 것을 제안하기도 했다.

에너지와 질량이 높은 정도로 변화하는 물질(예를 들면 라듐염)을 이용하면 이 이론의 사실 여부를 확인하는 것이 불가능하지 않을 것이다.[*]

이제 우리는 질량과 에너지를 상호 변환해야 하는 모든 경우에 적용할 수 있는 하나의 공식을 알게 된 것이다. $E=mc^2$—에너지는 질량에다 빛의 속도의 제곱을 곱한 값과 같다—이라는 식은 우주가 시작된 직후 1초의 몇분의 1 동안에 일어난 일들에서부터 현재 우주에서 일어나고 있는 일들을 이해하고 알아내는 강력한 계산도구가 될 수 있다. 이 방정식으로 별이 얼마나 많은 복사 에너지를 낼 수 있는지를 계산할 수 있고, 주머니 안에 가지고 있는 동전을 모두 에너지로 바꾸면 얼마 정도의 에너지가 되는지도 계산해볼 수 있다.

우리에게 가장 익숙한 형태의 에너지—우리 주위에서 항상 빛나고 있어서 때때로 그 존재를 잊어버리기도 하는—는 빛이다. 빛 입자인 광

---

[*] Albert Einstein, 『상대성 원리 *The Principle of Relativity*』, W. Perrertt & G. B. Jeffery 옮김 (Lodon, Methen and Company, 1923), pp. 69~71.(원주)

자는 질량이 없고, 더 이상 나눌 수 없는 입자이다.* 가시광선이나 적외선, 자외선, 엑스선, 전파는 모두 파장이 다른 전자기파이므로 광자는 이들의 알갱이이다. 우리는 광자들이 가득한 공간 속에서 살아가고 있다. 태양, 달, 별로부터, 난로와 촛불, 밤을 비추는 전등불로부터, 그리고 수많은 라디오와 텔레비전 방송국으로부터, 게다가 요즈음은 누구나 가지고 있는 휴대전화와 레이더로부터 광자가 나오고 있다. 그렇다면 우리는 왜 에너지가 질량으로 변하거나 질량이 에너지로 변하는 것을 실제로 목격할 수 없는가? 보통의 광자가 가지는 에너지는 가장 질량이 작은 입자의 질량을 $E=mc^2$에 의해 환산한 에너지보다 훨씬 작다. 이러한 광자들은 다른 무엇이 될 수 있는 에너지보다 훨씬 작은 에너지를 가지고 있기 때문에 큰 사건 없이 광자로서의 단순한 삶을 살아가고 있는 것이다.

$E=mc^2$에 의해 일어나는 극적인 사건을 보고 싶은가? 그렇다면 가시광선보다 20만 배나 되는 에너지를 가지고 있는 감마선과 함께 출발해보는 것이 좋을 것이다. 이런 여행을 한다면 머지않아 암에 걸려 죽게 되겠지만, 죽기 전에 감마선이 사라진 자리에 입자인 전자와 반입자인 양전자 쌍(우주에 존재하는 수많은 입자–반입자 쌍들 중 하나)이 생성되는 것을 볼 수 있을 것이다. 우리가 보고 있는 동안에 하나의 입자와 반입자 쌍이 충돌하여 소멸한 후 감마선이 만들어지기도 할 것이다. 만약 감마선의 에너지를 2천 배 정도 높인다면 우리는 이제 다정다감한

---

* 빛은 입자와 파동의 성질을 모두 가지고 있다. 따라서 파동인 전자기파로 다룰 수도 있고 입자인 광자로 다룰 수도 있다.

사람을 헐크로 바꾸기에 충분할 만큼 큰 에너지를 가진 정말로 위험한 감마선을 갖게 된 것이다. 이러한 감마선 쌍은 $E=mc^2$에 의해 전자-양전자 쌍보다 2천 배 정도 되는 질량을 가진 양성자와 중성자 그리고 이들의 반입자들을 만들어낼 수 있다. 큰 에너지를 가지는 광자는 아무 곳에나 있는 것이 아니다. 이들은 우주에 많이 분포해 있는 특별한 환경 속에만 존재한다. 감마선에게는 수십억 도보다 높은 온도가 적절한 온도일 것이다.

물질과 에너지 사이의 상호 변환은 우주적인 관점에서 보면 매우 중요하다. 최근에 우주에 산재해 있는 초단파*의 파장을 측정하여 알게 된 팽창하고 있는 우리 우주의 온도는 겨우 2.73K 정도이다(절대온도**는 K라는 기호로 나타내며 항상 플러스 값을 가진다. 0K에서 입자는 최소의 에너지를 가진다. 상온은 약 295K이며 물이 끓는 온도는 373K이다). 가시광선의 광자와 마찬가지로 초단파의 광자들도 에너지가 너무 작아 $E=mc^2$에 의해 물질로 변환할 희망을 가질 수 없다. 다시 말해 초단파의 광자로부터 만들 수 있을 만큼 작은 질량을 가지는 입자는 알려져 있지 않다. 이러한 사실은 전파나 적외선, 가시광선, 자외선, 엑스선 광

---

* 전자기파의 일종. 전자기파는 파장에 따라 여러 가지로 나뉘는데 파장이 긴 것에서 짧은 순서로 나열하면 전파, 적외선, 가시광선, 자외선, 엑스선, 감마선이 있다. 통신이나 방송에 주로 사용되는 전파는 다시 파장에 따라 장파, 단파, 초단파 등으로 나누기도 한다. 초단파는 파장이 1밀리미터에서 30센티미터 사이인 전자기파이다. 이 중에서 적외선에 가까이 있는 파장이 짧은 초단파를 극초단파라고 부르기도 한다.

** 절대온도는 물질을 구성하고 있는 입자들의 평균 운동 에너지를 나타낸다. 따라서 절대온도 0도에서는 모든 입자들이 정지하게 된다. 운동 에너지는 음수값을 가질 수 없으므로 절대온도에는 음수가 있을 수 없다.

자들에게도 마찬가지다. 한마디로 말하면 입자로의 탈바꿈은 감마선에 게나 가능한 일이다. 어제의 우주는 오늘의 우주보다 조금 더 작았고 조금 더 온도가 높았다. 그저께는 조금 더 작았고 조금 더 온도가 높았을 것이다. 시계를 조금 더 거꾸로 돌리면—예를 들어 137억 년 전으로—온도가 충분히 높아 우주 전체가 감마선으로 꽉 차 있는 스프 같은 우주에 도달할 것이다. 우주 최초의 대폭발 직후의 이런 우주는 천체물리학적으로 흥미를 가질 만하다.

우주 최초의 대폭발 후 오늘날까지 공간과 시간, 그리고 질량과 에너지가 어떻게 변화해왔는지를 이해하게 된 것은 인간의 사고가 이루어 낸 가장 큰 성과라고 할 수 있다. 그 이후 어느 때보다도 작았고 온도가 높았던 우주의 최초 순간에 일어난 일들을 완전하게 이해하려고 한다면 자연계에 존재하는 네 가지 기본적인 힘 —만유인력, 전자기력, 강한 핵력, 약한 핵력 —이 통합되어 하나의 메타 힘이 되는 과정을 알아내야 할 것이다. 그리고 동시에 현대 물리학의 두 줄기를 형성하고 있는 양자물리학(작은 것을 기술하는 과학)과 일반상대성 이론(큰 규모의 과학)을 조화시키는 방법을 찾아내야 할 것이다.

20세기 중반에 있었던 양자물리학과 전자기학의 성공적인 결혼에 고무된 물리학자들은 양자물리학과 일반상대성 이론을 통합하여 양자인력 이론을 만들려고 시도했다. 현재까지 이런 노력들은 모두 실패했지만 우리는 양자물리학과 인력 이론을 연결하는 가장 큰 어려움이 '플랑크 시기'에 있다는 것을 알게 되었다. 플랑크 시기는 최초 대폭발 후 $10^{-43}$(1조분의 1에 다시 1조분의 1, 그리고 다시 1조분의 1, 그리고 다시 천만분의 1)초까지의 시간과 공간을 말한다. 모든 정보는 빛의 속도인 초속 30만 킬로미터보다 더 빠른 속도로 전달될 수 없기 때문에 플랑크 시기에 우주에 있는 관측자는 $3 \times 10^{-35}$(1조분의 1의 1조분의 1 그리고 다시 10억분의 1)미터 이상을 관측할 수 없었을 것이다. 상상하기도 어려운 이런 작은 시간과 공간을 플랑크 시기라고 부르는 것은 1900년에 에너지가 양자화되었다는 것을 처음으로 주장하여 양자물리학의 아버지로 여겨지는 독일의 물리학자 막스 플랑크[*]를 기념하기 위해서이다.

일상생활에 관한 한 그리 염려할 것은 없다. 양자물리학과 인력 이론의 충돌은 현재 우주에서는 아무런 실제적인 문제를 야기하지 않기 때문이다. 현재 우주에서는 천체물리학자들이 일반상대성 이론은 우주나 천체와 같이 큰 세계의 문제를 설명하는 데 사용하고 양자역학의 원리는 원자, 전자, 양성자와 같이 작은 입자들 사이의 문제를 다루는 데 적용한다. 그러나 플랑크 시기에는 큰 세계와 작은 세계를 구별할 수 없었기 때문에 큰 것을 다루는 인력 이론과 작은 것을 다루는 양자물리학의 결혼을 중매하려는 중매쟁이가 있었다. 그러나 우주가 팽창함에 따라 큰 것과 작은 것은 곧 갈라서게 되었다. 하지만 이 둘의 결혼식에서 둘이 교환한 혼인서약의 내용과 신혼여행에서의 둘의 행동은 아직 비밀의 베일 속에 가려져 있다. 따라서 우리는 이 시기 동안 우주가 어떻게 행동했었는지를 정확히 기술할 수 있는 물리법칙을 아직 모르고 있다.

플랑크 시기의 끝 무렵에 아직 통일된 형태로 존재하던 자연의 힘 속

---

[*] 물체가 내는 복사선의 에너지를 연구하던 플랑크는 어떤 조건 아래에서는 에너지와 운동량 같은 물리량이 연속된 값을 가지는 것이 아니라 불연속인 값만 가질 수 있다는 것을 밝혀냈다. 불연속적인 물리량을 다루는 물리학이 양자물리학이다.

에서 인력이 분리되어 현재 우리가 알고 있는 인력법칙의 형태를 갖추기 시작하였다. 우주의 나이가 $10^{-35}$초가 되었을 때, 우주는 급속히 팽창하면서 온도는 내려가고 있었다. 이때까지 통일된 형태로 존재하던 힘들이 전자기－약력과 강한 핵력으로 분리되기 시작했다. 후에 전자기－약력은 전자기력과 약한 핵력으로 분리되어 우리에게 잘 알려져 있는 네 가지 기본적인 힘을 구성하게 되었다. 약한 핵력은 방사성 붕괴를 지배하는 힘이 되었고, 강한 핵력은 원자핵 속에 있는 양성자와 중성자 같은 입자들을 묶어두는 힘이 되었으며, 전자기력은 원자들을 분자 속에 묶어두는 힘이 되었다. 네 가지 힘 중 마지막 힘인 만유인력은 질량이 큰 물질들을 묶어두는 힘이다. 우주가 1조분의 1초($10^{-12}$초)가 되었을 때는 다른 사건들과 함께 이 네 가지 힘이 여러 가지 특성들로 우주를 물들이기 시작했다. 이때 나타난 우주의 특성들을 자세히 설명하기 위해서는 각각의 특성들에 대해 책을 한 권씩 써야 할 것이다.

우주 시간이 1조분의 1초에 도달할 때까지 물질과 에너지 사이에는 상호 작용이 끊임없이 일어났다. 강한 핵력과 전자기－약력이 분화하기 직전과 직후에 우주는 쿼크, 경입자*, 이들 입자들의 반입자들, 그리고 이 입자들의 상호 작용을 가능하게 해주는 보손 입자들로 가득 차 있었다. 이 입자들은 우리가 알고 있는 한 더 작은 입자나 더 기본적인 입자로 나누어지지 않는 입자들이다. 이 근본적인 입자들은 몇 가지 종류로

---

* 원자보다 작은 아원자 입자들은 경입자, 중간자, 중입자로 나눌 수 있다. 경입자는 더 이상 작은 입자로 나누어지지 않지만 중간자와 중입자는 쿼크로 구성되어 있다. 중간자는 두 개의 쿼크로, 중입자는 세 개의 쿼크로 이루어져 있다. 쿼크로 이루어진 중간자와 중입자를 합해 하드론(강입자라고도 한다)이라고 부르기도 한다.

분류할 수 있다. 가시광선의 빛 입자를 포함한 광자는 보손 입자 가족에 속한다. 물리학자가 아닌 일반인들이 가장 잘 알고 있는 경입자는 전자와 중성미자일 것이다. 가장 잘 알려진 쿼크는… 일반인들에게 잘 알려진 쿼크는 없다. 왜냐하면 우리의 일상생활에서는 쿼크가 양성자와 중성자 같은 입자들 속에 포함되어 있기 때문이다. 각각의 쿼크는 아무런 언어학적, 철학적, 그리고 교육적인 의미 없이 단순히 서로를 구별하기 위한 목적에서 '업(up)'과 '다운(down)', '스트레인지(strange)'와 '참(charm)', 그리고 '바텀(bottom)'과 '탑(top)'이라는 추상적인 이름을 붙여 부르고 있다.

반면에 보손(boson)*이라는 이름은 인도 출신의 물리학자 사티엔드라나 보즈의 이름을 따서 명명되었다. 경입자를 가리키는 렙톤(lepton)이라는 말은 '가볍다' 또는 '작다'라는 뜻을 가진 그리스어 렙토스(leptos)에서 유래했다. '쿼크(quark)'라는 이름은 좀더 문학적 상상력과 관련된 기원을 가지고 있다. 쿼크는 1964년에 미국의 물리학자 머레이 겔만이 처음으로 제안했다. 쿼크가 세 가지 종류로 이루어졌을 것이라고 생각한 겔만은 제임스 조이스의 소설 『피네간의 경야*Finnegan's Wake*』에 있는 의미가 명확하지 않은 구절 "머스터 마크를 위한 세 개의 쿼크!(Three quarks for Muster and Mark!)"에서 이 이름을 따왔다. 물리학이나 화학과 같은 특정 분야와 관련된 특정한 의미를 가지고 있지 않은 쿼크라는 단순한 이 이름이 가지는 하나의 장점은 화학자, 생

---

* 모든 입자는 보손과 페르미온으로 나눌 수 있다. 보손에는 힘을 매개해주는 입자들도 포함되는데 전자기력은 광자가, 강한 핵력은 글루온이, 그리고 약학 핵력은 Z입자와 W입자가 힘을 매개한다. 힘을 매개하는 입자라는 것은 이런 입자들을 교환할 때 힘이 작용하게 된다는 뜻이다.

물학자, 또는 지질학자들이 그들만의 새로운 이름을 만들 필요가 없다는 것이다.

쿼크는 이상한 성질을 가지고 있다. +1의 전하를 가지는 양성자나 −1의 전하를 가지고 있는 전자와는 달리 쿼크는 $\frac{1}{3}$ 의 배수로 주어지는 분수 전하를 가지고 있다. 그리고 극한 상황이 아니라면 쿼크 하나만을 분리해내는 일은 가능하지 않다. 쿼크는 두 개 또는 세 개가 결합된 상태로만 발견된다. 실제로 두 개의 쿼크는 마치 작고 강한 고무줄로 묶여 있는 것처럼, 분리해내려고 잡아당기면 결합력이 **더 강해진다**. 큰 힘을 가해 쿼크를 충분히 멀리 떨어뜨려놓으면 두 쿼크를 묶고 있던 고무줄은 끊어지고 만다. 그러나 늘어난 고무줄에 저장되었던 에너지는 $E = mc^2$에 의해 끊어진 부분의 양끝에 새로운 쿼크들을 만들어 두 개 또는 세 개의 쿼크가 결합되어 있는 새로운 입자를 만든다. 따라서 단독 쿼크를 분리해내려는 시도는 결국 실패하게 된다.

우주의 나이가 1조분의 1초 정도 되었던 쿼크와 경입자 시기에는 우주의 밀도가 매우 높아 분리된 쿼크 사이의 거리와 결합된 쿼크 사이의 거리가 비슷했다. 이런 조건에서는 쿼크 사이의 결합이 잘 이루어지지 않아 쿼크는 자유롭게 다른 쿼크들 사이를 돌아다닐 수 있었다. '쿼크 스프'라고 이름 붙여진 이런 상태는 2002년 미국 롱아일랜드에 있는 브룩헤이븐 국립연구소의 물리학자들에 의해 실험을 통해 확인되었다.

실험실에서의 관측 결과와 이론의 결합을 통해 우리는 서로 다른 종류의 힘이 분화되는 과정을 이해할 수 있게 되었다. 뿐만 아니라 10억분의 1의 비율로 반입자의 수보다 입자의 수를 많게 하여 오늘날 우리가 존재할 수 있도록 한 놀라운 비대칭성과 같은 초기 우주에서 일어난 일들을 설명할 수 있게 되었다. 이러한 작은 차이는 쿼크와 반쿼크, 전자와 반전자(양전자로 더 잘 알려진), 중성미자와 반중성미자가 계속 생성되고 소멸되는 동안에는 눈에 잘 띄는 현상이 아니었다. 그 시기에는 반입자보다 입자들이 아주 약간만 더 많았기 때문에 입자들이 같이 쌍소멸할 다른 반입자를 찾아낼 수 있는 기회는 얼마든지 있었다.

그러나 그런 시기는 오래 가지 않았다. 우주는 팽창을 계속하면서 온도가 내려가 절대온도 1조 도 이하로 떨어졌다. 이때는 우주가 시작되고 백만분의 1초($10^{-6}$초) 정도 지난 시기였다. 그러나 이제 우주의 온도로는 더 이상 쿼크를 구워낼 수 없게 되었다. 모든 쿼크들은 곧 그들의 댄스 파트너와 짝을 이루어 하드론(그리스어 hadros는 '두껍다'라는 뜻이다)이라고 부르는 무거운 입자들을 만들게 되었다. 쿼크에서 하드론으로의 변환은 빠르게 진행되었다. 쿼크들은 서로 결합하여 양성자와 중성자를 만들어냈고, 우리에게는 익숙하지 않은 여러 종류의 무거운 입자들도 만들어냈다. 쿼크와 렙톤이 계속 생겨나고 소멸하던 스프 우주에서는 별다른 문제 없이 존재했던 물질과 반물질의 작은 비대칭이 하드론의 세상에서는 문제를 일으키기 시작했다.

우주가 식어가자 입자를 생성할 수 있는 에너지의 양도 줄어들었다. 하드론 시대에는 광자들이 더 이상 쿼크와 반쿼크 쌍을 만들지 않게 되었다. 그들에게는 이제 $E=mc^2$이라는 식이 별 필요가 없게 도었다. 광자들의 에너지는 $mc^2$으로 계산되는 쿼크쌍의 에너지만큼 크지 않았다. 게다가 쿼크쌍들이 소멸해서 만들어지는 광자의 에너지도 우주의 팽창으로 인해 잃어가고 있었다. 결국 광자의 에너지는 쿼크의 결합으로 만들어진 하드론과 반하드론 쌍을 생성해낼 수 있는 최소 에너지보다 작아지게 되었다(그러나 아직 광자의 에너지는 전자나 중성미자와 같은 가벼운 입자들을 만들 수 있었다). 비대칭성으로 인해 하드론의 수가 반하드론의 수보다 많았기 때문에 10억 쌍의 하드론이 소멸하여 10억 개의 광자를 생성하고 나면 하나의 하드론이 남게 되었다. 현재 우주에서 우리가 반하드론은 발견할 수 없고 하드론만 발견할 수 있는 것은 우주 초기에 입자가 반입자보다 많았다는 것을 나타내는 증거이다. 이렇게 해서 남겨진 짝 없는 하드론들이 우주의 역사를 만들어가면서 물질이 경험할 수 있는 즐거움을 마음껏 누리게 된 것이다. 이들이 은하와 별, 행성 그리고 인류를 구성하는 재료가 되었다.

물질과 반물질 사이의 10억분의 1의 비대칭이 없었더라면 우주의 모든 질량(아직 그 정체가 알려지지 않은 암흑물질을 제외하고)은 우주시간으로 1초가 되기 전에 모두 소멸하여 에너지가 되어버렸을 것이다. 그렇게 되었다면 우주에서 우리가 (우리가 존재한다면) 볼 수 있는 것은 **빛밖에** 없을 것이다. 이것이 빛이 있으라의 시나리오이다.

이제 우주가 시작되고 1초의 시간이 흘렀다.

우주의 온도는 10억 도로 쿼크와 같이 무거운 입자를 만들어낼 수는 없었지만 아직 전자와 전자의 짝인 양전자(전자의 반입자)를 만들어낼 수는 있었기 때문에 이들은 계속 생성되거나 소멸되고 있었다. 그러나 팽창하는 우주 속에서 그들의 날(실제로는 초)도 곧 지나갔다. 하드론에 일어났던 일들이 이번에는 전자와 양전자 쌍들에게도 일어났다. 그들도 10억 개의 전자쌍 중 하나의 비율로 전자가 살아남게 되었다. 대부분의 전자와 양전자 쌍들은 소멸해가면서 우주에 광자를 보냈다.

전자와 양전자의 소멸 시대가 끝나자 양성자와 전자가 일대일로 존재하는 우주로 '굳어지게' 되었다. 우주가 계속 식어가서 우주의 온도가 1억 도 이하로 내려가자 양성자가 다른 양성자 또는 중성자와 결합하여 원자핵을 형성하기 시작했다. 이때 형성된 원자핵의 90퍼센트는 수소였고, 약 10퍼센트는 헬륨이었으며, 약간의 중수소와 삼중수소 그리고 리튬 원자핵이 포함되어 있었다.

우주가 시작되고 2분이 흘렀다.

그후 38만 년 동안 수소 원자핵, 헬륨 원자핵 그리고 전자오 광자로 이루어진 우주에는 큰 변화가 없었다. 이 동안에는 우주의 온도가 아직 높아 전자들은 광자들과 부딪히면서 광자와 원자핵들 사이를 자유롭게 떠돌아다니고 있었다.

3장에서 자세히 설명하겠지만 전자들이 누리던 이러한 자유는 우주의 온도가 절대온도 3천 도(태양 표면 온도의 반 정도 되는 온도) 이하로 내려가면서 갑자기 사라졌다. 온도가 내려가 가지고 있는 에너지가 작아진 전자들이 원자핵에 잡혀 원자핵 주위를 돌게 되면서 원자가 형성되었다. 원자핵과 전자의 결합은 광자들 속에 원자들이 흩어져 있는 우주를 만들게 되었다. 이것이 우주 초기에 입자와 원자가 형성되는 과정에 대한 이야기이다.

우주가 계속 팽창함에 따라 남아 있던 광자는 계속 에너지를 잃어갔다. 오늘날 천체물리학자는 우주의 어느 방향을 바라보든 우주 진화의 증거인 절대온도 2.73도의 초단파 광자를 관측할 수 있다. 이것은 원자가 형성되던 시기의 광자 에너지의 수천분의 1의 에너지에 해당하는 것이다. 하늘의 광자 분포—서로 다른 방향에서 도달하는 에너지의 크기—는 원자가 형성되기 직전의 우주 물질 분포를 나타낸다. 이 분포로부터 천체물리학자들은 우주의 모양이나 우주의 나이와 같은 놀라운 사실들을 알아내고 있다. 현재 우주의 일상생활에서는 원자가 중요한 부분을 차지하고 있지만 아인슈타인의 방정식은 아직도 할 일이 많이 남아 있다. 에너지에서 물질과 반물질 쌍이 일상적으로 생성되고 있는 입자가속기* 속에서, 매초 4천4백만 톤의 질량이 에너지로 바뀌고 있는 태양의 핵 속에서, 그리고 하늘을 아름답게 장식하고 있는 수많은 다른 별들의 핵 속에서 아인슈타인의 방정식은 아직도 자기 역할을 다하고 있다.

$E = mc^2$은 블랙홀의 '사건의 지평선' 바로 바깥쪽에서 블랙홀의 어마어마한 인력을 이기고 입자와 반입자 쌍이 생성되도록 한다. 영국의 천문학자 스티븐 호킹은 1975년에 처음으로 이러한 현상을 설명하고 블랙홀의 질량이 이런 과정을 통해 모두 증발할 수 있다는 것을 보여주었다. 다시 말해 블랙홀은 진정한 의미의 블랙홀이 아닌 것이다. 이러한 현상을 호킹의 복사(Hawking radiation)라고 한다. 이는 아인슈타인의 유명한 방정식이 현재 우주에서도 여전히 유용하다는 사실을 상기시킨다.

그렇다면 이러한 우주 최초의 대폭발이 있기 **전**에는 어떤 일이 있었을까? 우주가 시작되기 전에는 무슨 일이 있었을까?

천체물리학자들은 이에 대해 아무런 해답을 가지고 있지 않다. 이에

---

* 입자가속기(particle accelerator)는 전자나 양성자 같은 하전 입자를 강력한 전기장이나 자기장 속에서 가속시켜 큰 운동 에너지를 갖게 하는 장치를 말한다. 가속 방법에 따라 선형가속기, 사이클로트론, 싱크로트론 등으로 나뉘며 가속 입자의 종류에 따라 전자가속기, 양성자가속기 등으로 나뉘기도 한다.

대한 아무리 창의적인 아이디어도 실험을 통해 그 진위를 확인할 방법이 없다. 하지만 종교에서는 다른 모든 힘보다 더 큰 힘, 모든 것의 근원이 되는 어떤 것이 이 모든 것을 시작했다고 주장한다. 우주를 존재하게 한 최초의 운행자 말이다. 그러한 사람들의 마음속에 있는 최초의 운행자는 물론 신이다. 신의 구체적인 특성은 신을 믿는 사람들의 마음에 따라 다르지만, 모든 신들은 공을 굴리기 시작한 원인을 제공했다는 공통점이 있다.

그러나 만약 우주가 우리가 다중우주(multiverse)라고 부르는 상태로 항상 거기 있었다면 어떻게 될 것인가? 예를 들어 우리가 우주라고 부르는 이 세상도 큰 거품 바다 속의 아주 작은 거품 방울에 지나지 않는다면? 또는 우주도 입자와 마찬가지로 우리가 볼 수 없는 어떤 것으로부터 갑자기 생겨났다면 어떨까?

이 질문들에 누구도 만족할 만한 답을 내놓지 못한다. 그럼에도 불구하고 우리가 무엇을 잘 모르고 있다는 사실을 자각하는 것은 매우 중요한 일이다. 그러한 자각이야말로 결코 포기할 줄 모르는 지식의 선구자들에게 새로운 것을 연구하도록 하는 동기를 제공할 것이기 때문이다. 자기 자신이 모든 것을 다 알고 있다고 믿는 사람들은 우주에서 우리가 알고 있는 것과 알지 못하고 있는 것의 경계가 어디인지를 찾아보려고 하지도 않을 것이고 또 모르는 문제와 씨름을 하려 하지도 않을 것이다. 여기 흥미 있는 두 가지 다른 질문과 답이 있다. "우주가 시작되기 전에는 무엇이 있었을까?"라는 질문에 대해 "우주는 항상 거기 있었다"라고 대답하는 것은 만족스런 대답이라고 할 수 없다. 그러나 "신이 존재하기 전에는 무엇이 있었을까?"라는 질문에 대해 "신은 항상 존재했다"라는 대답은 만족스러운 대답이 될 수 있을 것이다.

당신이 누구이든지 간에 어디에서 그리고 어떻게 모든 것이 시작되었는가 하는 문제에 흥미를 느낀다면, 당신은 모든 것의 시작을 함께 알아내려는 동료의식을 느낄 것이다. 그렇게 되면 우주가 시작된 후에 진행된 모든 것에 대한 지배권이 당신에게 부여된 것 같은 감정을 느끼게 될 것이다. 생명체인 우리가 어디로 갈 것인가와 마찬가지로 어디로부터 왔는가 하는 것이 중요한 것처럼 우주에서도 우주가 어떻게 시작되었는가 하는 것은 중요한 문제이다.

2장

# 반물질

입자물리학자들이 커다란 성공을 거두기는 했지만 아직 입자물리학에서 사용하는 용어들은 다른 물리학 분야의 사람들에게는 낯설 뿐이다. 다른 어느 곳에서 음전하를 가진 뮤온과 뮤중성미자[*]를 매개해주는 중성 벡터 보손이라는 말을 발견할 수 있을 것인가? 아니면 스트레인지 쿼크와 참 쿼크를 하나로 묶어주는 글루온[**] 입자라는 용어를 사용하는 다른 물리학 분야가 있는가? 그리고 다른 어느 곳에서 스쿼크(squarks)[***], 포티너스(potinus), 그리고 그래비티노스

---

[*] 경입자의 하나. 경입자에는 전자, 중성미자, 뮤온, 뮤중성미자, 타우온, 타우중성미자의 여섯 가지가 있다.

[**] 쿼크와 쿼크 사이에서 강한 핵력을 매개해주는 보손.

[***] 쿼크와 대칭적 성질을 가지는 보손 입자로 아직 실험적으로 확인되지 않은 가상적인 입자이다.

(gravitinos)*라는 용어를 들어볼 수 있겠는가? 입자물리학자들은 이상한 이름을 가진 수없이 많은 입자들과 함께 **반**물질이라고 알려진 반입자들의 세계와도 씨름을 해야 한다. 공상과학소설에 자주 등장하는 반물질은 실제로 존재하는 물질이다. 그리고 많은 사람들이 알고 있듯이 반입자가 정상의 입자를 만나면 소멸하여 사라진다.

우주는 입자와 반입자들이 그들만의 로맨스를 즐기는 장소이다. 입자와 반입자 쌍은 에너지로부터 동시에 태어나고 이들의 질량은 소멸하여 다시 에너지로 돌아간다. 1932년에 미국의 물리학자 칼 데이비드 앤더슨은 음전하를 가지고 있는 전자의 짝인 양전하를 가진 반전자를 발견하였다. 그후 입자물리학자들은 가속기를 이용하여 다양한 종류의 반입자들을 만들어냈고 최근에는 반입자들로 이루어진 반원자를 만들어내는 데도 성공하였다. 1996년에는 독일 윌리히에 있는 핵물리학 연구소의 발터 욀러트가 이끄는 국제 연구 그룹이 반양성자 주위를 반전자가 돌고 있는 반수소를 만들어내는 데 성공하였다. 과학자들은 최초의 이 반원자를 입자물리학의 성립에 큰 공헌을 한 스위스 제네바에 있는 유럽 원자핵연구소(프랑스어 약자 CERN으로 더 잘 알려져 있다)의 거대한 입자가속기를 이용하여 만들었다.

물리학자들은 충분히 많은 반전자와 반양성자를 만든 후 적당한 온도와 밀도 아래에서 섞어놓고 그것들이 서로 결합하여 원자를 형성하도록 기다리는 단순한 방법을 사용하였다. 그들의 첫 실험에서 욀러트

---

* 전자기력을 매개하는 포톤(광자)과 인력을 매개하는 그래비톤도 대칭적인 성질을 가지는 보손 입자를 가지고 있을 것으로 여겨지고 있다. 포티너스와 그래비티노스는 포톤과 그래비톤의 대칭이 되는 가상적인 보손 입자이다.

의 연구팀은 아홉 개의 반수소 원자를 합성했다. 그러나 보통의 물질로 가득한 세상에서 반원자의 일생은 불안정할 수밖에 없었다. 이 반수소는 40나노초(4백억분의 1초) 정도 존재하다가 보통의 물질을 만나 소멸해버렸다.

영국 출신의 물리학자 폴 디랙이 양전자가 실제로 발견되기 몇 년 전에 양전자의 존재를 예측했었다. 따라서 반전자를 실제로 발견한 것은 이론 물리학이 거둔 가장 큰 승리의 하나였다.

물리학자들은 20세기에 들어서면서 원자보다 작은 많은 입자들을 찾아냈고 이 입자들과 관계된 많은 실험 결과를 수집했다. 그들은 수집한 실험 결과를 가장 작은 단위—원자와 아원자 입자—에서 설명하기 위해 1920년대에 새로운 물리학 분야를 성립시켰다. 이 새로운 둘리학이 바로 양자물리학이다. 디랙은 양자물리학을 적용한 그의 방정식의 두 번째 해를 이용하여 전자의 반입자인 양전자가 존재해야 한다고 주장했다. 그의 방정식에 따르면, 마이너스 에너지의 바다에 틈 또는 구멍을 남기고 보통의 전자와 함께 유령전자도 튀어나와야 한다는 것이다. 그는 이 유령전자가 양성자가 아닌가 하고 생각하기도 했지만 양성자는 전자의 짝이 되기에는 너무 컸다. 따라서 이 입자는 양전하를 가진 반전자여야 한다고 주장했다. 디랙이 예측했던 양전자를 실제로 발견한 것은 디랙의 뛰어난 통찰력을 입증하는 것이었고, 반물질이 실제로 존재한다는 것을 증명하여 반물질을 물질과 같은 반열에 올려놓는 계기가 되었다.

두 개의 해를 가지는 방정식은 흔히 있는 일이다. 두 개의 해를 가지는 가장 간단한 형태의 방정식은 "9의 제곱근은 얼마인가?"라는 것이다.

이 방정식의 해는 3인가 아니면 −3인가? 물론 3×3이나 (−3)×(−3)이 모두 9이기 때문에 둘 다 이 방정식의 해이다. 물리학자들은 방정식의 모든 해들이 실제 세상에서의 어떤 사건에 대응한다고 단정하지는 않는다. 그러나 물리현상을 나타내는 수학적 모델이 정확하다면 이 방정식을 다루는 것은 전체 우주를 다루는 것과 마찬가지로 유용할(게다가 좀더 쉬울) 것이다. 디랙과 반물질의 경우와 같이 그러한 과정은 때로 증명 가능한 예측을 할 수도 있다. 만약 그러한 예측이 사실이 아니라는 것이 증명되면 그 이론은 폐기될 것이다. 그러나 수학적인 모델로부터 이끌어낸 해가 물리적인 현상을 반영하고 있지 않다고 해서 모델로부터 그 해를 이끌어내는 과정이 논리적이지 않다거나 내적인 모순이 있다는 것을 뜻하는 것은 아니다.

원자보다 작은 세계의 입자들은 측정 가능한 여러 가지 특성을 가지고 있다. 그 중에는 질량과 전하가 가장 중요한 특성이다. 입자와 반입자는 같은 크기의 질량을 가지는 것을 제외하면 모두 정확히 반대의 특성을 가지기 때문에 '반'이라는 접두사가 붙게 된 것이다. 예를 들면 전자와 양전자는 같은 질량을 가지지만, 전자는 마이너스 전하를 가지는 반면 양전자는 같은 양의 플러스 전하를 가진다. 마찬가지로 양성자와 반양성자는 질량과 전하량은 같지만 전하의 부호는 서로 반대이다.

믿기 어려운 일일지 모르지만 전하가 없는 중성미자도 반입자를 가지고 있다. 중성미자의 반입자―이름을 상상해보라―는 반중성미자라고 부른다. 반중성미자는 중성미자와 마찬가지로 반대 부호의 0의 전하를 가지고 있다. 이러한 수학적인 마술은 중성자를 구성하는 분수 전하를 가지는 입자(쿼크)들의 3중 상태에서도 나타난다. 중성자를 구성하는 세 개의 쿼크는 각각 $-\frac{1}{3}$, $-\frac{1}{3}$과 $+\frac{2}{3}$의 전하를 가지는 반면 반중성자를 가지는 쿼크들은 $\frac{1}{3}$, $\frac{1}{3}$과 $-\frac{2}{3}$의 전하를 가진다. 두 경우 모두 전하의 합은 0이지만 그 구성원들은 반대 전하를 가진다.

반물질은 얇은 공기 속에서도 생겨날 수 있다. 만약 감마선의 에너지가 충분히 크다면 감마선은 전자와 양전자 쌍으로 변환될 수 있다. 이때 감마선이 가지고 있던 많은 에너지는 아인슈타인의 유명한 방정식, $E=mc^2$을 만족시키는 작은 양의 질량으로 바뀌게 된다.

디랙이 처음 사용했던 용어를 그대로 이용하여 입자와 반입자 쌍의 생성을 설명하면, 감마선 광자는 마이너스 에너지 영역에서 하나의 전자를 밖으로 차내서 전자와 전자구멍의 쌍을 만든다. 그 반대의 과정도 물론 일어날 수 있다. 입자와 반입자가 충돌하면 이 입자와 반입자 쌍은 구멍을 메우고 감마선을 방출함으로써 소멸해버린다. 감마선은 우리가 가능하면 피해야 하는 광선이다.

만약 당신이 집에서 반입자를 만들 수 있다면 당신은 곧 진퇴양난에 빠지게 될 것이다. 반입자들은 그것을 담아두거나 옮기기 위하 준비한 자루나 봉투(종이로 만든 것이거나 플라스틱 제품이거나)를 이루고 있는 보통의 물질과 상호 작용하여 소멸해버릴 것이다. 따라서 우선 반입자들을 저장하는 데 큰 어려움을 겪을 것이다. 반입자를 저장하는 한 가지 방법은 이들을 강력한 자기장 속에 가두어두는 것이다. 만약 자기장이 진공에서 만들어졌다면 반입자들이 입자들과 만나 소멸하는 것을 방지할 수 있을 것이다. 자기장 용기는 핵융합 반응을 하는 물질*과 같

---

* 수소 원자핵(양성자)이 융합하여 헬륨 원자핵으로 변환하는 핵융합 반응은 단계적으로 일어나기

이 1억 도나 되는 높은 온도여서 다른 용기로는 담아두기 어려운 물질을 담아두는 용기로도 사용되고 있다. 그러나 반원자를 만들어낸다면 반원자는 전하를 띠고 있지 않아 자기장 안에 가두어둘 수 없기 때문에 반원자를 담아둘 용기는 다시 심각한 문제로 대두될 것이다. 따라서 반원자를 합성해야 할 필요가 있는 순간까지 양전자와 반양성자를 서로 다른 자기장 용기에 조심스레 보관했다가 반원자가 필요한 순간에 합성해야 할 것이다.

반물질을 만들어내기 위해서는 적어도 반물질이 물질과 만나 소멸할 때 방출하는 에너지와 같은 양의 에너지가 있어야 한다. 우주선이 반물질을 연료로 사용하기 위해서는 발사 전에 큰 탱크에 반물질 연료를 가득 준비해 가야 할 것이다. 반물질을 만드는 데는 반물질이 소멸될 때 나오는 에너지와 같은 양의 에너지가 필요하기 때문에 스스로 반물질을 만들어서 작동하는 엔진은 가지고 있는 에너지를 모두 소모해버릴 것이다. 텔레비전에서 방영된 최초의 〈스타 트랙Star Trek〉은 이런 사실을 잘 나타내고 있다. 기억이 정확하다면 커크 선장은 계속적으로 물질과 반물질로 작동하는 엔진의 "파워를 높이라"고 요구하지만 스카티는 스코틀랜드 억양으로 "더 이상은 엔진에 무리입니다"라고 항상 대답한다.

물리학자들은 수소와 반수소 원자가 똑같이 행동할 것으로 예상하지만 아직 실험을 통해 증명된 것은 아니다. 반수소를 이용한 실험이 어려운 것은 반양성자와 양전자로 구성된 반수소 원자를 만들더라도 양

---

때문에 핵융합 반응에 사용되는 물질은 수소 원자핵(양성자), 중수소 원자핵(양성자+중성자), 삼중수소 원자핵(양성자+2개의 중성자)이다.

성자와 전자로 구성된 보통의 수소 원자와 만나 소멸하지 않게 보관하는 것이 어렵기 때문이다. 과학자들은 반수소 원자 속에서 반양성자의 주위를 돌고 있는 양전자가 정확하게 양자물리학의 법칙들을 따르고 있는지 확인해보기를 원하고 있다. 그들은 또한 반원자들 사이에도 보통 원자들 사이에서와 같이 똑같은 인력이 작용하는지를 실험을 통해 확인해보기를 원하고 있다. 반원자 사이에는 보통의 원자 사이에 작용하는 인력(서로 끌어당기는) 대신 반인력(서로 밀어내는)이 작용하는 것은 아닐까? 모든 이론은 반원자들 사이에 반인력이 작용하기보다는 인력이 작용할 것이라고 예상한다. 그러나 이러한 사실을 실험을 통해 확인할 수 있다면 그것은 자연에 대한 우리의 이해가 정확하다는 것을 다시 한번 증명하는 것이 될 것이다. 원자 크기의 작은 세계에서는 두 입자 사이에 작용하는 만유인력은 측정하기 어려울 정도로 작다. 전자기력이나 핵력이 만유인력보다 훨씬 더 크기 때문에 입자 사이의 상호 작용은 만유인력 대신 전자기력이나 핵력의 지배를 받는다. 따라서 보통 크기의 물체를 만들 수 있을 정도로 많은 양의 반물질이 있어야 반물질 덩어리 사이에 작용하는 만유인력을 보통의 물질 사이에 작용하는 힘과 비교하여 반인력이 존재하는지를 확인할 수 있을 것이다. 반물질로 만들어진 한 세트의 당구공(물론 당구대나 당구공을 치는 큐도)이 있다면, 이런 공으로 하는 포켓볼과 보통의 당구공으로 하는 포켓볼이 어떻게 다른지 비교할 수 있을 것이다. 반물질로 만든 8개의 공도 보통의 당구공과 똑같이 구석의 포켓 속으로 들어갈까? 반물질로 이루어진 반행성도 반물질로 이루어진 별 주위를 보통 행성이 보통 별 주위를 도는 것과 똑같이 공전할까?

반물질로 이루어진 물체가 보통 물체와 똑같이—정상적인 인력, 정상적인 충돌, 정상적인 빛 등—행동한다는 것을 증명하는 것은 현대 물리학이 한 모든 예측의 정당성을 증명하는 것인 동시에 철학적으로도 의미 있는 일일 것이다. 반물질이 물질과 똑같이 행동한다면 그것은 반물질로 이루어진 은하가 우리 은하를 향해서 다가오고 있다고 해도 우리가 손쓸 수 없게 되기 전까지는 우리가 이 은하를 보통의 은하와 구별할 수 있는 방법이 없다는 것을 뜻한다. 그러나 우리가 살고 있는 우주에서는 이런 일이 일어날 것을 염려할 필요가 없을 것 같다. 왜냐하면 반물질로 만들어진 하나의 별이 보통의 별과 충돌하여 반물질과 물질이 소멸하고 감마선을 방출할 때 나오는 에너지는 대단히 클 것이기 때문이다. 태양과 비슷한 질량을 가진 두 별(각각 $10^{57}$개의 입자를 가지고 있는)이 우리 은하에서 충돌한다면 1억 개의 은하 속에 있는 모든 별들이 방출하고 있는 에너지보다 더 큰 에너지를 방출하여 우리 모두를 태워버릴 것이다. 우리는 그러한 끔찍한 사건이 우주 어느 곳에서 일어났었다는 아무런 증거도 가지고 있지 않다. 따라서 우리는 반물질이 따로 모여서 만들어진 별이나 은하가 존재하는 것이 아니라 우주가 시작되고 몇 분 후부터는 보통의 물질을 반물질보다 더 많이 가지게 되었다고 판단할 수밖에 없다. 따라서 물질과 반물질의 충돌은 먼 훗날 은하 사이의 공간을 여행하는 우주여행의 위험 목록에서 삭제해도 좋을 것이다.

그러나 아직 우주는 균형을 잃은 것처럼 보인다. 우리는 에너지에서 물질이 만들어질 때 같은 수의 입자와 반입자가 만들어질 것으로 기대한다. 그러나 우주에는 보통의 물질이 반물질보다 더 많이 존재했었고,

물질과 반물질이 함께 소멸한 후에는 여분의 보통 물질만 남게 되었다. 반물질이 사라진 후 물질만 남은 우주는 매우 행복해 보인다. 어느 곳엔가 숨겨져 있을지도 모르는 반물질을 가득 담고 있는 반물질 주머니가 이러한 불균형의 원인일까? 우주 초기에는 물질이 반물질보다 많아지도록 하기 위해 물리학의 법칙이 지켜지지 않은 것일까?(아니면 우리가 모르는 물리법칙이 적용된 것일까?) 우리는 이러한 물음에 대한 대답을 영원히 찾아내지 못할지도 모른다. 현재로서는, 만약 어느 날 외계인이 당신의 앞마당에 내려와 당신에게 인사를 하기 위해 그들의 신체기관 중 하나를 뻗어온다면, 당신은 친해지기 전에 당구공을 던져보는 것이 좋을 것이다. 만약 그들의 신체기관과 공이 폭발한다면 그 외계인은 반물질로 이루어진 생물체일 것이다(이러한 결과에 어떻게 반응하건 그리고 그러한 폭발이 당신에게 어떤 영향을 미치건 그것은 당신이 해결해야 할 문제이므로 우리는 상관하지 않을 것이다). 그러나 아무 일도 일어나지 않는다면 당신은 당신의 새로운 친구를 새로운 지도자로 맞아들여도 좋을 것이다.

# 3장

● 

## 빛이 있으라


우주의 나이가 겨우 몇분의 1초밖에 안 되었을 때 우주의 온도는 1조 도가 넘었다. 우주는 빛으로 가득했고 따라서 상상하기 힘들 정도로 밝았다. 이때 우주의 주요 관심사는 팽창이었다. 시간이 흐를 때마다 우주에는 아무것도 없는 것으로부터 더 많은 공간이 생겨났다(상상하기 힘들겠지만 여러 가지 증거들은 우리의 상식을 뛰어넘는 사실을 증명해주고 있다). 우주가 팽창함에 따라 온도는 더 내려가고 점점 빛을 잃어갔다. 우주 초기의 10만 년 동안에는 빠르게 날아다니는 전자가 빛을 이리저리 반사하는 진한 스프와 같은 우주에 물질과 에너지가 동거했다.

그 당시에 우리에게 주어진 임무가 우주를 가로질러 멀리 보는 것이었다면 우리는 임무를 완수할 수 없었을 것이다. 우리 눈에 들어오는 모든 광자는 우리 눈앞에서 불과 10억분의 1초나 1조분의 1초 전에 전자에 의해 반사된 것일 것이다. 전자가 가득 날아다니고 있는 우주에서는 어느 방향을 바라보아도 밝게 빛나는 안개밖에는 볼 수 없을 것이다.* 우리 주변—밝고 반투명한 붉고 흰색으로 보이는—은 온통 태양 표면과 비슷한 밝기로 보일 것이다.

우주가 팽창함에 따라 광자 하나하나가 가지고 있는 에너지가 작아졌다. 그래서 젊은 우주가 38만번째의 생일을 맞이했을 때쯤 되자 우주의 온도가 3천 도 아래로 내려가서 수소 원자핵인 양성자와 헬륨 원자핵이 전자를 영구히 붙들어둘 수 있게 되었다. 원자핵과 전자들이 서로 따로 흩어져 있던 우주에 원자핵 둘레를 전자가 돌고 있는 원자들이 등장하게 된 것이다. 이전에는 광자들이 새로 형성되는 원자를 원자핵과 전자로 분리하기에 충분한 에너지를 가지고 있었기 때문에 원자가 만들어질 수 없었다. 그러나 계속적인 우주의 팽창으로 광자들이 원자를 분해하는 능력을 상실하게 된 것이다. 전자들이 원자 속으로 흡수되어 공간에 자유롭게 날아다니는 자유전자의 수가 적어지자 광자는 아무것에도 부딪히지 않고 우주를 가로질러 달릴 수 있게 되었다. 우주를 오랫동안 감싸고 있던 전자 안개가 걷힌 것이다. 이제 우주는 투명해졌으며 가시광선은 자유롭게 우주를 내달릴 수 있게 되었다. 이때 전자의 방해에서 벗어나 우주를 달리기 시작한 빛이 우주배경복사이다.

우주배경복사는 밝게 빛나던 우주 초기의 흔적을 가지고 현재에도

---

* 태양과 같은 별의 내부는 온도가 높아 양성자와 전자가 수소 원자를 이루지 못하고, 양성자와 전자가 자유롭게 날아다니고 있는 플라스마 상태를 이루고 있다. 태양의 핵에서 만들어진 빛이 전자에 의해 이리저리 반사되면서 태양 표면까지 나오는 데는 약 백만 년이 걸린다.

우주를 달리고 있다. 우주를 가득 채우고 있던 광자들은 파동처럼 행동하기도 했지만 입자처럼 행동하기도 했다. 우리가 물결의 파동에서 볼 수 있듯이 파동은 높은 지점인 마루와 낮은 지점인 골이 번갈아 나타나면서 이동한다. 파장은 파동의 마루와 다음 마루 사이의 거리를 나타낸다. 우리가 만약 광자에 손을 얹을 수만 있다면 광자의 파장을 자로 잴 수 있을 것이다. 모든 광자는 진공 속에서 초속 약 30만 킬로미터의 같은 속도(빛 속도)로 여행하기 때문에 파장이 짧은 광자는 초당 더 많은 파동이 같은 점을 지나가야 한다. 따라서 파장이 짧은 광자는 같은 시간 안에 더 많은 흔들림이 있어야 하는데 이런 것을 진동수가 크다고 한다. 광자의 진동수를 측정하면 광자의 에너지를 알 수 있다. 진동수가 큰 광자일수록 더 큰 에너지를 가지고 있다.

우주가 식어감에 따라 광자는 팽창하는 우주에서 에너지를 잃어갔다. 감마선과 엑스선으로 태어난 광자들은 자외선, 가시광선, 적외선으로 변해갔다. 파장이 길어짐에 따라 온도는 내려갔고 에너지는 작아졌다. 그러나 아직 광자는 광자였다. 우주의 시작으로부터 137억 년이 지난 오늘날에는 우주배경복사가 파장이 긴 초단파로 바뀌어버렸다. 천체물리학자들이 이것을 '우주배경복사' 또는 CBR(cosmic background radiation)이라는 이름 대신 '우주 초단파 배경복사(cosmic microwave background)'라고 부르는 것은 이 때문이다. 그렇다면 앞으로 백억 년이 더 지나서 우주가 더욱 팽창하고 더욱 식어 우주배경복사가 초단파보다도 파장이 긴 전파가 되면 천체물리학자들은 이것을 '우주 전파 배경복사(cosmic radio-wave background)'라고 불러야 할 것이다.

우주의 크기가 커짐에 따라 우주의 온도가 더욱 내려가게 되는 것은 물리적으로 당연한 현상이다. 우주의 서로 다른 부분이 더욱 멀어짐에 따라 우주배경복사의 파장은 점점 길어졌다. 시간과 공간으로 짜여진 우주라는 천은 모든 방향으로 늘어났다. 광자의 에너지는 파장에 반비례하기 때문에 우주의 크기가 두 배로 되면 광자의 에너지는 반으로 줄어든다.

절대온도 0도 이상의 온도에서는 모든 물체는 모든 파장의 광자를 방출한다. 그러나 이러한 복사선의 세기는 특정한 파장에서 최고값*을 갖는다. 가정에서 사용하는 전구는 우리의 피부가 따뜻하게 느끼는 빛인 적외선 영역의 전자기파를 가장 강하게 낸다. 물론 전구는 적외선과 함께 우리가 눈으로 볼 수 있는 빛인 가시광선도 낸다. 그렇지 않다면 누구도 전구를 사지 않을 것이다. 따라서 전구의 복사선은 따뜻함을 느낄 수 있을 뿐만 아니라 볼 수도 있다.

우주배경복사의 최고점은 스펙트럼의 초단파 영역인 파장이 약 1밀리미터인 곳에서 나타난다. 초단파를 이용하여 통신하는 워키토키에서 잡음이 들릴 때가 많은데, 이 잡음은 공간에 떠다니는 초단파 때문에 생기는 것으로 이 중에는 약간의 우주배경복사도 섞여 있다. 그외의 잡음은 태양, 휴대전화, 경찰의 속도측정기 등에서 나온 초단파에 의한 것이다. 우주배경복사는 초단파 영역에서 최고의 세기를 나타내지만 초단파보다 에너지가 작은 전파도 포함하고 있고(이것은 라디오 방송 전파를 오염시킨다) 초단파보다 에너지가 큰 광자도 소량 포함하고 있다.

---

* 온도가 높은 물체는 파장이 짧은 빛을 강하게 내고, 온도가 낮은 물체는 파장이 긴 빛을 더 많이 낸다. 온도가 낮은 때는 붉은색(파장이 긴 빛)으로 보이다가 온도가 높아지면 푸른색(파장이 짧은 빛)으로 보이는 것은 이 때문이다.

우크라이나 출신의 미국 물리학자 조지 가모브와 그의 동료들은 1940년대에 우주배경복사의 존재를 예측했었다. 그들은 1948년에 그 당시 알려졌던 물리법칙에 초기 우주의 조건을 대입하여 우주 초기에 있었던 빛인 우주배경복사가 우주에 골고루 퍼져 있다고 주장했다. 그들의 이론은 현재는 대폭발설의 아버지라고 알려져 있는 벨기에 제수이트 교단의 신부이며 천문학자였던 조르주 르메트르가 1927년에 발표한 논문에 바탕을 두고 있었다. 그러나 우주배경복사의 온도를 처음으로 계산한 사람은 가모브와 함께 연구하기도 했던 두 명의 미국 물리학자 랠프 앨퍼와 로버트 허먼이었다.

앨퍼, 가모브, 그리고 허먼은 공간과 시간으로 짜여진 우주는 과거에는 오늘보다 작았고, 작았기 때문에 더 뜨거웠었을 것이라고 추론했다. 그들은 우주 초기, 즉 우주가 너무 뜨거워 광자들이 전자들과 충돌하여 원자로부터 전자들을 떼어놓았기 때문에 모든 원자핵들이 발가벗고 있던 시기로 시계를 돌려보았다. 앨퍼와 허먼은 이러한 조건 아래에서는 광자들이 오늘날처럼 우주를 가로질러 달릴 수 없었을 것이라고 생각했다. 광자들이 자유를 누리기 위해서는 우주가 충분히 식어 전자들이 원자핵 주위에 자리를 잡을 수 있어야 했다. 이것은 완전한 원자들이 형성되었다는 것을 의미했고 빛이 방해를 받지 않고 우주를 여행할 수 있게 되었다는 것을 의미했다.

가모브는 초기의 우주가 현재의 우주보다 훨씬 뜨거웠을 것이라는 것을 처음 생각해냈다. 그리고 앨퍼와 허먼은 현재 우주배경복사의 온도를 처음으로 계산하여 그 온도가 절대온도 5K일 것이라고 주장했다. 그들이 얻어낸 결과가 정확한 것은 아니었다. 우주배경복사의 실제 온도는 절대온도 2.73K*이다. 그러나 이 세 사람이 오랫동안 잊혀졌던 우주 초기로 성공적으로 돌아간 것은 과학의 역사에서 이룩한 가장 위대한 업적 중 하나였다. 실험실의 벽돌 조각에서 원자물리의 기초 이론을 알아낸다거나 지금까지 누구도 측정해보지 못한 거대한 현상—우리 우주의 역사—을 추론해내는 것보다 더 놀라운 일은 없을 것이다. 이러한 성공을 평가하여 프린스턴 대학의 리처드 고트 3세는 『아인슈타인의 우주로의 시간여행 *Time Travel in Einstein's Universe*』에서 다음과 같이 썼다. "복사선의 존재를 예측하고 복사선의 온도를 2도 정도의 오차 범위 안에서 계산해낸 것은, 너비가 15미터인 비행접시가 백악관 잔디로 내려앉을 것이라고 예측했는데 실제로는 너비가 8미터인 비행접시가 나타나는 것을 보는 것과 같은 놀라운 성과였다."

가모브, 앨퍼 그리고 허먼이 그들의 예측을 발표했을 때까지도 물리학자들은 아직 우주가 어떻게 시작되었는가 하는 문제에 대해 결론을 내리지 못하고 있었다. 앨퍼와 허먼의 논문이 발표된 해인 1948년에 영국에서 발표된 두 편의 논문에는 대폭발설과 경쟁 관계에 있던 정상상태 우주론이 실려 있었다. 하나는 수학자 허먼 본디와 천체물리학자 토머스 골드가 공동으로 발표한 것이었고, 다른 하나는 우주학자 프레드 호일이 발표한 것이었다. 우주가 팽창하고 있는데도 불구하고 우주가 항상 같은 모습으로 관측되는 것을 설명하기 위해서 정상상태 우주론에서는 흥미를 끌 만한 제안을 하였다. 본디-골드-호일은 우주는 계

---

*우주배경복사의 온도가 2.73K라는 것은 우주배경복사의 파장이 온도가 2.73K인 물체가 내는 전자기파의 파장과 같다는 뜻이다.

속적으로 팽창하고 있는데도 과거의 우주가 현재의 우주보다 더 뜨겁거나 더 밀도가 높지 않았다고 주장했다. 그들은 팽창하는 우주가 온도와 밀도를 같은 값으로 유지하기 위해서는 팽창하는 우주의 밀도를 항상 같은 값으로 유지할 수 있는 정도의 물질이 계속적으로 만들어져 우주에 보태져야 한다고 주장했다. 반면에 대폭발설(이 이름은 프레드 호일이 경멸의 뜻으로 붙였다)에서는 우주의 모든 물질은 한순간에 존재하게 되었다고 주장했다. 대폭발설은 좀더 받아들이기 쉬운 가설이었다. 정상상태 우주론에서는 우주의 기원 문제를 영원한 과거의 문제로 돌려놓았다. 따라서 우주의 기원을 따지지 않아도 되었기 때문에 우주의 기원이라는 어려운 문제를 다루는 것을 꺼려하던 많은 사람들에게 편리한 이론이었다.

우주배경복사의 예측은 정상상태 우주론자들을 한 방 먹인 셈이 되었다. 이제 우주배경복사를 찾아내기만 하면 과거의 우주는 현재의 우주와 전혀 달랐다는 것—훨씬 작았고 온도가 높았다는 것—을 확실하게 밝혀내게 될 것이다. 따라서 우주배경복사를 찾아내는 것은 정상상태 우주론자들의 관에 못질을 하는 격이 될 것이었다(호일은 우주배경복사가 발견된 후에도 우주배경복사를 다른 원인에 기인하는 것으로 설명하려고 시도하여 자신의 이론을 부정하는 것으로 받아들이지 않았고, 결코 자신의 이론이 관 속으로 들어가야 한다는 사실을 인정하려 하지 않았다). 우주배경복사는 1964년에 뉴저지 주 머레이힐에 있는 벨전화연구소(줄여서 벨연구소라고 한다)에서 아노 펜지어스와 로버트 윌슨에 의해 우연히 발견되었다. 10여 년이 지난 후에 펜지어스와 윌슨은 그들의 노력과 행운 덕분에 노벨상을 수상했다.

펜지어스와 윌슨은 어떻게 노벨상을 수상할 수 있었을까? 1960년대에 물리학자들은 초단파에 대하여 알고 있었지만 초단파 영역의 아주 약한 신호를 감지해내는 방법은 모르고 있었다. 그 당시에는 대부분의 무선 통신(수신기, 송신기, 중계기)에 초단파보다 파장이 긴 전파가 사용되고 있었다. 이 때문에 과학자들은 초단파를 감지해내기 위해서는 짧은 파장의 전자기파를 잡아내는 감도가 높은 안테나가 있어야 했다. 벨연구소는 초단파를 내는 물체에 초점을 맞추어 초단파를 잡아낼 수 있는 커다란 나팔 모양의 수신장치를 하나 가지고 있었다.

만약 우리가 어떤 종류의 신호를 보내거나 받으려고 한다면 우리는 받거나 보내고자 하는 신호 외에 다른 신호가 섞이는 것을 싫어할 것이다. 펜지어스와 윌슨은 벨연구소를 위해서 새로운 통신 채널을 개설하려고 시도하고 있었다. 그들은 얼마나 많은 종류의 잡음—태양, 은하 중심, 지상의 여러 가지 전파원들로부터 오는—이 초단파 영역의 신호를 방해하는지를 알기 위해 여러 가지 실험을 했다. 그들은 우선 그들이 얼마나 초단파 영역의 신호들을 잘 감지할 수 있는가를 알아보는 실험을 시작했다. 펜지어스와 윌슨이 천문학에 대한 약간의 기초 지식을 가지고 있기는 했지만 초단파를 연구하던 기술 물리학자였으므로 그들은 가모브, 앨퍼, 허먼의 예측을 알지 못했다. 그들이 애써 **피하려고** 했던 것이 바로 초단파 배경복사였다.

그들은 실험을 진행하면서 이미 알려진 전파원에서 오는 잡음을 하나하나 체크해 나갔다. 그러나 그들은 없앨 방법을 알 수 없는 잡음이 잡히는 것을 발견하였다. 이 잡음은 지평선 위의 모든 방향으로부터 오고 있었고, 시간에 따라서도 달라지지 않았다. 마지막으로 그들은 나팔 모양의 안테나를 들여다보았다. 비둘기들이 그곳에 둥지를 틀고 살면서 안테나 여기저기에 흰색 유전물질(비둘기의 배설물)을 발라놓고 있었다. 지푸라기라도 잡고 싶었던 펜지어스와 윌슨은 비둘기의 배설물이 잡음의 원인일지도 모른다고 생각했다. 그들이 비둘기의 배설물을 깨끗이 닦아내자 잡음은 약간 약해졌다. 그러나 잡음은 여전히 사라지지 않았다. 1965년에 『천체물리학 저널 *The Astrophysical Journal*』에 발표한 논문에서 그들은 이 수수께끼를 세기적인 천문학적 발견이 아니라 '초과 안테나 온도'라고 불렀다.

펜지어스와 윌슨이 안테나의 비둘기 배설물을 문지르고 있는 동안 로버트 디키가 이끄는 프린스턴 대학의 연구팀은 가모브, 앨퍼, 허먼이 예측했던 우주배경복사를 찾아내기 위한 안테나를 만들고 있었다. 그러나 그들은 벨연구소와 같은 실험 자료를 가지고 있지 않았기 때문에 그들의 작업은 느리게 진행되었다. 펜지어스와 윌슨이 안테나 실험을 통해 얻은 결과에 대해 듣는 순간 그들은 펜지어스와 윌슨이 자신들을 추월했다는 것을 알아차렸다. 프린스턴 대학의 연구팀은 '초과 안테나 온도'가 무엇을 의미하는지를 알고 있었다. 초과 안테나의 온도, 모든 방향으로부터 같은 세기의 초단파가 오고 있다는 사실, 그리고 이 초단파가 태양 주위를 돌고 있어서 시간에 따라 달라지는 지구의 위치로부터 영향을 받지 않는다는 사실 등이 모두 우주배경복사 이론과 잘 들어맞았다.

그러나 왜 우리가 이 초단파가 우주 초기에 생성되었던 빛이라는 설명을 받아들여야 할까? 그럴 만한 이유가 있다. 먼 우주로부터 광자가 우리에게 오기까지는 오랜 시간이 걸린다. 따라서 우리가 우주를 바라보고 있으면 우리는 과거의 우주를 보고 있는 것이다. 이것은 만약 지능을 가진 외계인이 먼 우주에 살면서 오래 전에 우주배경복사를 측정했다면 우리보다 더 젊고 따라서 더 작고, 온도가 높았던 우주에 살고 있었을 테니까 그들은 우주배경복사의 온도를 2.73K보다 높은 온도로 측정했을 것임을 의미한다.

이런 대담한 주장은 실험적 증거를 가지고 있는 것일까? 그렇다. 탄소와 질소의 화합물 중 시안(cyanogen)—살인범을 처형할 때 사용되는 유독 기체를 발생시키는 화합물로 잘 알려진—은 초단파를 받으면 들뜨게 된다. 초단파의 온도가 우주배경복사의 온도보다 높으면 이 초단파는 우주배경복사보다 좀더 효과적인 방법으로 시안 화합물을 들뜨게 할 것이다. 따라서 시안 화합물은 우주 온도계의 역할을 할 수 있다. 우리가 먼 은하에 있는 시안 화합물을 관측하면, 이 화합물들은 우리 은하에 있는 시안 화합물보다 더 젊은 은하에서 온도가 더 높든 우주배경복사에 노출된 시안 화합물일 것이다. 다시 말해 이런 은하들은 우리보다 훨씬 역동적인 일생을 살고 있을 것이다. 실제로 그랬다. 먼 은하에서 오는 시안의 스펙트럼은 우주의 더 이른 시기에 기대했던 것과 같은 온도의 우주배경복사에 노출되었다는 것을 보여주었다.

여기서 끝나는 것이 아니다.

우주배경복사는 우주 초기의 상태를 증언하여 대폭발설을 뒷받침해주는 것 이상으로 중요한 것을 천체물리학자들에게 제공했다. 우주배경복사를 구성하고 있는 광자들이 전해주는 자세한 정보 속에는 우주가 투명하게 되기 이전과 이후의 상태에 대한 정보가 포함되어 있다는 것이 밝혀졌다. 우리는 우주가 시작되고 38만 년이 되기까지는 우주가 불투명하여 우리가 우주의 가장 좋은 곳에 자리를 잡더라도 물질이 형태를 갖추는 것을 볼 수 없었을 것이라는 것을 이미 언급한 바 있다. 따라서 그 당시의 우주로 우리가 간다고 해도 어디에서 은하단이 만들어지기 시작하는지 볼 수 있는 방법이 없을 것이다. 우주에서 의미 있는 무엇을 눈으로 볼 수 있게 되기 위해서는 우선 광자들이 마음대로 우주를 날아다닐 수 있는 자유를 찾을 때까지 기다려야 한다. 때가 되자 그들의 진로를 방해하고 있던 마지막 전자가 사라지고 가시광선은 우주 공간을 가로지르는 여행을 시작하게 되었다. 더 많은 광자들이 전자의 방해에서 해방되자(전자들이 원자핵과 결합하여 원자를 형성함에 따라) 광자들은 천체물리학자들이 '마지막 산란 표면'이라고 부르는 팽창하는 구면을 형성하게 되었다. 이 구면이 만들어진 약 10만 년 동안은 우주의 모든 원자가 만들어진 시기이기도 하다.

그후 우주의 넓은 지역에서 물질들이 뭉치기 시작하였다. 물질이 쌓임에 따라 인력은 더욱 강해졌고, 따라서 더 많은 물질을 끌어 모으게 되었다. 이렇게 해서 물질이 많아진 지역은 초은하단이 형성되는 근원이 되었고 다른 부분은 상대적으로 텅 빈 공간으로 남게 되었다. 물질이 풍부해진 지역에서 전자에 의해 마지막으로 산란된 광자들은 물질의 중력장을 탈출하면서 에너지를 잃어 약간 온도가 낮은 스펙트럼을 형성하게 되었다.

우주배경복사는 실제로 평균보다 10만분의 1도 정도 온도가 높거나 낮은 지역을 보여주고 있다. 이 온도가 높거나 낮은 지역은 초기 우주의 구조를 반영한다. 우리는 은하, 은하단 그리고 초은하단을 직접 관찰하여 오늘날 물질이 어떻게 분포해 있는지 알 수 있다. 그러나 이런 구조들이 어떻게 형성되었는지를 알기 위해서는 아직도 우주를 가득 채우고 있는 우주 초기의 상태를 알려주는 유물인 우주배경복사를 관측해야 한다. 우주배경복사를 연구하는 것은 우주 골격학을 연구하는 것과 같다. 우리는 우주배경복사를 통해 젊은 우주 '두개골'의 튀어나오고 들어간 부분을 알아낼 수 있고 이를 이용하여 유아기 우주의 행동뿐만 아니라 어른이 된 후 우주의 행동도 추론해낼 수 있다.

우주배경복사의 정보와 우주에서 관측한 다른 자료들을 결합하여 천문학자들은 기초적인 우주의 성질을 알아내고 있다. 예를 들면 온도가 약간 높은 지역과 낮은 지역의 크기와 온도를 비교함으로써 초기 우주에서의 인력의 세기를 알아낼 수 있고 이를 이용하여 물질이 얼마나 빨리 쌓이게 되었는지를 추론할 수 있다. 그리고 이로부터 얼마나 많은 물질과 암흑물질, 그리고 암흑에너지(그 비율은 4%, 23%, 73% 정도이다)가 우주를 구성하고 있는지도 추정할 수 있다. 또한 우주배경복사의 분포로부터 우주가 영원히 팽창할 것인지 혹은 시간이 감에 따라 팽창 속도가 느려질지 아니면 빨라질지도 결정할 수 있다.

현재 우리 우주를 구성하고 있는 물질은 보통 물질이다. 물질은 인력이 작용하고 빛을 방출하기도 하고 흡수하기도 하며 다른 방법으로 상호 작용을 하기도 한다. 4장에서 다룰 암흑물질은 인력은 작용하지만 알려진 어떤 방법으로도 빛과는 상호 작용하지 않는 물질이다. 5장에서 다룰 암흑에너지는 과거보다 오늘의 우주가 더 빨리 팽창하도록 우주 팽창을 가속시킨다. 이런 우주론의 골격을 실험을 통해 확인함으로써 우주학자들이 초기 우주의 행동을 제대로 알아냈는지를 판정할 수 있을 것이다. 그러나 과거의 우주와 마찬가지로 현재의 우주도 아직 단서조차 잡을 수 없는 부분을 많이 가지고 있다.

아직 알지 못하는 부분이 많이 있음에도 불구하고 오늘날의 우주학자들은 전과는 달리 우주배경복사라는 최후의 보루를 가지고 있다. 우주배경복사는 우리 모두가 통과해온 과거의 흔적을 가지고 있는 것이다.

과학자들은 먼 곳에 있는 은하를 관측함으로써 우주가 수십억 년 동안 팽창하고 있다는 결론에 도달하였다. 우주배경복사의 발견은 이러한 결론을 입증하여 우주론을 더욱 정교한 것으로 만들었다. 우주학자들이 실험 과학자들의 테이블에 앉을 수 있게 된 것은 우주배경복사의 분포 지도를 작성한 후의 일이다. 초기에는 기구를 이용하거나 망원경을 이용하여 하늘 한 부분의 우주배경복사의 지도를 작성했었지만, 후에는 윌킨슨 초단파 비등방성 측정장치(WMAP)*라고 불리는 위성을 이용하여 전 하늘의 우주배경복사의 지도를 작성했다. 우리의 우주 이야기가 시작되기 전인 2003년에 첫번째 관측 결과를 보내온 WMAP는 앞으로도 더 많은 정보를 수집해 보내올 것이다.

우주학자들은 대단한 자부심을 가지고 있다. 그렇지 않다면 그들이 어떻게 우주의 기원과 같은 대담한 이야기를 할 수 있겠는가? 그러나

---

* 미국 항공우주국(NASA)이 2001년 6월에 발사한 WMAP 위성은 지상 150만 킬로미터 상공에서 우주의 모든 방향에서 오는 우주배경복사를 관측하고 있다. 2003년 2월 미국 항공우주국은 WMAP 위성이 보내온 관측 자료를 바탕으로 대폭발 후 38만 년밖에 지나지 않은 초기 우주의 모습을 최초로 공개했다.

관측된 사실에 근거해야 하는 앞으로의 우주학자들은 좀더 겸손해질 것이고 어느 정도 상상력에 제한을 받을 것이다. 모든 새로운 관측 결과와 자료들은 그들의 이론이 옳은지 그른지 판단할 것이다. 반면에 실험실 관측 경험이 많은, 새로운 정보와 자료를 제공해주고 있는 다른 과학 분야에서와 마찬가지로 우주학자들도 실험과 관측으로부터 새로운 기초를 제공받을 수 있을 것이다. 그리고 새로운 관측 자료는 관측으로 정당화할 수 없는 이론들을 버리도록 만들어 어떤 이론을 살려둘 것인지 어떤 이론을 버릴 것인지를 결정하게 될 것이다.

어떤 과학도 정교한 관측 자료 없이는 발전할 수 없다. 우주학도 이제 정교한 과학으로 변모해가고 있다.

4장

●

# 어둠이 있으라

우리에게 가장 익숙한 자연의 힘인 인력은 우리가 가장 잘 이해할 수 있는 현상과 가장 이해하기 어려운 현상을 동시에 만들어낸다. 지난 천 년의 인류 역사를 통해서 가장 위대하고 가장 영향력 있는 과학자였던 아이작 뉴턴은 모든 물체 사이에 '원격 작용'으로 작용하는 만유인력을 간단한 방정식으로 나타냈다. 물질 사이에 작용하는 만유인력을 물질과 에너지가 만드는 시공간의 휘어짐에 의한 것으로 설명하여 인력 이론을 좀더 정교한 것으로 만든 사람은 20세기의 가장 위대한 과학자였던 알베르트 아인슈타인이었다. 아인슈타인은 빛이 무거운 물체 옆을 지나갈 때 얼마나 휘어질 것인지와 같은 문제를 정확하게 계산해내기 위해서는 뉴턴의 만유인력 이론을 일부 수정해야 한다는 것을 보여주었다. 뉴턴의 식보다 더 정교하고 복잡하기는 했지만 아인슈타인의 방정식은 우리가 보고, 만지고, 느끼고, 때로 맛을 보기도 하는 우리에게 잘 알려진 물질의 행동을 성공적으로 설명하였다.

다음번 천재는 누구일지 아직 아무도 모른다. 그러나 우리는 우리가 볼 수도, 만질 수도, 느낄 수도 없는 물질에 어떻게 만유인력이 작용하는지를 설명해줄 사람을 반세기 동안이나 기다려왔다. 어쩌면 여분의 인력은 물질 때문이 아니라 전혀 다른 개념의 어떤 것 때문일지도 모른다. 어떤 경우이든 우리는 아직 아무런 단서를 가지고 있지 않다. 은하들 사이의 운동을 측정한 천문학자들은 1933년에 처음으로 '잃어버린 질량(missing mass)'의 문제를 제기했다. 그러나 수십 년이 지난 지금에도 우리가 이 잃어버린 질량에 대해 그들보다 그다지 많은 것을 알지 못하고 있다. 40년이 넘게 캘리포니아 공과대학 교수를 지냈던 불가리아 출신의 미국 천체물리학자 프리츠 츠비키는 우주에 대한 뛰어난 통찰력을 지니고 있을 뿐만 아니라 동료들과는 다른 의견을 과감히 제시하는 창의력을 가진 학자였다. 그는 1937년에 잃어버린 질량에 대한 그의 생각을 제시했다.

츠비키는 우리 은하의 별들 저 너머에 있는 거대한 은하단인 머리털자리(고대 이집트의 왕비였던 '베레니케의 머리털')* 은하단 내의 은하들의 운동을 조사했다. 머리털자리 은하단은 지구로부터 약 3억 광년 떨어져 있는 많은 은하를 가진 독립된 은하단이다. 이 은하단의 수천 은하들은 벌들이 벌집 주위를 맴돌듯이 여러 방향으로 은하단의 중심을

---

* 서양에서는 머리털자리(Coma Berenices)를 '베레니케의 머리털(hair of Berenice)'이라고 부른다. 고대 이집트의 왕비인 베레니케가 남편의 전승(戰勝)을 비는 뜻에서 머리털을 잘라 신에게 바친 것을 기념하기 위해 별자리 이름을 만들었다고 한다.

돌고 있다. 은하들을 묶어두고 있는 인력을 측정하기 위해 수십 개 은하들의 운동을 조사한 츠비키는 은하들의 평균 속도가 놀랍도록 크다는 것을 발견하였다. 더 강한 인력은 인력장 내에서 움직이는 물체의 속도를 빠르게 한다는 사실을 이용하여 그는 머리털자리 은하단의 질량을 추정하였다. 추정된 모든 은하의 질량을 합해보니 머리털자리 은하단은 우주에서 가장 크고 가장 많은 질량을 포함하고 있는 큰 은하단이라는 것이 밝혀졌다. 그럼에도 불구하고 이 은하단의 측정 가능한 질량은 구성 은하들의 속도를 설명할 만큼 충분하지 않았다. 잃어버린 질량이 있는 것 같았다.

은하단이 팽창하거나 수축하는 이상한 상태에 있지 않다면 뉴턴의 인력법칙을 적용하여 은하들의 적당한 속도를 계산해낼 수 있다. 은하단의 크기와 총질량만 알면 이런 계산은 어려운 일이 아니다. 은하단 내의 은하들이 중심으로 빨려 들어가거나 중심에서 멀어지지 않고 은하단의 중심을 돌기 위해서 중심에서 얼마의 거리에서 얼마의 속도로 운동해야 하는지는 은하단의 질량에 의해 결정된다.

뉴턴이 했던 것과 비슷한 계산을 통해 우리는 태양으로부터 특정한 거리에 있는 행성들이 태양으로 빨려 들어가거나 멀어지지 않기 위해서는 어떤 속도로 운동해야 하는지 알아낼 수 있다. 만유인력의 법칙을 이용하여 이런 계산을 하는 것은 마술과는 거리가 먼 것이다. 만약 태양의 질량이 갑자기 증가한다면, 지구를 비롯한 태양계의 모든 천체들이 자신들의 궤도에 그대로 머물러 있기 위해서는 더 빠른 속도로 태양을 돌아야 할 것이다. 그러나 속도가 너무 빠르다면 태양의 인력은 천체들을 궤도에 잡아둘 수 없을 것이다. 만약 지구의 공전 속도가 현재 속도보다 $\sqrt{2}$ 배 증가한다면 지구의 공전 속도는 '탈출 속도(escape velocity)'[*] 가 되어 지구는 태양계를 영원히 떠나게 될 것이다. 우리는 같은 원리를 수많은 별들이 서로 인력을 미치면서 공전하고 있는 은하나 또는 수많은 은하들이 서로 인력을 미치고 있는 은하단과 같이 훨씬 큰 세계에도 그대로 적용할 수 있다. 아인슈타인은 뉴턴을 기념하여 다음과 같은 글을 썼다(필자 중 한 사람이 영어로 번역한 이것보다는 독일어 원문이 더 큰 감동을 준다).

우리에게 영감을 주는 별들을 바라보라.
절대자의 생각이 느껴지는가?
모든 것들은 뉴턴의 수학을 따라
그들의 길을 말없이 가고 있구나.

1930년대에 츠비키가 그랬던 것과 같이 머리털자리 은하단을 관측해보면 우리는 놀라운 사실을 발견할 수 있다. 우리는 은하의 밝기로부터 은하의 질량을 계산해낼 수 있고 이런 은하의 질량을 모두 합하면 은하단 전체의 총질량을 구할 수 있다. 그런데 이 은하단의 은하들은 은하단의 총질량에 의한 탈출 속도보다 빠른 속도로 운동하고 있다. 따라서 이 은하단은 수십억 년이나 수억 년을 견디지 못하고 빠르게 여러

---

[*] 천체 표면에 있는 물체는 천체의 인력으로 인해 쉽게 천체를 떠날 수 없다. 그러나 천체의 인력은 거리가 멀어짐에 따라 줄어들기 때문에 충분히 큰 속도로 멀어지면 천체를 영원히 떠날 수도 있다. 천체의 인력을 물리치고 천체를 떠날 수 있는 속도를 탈출 속도라고 하는데 탈출 속도는 천체의 질량과 지름에 의해 결정된다. 지구의 탈출 속도는 초속 약 11.3킬로미터 정도이다.

조각으로 쪼개졌어야 한다. 그러나 이 은하단의 나이는 우주의 나이와 비슷한 백억 년이 넘는다. 이것은 오랫동안 천문학의 수수께끼였다.

츠비키의 관측이 있은 후 수십 년 동안 다른 은하단에서도 같은 현상이 발견되었다. 따라서 머리털자리 은하단만이 유별나다는 비난을 면할 수 있게 되었다. 그렇다면 누가 비난을 받아야 할까? 뉴턴일까? 아니다. 그의 이론은 지난 250년 동안 모든 시험을 잘 통과하였다. 그렇다면 아인슈타인인가? 은하단의 커다란 중력장은 츠비키가 관측할 당시 세상에 나온 지 20년밖에 되지 않았던 아인슈타인의 일반상대성 이론을 적용할 필요가 있을 만큼 크지도 않다. 아마도 아직 알려지지 않은 형태의 눈에 보이지 않는 '잃어버린 질량'이 이 은하단을 구속하여 그대로 존재하도록 하고 있는 것 같았다. 한동안 천문학자들은 잃어버린 질량의 문제를 '잃어버린 빛의 문제'라고 고쳐 부르기도 했다. 하지만 은하단의 질량을 더 정확하게 측정할 수 있게 된 오늘날의 천문학자들은, 더 정확하게는 '암흑인력'이라고 해야 하겠지만 '암흑물질'이라는 이름을 널리 사용하고 있다.

암흑물질이 보이지 않는 자신의 존재를 두번째로 드러내는 사건이 일어났다. 1976년 워싱턴에 있는 카네기 연구소의 베라 루빈이 은하단보다 크기가 훨씬 작은 나선은하에서 비슷한 '잃어버린 질량'의 문제를 발견한 것이다. 은하 중심을 돌고 있는 별들의 속도를 측정한 루빈은 예상했던 대로 관측 가능한 원반 안에 있는 별들은 은하 중심에서 먼 곳에 있는 별들일수록 가까운 곳에 있는 별들보다 더 빨리 움직인다는 것을 발견하였다. 먼 곳에 있는 별들은 은하 중심과 그 별 사이에 더 많은 질량(별들과 기체)을 가지고 있기 때문에 그들의 궤도를 유지하기 위해서는 더 빠른 속도가 필요하다. 물질이 많이 분포되어 있는 은하의 밝은 원반 바깥쪽 멀리 떨어져 있는 곳에서도 기체 구름과 소수의 밝은 별들을 발견할 수 있다. 루빈은 이러한 천체들을 이용하여 더 이상 눈으로 관측할 수 있는 물체가 분포해 있지 않는 은하 '밖'에서의 은하의 중력장을 측정해보았다. 더 이상 물질이 분포해 있지 않은 바깥쪽에서는 거리가 증가하면 만유인력이 줄어들기 때문에 이런 곳에 있는 천체들의 속도는 거리가 증가함에 따라 줄어들어야 한다. 그러나 루빈은 이들의 궤도 운동 속도가 먼 거리에서도 큰 속도 그대로 유지되고 있는 것을 발견하였다.

거의 비어 있는 공간—은하의 변두리 공간—은 이러한 천체들의 속도를 설명하기에는 턱없이 모자라는 질량을 갖고 있었다. 루빈은 나선 은하의 밝은 원반 바깥쪽에 어떤 형태의 암흑물질이 있을 것이라고 주장했다. 실제로 암흑물질은 전체 은하를 둘러싸는 헤일로(halo)라고 부르는 커다란 구를 만들고 있다.

헤일로의 문제는 다른 은하의 문제가 아니라 우리 은하의 문제로 우리 코앞에 닥친 문제이다. 은하에 따라 그리고 은하단에 따라 관측 가능한 보통 물질의 질량과 천체 운동을 통해 계산되는 총질량의 비율은 크게 달라 작게는 2배에서 3배, 크게는 수백 배가 되기도 한다 전체 우주의 평균값은 6배 정도이다. 그것은 우리 우주에는 관측 가능한 물질보다 암흑물질이 약 6배 정도 더 많다는 것을 의미한다.

지난 25년 동안의 연구는 대부분의 암흑물질이 빛을 내지 않는 보통의 물질로 이루어진 것이 아니라는 것을 밝혀냈다. 이러한 결론을 내리게 된 데에는 두 가지 이유가 있다. 우선 우리가 생각할 수 있는 암흑물질 후보들을 마치 경찰이 범인을 찾아낼 때 하듯이 충분한 이유를 발견할 때마다 하나씩 제외해나갈 수 있다. 암흑물질이 블랙홀 내부에 숨겨져 있을까? 아니다. 그렇게 많은 블랙홀이 은하에 흩어져 있다면 블랙홀이 주위 별들에 미치는 인력의 영향을 이용하여 우리는 태양계 가까이 있는 별 주변에서 여러 개의 블랙홀의 존재를 확인했어야 한다. 그렇다면 암흑구름일까? 아니다. 그런 구름은 구름 뒤에서 오는 별빛을 흡수하지만 진짜 암흑물질은 빛과 상호 작용하지 않는다. 암흑물질이 성간 공간(또는 은하 사이의 공간)에 있는 행성, 소행성, 혜성과 같이 스스로 빛을 내지 못하는 천체들일까? 우주에 별보다 6배나 많은 질량의 행성이 있다는 것은 믿기 어렵다. 그것은 태양과 같은 별 하나마다 6천 개의 행성이 돌고 있다는 것을 뜻하며 지구 크기의 행성이라면 2백만 개가 있어야 한다. 우리 태양계를 예로 들면 태양 밖에 있는 질량의 총합은 태양 질량의 0.2퍼센트에 불과하다.

따라서 우리가 생각해낼 수 있는 최선의 추론을 하더라도 암흑물질을 우연히 빛을 내지 않게 된 보통의 물질이라고 할 수는 없다. 대신에 암흑물질은 보통의 물질과는 전혀 다른 어떤 것이다. 암흑물질은 보통의 물질과 같은 법칙에 의해 인력을 작용한다. 그러나 그외의 방법으로는 이것을 검출하는 것이 어렵다. 우리가 아직 암흑물질이 무엇인지 모르기 때문에 이런 분석이 아무 의미가 없을지도 모른다. 암흑물질을 관측하는 것이 어려운 것은 암흑물질이 무엇이냐 하는 본질적인 문제와 직결되어 있다. 모든 물체는 질량을 가지고 있고 모든 질량에는 인력이 작용한다고 해서 인력이 작용하면 질량이 있어야 한다고 할 수 있을까?

우리는 아직 모른다. '암흑물질'이란 이름은 인력이 작용하지만 아직 그것이 무엇인지 모르는 물질이라는 의미를 내포하고 있다. 그러나 어쩌면 우리가 이해하지 못하고 있는 것은 인력일지도 모른다.

존재 여부를 넘어서 암흑물질을 연구하기 위해서 천체물리학자들은 공간의 어느 곳에 암흑물질이 모여 있는지 찾아내려고 노력하고 있다. 예를 들어 만약 암흑물질이 은하단의 가장자리에만 존재한다면 은하의 속도는 암흑물질 문제에 어떤 실마리도 제공하지 못할 것이다. 왜냐하면 은하의 속도와 궤도는 은하의 궤도보다 안쪽에 있는 물질에 의해서만 영향을 받기 때문이다. 만약 암흑물질이 은하단의 중심에만 존재한다면 중심에서 바깥쪽으로 가면서 변하는 은하들의 속도는 보통의 물질만 있는 경우와 같이 변할 것이다. 그러나 은하단 내의 은하의 속도는 암흑물질이 은하단의 모든 부분에 들어차 있다는 것을 보여주고 있다. 실제로 보통 물질과 암흑물질이 존재하는 장소는 거의 일치한다. 몇 년 전에 그 당시에는 벨연구소에 있었고 현재는 캘리포니아 대학 데이비스 캠퍼스에 있는 미국의 천체물리학자 앤서니 타이슨(필자 중 한 사람은 그를 '토니 사촌'이라고 불렀지만 실제로는 아무런 친척관계가 아니다)이 이끄는 연구팀이 최초로 거대한 은하단의 내부와 주변의 암흑물질에 의한 인력의 분포를 나타내는 자세한 지도를 작성하였다. 커다란 은하에는 더 많은 암흑물질이 분포해 있는 것을 알 수 있었다. 반대 역시 사실이었다. 눈으로 관측할 수 있는 물질이 없는 곳에는 암흑물질도 없었다.


총질량과 관측 가능한 질량의 차이는 천체물리학적 환경에 따라 크게 달라진다. 은하나 은하단과 같이 커다란 천체 주변에서는 총질량과 관측 가능한 질량 사이의 차이가 뚜렷하지만 위성이나 행성과 같이 작은 천체에서는 아무런 차이가 존재하지 않는다. 예를 들어 지구 표면에서의 인력은 지구 내부에 있는 물질을 가지고 완벽하게 설명할 수 있다. 따라서 지구에서 몸무게가 많이 나가는 것을 암흑물질의 탓으로 돌릴 수는 없을 것이다. 지구 주위를 돌고 있는 달의 궤도에나 태양을 돌고 있는 행성의 궤도에도 암흑물질이 존재하지 않는다. 그러나 은하 중심 부근에 있는 별들의 운동을 설명하기 위해서는 암흑물질이 필요하다.

거대한 규모에서는 전혀 다른 인력법칙이 작용하는 것은 아닐까? 아마도 아닐 것이다. 아마도 암흑물질은 우리가 아직 이해할 수 없는 물질로 이루어진 것일 가능성이 크고 그들은 보통의 물질보다는 아주 엷게 퍼져 있을지도 모른다. 그렇지 않다면 우리는 한 개의 보통 물질 덩어리에 여섯 개의 비율로 암흑물질 덩어리를 발견해야 한다. 그러나 그것은 사실이 아니다.

위험한 발상일지 모르지만 때로 천체물리학자들 중에는 우리가 알고 있는 모든 물질 ─ 별, 행성, 그리고 생명체를 이루는 물질 ─ 은 아무것도 아닌 것처럼 보이는 어떤 것으로 이루어진 거대한 우주의 바다에 떠다니는 작은 물체들에 불과할지도 모른다고 말하는 사람도 있다.

그러나 이 결론이 모두 틀렸다면 다음에는 무엇인가? 어떤 과학자들은 어떤 가정으로도 설명이 불가능하다면 우주를 이해하기 위한 기초 이론인 물리학의 기본 법칙들을 의심해야 하는 것이 아니냐고 생각한다.

1980년대에 이스라엘에 있는 와이즈만 과학원(Weizmann Institute of Science)의 물리학자 몰데하이 밀그롬은 현재 MOND(Modified Newtonian Dynamics, 수정된 뉴턴 역학)라고 알려져 있는, 뉴턴의 만유인력 법칙을 수정한 새로운 인력법칙을 제시했다. 뉴턴 역학이 은하보다 작은 규모에서는 성공적이라는 사실을 인정하고, 밀그롬은 은하나 은하단에서와 같이 별과 은하들이 아주 멀리 떨어져 있어서 이들 사이에 작용하는 인력이 아주 작은 경우의 인력을 기술하기 위해서는 뉴턴의 식을 일부 수정해야 한다고 제안했다. 밀그롬은 뉴턴의 식에 거리가 아주 멀 때만 의미를 가지는 새로운 항을 첨가했다. 밀그롬은 계산 수단의 하나로 MOND를 창안해냈지만 그는 그의 식이 자연의 새로운 현상을 설명하게 되기를 기대하고 있었다.

그러나 MOND는 부분적으로 성공을 거두었을 뿐이다. 이 이론은 나선은하의 변두리에 고립되어 움직이는 천체의 운동을 설명해내지 못했을 뿐만 아니라 설명해낸 것보다 더 많은 의문을 만들어냈다. MOND는 이중 은하나 다중 은하와 같은 좀더 복잡한 구조의 운동을 예측하는데 실패했다. 뿐만 아니라 2003년에 관측위성을 이용하여 WMAP가 관측한 자세한 우주배경복사 분포 지도는 우주학자들이 초기 우주 암흑물질의 영향을 측정할 수 있도록 했다. 이 결과는 기존의 만유인력 이론에 근거한 우주 모형과 잘 일치한다는 것을 보여주었다. MOND는 많은 지지자들을 잃었다.

140억 년으로 추정되는 우주의 나이에 비해 아주 짧은 기간인 우주 초기의 대폭발이 일어난 후 첫 50만 년 동안에 물질은 이미 은하단이나 초은하단이 될 얼룩(blob)을 형성하기 시작했다.  그러나 우주는 모두 함께 팽창하여 다음 50만 년 동안에 그 크기가 2배가 되었다. 이러한 팽창은 우주에 두 가지 상반된 효과를 나타내게 되었다. 인력은 물질을 한 곳으로 모으려고 하는 반면 팽창은 물질을 흩어놓으려고 한다는 것이다. 간단한 계산을 해보면 이 둘의 경쟁에서 인력이 이길 가능성이 작다는 것을 곧 알 수 있다. 인력이 이기기 위해서는 암흑물질의 도움이 필요하다. 암흑물질이 없었다면 은하단도, 은하도, 별도, 행성도, 사람도 없는 우주가 되었을 것이고 따라서 우리도 살아 있지 못할 것이다. 얼마나 큰 암흑물질의 인력이 필요했을까? 보통의 물질로부터 얻어질 수 있는 만유인력의 6배가 필요했다. 이러한 분석은 MOND가 뉴턴의 식을 수정하기 위해 새로운 항을 집어넣는 것을 허락하지 않는다. 이런 분석이 암흑물질이 무엇인가를 우리에게 말해주지는 않지만 암흑물질의 영향은 실제로 존재하며, 시도는 해볼 수 있겠지만 보통의 물질에서 그 원인을 찾는 것은 가능하지 않을 것이라는 것을 말해주고 있다.

암흑물질은 우주에서 또 다른 중요한 역할을 한다. 암흑물질이 우리에게 해준 일들을 제대로 알기 위해서 우리는 대폭발 이후 몇 분이 지난 시점으로 돌아가야 한다. 이때에는 우주가 아직 매우 뜨겁고 밀도가 높아 수소 원자핵(양성자)들은 서로 융합할 수 있었다. 초기 우주에서는 수소가 융합하여 헬륨과 약간의 리튬이 만들어졌고, 수소에 중성자가 합해져서 보통의 수소보다 원자량이 큰 중수소가 소량 만들어졌다. 이러한 원소들의 혼합 비율은 대폭발의 또 다른 흔적으로서, 대폭발 후 몇 분 동안에 어떤 일이 일어났는지를 짐작할 수 있게 하는 우주 고고학적 유물이다. 이런 흔적이 만들어질 당시에는 입자 사이에 작용하는 힘은 만유인력이 아니라 강한 핵력*—원자핵 속에서 양성자와 중성자를 묶어두는 힘—이었다. 만유인력은 너무 약해서 수조 개의 입자가 합

---

* 자연에 존재하는 네 가지 힘 중에서 가장 강한 힘이 강한 핵력이다. 그러나 강한 핵력은 두 물체가 아주 가까이 있을 때만 작용한다. 따라서 강한 핵력은 원자핵 속에 들어 있는 양성자와 중성자 사

해져서 커다란 물체를 만든 후에야 의미 있는 힘을 만들어낼 수 있다.

온도가 한계온도보다 낮아질 때까지 핵융합은 수소 10개에 1개 비율로 헬륨을 만들어냈다. 우주는 또한 보통 물질의 약 천분의 1 정도를 리튬으로 만들었고, 10만분의 1을 중수소로 만들었다. 만약 암흑물질이 상호 작용하지 않는 성질을 가진 어떤 것이 아니라 빛을 내지 않는 보통의 물질이었다면 보통 물질로 된 입자보다 6배나 되는 암흑물질로 된 입자들이 만들어졌을 것이다. 그리고 이것은 수소의 핵융합 반응률을 현저하게 높였을 것이다. 그렇게 되었다면 우주에는 훨씬 더 많은 헬륨이 존재하게 되었을 것이고 우주는 우리가 살고 있는 현재의 우주와는 전혀 다르게 되었을 것이다.

헬륨은 비교적 쉽게 만들어낼 수 있는 원자핵이지만 융합하여 다른 원자핵을 만들기는 아주 어렵다. 별의 핵에서는 핵융합 반응에 의해 수소가 계속 헬륨으로 바뀌고 있지만 다음 단계의 핵융합 반응에 의해 소모되는 헬륨 원자핵은 아주 적다. 따라서 우리가 우주 어딘가에서 발견할 수 있는 헬륨의 양은 우주 초기의 몇 분 동안에 만들어진 헬륨의 양보다 적지 않을 것이라는 것은 쉽게 짐작할 수 있다. 별들 속에서 일어나고 있는 핵융합 반응에 의해 원래 포함하고 있던 물질의 극히 일부만 다른 원소로 바꾼 현재 은하의 구성 성분을 관측해보면, 대폭발 이론이 예측한 것과 같이 약 10개의 원자 중 1개가 헬륨 원자이다. 이것은 암흑물질이 존재하지만 핵융합 반응에는 관계하지 않았다는 것을 나타낸다.

---

이에는 작용하지만 원자와 원자 사이에는 작용하지 않는다. 우주 초기에는 모든 입자들이 아주 가까이 있었기 때문에 강한 핵력이 작용할 수 있었다.

따라서 암흑물질은 우리의 친구이다. 천체물리학자들은 잘 알지 못하는 것을 근거로 계산하는 일을 불편해하면서도 자주 그런 일을 해야 한다. 예를 들어 천체물리학자들은 핵융합 반응이 태양 에너지의 근원이라는 것을 알아내기 전에 이미 태양이 방출하는 에너지의 양을 계산했었다. 양자물리학이 등장하기 전인 19세기에는 아주 작은 세계에서 일어나는 일들을 제대로 이해하지 못하고 있었기 때문에 핵융합은 아직 그 개념조차 없었던 시기였다.

암흑물질의 존재를 의심하는 사람들은 암흑물질을 '에테르(ether)'와 비교한다. 에테르는 한때 빛을 전파하는 매질로 여겨졌으나 이제는 폐기된, 질량이 없고 투명한 가상적인 물질이다. 1887년에 클리블랜드에서 앨버트 마이컬슨과 에드워드 몰리의 유명한 실험이 행해질 때까지 여러 해 동안 물리학자들은 아무런 실험적 뒷받침이 없었음에도 불구하고 에테르가 존재한다고 가정하였다. 빛이 파동이라는 것이 밝혀지자 음파가 공기라는 매질을 통하여 전파되듯이 빛이 전파되는 매질이 있어야 한다고 생각한 것이다. 그러나 빛은 아무런 매질도 없는 텅 빈 공간을 여행하는 데 아무런 불편이 없다는 것이 밝혀졌다. 공기의 떨림에 의해 전달되는 음파와는 달리 전자기파는 스스로 전파된다.

암흑물질에 대한 무지는 에테르에 대한 무지와는 근본적으로 다르다. 에테르는 우리가 현상을 불완전하게 이해해서 생겨난 것이지만 암흑물질의 존재는 단지 어떤 가정으로부터 얻어진 것이 아니라 측정 가능한 물질에 작용하는 관측된 인력에 근거하고 있다. 우리가 우주에서 암흑물질을 발명해낸 것이 아니라 관측된 사실로부터 암흑물질의 존재가 추정되었다는 말이다. 암흑물질은 거의 모두 단지 모성(母星)과의 인력 관계로부터 발견하게 된, 백 개가 넘는 태양이 아닌 다른 별을 돌고 있는 행성들과 마찬가지로 실제적인 존재이다. 물론 최악의 경우 물리학자(창의력을 가진 다른 사람들을 포함하여)가 암흑물질이 전혀 물질을 형성하지 않는, 아직 논의할 수 없는 다른 어떤 것이라는 것을 밝혀낼 가능성을 배제할 수는 없다. 암흑물질은 다른 차원에서의 힘이 아닐까? 아니면 또 다른 우주가 우리 우주와 상호 작용하는 어떤 것은 아닐까? 그렇다고 해도 이 가운데 아무것도 우리가 우리 우주의 형성과 진화 과정을 이해하기 위해 사용하고 있는 방정식 속에 들어 있는 암흑물질의 영향을 바꾸지는 않을 것이다.

다른 과격한 반대론자들은 "보는 것이 믿는 것이다"라고 선언할지도 모른다. 보는 것이 믿는 것이라는 접근 방법은 데이트를 하고, 낚시를 하고, 기계공학을 공부하는 것과 같은 일에서는 성공적인 접근 방법이다. 그러나 과학에서는 좋은 방법이 아니다. 과학은 단지 보는 것이 아니다. 과학은 측정을 하는 것이다. 그것도 가능하면 편견과 선입견 그리고 상상력이 뒤섞여 있는 우리의 뇌와 직결되어 있는 우리 눈이 **아닌** 다른 것을 이용하여 측정하는 것이다.

지난 75년 동안 지구에서 직접 관측하려던 노력의 결과 암흑물질은 연구자들의 성향을 판단하는 로르샤흐 검사*처럼 되었다. 몇몇 입자물리학자들은 암흑물질이 물질과는 인력으로 상호 작용하고 다른 방법으로는 물질이나 빛과 아주 약하게 상호 작용하거나 거의 상호 작용하지

---

* 스위스의 정신의학자 로르샤흐(Hermann Rorschach)가 개발한 인격진단 검사로서, 잉크의 얼룩 같은 무늬를 보여주고 느낌을 말하게 한 뒤 그 사람의 성격을 진단한다.

않는 아직 발견되지 않은 유령입자로 구성되었을 것이라고 주장한다. 이런 주장은 엉뚱한 것이기는 하지만 처음은 아니다. 예를 들면 그 존재가 잘 알려져 있는 중성미자는 물이나 빛과 아주 약하게 상호 작용한다. 태양에서 오는 중성미자—태양의 핵에서 한 개의 헬륨 원자핵이 만들어질 때마다 두 개의 중성미자가 만들어진다—는 진공 속을 거의 빛의 속도로 여행한 후에 아무것도 없는 것처럼 지구를 관통한다. 매초마다 약 천억 개의 중성미자가 우리의 피부 1제곱인치(약 6.45제곱센티미터)를 통해 들어오고 나간다.

그러나 중성미자는 정지시킬 수 있다. 가끔 중성미자는 약한 핵력에 의해 물질과 상호 작용한다. 만약 우리가 입자를 정지시킬 수 있다면 우리는 입자를 검출할 수 있다. 물질을 마음대로 통과하는 중성미자의 기이한 행동을 이해하기 위해서는 문과 벽을 마음대로 통과할 수 있는 능력을 가지고 있는 투명인간과 비교해보는 것이 좋을 것이다. 투명인간은 모든 것을 통과할 수 있는 그 능력 때문에 방바닥을 통과해 지하로 떨어질 것이기 때문에 방에 서 있을 수 없을 것이다.

우리가 충분히 민감한 검출기를 만든다면 입자물리학자들이 주장하는 암흑입자들은 우리가 이미 잘 알고 있는 상호 작용을 통해 자신을 드러낼 것이다. 아니면 전자기력이나, 약한 핵력, 그리고 강한 핵력이 아닌 다른 힘을 통해 그들의 존재를 드러낼지도 모른다. 이 세 가지 힘(여기에 인력을 합하면)은 알려진 입자들 사이의 상호 작용을 중재하는 힘이다. 따라서 선택은 분명해진다. 암흑입자들이 우리가 그들을 발견하여 이 입자들이 상호 작용하는 새로운 힘들을 지배해주기를 기다리고 있든지 아니면 암흑입자들이 보통의 힘들로 상호 작용하지만 그 상호 작용이 아주 약하든지 둘 중 하나인 것이다.

MOND 이론가들은 로르샤흐 검사에서 아무런 새로운 입자를 보지 못했다. 그들은 입자가 아니라 인력을 뜯어고쳐야 한다고 생각했다. 따라서 그들은 뉴턴의 역학을 수정하는 용감성을 발휘했다. 그들은 원자보다 작은 입자들에 대한 우리의 생각이 아니라 인력에 대한 우리의 생각을 바꾸려고 시도한 선구자들임에 틀림없다.

또 다른 물리학자들은 TOEs, 즉 '모든 것의 이론(theories of everything)'이라고 부르는 것을 추구한다. 이 새로운 이론에서는 우리 우주가 인력으로만 상호 작용하는 평행한 동반우주(parallel universe)를 가지고 있다는 것이다. 우리는 이 동반우주로 물질을 보낼 수 없고 다만 우리 우주의 특별한 차원을 통해서 작용하는 인력만을 느낄 수 있을 뿐이라고 한다. 우리 우주와 나란히 있으면서 인력을 통해서만 자신을 드러내는 유령우주를 상상해보라. 매우 흥미 있어 보이지만 허황하게 들릴 것이다. 그러나 처음에 지구가 태양을 돌고 있다거나 우리 은하 밖에 다른 은하가 있다는 이야기를 들었을 때도 마찬가지로 허황하게 들렸을 것이다.


암흑물질의 영향은 실제로 존재한다. 우리는 단지 무엇이 암흑물질인지 모르고 있을 뿐이다. 그것은 강한 핵력으로 상호 작용하지 않아 원자핵을 만들 수 없다. 암흑물질은 중성미자가 상호 작용하는 힘인 약한 핵력으로 상호 작용하는 것 같지도 않다. 암흑물질은 전자기적인 상호 작용도 하지 않아 분자를 형성할 수도 없고, 빛을 흡수하거나 방출할 수도 없으며, 반사시키거나 산란시킬 수도 없다. 그러나 보통의 물질과 만유인력으로 상호 작용한다. 그것은 사실이다. 오랫동안의 연구를 통해 천체물리학자들은 암흑물질이 그외 다른 작용을 하는 것을 발견하지 못했다.

자세한 우주배경복사 분포 지도는 암흑물질이 우주 초기 38만 년 동안 존재했었다는 것을 보여주고 있다. 우리는 오늘날 우리 은하나 은하단을 구성하는 천체의 운동을 설명하기 위해서 암흑물질을 필요로 한다. 암흑물질을 향한 천체물리학자들의 행진은 우리가 아직 암흑물질을 잘 모르고 있다는 이유로 멈추지 않을 것이다. 우리는 암흑물질을 우리의 이상한 친구로 받아들이고 우주가 이것을 필요로 할 때는 언제 어디서나 꺼내놓고 있다.

우리가 바라는 것은 그리 멀지 않은 장래에 암흑물질이 무엇으로 구성되어 있는지를 아는 즐거움을 누리고 싶다는 것이다. 서로를 마음대로 통과하는 투명 인형, 투명 자동차, 스텔스 비행기를 상상해보라. 과학의 역사에서는 의미가 명확하지 않고 잘 이해할 수 없는 것이 발견된 후에, 명석한 사람이 나타나 그 자신을 위해서 그리고 지구 위에 살고 있는 모든 생명체를 위해서 그것이 무엇을 의미하는지를 설명한 예가 얼마든지 있다.

# 5장

# 더 많은 어둠이 있으라

우리가 현재 알고 있는 우주는 밝은 부분과 어두운 부분을 가지고 있다. 밝은 부분에는 수천억 개가 모여 은하를 구성하고 있는 수많은 밝은 별들은 물론 가시광선을 내지는 않지만 적외선 형태의 전자기파를 내는 행성이나 공간에 흩어져 있는 물질의 부스러기들이 속해 있다.

우주의 어두운 부분에는 관측 가능한 보통의 물질과 인력으로 상호 작용한다는 것 외에는 아무것도 알려지지 않은 수수께끼 같은 암흑물질이 들어 있다. 암흑물질 가운데 일부는 우리가 관측할 수 있는 전자기파를 전혀 내지 않아 보이지 않게 된 보통의 물질일 것이다. 앞 장에서 자세히 설명한 바와 같이 암흑물질의 대부분은 관측 가능한 보통의 물질에 인력을 작용한다는 것 외에는 그 속성에 대해 전혀 알 수 없는,

보통의 물질이 아닌 어떤 것이다.

암흑물질과 관계된 이 모든 것 너머에 있는 우주의 더 어두운 부분에는 전혀 다른 또 하나의 형태를 가진 무엇이 있다. 그것은 어떤 종류의 물질이 아니라 공간 그 자체이다. 공간에 대한 새로운 개념과 이 새로운 개념이 낳은 놀라운 결과를 찾아내는 일은 현대 우주론의 아버지라고 할 수 있는 아인슈타인으로부터 시작되었다.

불과 몇백 킬로미터 서쪽에서 제1차 세계대전 동안 새로 발명된 기관총이 수천 명의 군인들을 죽이고 있던 90년 전에 아인슈타인은 베를린에 있는 그의 사무실 의자에 앉아 우주를 생각하고 있었다. 전쟁이 시작되자 아인슈타인은 그의 동료 한 사람과 함께 전쟁을 반대하는 탄원서를 동료 과학자들에게 돌려 서명을 받았다. 아인슈타인의 이런 행동은 그를 독일의 전쟁을 지지하는 호소문에 서명했던 대부분의 동료 과학자들로부터 멀어지게 하였고 그의 경력에 흠이 되었다. 그러나 성실한 성격과 과학적 업적 덕분에 그는 동료들 사이에서 여전히 존경받고 있었다. 아인슈타인은 우주를 정확하게 기술할 수 있는 방정식을 찾아내기 위한 노력을 계속했다.

전쟁이 끝나기 전 아인슈타인은 그의 가장 큰 업적을 이루어냈다. 1915년 11월에 그는 시간과 공간이 어떻게 상호 작용하는지를 설명하는 일반상대성 이론을 발표하였다. 물질은 공간이 어떻게 휘어질 것인지를 결정하고 공간은 물질이 어떻게 운동할지를 결정한다. 뉴턴의 신비한 '원격 작용'을 대체하기 위해 아인슈타인은 인력을 공간의 국부적인 휘어짐이라고 보았다. 예를 들어 태양은 주위의 공간을 휘어지게 하는데 이러한 휘어짐은 태양 가까이 다가갈수록 심해져 마치 움푹 파인

웅덩이 같은 것을 만든다는 것이다. 행성들은 이 웅덩이로 굴러들어 가려고 하지만 행성의 관성이 이것을 막고 있다는 것이다. 이 웅덩이 속으로 굴러들어 가는 대신 행성들은 태양이 만들어놓은 웅덩이로부터 거의 같은 거리에 있는 궤도 위에서 태양을 돌게 된다. 아인슈타인이 논문을 발표하고 몇 주 후에 독일 군대의 힘겨운 생활에서 돌아온 물리학자 카를 슈바르츠실트는 아인슈타인의 개념을 이용하여 충분히 큰 질량을 가진 물체는 공간에 '특이점'을 생성할 수 있다는 것을 보여주었다. 그러한 특이점을 형성하는 천체의 주변 공간은 완전히 휘어지게 되어 빛을 포함한 모든 것이 이 점을 떠나는 것이 불가능해진다. 우리는 이런 천체를 블랙홀이라고 부른다.

아인슈타인의 일반상대성 이론은 그로 하여금 공간 안에 있는 물질의 전체적인 행동을 기술하기 위해 그가 오랫동안 찾고 있었던 핵심 방정식을 찾아내도록 이끌었다. 사무실에서 혼자 우주의 모델을 마음속에 그리면서 방정식을 연구하고 있던 아인슈타인은 에드윈 허블이 관측을 통해 우주가 팽창하고 있다는 것을 알게 되기 12년 전에 그 사실을 거의 발견할 뻔하였다.

아인슈타인의 기본적인 식에 따르면 물질이 대체로 골고루 분포하고 있는 우주에서 공간은 '정상상태'에 있을 수 없었다. 우주는 우리의 직관이 그래야 한다고 생각하는 것과는 달리 그리고 그 당시까지의 관측된 사실이 말해주는 바와는 달리 그냥 가만히 '그곳에 앉아 있을' 수 없었다. 대신 우주는 전체적으로 팽창하거나 수축하고 있어야 했다. 공간은 부풀고 있는 풍선이나 크기가 줄어들고 있는 풍선의 표면처럼 행동하지 크기가 일정한 풍선의 표면처럼 행동하지 않는다는 것이었다.

이것은 아인슈타인을 고민에 빠뜨렸다. 한때는 권위를 별로 신용하지 않았고 일반적인 물리 이론에 반대하는 것을 망설이지 않았던 용감한 이론가인 아인슈타인이었지만, 이번에는 그가 너무 멀리 와 있는 것이 아닌가 하는 생각을 하게 되었다. 그 당시의 천문학자들은 가까이 있는 별들의 운동만을 측정하고 있었을 뿐 은하와 같은 거대한 구조와 거리에 대해서는 잘 알지 못하고 있었기 때문에 우주가 팽창한다는 것을 나타내는 관측 자료는 없었다. 세상을 향해 우주가 팽창하거나 수축하고 있다고 선언하는 대신 아인슈타인은 그의 방정식으로 돌아가 우주가 멈추어 있을 수 있게 하는 방법을 찾기 시작했다.

그는 곧 방법을 찾아냈다. 아인슈타인은 그의 방정식에 공간의 단위 부피당 포함하고 있는 에너지를 나타내는, 그 값이 확정되지 않은 상수를 도입했다. 아무것도 이 상수가 어떤 값을 가져야 하는지를 말해주지 않기 때문에 처음에 아인슈타인은 이 상수값을 0으로 놓았다. 이제 아인슈타인은 현재 우주학자들이 '우주상수'라고 부르는 이 상수가 적당한 값을 가지면 공간이 정상상태에 있을 수 있다는 논문을 발표하였다. 그렇게 되자 그의 이론이 당시의 우주에 대한 관측 결과와 더 이상 충돌하지 않게 되었기 때문에 아인슈타인은 이 방정식이 정당하다고 생각하게 되었다.

그러나 곧 아인슈타인의 방정식은 엄청난 어려움에 직면하게 되었다. 1922년에 러시아의 수학자 알렉산드르 프리드만이 아인슈타인의 정상상태 우주는 연필이 거꾸로 서 있는 것처럼 불안정하다는 것을 증명했다. 프리드만은 아주 작은 자극에 의해서도 아인슈타인의 우주는 팽창하거나 수축하게 된다고 주장했다. 처음에 아인슈타인은 프리드만을 비난했지만 곧 그의 전형적인 관대한 자세로 돌아와 프리드만의 주장을 검토하고 그의 주장이 옳다는 것을 인정하는 논문을 발표하였다. 1920년대 말에 아인슈타인은 허블이 우주가 팽창하고 있다는 사실을 밝혀냈다는 기쁜 소식을 들을 수 있었다. 조지 가모브의 회상에 따르면 아인슈타인은 우주상수를 그의 '가장 큰 실수'라고 선언했다고 한다. 대부분 틀렸다는 것이 증명되었지만 아직도 이해할 수 없는 현상을 설명하기 위해 0이 아닌 우주상수를 도입하고 있는 소수의 우주학자들(아인슈타인의 상수와는 다른 상수를 사용하고 있지만)을 제외한 대부분의 과학자들은 우주가 이 상수를 필요로 하지 않는다는 사실을 알고 안도의 한숨을 쉬고 있다.

하지만 그들만이 그렇게 생각하고 있을 뿐인지 모른다. 20세기 말의 위대한 우주 이야기는 한쪽 귀로는 한 가지 이야기를 들려주고 다른 쪽 귀로는 또 다른 이야기를 들려주고 있었다. 1998년에 놀랍게도 우주가 0이 아닌 우주상수를 갖는다는 연구 결과가 발표되었던 것이다. 텅 빈 공간은 '암흑에너지'라고 부르는 에너지를 포함하고 있으며 전 우주의 미래를 결정할 만큼 매우 비정상적인 성질을 가지고 있다는 것이다.

이런 주장을 이해하고 믿기 위해서는, 허블이 우주가 팽창한다는 것을 발견한 이후 지난 70년 동안 우주학자들이 이 주제를 어떻게 다루어 왔는지를 살펴보아야 한다. 아인슈타인의 기본적인 방정식은 우주가 수학적으로 양, 음, 또는 0의 곡률을 가질 수 있는 가능성을 열어놓았다. 0의 곡률은, 우리의 상식이 유일하게 가능하다고 생각하고 있는 것으로서, 모든 방향으로 영원히 확장할 수 있는 한없이 큰 칠판과 같은

'평평한 공간'을 뜻한다. 이와는 반대로 양의 곡률을 가지는 공간은 구의 표면과 비교할 수 있는 공간이다. 2차원 공간의 곡률은 3차원에서 측정할 수 있다. 2차원의 표면이 팽창하거나 수축하거나 항상 일정한 점에 위치하는 구의 중심은 3차원에 존재하는 점으로 공간을 의미하는 구의 표면에는 존재하지 않는다.

전체가 양의 곡률을 가지는 표면이 한정된 면적을 갖는 것과 마찬가지로 양의 곡률을 가지는 공간은 한정된 부피를 가진다. 양의 곡률을 가지는 우주에서는 마젤란이 지구를 한 바퀴 돌아 제자리에 왔듯이 한 방향으로 계속 가면 결국에는 같은 점으로 돌아올 수 있다. 양의 곡률을 가지는 구의 표면과는 달리 음의 곡률을 가지는 공간은 평평하지 않으면서도 무한대로 확장된다. 음의 곡률을 가지는 2차원 표면은 한없이 큰 말안장과 비슷하다. 말안장은 한 방향(앞에서 뒤로)으로는 '위쪽'으로 휘어지고 다른 방향(옆에서 옆으로)으로는 '아래쪽'으로 휘어져 있다.


만약 우주상수가 0이라면 우주의 전체적인 성질은 두 가지 숫자를 가지고 설명할 수 있을 것이다. 하나는 현재 우주가 팽창하는 비율을 나타내는 허블 상수이고 다른 하나는 공간의 곡률이다. 20세기 후반 50년 동안 대부분의 우주학자들은 우주상수가 0이라고 믿었기 때문에 우주 팽창률과 공간의 곡률을 측정하는 것이 그들의 우선적인 연구 과제였다.

이 두 수치는 우리 은하로부터 다른 거리에 있는 천체들이 우리로부터 멀어지는 속도를 정확하게 측정함으로써 구할 수 있다. 거리와 속도 사이의 관계―은하의 후퇴 속도가 거리가 멀어짐에 따라 빨라지는 비율—는 허블 상수를 결정하게 한다. 우리로부터 아주 먼 곳에 있는 천체를 측정할 때 보이는 일반적인 값과의 작은 차이는 공간의 곡률 반경을 나타낸다. 천문학자들이 우리 은하로부터 수십억 광년 떨어져 있는 천체를 관측할 때마다 그들은 먼 과거의 우주를 보고 있어서 현재보다 우주 최초의 대폭발에 상당히 가까웠던 때의 우주를 보고 있는 것이다. 우리 은하로부터 50억 광년 또는 그보다 더 먼 곳에 있는 은하를 관측하는 것은 팽창하는 우주의 중요한 시점을 재구성하는 것과 같다. 특히 공간의 곡률을 결정하는 데 가장 중요한 요소가 되는 우주의 팽창률이 시간이 감에 따라 어떻게 변했는지를 알 수 있다. 우주의 곡률은 지난 수십억 년 동안 우주의 팽창률에 작지만 변화를 주었을 것이기 때문에 이러한 접근은 원리적으로 우주 팽창률의 변화를 알아보는 올바른 방법이 될 수 있을 것이다.

그러나 실제로는 천체물리학자들이 지구로부터 수십억 광년 떨어져 있는 은하단의 거리를 정확하게 결정할 수 없었기 때문에 이런 방법으로 우주 팽창률의 변화를 측정할 수는 없었다. 하지만 그들은 화살통에 또 다른 화살을 준비하고 있었다. 만약 우주에 있는 모든 물질의 평균밀도—1세제곱센티미터 공간에 포함되어 있는 물질의 그램 수—를 측정할 수 있다면 이 값을 아인슈타인의 식에서 팽창하는 우주를 나타내는 '임계밀도'*와 비교할 수 있다. 임계밀도는 우주 공간의 곡률이 정확히 0이 되는 밀도이다. 실제 밀도가 임계밀도보다 크다면 으주는 양

---

* 현재까지 알려져 있는, 허블 상수를 이용하여 계산한 임계밀도는 $6 \times 10^{-30} g/cm^3$이다. 이것은 백만 세제곱센티미터의 부피 속에 세 개의 수소 원자가 들어 있는 정도의 밀도이다. 그러나 실제로 관측된 우주의 밀도는 이것보다 훨씬 작다.

의 곡률을 가진다. 그 경우 우주는 언젠가 팽창을 멈추고 수축하기 시작할 것이다. 그러나 만약 실제 밀도가 임계밀도와 정확히 같거나 임계밀도보다 작다면 우주는 영원히 팽창할 것이다. 임계밀도와 실제 밀도가 정확히 같다면 우주는 0의 곡률을 가지게 될 것이고, 실제 밀도가 임계밀도보다 작다면 우주는 음의 곡률을 가지게 될 것이다.

1990년대에 우주학자들은 지금까지 확인된 암흑물질(관측 가능한 물질에 대한 인력의 영향으로부터 계산된)을 모두 포함하더라도 우주의 총 밀도는 임계밀도의 4분의 1 정도라는 것을 알게 되었다. 이 결과는 우주가 영원히 팽창을 멈추지 않을 것이라는 사실과 우리 모두가 살고 있는 공간이 음의 곡률을 가진다는 사실을 의미하는 것이었지만 그리 놀라운 것은 아니었다. 그러나 이것은 공간이 0의 곡률을 가진다고 믿고 있는 이론 우주학자들에게 상처를 주었다.

이러한 믿음은 우주의 '인플레이션 모델'에 기인한다. 인플레이션이란 이름이 소비자 물가지수가 급속히 오르고 있던 시기에 붙여졌다는 것은 재미있는 일이다. 1979년에 캘리포니아에 있는 스탠퍼드 선형 가속기 센터에서 일하고 있던 앨런 구스는 우주 초기의 어떤 순간에 우주가 놀라울 정도로 빠른 속도로 팽창했다는 가설을 발표했다. 이때의 속도는 매우 커서 모든 물질은 빛보다 훨씬 빠른 속도로 급속히 멀어졌다. 아인슈타인의 특수상대성 이론에 따르면 모든 물체는 빛보다 빨리 운동할 수 없지 않은가? 꼭 그렇지만은 않다. 아인슈타인의 이론은 공간 안에서 운동하는 물체에만 적용될 뿐 공간 자체의 팽창에는 적용되지 않는다. 우주 나이가 $10^{-37}$초일 때부터 $10^{-34}$초일 때까지 계속된 이

'인플레이션 단계' 동안에 우주의 크기는 $10^{50}$배가 되었다.

무엇이 이런 우주의 어마어마한 팽창을 가능하게 했을까? 구스는 액체의 물이 급속히 얼어붙는 것과 비슷한 '상전이(phase transition)'가 우주 공간에도 일어났었다고 생각했다. 소련, 영국, 미국의 동료들에 의해 몇 가지 중요한 수정이 가해진 구스의 생각은 지난 20년 동안 우주 초기에 일어났던 일을 설명하는 가장 그럴듯한 이론으로 받아들여졌다.

무엇이 인플레이션 이론을 그렇게 흥미로운 것으로 만들었을까? 인플레이션 단계는 왜 우주가 전체적으로 모든 방향에서 같게 보이는지를 설명한다. 이 이론에 따르면 우리가 보는 모든 것들(그리고 그 이상의 것들)이 우주의 작은 지역으로부터 부풀어났기 때문에 모든 부분의 특성이 같게 되었다. 또 하나 강조해야 할 사실은 인플레이션 이론은 관측을 통해 확인 가능한 예측을 한다는 것이다. 그것은 우주 공간이 양이나 음의 곡률을 가지는 것이 아니라 평평하다는 것이다. 이것은 우리가 직관적으로 상상하고 있는 우주와 더 가깝다.

이 이론에 따르면 우리 우주가 평평한 공간이라는 사실은 인플레이션 단계에 있었던 급속한 팽창에 기인한다. 당신이 팽창하는 풍선의 표면에 있고 풍선이 아주 빠르게 팽창하여 중심이 어느 방향인지 알 수 없는 경우를 상상해보라. 이 팽창 후에는 우리가 볼 수 있는 풍선 표면의 한 부분은 팬케이크처럼 평평할 것이다. 만약 인플레이션 이론이 실제 우주를 나타낸다면 실제 측정을 통해 이것이 증명되어야 한다.

그러나 우주 전체의 질량은 우주를 평평한 우주로 만드는 데 필요한 질량의 4분의 1밖에 안 된다. 1980년대와 1990년대에 많은 이론 우주학자들은 인플레이션 모델을 근거가 확실한 것으로 믿었기 때문에, 새로운 관측 결과가 나와 우주가 0의 곡률을 가지도록 하는 데 필요한 질량인 임계질량과 임계질량보다 작아서 우주가 음의 곡률을 갖도록 하는 실제 질량 사이의 '질량 차이'를 메워줄 것으로 기대했었다. 확고한 믿음으로 인해 그들이 지나치게 의기양양해했기 때문에 관측을 주로 하는 우주학자들은 이론적 분석에 대한 그들의 지나친 믿음을 비웃기까지 하였다. 그러나 더 이상 비웃을 수 없게 되었다.

1998년에 두 팀의 천문학자들이 0이 아닌 우주상수가 존재한다는 것을 의미하는 새로운 관측 결과를 발표했다. 이 우주상수는 우주를 정상상태에 머물게 하기 위해 필요했던 아인슈타인의 우주상수와 같은 것은 아니었다. 그 대신 이 우주상수는 우주의 팽창 속도가 더욱 빨라져 영원히 팽창할 것이라는 것을 나타내는 우주상수였다.

만약 이론 물리학자들이 또 다른 우주 모형을 제안했다면 세상은 그것에 큰 관심을 기울이지 않았을 것이고 그들의 노력을 오랫동안 기억하지도 않을 것이다. 그러나 서로의 관측 결과를 전적으로 신뢰하지 않고 상대편의 관측 결과를 스스로 직접 다시 관측해서 확인해온 관측천문학자들이 서로의 관측 자료와 그 자료에 대한 해석에 동의한 것이다. 이 관측 결과는 우주상수는 0이 아닐 뿐만 아니라 우주를 평평한 우주로 만드는 값을 가지고 있었다.

이제 무슨 말을 할 수 있을 것인가? 우주상수가 우주를 평평하게 만들고 있다? 『이상한 나라의 앨리스』에 나오는 '붉은 여왕'처럼 아침식사 전까지 여러 가지 질문을 해보는 것은 어떨까?* 어쨌든 더 성숙한 생각을 가진 사람이 아무것도 없는 공간이 에너지를 가지고 있다는 것을 믿게 해줄지도 모른다. 이 에너지는 아인슈타인의 방정식, $E=mc^2$에 따라 질량으로 환산될 수 있다. 에너지 $E$가 있다면 $E$를 $c^2$으로 나눈 값만큼의 질량 $m$을 가지고 있는 것이다. 따라서 우주 전체의 총밀도는 질량에 의한 밀도에다 에너지에 의한 밀도를 합한 것이어야 한다.

이 새로운 우주 밀도를 임계밀도와 비교해보아야 한다. 만약 이 두 밀도가 같다면 우주는 평평한 우주이다. 이것은 인플레이션 이론에서 예측한 평평한 우주이기 위한 조건을 만족시킨다. 왜냐하면 인플레이션 이론에는 전체 밀도가 질량에 의한 것이든 에너지에 의한 것이든 또는 그 두 가지에 의한 것을 합한 것이든 상관하지 않기 때문이다.

우주상수가 0이 아니고 따라서 암흑에너지가 존재한다는 결정적인 증거는 거대한 폭발과 함께 죽어가는 별인 특정한 유형의 초신성에 대한 관측을 통해서 얻어졌다. 제Ia형 초신성(Type Ia 또는 SN Ia)**으로

---

* 루이스 캐럴이 지은 동화 『이상한 나라의 앨리스』는 일곱 살 소녀 앨리스가 토끼굴 속에 빠진 후 겪는 이상한 나라의 이야기를 다루고 있다. 후에 『거울 나라의 앨리스』가 속편으로 쓰어졌다. 『거울 나라의 앨리스』에서 앨리스는 붉은 여왕과 흰 여왕을 만나게 되는데 그들은 앨리스에게 여러 가지 황당한 질문을 한다. 때로는 질문의 해답이 엉뚱하기도 하고 때로는 미처 대답을 하기도 전에 다른 질문을 하는 것을 지켜보던 앨리스는 "정답이 없는 수수께끼를 하고 있는 것 같아"라고 중얼거린다.

** 1930년대 프리츠 츠비키가 초신성이라는 용어를 처음으로 정의했고, 1940년대 민코프스키(Hermann Minkowski)에 의해 초신성의 분류가 이루어졌다. 민코프스키는 초신성의 밝기가 최대로 되었을 때의 스펙트럼을 분석하여 제I형(SN I)과 제II형(SN II)으로 분류했다. 제I형은 수소에 의한 흡수선 또는 방출선이 전혀 관측되지 않으며, 제II형은 수소선이 관측된다. 그리고 제I형 중에서 규소선이 보이면 SN Ia로, 규소선이 보이지 않고 헬륨선이 보이면 SN Ib로, 그리고 헬륨선도 보이지 않으면 SN Ic로 분류한다. 초신성의 이름은 발견된 해와 발견된 순서에 따라 알파벳 순으로 붙여지는데 초신성 SN 1994D는 1994년에 네번째로 발견된 초신성을 뜻한다.

분류되는 초신성은 거대한 별의 핵이 핵융합 반응에 의해 더 이상의 에너지를 공급할 수 없게 되었을 때 붕괴하면서 일어나는 초신성과는 다른 형태의 초신성이다. 제Ia형 초신성은 이중성을 이루고 있는 백색왜성에 의해서 일어난다. 우연히 서로 가까운 곳에 형성된 두 별은 일생 동안 두 별 공통의 질량 중심 주위를 공전하게 된다. 만약 두 별 중 한 별의 질량이 다른 별의 질량보다 크면 이 별은 다른 별보다 더 짧은 일생을 살게 될 것이다. 그리고 결국 이 별은 외곽의 물질들을 공간으로 날려 보내고 지구보다 크지 않지만 질량은 태양 질량과 비슷한 '백색왜성'이라고 부르는 핵을 우주에 드러내게 될 것이다. 물리학자들은 이것을 백색왜성 속의 물질이 '축퇴'(縮退, degeneracy)되었다고 부른다. 이렇게 부르는 이유는 백색왜성은 높은 밀도—철이나 금의 밀도보다 10만 배가 큰 밀도—를 가지고 있지만 어마어마한 스스로의 중력에 의해 자체 붕괴되는 것을 양자역학적 효과에 의해 막고 있기 때문이다.

다른 별과 공통의 중심을 돌고 있는 백색왜성은 동반성으로부터 탈출한 기체 상태의 물질을 끌어들이게 된다. 수소가 주성분인 이 물질은 백색왜성의 표면에 쌓이게 되어 점점 밀도가 올라가고 온도도 높아지게 된다. 마침내 온도가 천만 도에 이르면 별 전체의 핵융합 반응이 점화되는 것이다. 그 결과로 일어난 폭발—이론상 수조 개의 수소폭탄이 폭발한 것과 같은 격렬한 폭발—이 백색왜성 전체를 완전히 산산조각 내버리는 것이 제Ia형 초신성이다.

제Ia형 초신성은 두 가지 점에서 천문학자들에게 쓸모가 있다는 것이 증명되었다. 첫째는 우주에서 가장 밝은 초신성을 만들어내기 때문에 수십억 광년 떨어진 곳에서도 관측이 가능하다는 것이다. 두번째는 자연이 백색왜성이 가질 수 있는 질량의 한계를 태양 질량의 1.4배로 한정한다는 것이다. 물질은 백색왜성의 질량이 이 값에 이를 때까지만 백색왜성의 표면에 쌓일 수 있다. 이 한계에 이르면 핵융합 반응에 의한 폭발이 백색왜성을 날려버리는 것이다. 이러한 폭발은 우주 여기저기 흩어져 있는 비슷한 질량과 비슷한 조성을 가진 다른 천체에서도 일어날 수 있다. 그 결과 이 유형의 초신성은 모두 같은 최대 에너지를 발산하며 밝기가 최고에 이른 후에는 비슷한 비율로 어두워진다.

이러한 특성 때문에 제Ia형 초신성은 천문학자들에게 우주 어디에서나 같은 최대 에너지를 내는, 그리고 밝아서 관측하기 쉬운 '표준 촛대'를 제공하게 되었다. 물론 초신성까지의 거리는 우리가 관측하는 초신성의 밝기에 영향을 준다. 멀리 떨어져 있는 은하에서 발견된 두 개의 제Ia형 초신성은 이 은하까지의 거리가 같을 때만 같은 최고의 밝기를 보일 것이다. 빛의 밝기는 광원으로부터의 거리의 제곱에 반비례하기 때문에 하나가 다른 초신성보다 두 배나 더 멀리 떨어져 있다면 그 초신성의 밝기는 다른 초신성 밝기의 4분의 1일 것이다.

1990년대에 하버드 대학과 캘리포니아 대학 버클리 캠퍼스에 중심을 둔 두 팀의 초신성 전문가들이 제Ia형 초신성의 자세한 스펙트럼으로부터 제Ia형 초신성들 사이에 존재하는 작은 차이를 보상하는 방법을 발견하였다. 그리하여 초신성까지의 거리를 더욱 정밀하게 측정할 수 있게 되었다. 새로 발견한 열쇠를 이용하여 멀리 있는 초신성까지의 거리를 측정하기 위해서는 멀리 있는 은하를 자세히 관측할 수 있는 망원경이 있어야 한다. 지구 궤도를 돌고 있는 허블 우주망원경은 그들의 요구조건을 충족시킬 수 있는 망원경이었다. 허블 우주망원경은 제대로 성능을 발휘하지 못하고 있던 1차 거울을 1993년에 우주 수리를 통해 개선하고 그들의 사용을 기다리고 있었다. 초신성 전문가들은 지상에 설치된 망원경을 이용하여 우리 은하로부터 수십억 광년 떨어져 있는 은하에서 수십 개의 제Ia형 초신성을 발견하였다. 그후 그들은 그리 길지 않은 관측 시간을 할당받아 허블 우주망원경으로 이 초신성들을 자세히 관찰하였다.

1990년대가 끝나갈 무렵 이 두 팀의 초신성 관측자들은 은하까지의 거리와 은하의 후퇴 속도 사이의 관계를 나타내는, 우주학에서 핵심이 되는 그래프인 '허블 다이어그램'을 확장하기 위한 열띤 경쟁을 하고 있었다. 천체물리학자들은 은하의 후퇴 속도를, 은하의 후퇴 속도에 따라 은하에서 오는 빛의 색깔이 약간 편향되어 보이는 도플러 효과(13장 참조)로부터 구한다

은하까지의 거리와 후퇴 속도는 허블 다이어그램의 한 점으로 나타난다. 비교적 가까이 있는 은하들은 종종걸음으로 멀어지지만 2배나 멀리 있는 은하들은 2배 더 빠른 속도로 우리로부터 멀어진다. 은하까지의 거리와 후퇴 속도 사이의 비례 관계는 우주의 행동을 나타내는 간단한 방정식인 허블 법칙으로 나타내어진다. 즉 $v = H_0 \times d$이다. 여기서 $v$는 후퇴 속도이고, $d$는 은하까지의 거리이며, $H_0$는 허블 상수라고 부르는, 특정한 시점의 전체 우주의 특성을 나타내는 상수이다. 우주 여기저기에 흩어져 있는 외계의 천문학자들이 우주 초기의 대폭발로부터 140억 년 후에 우주를 관측한다면 그들은 모두 우주가 허블 법칙에 의해 멀어지고 있다는 것을 알게 될 것이고, 그들이 다른 이름으로 부르더라도 같은 값의 허블 상수를 찾아낼 것이다. 이러한 우주 민주주의를

가정할 수 있는 것은 현대 우주학 덕분이다. 우리는 우주 전체가 이런 민주주의적 원칙에 따르는지를 증명할 수는 없다. 아마도 우리 시야가 미치지 않는 지평선 저 너머에서는 우주가 우리가 보고 있는 것과는 매우 다르게 행동할는지도 모른다. 그러나 우주학자들은 적어도 관측 가능한 범위 안에서는 이런 우주 민주주의에 반하는 일은 없을 것이라고 생각한다. 그렇다면 $v = H_0 \times d$는 전 우주적인 법칙이다.

그러나 시간이 흘러감에 따라 허블 상수의 값은 변한다. 수십억 광년 떨어져 있는 은하를 포함하도록 확장된 새롭고 향상된 허블 다이어그램은 오늘날의 허블 상수 $H_0$(은하까지의 거리와 후퇴 속도를 나타내는 점들을 지나는 선의 기울기)는 물론 오늘날의 우주 팽창률이 10억 년 전의 우주 팽창률과 어떻게 다른지도 보여줄 것이다. 10억 년 전의 팽창률은 먼 곳에 있는 은하들의 관측 결과를 나타내는 점들로 이루어진 그래프의 위쪽에 나타날 것이다. 따라서 수십억 광년의 거리를 포함하는 허블 다이어그램은 우주 팽창의 역사를 보여줄 것이고 팽창률의 변화를 구체적으로 알려줄 것이다.

이 목표를 성취하기 위해 노력하는 과정에서 천체물리학자들은 경쟁적으로 초신성을 관측하는 두 팀을 만나는 행운을 갖게 된 것이다. 1998년 2월에 처음 발표된 초신성 관측 결과가 던진 충격은 아주 컸다. 널리 받아들여지던 기존의 우주 모델이 파기될 때 자연스럽게 생기는 그런 의심마저 제기할 수 없었기 때문에 충격은 더욱 컸다. 왜냐하면 두 관측 팀은 서로 다른 팀의 관측 결과를 의심했었고, 다른 팀의 자료나 해석상의 오류를 찾아내기 위해 노력했었다. 인간적인 편견에도 불구하고 그들이 경쟁자들의 결론이 정당하다고 선언했을 때 우주학계는 조심스러워하면서도 공간의 선구자들로부터 온 새로운 소식을 받아들이는 것 외에 다른 선택이 없었다.

새로운 소식은 무엇이었는가? 그것은 가장 멀리 있는 제Ia형 초신성이 예상했던 것보다 조금 더 희미하다는 것이었다. 이것은 초신성이 알고 있던 것보다 조금 더 멀리 있다는 것과 무엇인가가 우주를 조금 더 빠르게 팽창시키고 있다는 것을 의미했다. 무엇이 이 여분의 팽창을 야기하고 있을까? 현장 증거와 일치하는 유일한 용의자는 진공 속에 숨어 있는 '암흑에너지'였다. 이 에너지의 존재는 0이 아닌 우주상수와 상응한다. 멀리 있는 초신성이 기대했던 것보다 더 빨리 희미하게 관측되는 정도를 측정하여 두 천문학자 팀은 우주의 모양과 운명을 측정한 것이다.

두 초신성 관측 팀이 의견통일을 이루었을 때, 우주는 평평하게 되었다. 이것을 이해하기 위해서는 그리스 문자와 약간의 씨름을 해야 한다. 0이 아닌 우주상수를 가지는 우주는 우주를 기술하는 또 다른 숫자를 필요로 한다. 평평한 우주가 되기 위해서는 현재의 값을 나타내기 위해 $H_0$라고 쓰고 있는 허블 상수와, 우주상수가 0이라면 우주의 곡률을 혼자서 결정할 물질의 평균 밀도 외에 또 다른 값이 있어야 하는 것이다. 그것은 암흑에너지에 의한 밀도이다. 공간이 암흑에너지를 가지고 있다면 아인슈타인의 방정식, $E = mc^2$으로 계산되는 암흑에너지($E$)에 해당하는 질량($m$)을 가지고 있는 셈이고 따라서 이 밀도를 물질의 밀도에 더해주어야 우주의 총밀도가 되는 것이다. 우주학자들은 물질과 암흑에너지의 밀도를 각각 $\Omega_M$과 $\Omega_\Lambda$로 나타낸다. 여기서 $\Omega$(그리스어의 대문자 오메가)는 우주 밀도와 임계밀도의 비를 나타낸다. $\Omega_M$은 우주에 있는 모든 물질의 평균 밀도와 임계밀도의 비를 나타내고, $\Omega_\Lambda$는 암흑에너지에 의한 밀도와 임계밀도의 비를 나타낸다. 여기서 $\Lambda$(그리스어의 대문자 람다)는 우주상수를 나타낸다. 0의 곡률을 가지는 평평한 우주에서는 $\Omega_M$과 $\Omega_\Lambda$의 합이 1이어야 한다. 왜냐하면 이런 우주에서는 총밀도(물질의 밀도와 암흑에너지의 질량 해당 양에 의한 밀도를 합한 것)가 임계밀도와 정확히 일치하기 때문이다.

제Ia형 초신성을 관측하면 $\Omega_M$과 $\Omega_\Lambda$의 차이를 알 수 있다. 물질은 다른 물질을 인력으로 잡아당겨 우주의 팽창을 느리게 하려는 경향이 있다. 물질의 밀도가 크면 클수록 더욱 강한 인력이 우주의 팽창 속도를 더 크게 감소시킬 것이다. 그러나 암흑에너지는 이와는 전혀 다르게 작용한다. 상호 인력으로 우주의 팽창을 느리게 하는 물질과는 달리 암흑에너지는 우주를 팽창하게 하고 팽창 속도를 가속시키는 이상한 성질을 가지고 있다. 우주가 팽창함에 따라 더 많은 암흑에너지가 생겨난다. 따라서 팽창하는 우주는 공짜 점심을 먹을 수 있다. 새로운 암흑에너지는 우주를 더 빠르게 팽창시키기 때문에 시간이 감에 따라 공짜 점심은 더욱 많아지게 된다. 우주상수의 크기를 나타내는 $\Omega_\Lambda$는 암흑에너지의 확장 정도를 말해준다. 은하까지의 거리와 은하의 후퇴 속도 사이의 관계를 측정했을 때 인력이 물질을 잡아당기는 경향과 암흑에너지가 물질을 밀어내는 경향 사이의 경쟁 결과를 알 수 있었다. 그들의 관측 결과에 따르면 $\Omega_\Lambda - \Omega_M = 0.46 \pm 0.03$이었다. 천문학자들은 이미 $\Omega_M$이 0.25라는 것을 알고 있었기 때문에 $\Omega_\Lambda$는 0.71 정도라는 것을 곧 알 수 있었다. 그렇다면 $\Omega_M$과 $\Omega_\Lambda$의 합은 인플레이션 모델이 제시했던 것과 비슷한 값인 0.96 정도가 된다. 최근의 좀더 정밀한 관측 결과는 이 값이 더욱 1에 가까워진다는 것을 보여주었다.

초신성 전문가들로 이루어진 두 팀의 합의에도 불구하고 일부 우주학자들은 조심스러워하고 있다. 과학자들이 오랫동안 당연하게 생각해왔던 우주상수가 0이어야 한다는 믿음을 버리고 암흑에너지가 모든 공간을 채우고 있다는 전혀 새로운 생각을 받아들이는 것은 그리 쉬운 일이 아니었다. 우주학의 여러 가지 가능성을 이야기하던 대부분의 회의론자들도 우주배경복사를 세밀하게 관측하기 위해 제작되고 운영된 탐사위성의 새로운 관측 결과를 보고는 새로운 이론을 받아들이게 되었다. 3장에서 이미 설명한 WMAP 관측위성은 2002년부터 우주배경복사를 관측하기 시작하였고, 2003년 초에는 전체 하늘의 우주배경복사에서 오는 초단파 분포 지도를 작성하기에 충분한 자료를 수집했다. 이전의 관측 자료들도 이 지도로부터 이끌어낼 수 있는 것과 비슷한 결과를 유도해낼 수 있었지만 하늘의 일부분만을 관측한 것이었고 그리 자세하지도 않았다. 지도 제작 노력의 극치를 보여주는 WMAP가 작성한 전체 하늘 지도는 우주배경복사의 가장 중요한 특성을 잘 볼 수 있게 해주었다.

이 지도의 가장 중요하고 놀라운 면은 기구를 이용해서 관측했을 때나 WMAP보다 앞서 실시되었던 COBE(우주배경복사 탐사선, **Cosmic Background Explorer**) 위성의 탐사에서도 이미 밝혀진 바와 같이 우주배경복사가 우주에 골고루 분포되어 있다는 것이다. 천분의 1 정도의 차이를 감지할 수 있을 정도로 정밀한 측정을 하기 전까지는 우주의 모든 방향에서 오는 우주배경복사의 세기는 같아 보인다. 그럼에도 불구하고 어떤 특정한 방향을 중심으로 우주배경복사가 약간 강하게 관측되었고, 그 반대 방향에서는 약간 약하게 관측되었다. 이 차이는 우리 은하가 다른 은하들 사이에서 운동하고 있기 때문에 나타난다. 은하가 향하는 방향에서는 도플러 효과 때문에 우주배경복사가 약간 강하게 관측되었던 것이다. 그것은 그 방향의 우주배경복사의 세기가 실제로 강했던 것이 아니라 우주배경복사를 향한 우리 은하의 운동이 관측되는 광자의 에너지를 조금 크게 했던 것이다.

우리가 이런 도플러 효과를 고려하자 우주배경복사는 우리가 측정감도를 10만분의 1로 올릴 때까지 완전하게 매끄러워졌다. 그 수준에서는 전체적으로 매끈한 가운데 작은 차이들이 나타나기 시작하였다. 그들은 우주배경복사가 조금 더 강하게 또는 더 약하게 도달하는 지역을 추적해 나갔다. 앞에서 언급했듯이 우주배경복사의 차이는 우주 대폭발 후 38만 년이 지난 때 그 방향의 물질의 온도가 높고 밀도가 컸거나 또는 온도가 낮고 밀도가 작았다는 것을 나타낸다. COBE 위성이 처음으로 이 차이를 찾아냈고, 기구를 이용해 대기권에 올려놓은 관측장비나 남극에서의 관측이 측정 결과를 향상시켰으며, 뒤이어 WMAP 위성이 1도 정도의 각 분해능으로 전체 하늘의 우주배경복사 분포 지도를 만들 수 있었던 것이다.

COBE와 WMAP에 의해 밝혀진 이 작은 차이는 우주학자들에게는 아주 중요한 관측 결과였다. 무엇보다도 이 결과들은 우주배경복사가 물질과의 상호 작용을 정지했을 당시의 우주 구조의 핵심을 보여주고 있다. 그 당시의 평균보다 약간 더 밀도가 높은 것으로 나타난 지역은 더욱 많은 물질을 모을 수 있게 되었고 인력으로 대부분의 물질을 끌어 모으는 경쟁에서 승리할 수 있게 되었다. 방향에 따라 우주배경복사의 세기가 약간씩 다르다는 것을 나타내는 새로운 우주배경복사 지도는 현재 우주에서 볼 수 있는 물질 분포의 엄청난 차이가 우주의 나이가 수십만 년이었던 우주 초기에 존재했던 작은 밀도 차이에서 기인한다는 우주학자들의 이론을 증명하는 것이었다.

그러나 우주학자들은 우주배경복사에 대한 새로운 관측 자료를 우주에 대한 더 근본적인 새로운 사실을 알아내는 데 사용하고 있다. 지역에 따라 조금씩 다른 우주배경복사의 세기 분포는 공간 자체의 곡률을 나타낸다. 이 놀라운 결과는 공간의 곡률은 전자기파가 공간을 통과하는 데 영향으로 미친다는 사실에 기인한다. 예를 들어 공간이 양의 곡률을 가진다면 우리가 우주배경복사를 관측할 때 우리는 북극에서 지구 표면의 적도에서 내는 빛을 관측하기 위해 지평선을 관측하는 관측자와 비슷한 처지에 놓이게 될 것이다. 모든 경도는 극점으로 모이기 때문에 우주가 평평할 때보다 전파원은 더 작은 각도 내에 모여 있는 것처럼 관측될 것이다.

공간의 곡률이 우주배경복사의 분포 형태 사이의 각거리에 어떤 영향을 미치는지를 이해하기 위해 전자기파가 물질과의 상호 작용을 끝내던 시기를 상상해보라. 우주의 나이가 38만 년이었을 때는 우주배경복사의 세기가 서로 다른 두 지점 사이의 최대 거리는 당시의 우주 나이에 빛의 속도를 곱한 값, 즉 약 38만 광년이었을 것이다. 이것은 입자들이 상호 작용하여 불균일을 만들어낼 수 있는 최대 거리였다. 이보다 먼 거리에서는 다른 입자들에 대한 '소식'이 도착할 수 없었기 때문에 평균값보다 다른 값을 가지게 하는 데 기여할 수 없었다.

이 최대 거리가 현재의 하늘에서는 얼마의 거리로 나타날까? 그것은 $\Omega_M$과 $\Omega_\Lambda$의 합에 의해 결정되는 공간의 곡률에 따라 달라진다. 이 합이 1에 더 가까이 다가갈수록, 즉 공간의 곡률이 0에 가까워질수록 우주배경복사 분포 지도에서 세기가 최대인 점과 최소인 점 사이의 최대 거리는 점점 더 커질 것이다. 두 형태의 밀도가 모두 같은 방법으로 공간의 밀도에 영향을 주기 때문에 공간의 곡률은 두 밀도의 합인 $\Omega_S$에 의해서만 결정된다. 따라서 우주배경복사의 관측은 $\Omega_M$과 $\Omega_\Lambda$ 사이의 차이를 관측하는 초신성 관측과는 달리 $\Omega_M + \Omega_\Lambda$에 대한 직접적인 관측 결과가 될 수 있다.

WMAP의 자료들은 우주배경복사의 최대 이격이 약 1도라는 것을 보여주고 있다. 이것은 $\Omega_M + \Omega_\Lambda$가 $1.02 \pm 0.02$라는 것을 나타낸다. 따라서 실험의 오차 한계 내에서 우리는 $\Omega_M + \Omega_\Lambda = 1$이며 공간은 평평하다고 할 수 있다. 제Ia형 초신성 관측으로부터 우리는 $\Omega_\Lambda - \Omega_M = 0.46$이라는 결과를 얻었었다. 이것을 $\Omega_M + \Omega_\Lambda = 1$이라는 결과와 결합하면 몇 퍼센트의 오차 범위에서 $\Omega_M = 0.27$이며 $\Omega_\Lambda = 0.73$이라는 값을 구할 수 있다. 이미 언급한 바와 같이 이것이 현재 천체물리학자들이 가지고 있는 중요한 두 우주 변수에 대한 최선의 예측치이다. 이 값들은 우리에게 물질―보통의 물질과 암흑물질을 포함해서―이 우주의 전체 에너지 밀도의 27퍼센트를 제공하고 있으며 암흑에너지가 73퍼센트를 제공하고 있다는 것을 말해준다(만약 우리가 에너지보다 질량에 더 익숙하다면 암흑에너지가 73퍼센트의 질량을 제공하고 있다고 말해도 된다).

우주학자들은 오래 전부터 만약 우주가 0이 아닌 우주상수를 가지고 있다면 질량과 암흑에너지 사이의 상호 작용은 시간이 감에 따라 달라져야 한다는 것을 알고 있었다. 한편으로 평평한 우주는 우주가 시작하던 때로부터 우리를 기다리고 있는 미래까지 영원히 평평한 상태로 남아 있게 된다. 평평한 우주에서는 $\Omega_M$과 $\Omega_\Lambda$의 합은 항상 1이어서 하나의 값이 변하면 다른 값이 그것을 보상하는 방향으로 변하게 된다.

우주 최초의 대폭발 직후에는 암흑에너지가 우주에 어떤 영향도 주지 않았다. 그때는 후에 비해서 아주 작은 공간만 존재했었기 때문에 $\Omega_\Lambda$는 겨우 0보다 조금 큰 값을 가질 뿐이었고 $\Omega_M$은 1보다 조금 작았다. 이 시기에는 우주가 우주상수를 가지고 있지 않은 것처럼 행동했다. 그러나 시간이 감에 따라 합을 1로 유지하면서 $\Omega_M$은 계속적으로 감소하고 $\Omega_\Lambda$는 계속적으로 증가했다. 지금으로부터 천억 년이 지나면 결국 $\Omega_M$은 거의 0으로 떨어질 것이고 $\Omega_\Lambda$는 1에 가까운 값이 될 것이다. 따라서 0이 아닌 우주상수를 가지는 평평한 공간의 역사는 $\Omega_M$과 $\Omega_\Lambda$의 합인 $\Omega_S$를 항상 1로 유지하면서 암흑에너지가 거의 존재하지 않던 초기의 우주로부터 $\Omega_M$과 $\Omega_\Lambda$가 대략 같은 값을 가지는 '현재'를 거쳐 우주의 물질이 아주 엷게 퍼져서 $\Omega_M$이 거의 0의 값을 가지는 먼 미래까지의 변화와 관계되어 있다.

은하단이 포함하고 있는 질량으로부터 유추한 현재의 $\Omega_M$ 값은 약 0.25이지만 우주배경복사나 초신성의 관측으로부터 계산된 값은 0.27에 가깝다. 실험의 오차 한계 내에서 이 두 값은 일치한다. 우리가 살아가고 있는 우주가 0이 아닌 우주상수를 가진다면 그리고 그 상수가 인플레이션 모델이 예측한 평평한 우주를 만들도록 한다면 (물질과 함께) 우주상수는 $\Omega_\Lambda$가 0.7로 $\Omega_M$보다 약 2.5배 커야 한다. 다시 말해 $\Omega_\Lambda$가 $\Omega_M + \Omega_\Lambda$를 1로 만드는 데 더 크게 기여하고 있다는 말이다. 이것은 현

재의 우주가 두 가지의 우주상수가 같은 값을 가지는(두 값이 모두 0.5
인) 시기를 지났다는 것을 의미한다.

앞으로 10년 안에 제Ia형 초신성과 우주배경복사에 대한 관측 결과
로부터 더 큰 충격이 아인슈타인이 한때 다루었던 암흑에너지에 대한
개념을 바꾸어놓게 될 것이다. 관측이 잘못 해석되었다거나 관측 자체
가 정확하지 않다거나 전체적으로 잘못되었다는 것이 증명되지 않는
한 우리는 우주가 다시 수축하지 않을 것이라는 것과 다시 대폭발을 경
험하지 않을 것이라는 것을 받아들여야 할 것이다. 그 대신 우주의 미
래는 매우 황량해 보일 것이다. 지금으로부터 천억 년이 지나면 모든
별들은 다 타버리고 가까운 은하를 제외한 모든 은하들이 우리의 시야
에서 사라질 것이다.

그때가 되면 우리 은하는 이웃 은하와 합쳐져 거대한 은하를 만들 것
이다. 우리의 밤하늘에는 공전하는 별들(죽었거나 살았거나) 외에는 아
무것도 없을 것이다. 따라서 미래의 천체물리학자들은 매우 처참한 우
주를 대하게 될 것이다. 우주의 팽창을 따라가는 은하도 없을 것이기
때문에 그들도 아인슈타인이 그랬듯이 정상상태의 우주에 살고 있다는
결론을 내릴 것이다. 우주상수와 암흑에너지는 우주를 그들이 관측하
는 것은 물론 상상할 수도 없는 우주로 변모시킬 것이다.

할 수 있을 때 우주론을 즐겨라.

6장

●

# 하나의 우주인가 다중우주인가?

우주가 가속되고 있다는 것을 나타내는 초신성 관측 결과의 최초 발표와 함께 우리가 팽창 속도가 점점 빨라지고 있는 우주에 살고 있다는 사실의 발견은 1998년 초의 우주학계를 강타했다. 우주가 가속 팽창하고 있다는 것은 우주배경복사에 대한 관측으로도 확인되었다. 여러 해 동안 가속 팽창하는 우주의 의미와 씨름했던 우주학자들은 그들을 괴롭히기도 하고 또 그들의 꿈을 밝게 해줄 두 가지 질문과 직면해야 했다. 무엇이 우주를 가속시키고 있는가? 왜 우주의 가속이 그러한 특정한 값을 가지게 되었는가?

첫번째 질문에 대한 간단한 대답은 가속의 책임을 암흑에너지, 즉 0이 아닌 우주상수 탓으로 돌리는 것이다. 가속의 정도는 세제곱센티미터의 공간에 들어 있는 암흑에너지의 양에 의해 결정된다. 더 많은 에너지는 더 큰 가속을 뜻한다. 따라서 우주학자들이 암흑에너지가 어디에서 오는지를 설명할 수 있다면 그리고 암흑에너지의 양이 어떻게 오늘날 존재하는 양이 되었는지를 설명할 수 있다면, 즉 우주를 끊임없이 밀어내고 있는 공간 속의 에너지인 우주의 '공짜 점심식사'를 설명할 수 있다면 그들은 우주의 비밀을 풀어냈다고 주장할 수 있을 것이다. 먼 미래에 우주의 크기가 엄청나게 커져 1세제곱광년의 공간에 거의 아무런 물질이 없게 된 후에도 이 에너지는 우주를 더 빠르게 가속시키고 있을 것이다.

무엇이 암흑에너지를 만드는가? 입자물리학의 도움을 받아 우주학자들은 해답을 구할 수 있다. 양자물리학에서 물질과 에너지에 관한 이론들에 대해 배운 것을 믿는다면 암흑에너지는 텅 빈 공간에서 일어나는 사건으로부터 생겨난다. 모든 입자물리학은 미세한 세계에서 자주 그리고 정확하게 증명되었으며 대부분의 물리학자들이 사실로 받아들이고 있는 양자 이론을 기반으로 하고 있다. 양자물리학의 이론들은 우리가 텅 비었다고 하는 공간이 사실은 '가상 입자'들로 가득 차 있다는 것이다. 이 입자들은 아주 빠르게 나타났다가 사라지기 때문에 우리는 이 입자들을 검출할 수 없고 다만 이들의 영향을 관측할 수 있을 뿐이다. 이 입자들의 계속적인 출현과 소멸은 그럴듯한 물리학 용어를 만들어내는 것을 좋아하는 과학자들에 의해 '진공의 양자요동'이라고 이름 지어졌다. 뿐만 아니라 입자물리학자들은 별 어려움 없이 진공 1세제곱센티미터 속에 들어 있는 에너지의 양을 계산할 수 있다. 진공이라고 부르는 공간에 양자 이론을 직접 적용하면 양자요동이 암흑에너지를 만들어내야 한다는 것이다. 이 이야기를 듣다보면 암흑에너지가 어떻게 존재하게 되었는가 하는 질문은, 입자물리학에서는 이미 알고 있던 암흑에너지가 존재한다는 사실을 천체물리학자들은 왜 그렇게 오랫동안 모르고 있었을까 하는 것으로 바뀔 것이다.

그러나 불행하게도 실제 상황에서는 이 질문은 입자물리학자들이 얼마나 잘못된 방향으로 가고 있는가 하는 것으로 바뀐다. 1세제곱센티미터 속에 숨어 있는 암흑에너지에 대한 입자물리학자들의 계산 결과는 우주학자들이 우주배경복사와 초신성 관측을 통해 얻은 값과 $10^{120}$배 차이가 난다. 우주를 다루는 천문학에서는 10배 정도의 차이가 나는 계산 결과는 적어도 당분간은 수용 가능한 것으로 받아들여지고 있지만, $10^{120}$배라는 오차는 아무리 낙관주의자라고 해도 무시할 수 없는 크기이다. 만약 진공이 입자물리학자들이 제안한 정도의 암흑에너지를 가지고 있다면 우주는 오래 전에 아주 큰 공간으로 부풀어났을 것이고 1초보다 훨씬 짧은 시간 동안에 우주의 물질이 상상할 수 없을 정도로 희박하게 퍼져버렸을 것이기 때문에 우리가 머리로 무엇을 생각하는 일은 일어나지도 않았을 것이다. 이론과 관측 결과는 모두 진공이 암흑에너지를 가져야 한다는 데 동의하지만 그 에너지의 양에 대해서는 1조의 10승($10^{120}$) 배 정도의 차이를 보이고 있다. 지구나 우주의 어떤 예로도 이 정도의 차이가 얼마나 큰 것인지를 실감나게 보여줄 수는 없다. 가장 멀리 있는 은하까지의 거리와 양성자의 지름의 비는 $10^{40}$ 정도이다. 이 엄청난 숫자도 우주상수에 대한 이론과 관측 사이의 결과 값 차이의 세제곱근에 지나지 않는다.

입자물리학자나 우주학자들 모두 양자물리학의 이론이 암흑에너지에 대해 받아들이기 어려운 큰 값을 예측한다는 것을 오래 전부터 잘 알고 있었다. 그러나 그 당시에는 우주상수가 0인 것으로 받아들여지고 있었기 때문에 양의 항을 소거할 음의 항이 나타나서 이 문제를 없던 것으로 돌려주기를 기대하고 있었다. 과거에 이런 방법으로 가상적인 입자가 얼마나 많은 에너지를 우리가 측정할 수 있는 입자에 제공하는가 하는 문제를 해결했었다. 이제 우주상수가 0이 아니라는 것이 판명되었기 때문에 그런 소거가 일어날 가능성은 아주 적어졌다. 물론 그런 소거가 존재한다면 우리가 가지고 있는 큰 문제들을 모두 해결할 수 있을 것이다. 그러나 현재로서는 우주상수의 크기를 설명할 수 있는 다른 방법을 알지 못한다. 따라서 우주학자들은 어떻게 우주가 단위 부피당 현재 우리가 관측한 것과 같은 암흑에너지를 가지게 되었는가 하는 것을 설명하는 이론을 찾아내기 위해 입자물리학자들과 협조할 수밖에 없을 것이다.

우주학과 입자물리학에 관심을 가지고 있는 뛰어난 과학자들이 그들의 에너지 모두를 이 관측 결과를 설명하기 위해 쏟아 부었지만 아무런 소득을 얻지 못했다. 자연의 무엇이 공간을 우리가 관측한 형태로 만들었는지를 설명하는 사람에게는—발견이 주는 커다란 즐거움은 차치하고라도—노벨상이 기다린다는 것을 알고 있기 때문에 이것은 무척 화나는 일일 것이다. 그러나 새로운 문제가 설명을 기다리며 토론에 불을 지폈다. 왜 우주에 존재하는 암흑에너지의 양이 우주에 존재하는 모든 질량의 에너지와 비슷한 값을 갖는가 하는 문제였다.

우리는 이 문제를 물질의 밀도와 암흑에너지를 질량으로 환산한 것의 밀도를 나타내기 위해 사용했던 두 $\Omega$를 이용하여 다시 제기할 수 있다. 왜 하나의 값이 다른 값보다 훨씬 큰 값을 가지지 않고 $\Omega_M$과 $\Omega_\Lambda$의 값이 비슷한 값을 갖느냐 하는 것이다. 우주 초기의 대폭발 후 첫 10억 년 동안은 $\Omega_M$의 값이 거의 1에 가까웠고 $\Omega_\Lambda$는 거의 0이었다. 이 동안에는 $\Omega_M$의 값이 처음에는 $\Omega_\Lambda$ 값보다 수백만 배, 다음에는 수천 배, 그리고 그 다음에는 수백 배 컸었다. 오늘날에는 $\Omega_\Lambda$의 값이 $\Omega_M$의 값보다 뚜렷이 크기는 하지만 $\Omega_M=0.27$, 그리고 $\Omega_\Lambda=0.73$으로 대체로 비슷한 값을 가지고 있다. 현재로부터 적어도 5백억 년이 지난 먼 미래에는 $\Omega_\Lambda$의 값이 $\Omega_M$의 값보다 처음에는 수백 배, 다음에는 수천 배, 그리고 그 다음에는 수백만 배, 마침내는 수십억 배가 될 것이다. 우주 나이가 30억 년에서 5백억 년 동안에만 이 두 값은 비슷한 값을 가지고 있을 것이다.

마음 편한 사람들은 30억 년에서 5백억 년이라면 아주 긴 시간이라고 생각할 것이다. 그래서 무엇이 문제란 말인가? 천문학적 입장에서 보면 이런 시간의 연장은 별일이 아니다. 천문학자들은 시간의 흐름을 10의 몇 승으로 나타내기 위해 시간에 로그를 취하기도 한다. 처음에 우주가 어떤 나이였다. 그후 우주는 10배 더 나이를 먹게 되었다. 그후 우주의 나이는 다시 그 나이의 10배가 되었다. 그리고 그런 일이 계속되었다. 다시 말해 10배씩 나이를 먹는 일을 영원히 계속하게 된 것이다. 우리가 우주 최초의 대폭발 후 양자물리학적으로 의미 있는 시간인 $10^{-43}$초부터 시간을 측정하기 시작했다고 가정하자. 1년은 약 3천만 초이므로($3\times10^7$) 대폭발 후 $10^{-43}$초에서부터 30억 년까지는 우주의 나이가 $10^{60}$배가 된 것이다. 이와는 대조적으로 $\Omega_M$과 $\Omega_\Lambda$가 비슷한 값을 가지던 30억 년에서 5백억 년까지의 시간은 10의 몇 승으로 간단하게 나타낼 수 있다. 그후에는 10의 무한대 승 배의 시간이 무한한 미래를 향해 열려 있다. 뛰어난 미국의 우주학자 마이클 터너는 왜 우리가 $\Omega_M$과 $\Omega_\Lambda$의 값이 비슷한 시대에 살고 있는가 하는 질문을 '낸시 케리건 문제'라고 명명했다. 경쟁자의 남자친구로부터 폭행을 당하고 "왜 나야? 왜 지금이야?" 하고 물었던 올림픽 피겨스케이팅 선수 낸시 케리건[*]의 이름을 따서 붙인 것이었다.

관측된 값과 비슷한 값의 우주상수를 계산해내는 것은 가능하지 않았고, 중요성과 암시하는 바도 크게 달랐지만 우주학자들은 케리건 문제에 대한 답은 가지고 있었다. 어떤 사람들은 당황해했고, 어떤 사람들은 마지못해 받아들였으며, 어떤 사람들은 이런 설명을 크게 환영했고, 어떤 사람들은 경멸했다. 그 설명은 우주상수의 값을 보통의 은하에 속한 보통의 별을 돌고 있는 행성인 지구에서 우리가 여기에 있다는 사실과 연결시켰다. 우주를 나타내는 변수들, 특히 우주상수는 우리가 존재할 수 있는 값을 가져야 우리가 존재할 수 있고 이런 토론을 진행할 수 있다는 것이다.

예를 들어 실제 값보다 훨씬 큰 우주상수를 가지면 어떤 일이 일어날지 상상해보자. 훨씬 더 많은 암흑에너지가 5백억 년 후가 아니라 불과 몇백만 년 후에 $\Omega_\Lambda$의 값을 $\Omega_M$의 값보다 훨씬 큰 값으로 만들 것이다. 이 경우에 우주를 지배하는 것은 암흑에너지의 가속효과 때문에 물질이 너무 빨리 흩어져 은하도, 별도, 행성도 만들 수 없었을 것이다. 물질의 덩어리가 처음 형성되고 나서부터 생명체가 생겨나기까지 적어도

[*] 미국의 피겨스케이팅 선수 토냐 하딩이 1994년 릴레함메르 동계올림픽 대표 선발전을 앞두고 전 남편 제프 스톤에게 라이벌 낸시 케리건의 무릎에 부상을 입히도록 사주해 미국 피겨스케이팅협회로부터 영구 제명당한 사건.

10억 년이 필요하다고 가정할 때, 우리는 우리가 존재한다는 사실이 우주상수의 값이 아주 큰 값을 가질 가능성을 배제하고 0과 실제 값의 몇 배 사이의 값으로 한정한다고 결론 내릴 수 있다.

이런 논쟁은 우리가 우주라고 부르는 모든 것은 상호 작용하지 않는 수없이 많은 우주를 포함하는 훨씬 큰 '다중우주'에 속한다고 가정할 때 더 큰 관심을 끌게 된다. 다중우주 개념에서는 모든 상태는 더 높은 차원에 속하기 때문에 우리 우주의 공간은 다른 어떤 우주로부터 접근하는 것이 가능하지 않고 그 반대도 마찬가지다. 이론적으로조차도 상호 작용이 가능하지 않다는 사실 때문에 다중우주의 이론은 적어도 어떤 현명한 사람이 다중우주 모델을 실험적으로 증명할 방법을 찾아낼 때까지는 확인이 불가능한, 따라서 증명이 가능하지 않은 가설에 지나지 않을 것이다. 다중우주에서는 임의의 시간에 새로운 우주가 태어나서 인플레이션에 의해 거대한 크기로 부풀어나겠지만 다른 수많은 우주로부터 어떤 방해도 받지 않을 것이다.

다중우주에서는 각각의 새로운 우주가 그 우주에 고유한 우주상수의 크기를 결정하는 변수를 포함한 여러 변수들과 물리법칙을 가지고 우주로서의 일생을 시작할 것이다. 많은 다른 우주들은 우리의 우주상수보다 훨씬 큰 우주상수를 가졌기 때문에 빠른 시간 안에 밀도가 거의 0인 상태로 팽창할 것이고 이것은 생명체에게는 바람직하지 않을 것이다. 다중우주의 수많은 우주 중에서 몇 안 되는 우주만이 생명체가 존재할 수 있는 조건을 가지게 될 것이다. 이 우주들에서는 변수들이 물질로 하여금 은하, 별, 행성을 형성할 수 있게 하고 이런 천체들이 수십억 년 동안 존재할 수 있도록 할 것이다.

우주학자들은 우주상수를 설명하려는 이런 접근을 '인간 중심 원리 (anthropic principle)'라고 부른다. 인간 중심적 접근을 선호하는 사람들은 아마도 더 좋은 이름을 제안할 테지만 말이다. 우주학의 핵심적인 문제를 이런 방법으로 접근하는 것은 큰 호소력이 있어서 사람들은 이 방법에 대해 중립적인 태도를 취하기보다는 좋아하거나 싫어한다. 많은 흥미 있는 아이디어와 마찬가지로 인간 중심적 접근은 여러 가지 신학적이거나 또는 신학적 심리 상태를 띠는 방향으로 전환하거나 적어도 전환한 것 같아 보인다. 일부 원리주의자들은 인간 중심적 접근이 인류의 중심적 역할과 절대자가 모든 것을 우리를 위해 합당하도록 만들었다는 사실을 내포한다고 믿기 때문에 이런 접근을 지지한다. 그들은 관측할 수 없는 우주―적어도 우리가 알고 있는 우주―는 있을 수 없으며, 있어서도 안 된다고 생각한다. 반면에 이런 접근을 반대하는 사람들은 이런 신학적인 접근은 아주 적은 수의 우주만이 생명체를 갖게 하기 위해 수없이 많은 우주를 창조해내는 상상할 수 없을 정도로 비효율적인 일을 하는 신이 존재한다는 것을 의미한다고 지적한다. 인간 중심적 접근이 내포하고 있는 것은 그런 것이 아니라는 것이다. 그외 인간의 중심적 역할을 강조하는 다른 창조 신화들은 그냥 지나치기로 하자.

다른 한편으로는 스피노자가 그랬던 것처럼 당신이 모든 것에서 신을 볼 수 있도록 선택된다면 당신은 끊임없이 우주를 꽃피워내는 다중우주에 탄복하지 않을 수 없을 것이다. 과학의 선구자들에게서 전해진 대부분의 새로운 발견과 같이 다중우주의 개념과 인간 중심적 접근도 특정한 믿음 체계를 위해 봉사하는 방향으로 쉽게 전환할 수 있다. 많은 우주학자들은 현재로서는 다중우주의 개념이 믿음 체계와는 관계없이 받아들일 만하다고 인정하고 있다. 선배인 뉴턴과 마찬가지로 케임브리지 대학의 루카스좌 교수직*을 차지하고 있는 스티븐 호킹은 인간 중심적 접근이 케리건 문제의 훌륭한 해답이라고 판정했다. 입자물리학 연구 업적으로 노벨상을 받은 스티븐 와인버그는 이러한 접근을 좋아하지는 않지만 다른 어떤 그럴듯한 해답이 나오지 않기 때문에 적어도 당분간은 받아들이기로 했다.

역사가 언젠가는, 현재의 우주학자들이 우리가 어떻게 다루어야 할지 아직 충분히 이해하지 못하고 있는 잘못된 문제에 매달려 있다는 것을 보여줄는지도 모른다. 와인버그는 왜 태양계가 여섯 개의 행성을 가져야 하는가(당시 천문학자들은 그렇게 믿고 있었다)와, 왜 행성들이 그런 궤도에서 태양을 공전하는가를 설명하려고 했던 케플러의 시도를 예로 들기를 좋아한다. 케플러로부터 4백 년이 흘렀지만 천문학자들은 아직도 행성의 정확한 숫자나 그들의 궤도에 대해서 충분히 알지 못하고 있다. 그러나 우리는 태양 주위를 돌고 있는 여섯 행성들의 궤도는 다섯 개의 정다면체를 인접한 두 행성의 궤도 사이에 각각 하나씩 끼워 넣을 수 있도록 배열되어 있다는 케플러의 가정이 아무 의미도 없다는 것을 잘 알고 있다. 다섯 개의 정다면체가 궤도 사이에 잘 맞지 않을 뿐만 아니라 (더 중요하게) 행성의 궤도가 그런 법칙에 따라야 하는 이유를 설명할 수 없기 때문이다. 이 다음 세대는 오늘날의 우주학자들을

---

* Lucasian professor of Mathematics, 1663년부터 영국 케임브리지 대학에서 수학에 중요한 공헌을 한 교수에게 준 교수직으로 헨리 루카스(Henry Lucas) 당시 하원의원이 기증한 기금으로 운영된다. 대부분 종신직이다. 뉴턴이 제2대를 역임했고, 스티븐 호킹은 제17대 루카스좌 교수이다.

오늘날의 우주에 대한 지식으로는 설명할 수 없는 문제를 설명하려고 헛된 수고를 하고 있는 과거의 케플러처럼 생각할지도 모른다.

모든 사람들이 인간 중심적 접근을 좋아하는 것은 아니다. 일부 우주학자들은 인간 중심적 접근을 패배주의자들의 방법 또는 역사를 모르는(왜냐하면 이러한 접근은 한때는 신비스럽게 생각했던 현상을 설명해낸 물리학에서의 수많은 성공 사례에 반하기 때문에) 사람들의 접근 방법이라고 비판하고, 또한 인간 중심적 접근이 지적인 논쟁처럼 위장하고 있기 때문에 위험하다고 주장한다. 게다가 많은 우주학자들은 우리가 이론상으로는 물론 어떤 방법으로도 상호 작용하지 않는 여러 개의 우주를 포함하고 있는 다중우주에 살고 있다는 가정을 우주의 이론으로 받아들일 수 없다고 생각한다.

인간 중심 원리에 대한 토론은 우주를 이해하는 것보다 과학적 접근을 우선시하는 회의론자들이 각광받도록 했다. 한 사람의 과학자, 특히 그것을 대단하게 생각하는 사람에게 호소력이 있는 이론은 다른 사람에게는 어리석게 보이고 전혀 틀린 것으로 보일 수도 있다. 두 사람 모두 다른 과학자가 대부분의 관측 자료를 설명하는 데 가장 훌륭하다는 것을 발견해야 이론이 살아남을 수 있다는 것을 알고 있다(**모든** 자료를 설명하는 이론을 조심하라. 그 중 어떤 것들은 후에 틀렸다는 것이 밝혀질 것이다, 라고 유명한 과학자가 말한 적이 있다).

미래에 이 문제에 대한 대답이 그리 빨리 나오지 않을지도 모르지만 우리가 우주에서 보고 있는 것을 설명하려는 시도는 계속될 것이다. 예를 들면 재미있는 이름을 지으려고 개인교습을 받았음직한 프린스턴 대학의 폴 스타인하트는 케임브리지 대학의 닐 튜록과 공동으로 우주의 '에크피로틱 모델(ekpyrotic model)'을 제안하였다. 끈 이론*이라는 입자물리학 이론에서 자극을 받은 스타인하트는 우주가 11차원이며 대부분의 차원은 '꼬여 있어서' 아주 작은 공간만 차지한다고 주장했다. 그러나 다른 몇 차원은 실제 크기를 가지고 있어서 중요하다. 우리가 다른 차원을 인식하지 못하는 것은 우리가 익숙한 4차원에 갇혀 있기 때문이라는 것이다. 만약 우리 우주의 모든 공간이 매우 얇은 종이로 되어 있다고 가정해보자(이 모델은 공간의 3차원을 2차원으로 줄인 것이다). 그리고 평행한 다른 종이를 가정하자. 그리고 두 종이가 다가와 충돌하는 모습을 상상해보자. 그러한 충돌은 대폭발을 만들 것이고, 종이가 서로 튕겨나감에 따라 각각의 종이에는 은하와 별이 탄생하는 비슷한 역사가 만들어질 것이다. 결국에는 멀어지는 것을 중지하고 다시 다가가기 시작해 또 다른 충돌과 새로운 대폭발을 만들어낼 것이다. 따라서 우주는 수천억 년의 간격으로 적어도 큰 그림에서는 같은 사건을 반복하는 주기적인 역사를 가지게 될 것이다. '에크피로시스(ekpyrosis)'라는 단어는 그리스어로 '대화재'라는 의미(더 익숙한 단어로 방화범을 뜻하는 pyromaniac을 떠올려볼 것)를 가지고 있으므로 '에크피로틱 우주'는 사람들의 머릿속에 우리 우주를 탄생시킨 우주 최초의 대폭발을 떠올리게 할 것이다.

우주의 에크피로틱 모델은 스타인하트의 많은 동료 우주학자들의 마음을 사로잡을 만큼 충분하지는 않지만 감상적이면서도 지적인 호소력

---

34) 물질을 구성하고 있는 기본 단위가 0차원인 점이 아니라 길이를 가지고 있는 1차원인 끈이라고 설명하는 이론. 끈 이론(string theory)은 초끈 이론(superstring theory)으로 발전하여 물질과 물질 사이에 작용하는 힘을 통합적으로 이해하려고 시도하고 있다.

을 가지고 있다. 아직까지는 아니지만 특별히 이 모델이 아니더라도 에크피로틱 모델과 같이 허무맹랑해 보이는 이론이 언젠가는 암흑에너지를 설명하려는 우주학자들의 시도에 탈출구를 제공할 것이다. 인간 중심적 접근을 선호하는 사람들도 우리 우주가 수많은 우주들 중에서 운이 좋은 우주에 불과하다는 것을 설명하기 위해 다중우주를 들먹이지 않고도 우주상수를 설명해낼 수 있는 새로운 이론을 만들어내는 것을 그리 기분 나빠하지 않을 것이다. 로버트 크럼의 만화 주인공이 다음과 같은 말을 한 적이 있다. "우리는 얼마나 괴짜 같은 우주에 살고 있는가? 우이!"

# 2부

# 은하와
# 우주 구조의
# 기원

7장 은하의 발견   8장 구조의 기원

# 7장

## 은하의 발견

영국의 천문학자 윌리엄 허셜 경이 세계 최초로 그럴듯한 대형 망원경을 제작하기 직전인 지금으로부터 250년 전, 사람들은 우주가 별들, 태양과 달, 행성들, 목성과 토성의 몇몇 위성들, 희미한 천체들, 밤하늘을 가로지르는 은하수*로 구성되어 있다고 알고 있었다. '은하(galaxy)'라는 이름은 그리스어의 galaktos, 또는 'milk(우유)'라는 말에서 따왔다. 하늘에는 구름을 뜻하는 라틴어에서 유래한 이름인 네블라(nebulae, 성운)**라고 불리는 황소자리의 게성운, 안드로메다자

---

* 영어에서는 우리 은하를 Milky Way galaxy라고 부른다. 그러나 우리말에는 우리 은하를 부르는 고유한 명칭이 없다. 은하수는 하늘에 보이는 우리 은하의 모습을 이르는 말이어서 우리 은하의 고유명칭이라고 할 수는 없다. 따라서 우리 은하는 그냥 우리 은하라고 부른다.

** 성운이라고 부르는 천체 중에는 우리 은하와 같이 수많은 별들로 이루어진 은하도 있고, 별 사이의 공간에 흩어져 있는 기체와 먼지로 이루어진 구름도 있다. 최근에는 은하와 구름을 구분하여

리의 별들 사이에서 찾아볼 수 있는 안드로메다성운과 같이 모양이 일정하지 않고 희미한 천체들도 있다.

허셜의 망원경은 1789년 제작 당시로서는 가장 큰 것이어서 반사경의 지름이 48인치나 되었다. 망원경을 지지하고 방향을 맞추기 위해 지지대를 복잡하게 얽어맨 흉물스러운 망원경이었지만 망원경을 통해 하늘을 바라보자 허셜은 은하수 속의 수없이 많은 별들을 볼 수 있었다. 이 구경 48인치 망원경과 움직이기 쉬운 작은 망원경을 이용하여 허셜과 그의 누이 캐롤라인은 최초로 북반구에 보이는 성운의 '먼 하늘' 목록을 작성했다. 윌리엄 허셜의 아들 존 허셜은 가족의 전통을 이어받아 아프리카 남단인 희망봉의 케이프에 머물면서 아버지와 고모가 작성한 북반구의 천체 목록에 남반구에서 볼 수 있는 1천7백 개의 희미한 천체들을 첨가하였다. 1864년에는 천체들의 목록을 통합한 5천 개 이상의 천체를 포함하는 『성단과 성운의 일반 목록A General Catalog of Nebulae and Clusters of Stars』이 출판되었다.

이러한 많은 관측 자료에도 불구하고 성운이 어떤 천체인지, 성운까지의 거리가 얼마나 되는지, 그리고 그들 사이에 어떤 차이가 있는지에 대해서는 아무도 모르고 있었다. 그럼에도 불구하고 1864년에 출판된 『성단과 성운의 일반 목록』은 성운을 모양에 따라 형태학적으로 분류하는 것을 가능하게 하였다. '본 대로 분다' 라는 농구심판들의 전통(허셜의 목록이 출판된 것과 비슷한 시기에 나타난)과 마찬가지로 천문학자들은 나선 모양의 성운은 '나선성운', 타원 모양으로 보이는 것은 '타원성

---

기체와 먼지로 이루어진 구름만을 성운이라고 부르지만 아직도 외부 은하를 성운이라고 부르는 사람도 있다.

운', 불규칙한 모양을 가진 성운—타원형도 아니고 나선형도 아닌—은 '부정형 성운'이라고 이름 지었다. 마지막으로 작아서 행성처럼 보이는 성운은 '행성상 성운'*이라고 이름 지어 후세 사람들을 영원히 혼동시키기도 했다.

생물학에서와 마찬가지로 천문학에서도 대상을 사실적으로 묘사하기를 좋아했다. 별들과 희미한 천체들을 나타내는 긴 이름들을 이용하여 천문학자들은 유형을 연구하고 분류했다. 매우 그럴듯한 방법이었다. 대부분의 사람들은 어린 시절부터 누가 시키지 않아도 물건들을 모양과 형태에 따라 정리하기를 좋아한다. 그러나 이런 방법으로는 그리 멀리까지 갈 수는 없다. 허셜은 밤하늘의 희미한 천체 대부분이 거의 같은 크기로 보였기 때문에 모든 성운이 지구로부터 비슷한 거리에 있다고 가정했다. 따라서 그들에게는 모든 성운에 같은 규칙을 적용해서 분류하는 것은 간단하면서도 훌륭한 과학이었다.

문제는 모든 성운이 비슷한 거리에 위치해 있다는 가정이 온전히 틀렸다는 것이다. 자연은 때로 모호하기도 하고 교활하기도 하다. 허셜이 분류한 성운의 일부는 별들보다 멀리 있지 않았다. 따라서 이들은 상대적으로 작았다(만약 지름이 1조 6천억 킬로미터나 되는 것을 '상대적으로 작다'고 할 수 있다면). 다른 천체들은 훨씬 멀리 있다는 것이 밝혀졌다. 따라서 이런 천체들이 상대적으로 우리에게 가까이 있는 천체들과 비슷한 크기로 보이기 위해서는 크기가 대단히 커야 했다.

숙제는 어떤 시점에 무엇처럼 보이는 대상을 정해서 그것이 무엇이

---

* 처음 작은 망원경으로 관측했을 때 별을 돌고 있는 행성처럼 보여 행성상 성운이라고 부르게 되었지만 실제로는 별을 구형으로 둘러싸고 있는 구름이다.

냐고 끝없이 질문하는 것이었다. 다행스럽게도, 19세기 말에 있었던 과학과 기술의 발전은 천문학자들이 우주의 내용물들을 분류하는 데 그치는 것이 아니라 그것이 무엇인지를 따져보는 것이 가능하도록 했다. 이러한 변화가 물리학의 법칙들을 천문학에 적용하는 천체물리학을 탄생시켰다.

존 허셜이 그의 방대한 성운 목록을 출판한 것과 같은 시기에 새로운 과학기기인 분광기가 성운 연구에 가담했다. 분광기의 기능은 빛을 무지갯빛으로 분해하는 것이다. 빛 속에 들어 있는 색깔과 스펙트럼의 모양은 빛을 낸 물체의 화학적 조성에 대한 자세한 정보뿐만 아니라 도플러 효과라는 현상을 통해 빛을 낸 물체가 지구를 향해 움직이는지 아니면 지구로부터 멀어지는지에 대한 정보도 가지고 있다.

분광기는 놀라운 것을 보여주었다. 우리 은하 바깥에 존재하는 나선 성운은 거의 모두 아주 빠른 속도로 지구로부터 멀어지고 있었다. 이와는 대조적으로 모든 행성상 성운과 부정형 성운들은 상대적으로 느린 속도로 움직이고 있었으며 우리로부터 멀어지거나 가까워지고 있었다. 우리 은하의 중심에서 엄청난 폭발이 일어나 나선은하만을 밖으로 튕겨내고 있는 것일까? 그렇다면 나선은하들 중 일부는 다시 우리 은하를 향해 떨어지는 것들도 있어야 하는 것이 아닐까?* 우리도 언젠가 그러한 재난을 당하는 것이 아닐까? 빠른 감광 유제(emulsion)의 발명과 같은 사진기술의 발전에도 불구하고 아주 희미한 성운의 스펙트럼을

---

* 지구에서 위쪽으로 던져 올린 물체가 다시 땅으로 떨어지는 것처럼 어떤 힘에 의해 밖으로 튕겨내어진 은하는 다시 제자리로 떨어져야 하는 것이 아닌가 하고 생각한 것이다.

측정하는 것은 매우 어려운 일이었기 때문에 천체들이 우리로부터 멀어지는 탈출은 계속되었지만 이런 질문의 해답을 구할 수는 없었다.

다른 과학 분야에서도 그렇듯이, 천문학에서도 대부분의 발전은 더 나은 기술의 도입에 의해 이루어진다. 1920년대 초에 가장 중요한 새로운 천문 관측기기가 발명되었다. 캘리포니아의 패서디나 근처에 있는 윌슨 산 천문대에 설치된 거대한 구경 100인치짜리 후커 망원경이 그것이었다. 1923년에는 미국의 천문학자 에드윈 허블이 그 당시로서는 세계에서 가장 컸던 이 망원경을 이용하여 안드로메다성운에서 특별한 종류의 세페이드 변광성*을 발견했다. 세페이드 변광성은 잘 알려진 패턴에 의해 밝기가 변화하는데, 세페우스자리에서 처음으로 발견되었기 때문에 이런 이름으로 불린다. 세페이드 변광성은 매우 밝아 먼 거리에서도 관측이 가능하다. 이들의 밝기는 이미 잘 알려진 주기에 따라 변하기 때문에 인내와 끈기가 있는 관측자라면 더 많은 세페이드 변광성을 찾아낼 수 있다. 허블은 우리 은하에서 몇 개의 세페이드 변광성을 찾아내서 이 별들까지의 거리를 측정하였다. 그러나 놀랍게도 안드로메다성운에서 그가 발견한 세페이드 변광성은 다른 변광성들보다 훨씬 희미했다.

세페이드 변광성이 이렇게 희미하게 보이는 것에 대한 가장 그럴듯한 설명은 새로 발견된 세페이드 변광성과 이 변광성들을 포함하고 있는 안드로메다성운이 다른 세페이드 변광성들보다 훨씬 더 먼 곳에 있

---

* 변광성 중에는 두 개의 별이 공전하면서 다른 별을 가려 밝기가 변하는 식변광성과 별 자체의 수축과 팽창에 의해 밝기가 변하는 세페이드 변광성이 있다. 세페이드 변광성의 밝기는 주기와 관계가 있다는 것이 밝혀졌다.

어야 한다는 것이었다. 허블은 이것은 너무 멀리 떨어져 있어 안드로메다자리를 구성하는 별들 사이에 있는 것이 아니며 우리 은하 안에 있는 것도 아니라는 것을 알게 되었다. 이것은 우리 은하에서 은하수가 흘러넘치는 것과 같은 천재지변이 일어나도 아무런 영향을 받지 않을 거리였다.

문제는 해결되었다. 허블의 발견으로 나선성운은 그 자체로 우리 은하와 같이 수많은 별들로 이루어진 하나의 거대한 별들의 세계라는 것을 알게 되었다. 허블은 우리 은하 바깥에 철학자 칸트의 시에서 언급했던 '섬우주(island unverse)'가 적어도 수십 개 존재한다는 것을 증명했다. 안드로메다자리의 천체는 단지 이런 잘 알려진 수많은 나선은하 명단의 첫 자리를 차지할 뿐이었다. 안드로메다성운은 사실은 안드로메다**은하**였던 것이다.

1936년에 충분히 많은 수의 섬우주가 발견되고 후커 망원경과 다른 망원경들이 이들의 사진을 찍자 허블은 은하들을 형태별로 분류하기 시작했다. 그의 은하 유형 분류는 은하가 한 형태에서 다른 형태로 변화하는 것은 태어나서 죽어가는 은하의 진화 과정을 나타낸다는 증명되지 않은 가정에 바탕을 두고 있었다. 1936년에 출판된 『성운의 왕국 *Realm of the Nebulae*』에서 허블은 여러 유형의 은하들을 자루가 타원은하를 닮은 소리굽쇠 같은 모양의 다이어그램에 각각 다르게 배열하는 방법으로 분류했다. 그는 구형에 가까운 타원은하는 손잡이에서 멀리 떨어진 한쪽 가지 끝에 위치시켰고, 납작한 모양의 타원은하는 가지들이 만나는 곳에 위치시켰다. 다른 한 가지에는 나선은하들을 배열하였는데, 손잡이에 가까운 곳에는 나선 팔이 아주 가까이 있는 은하를, 그리고 먼 곳에는 나선 팔이 멀리 떨어져 있는 나선은하를 위치시켰다. 소리굽쇠의 또 다른 가지에는 은하의 중심 부분이 곧은 '막대' 모양을 하고 있어서 다른 나선은하와 구별되는 은하들을 배열하였다.

허블은 은하의 일생이 구형의 타원은하로 시작해서 시간이 감에 따라 점점 납작해지다가 차츰 풀리기 시작하여 나선 구조를 보여준다고 생각했다. 뛰어나고 아름답고 우아하기까지 한 생각이었다. 그러나 잘못된 생각이었다. 허블의 분류 체계에서는 부정형 은하를 모두 빠트렸을 뿐만 아니라 후에 천문학자들이 모든 은하의 가장 오래된 별들의 나이가 거의 비슷하다는 것을 밝혀내 모든 은하가 우주의 같은 시기에 태어났다는 것을 증명했기 때문이다.

30년 동안(제2차 세계대전으로 얼마간의 연구 기회를 놓친 후에) 관측된 은하들을 허블의 소리굽쇠 다이어그램에 따라 타원은하, 나선은하, 막대나선은하로 분류하던 천문학자들은 불규칙한 모양 때문에 차트의 어디에도 속할 수 없었던 부정형 은하를 예외적인 소그룹으로 분류했다. 미국의 대통령 로널드 레이건이 캘리포니아의 레드우드 숲에서 그랬던 것처럼 타원은하에 관한 한 하나를 보면 모두를 본 것과 같다고 말할 수 있다. 타원은하는 모두 나선은하나 막대나선은하를 특징짓는 나선 팔을 가지고 있지 않으며 새로운 별들을 형성하는 성간 기체나 먼지로 이루어진 거대한 구름을 가지고 있지 않다. 이런 은하의 별들은 수십억 년 전에 한꺼번에 형성되어 구형이나 타원형으로 그룹을 형성하고 있다. 커다란 타원은하는 커다란 나선은하와 마찬가지로 수천억 개의 별을 가지고 있으며—아마도 수조 개 또는 그 이상일지도 모른다—지름은 수십만 광년에 이른다. 직업적인 천문학자를 제외하고는 누구도 나선은하와는 비교도 안 될 정도로 단순한 모양에다 단순한 별 탄생 역사를 가지고 있는 타원은하를 보고 탄성을 지르지는 않을 것이다. 타원은하는 모든 기체와 먼지를 거의 같은 시기에 한꺼번에 별로 바꾸어놓았기 때문에 타원은하에서는 더 이상 별이 형성되는 것과 같은 일들이 일어나지 않는다.

다행스럽게도 나선은하와 막대나선은하는 타원은하에서는 발견할 수 없는 장관을 제공한다. 모든 은하 사진 중에서 우리를 가장 감동시키는 사진은 우리 은하 밖에 나가 찍은 우리 은하 전체의 모습을 보여주는 사진일 것이다. 그런 사진을 찍기 위해서는 카메라를 우리 은하면의 위쪽이나 아래쪽으로 수십만 광년이나 멀리 보내야 한다. 오늘날 인류가 만든 탐사선 중에서 가장 멀리까지 간 탐사선도 이 거리의 수십억 분의 1밖에 날아가지 못했으므로 우리 은하 전체의 사진을 찍는다는 것은 이루기 어려운 꿈이다. 그리고 실제로 탐사선의 속도가 빛의 속도에 근접한다고 해도 원하는 결과를 얻기 위해서는 인류의 기록된 역사보다 훨씬 더 오랜 시간을 기다려야 한다는 것도 문제이다. 당분간은 천문학자들이 우리 은하의 내부에서 별과 성운의 나무를 그려나감으로써 은하 숲의 지도를 작성하는 수밖에 없다. 이러한 노력은 우리 은하가 가장 가까이 있는 우리의 이웃 은하인 안드로메다자리의 거대 나선은하를 닮았다는 것을 보여주었다. 여러 가지로 편리한 거리인 240만 광년 정도 떨어져 있는 안드로메다은하는 나선은하의 기초적인 구조에 대한 정보는 물론 다른 유형의 별들과 이들의 진화 과정에 대한 많은 정보를 제공해주고 있다. 안드로메다은하의 모든 별들은 우리로부터 거의 같은 거리(불과 몇 퍼센트의 오차 내에서)에 있기 때문에 이 은하 속에 있는 별의 밝기는 그 별이 1초 동안에 내는 에너지인 광도에 비례한다. 우리 은하 내에 있는 별들은 태양계로부터의 거리가 다르기 때문에 별의 밝기가 별의 실제 광도에 비례하지 않는다. 그러나 다른 은하의 별들은 우리로부터 비슷한 거리에 있기 때문에 별의 밝기가 별의 실제 광도에 비례한다는 원칙이 적용된다. 따라서 다른 은하의 별들을 관측하면 우리 은하의 별들을 관측할 때보다 더 쉽게 별들의 진화에 대한 중요한 정보를 얻을 수 있다. 안드로메다은하는 그것이 포함하고 있는 별의 불과 몇 퍼센트에 지나지 않는 적은 수의 별들을 포함하고 있는 두 개의 타원은하를 위성은하로 거느리고 있다. 이 은하들도 안드로메다은하와 마찬가지로 타원은하의 전체적인 구조에 대한 정보와 함께 별의 일생에 대한 중요한 정보를 제공해준다. 만약 하늘에서 안드로메다은하가 있는 위치를 정확하게 가늠할 수만 있다면,[*] 맑은 날 저녁에 도시의 불빛으로부터 멀리 떨어진 곳에서 눈이 좋은 관측자는 안드로메다은하의 희미한 윤곽을 찾아낼 수 있을 것이다. 안드로메다은하는 맨눈으로 관측할 수 있는 가장 먼 거리에 있는 천체이다. 안드로메다은하의 모습을 보여주는 빛은 우리 조상이 아프리카의 골짜기에서 사냥감과 딸기를 찾아 헤매던 시기에 이 은하를 떠난 것이다.

우리 은하와 마찬가지로 안드로메다은하도 나선 팔이 아주 가까이

---

[*] 안드로메다은하는 가을철 별자리인 안드로메다자리에 있다. 가을철의 대표적인 별자리인 페가수스자리의 큰 사각형의 좌측 위쪽에 있는 별로부터 안드로메다자리의 별들이 서쪽으로 거의 같은 간격으로 늘어서 있는데 그 중 두번째 별 위쪽에 있는 별 옆을 잘 관찰하면 달이 없고 맑은 날에는 맨눈으로도 안드로메다은하의 희미한 모습을 찾아낼 수 있다.

붙어 있지도 멀리 떨어져 있지도 않기 때문에 허블의 소리굽쇠 다이어 그램의 한 가지의 중간쯤에 위치한다. 만약 은하가 동물원의 동물들이라면 타원은하를 위해서는 하나의 우리만 준비하면 될 것이다. 그러나 나선은하를 위해서는 여러 개의 건물을 지어야 한다. 허블 망원경이 찍은 천만 내지 2천만 광년 거리에서 발견되는 (비교적 가까이 있는) 전형적인 이 야수들 중 하나를 관측하는 것은 모든 가능성이 있는 세계로 들어간다는 것을 의미한다. 나선은하의 세계는 우리 지구의 생활과는 전혀 다르게 매우 복잡해서 준비되지 않은 사람들을 현기증 나게 할 것이다. 아니면 야수들이 뼈를 부러트리거나 다리를 물지 않도록 하기 위해 끊임없이 주인을 불러대야 하는 야수들의 동물원과 같은 세계이다.

은하의 약 10퍼센트를 차지하는 은하 그룹의 고아인 부정형 은하는 타원은하와 나선은하 중에서 고른다면 나선은하와 훨씬 더 닮았다. 타원은하와는 달리 부정형 은하는 전형적으로 나선은하보다도 더 많은 먼지와 기체를 포함하고 있어 별들이 형성되고 있는 역동적인 장소를 제공하고 있다. 우리 은하는 두 개의 위성은하를 가지고 있는데 모두 부정형 은하들이다. 1520년에 세계일주 항해를 하던 마젤란이 처음 발견했을 때, 이 두 은하가 작은 구름조각처럼 보였기 때문에 마젤란 구름이라는 혼동을 주는 이름을 가지게 되었다. 이 은하들에 마젤란의 이름이 붙게 된 것은 마젤란이 이들을 발견한 첫번째 백인이었기 때문이다. 이 은하들은 천구의 남극(지구 남극의 연장선이 천구와 만나는 지점) 가까이에 위치해 있어 유럽과 미국을 포함하여 많은 인구가 분포해 있는 북반구의 지평선 위로 올라오는 일이 없었던 것이다. 수천억 개의 별을 포함하고 있는 우리 은하와 같은 큰 은하와는 달리 마젤란은하들은 수십억 개의 별들을 포함하고 있는 작은 은하지만 대마젤란은하 속의 '타란툴라(독거미)성운'과 같이 대규모로 별이 탄생하는 지역도 가지고 있다. 이 은하는 지난 3백 년 동안 가장 가까이에서 그리고 가장 밝게 관측된 초신성인 초신성 1987A를 보여주어 더 유명해졌다. 지구에서 1987년에 관측된 초신성 1987A는 실제로는 기원전 16만 년에 폭발한 초신성이다.

1960년대까지는 거의 모든 은하를 나선은하, 타원은하, 막대나선은하, 그리고 부정형 은하로 분류하고 만족했었다. 은하의 99퍼센트가 이 중 하나의 유형에 해당하므로 그럴 만도 했다('부정형 은하'라고 분류되는 유형 때문에 이런 결과는 뻔한 것이기는 했다). 그러나 미국의 천문학자 핼턴 아프가 은하들을 허블의 소리굽쇠 다이어그램에 속한 은하들과 부정형 은하들로 구분하는 것이 옳지 않다는 것을 밝혀냈다. "힘들고 지친 자들아 당신의 무거운 짐을 내게 달라" 하는 마음으로 아프는 캘리포니아의 샌디에이고에 있는 세계에서 가장 큰 망원경인 팔로마 산 망원경을 이용하여 가장 심하게 일그러져 보이는 338개 은하들의 사진을 찍었다. 1966년에 출판된 아프의 『특이 은하 지도 *Atlas of Peculiar Galaxies*』는 우주에서 일이 얼마나 잘못될 수 있는지를 보여주는 소중한 보물상자가 되었다. '특이 은하' — '부정형 은하'라는 말로도 설명할 수 없을 정도로 '특이한 은하'로 정의된 — 는 전체 은하 중 극히 일부에 지나지 않지만 은하들에게 어떤 나쁜 일이 일어날 수 있는지를 보여주는 중요한 정보를 가지고 있다. 예를 들면 아프의 지도에서 당황스러울 정도로 특이한 모양을 하고 있는 어떤 은하는 한때는 두 개의 은하였지만 충돌하여 하나로 합쳐지고 있는 과정에 있는 은하였다. 이러한 '특이한' 은하는 부서진 차가 새로운 종류의 자동차가 아니듯이 실제로는 전혀 새로운 종류의 은하가 아니었던 것이다.

은하의 충돌 과정에서는 두 은하 내의 모든 별들이 인력으로 두 은하 내의 모든 별들에게 영향을 미치기 때문에 연필과 종이만으로는 충돌이 어떻게 진행되는지 알아낼 수 없다. 이 일을 위해 필요한 것은 복잡하고 어려운 계산을 마다하지 않는 컴퓨터이다. 은하의 충돌은 시작에서 끝날 때까지 수억 년이 걸리는 대규모의 드라마이다. 컴퓨터 시뮬레이션을 이용하면 두 은하의 충돌을 아무 때나 시작하고 원하면 아무 때나 멈출 수 있으며, 1천만 년, 5천만 년 그리고 1억 년이 되는 시점의 사진을 찍을 수도 있다. 그때마다 모든 것은 달라 보인다. 그리고 아프의 지도로 걸어 들어가보면 그곳에서는 충돌의 초기 단계와 후기 단계를 모두 발견할 수 있다. 여기에서는 빗겨가는 충돌이 일어나고 있고, 저기에서는 정면충돌이 일어나고 있다.

1960년대 초에 최초로 컴퓨터 시뮬레이션이 행해졌지만(스위스의 천문학자 에리크 홀름베르크는 1940년대에 책상 위에서 인력 대신 빛을 이용하여 은하의 충돌을 구성해보려고 노력하기도 했다), 1972년이 되어서야 두 사람 모두 매사추세츠 공과대학(MIT) 교수였던 알레어 툼레와 주리 툼레 형제에 의해 최초로 '의도적으로 단순화한' 두 나선은하의 충돌 모형이 만들어졌다. 툼레의 모델에 따르면, 주기적으로 변동하는 힘—지점에 따라 달라지는 인력—이 실제로 은하를 찢어놓았다. 한 은하가 다른 은하에 가까이 가면 충돌하는 부분의 인력이 급속히 증가하여 두 은하가 서로를 통과하는 동안 두 은하를 잡아당기고 휘어놓는다. 그러한 잡아당김과 휘어짐이 아프의 특이 은하 지도에 나타나는 특이성의 원인이었다.

컴퓨터 시뮬레이션이 은하에 대해 그외에 무엇을 알게 해주었는가? 허블의 소리굽쇠 다이어그램에서는 '보통' 나선은하와 중심부에 막대 모양으로 보이는 밀도가 높은 지역을 가지고 있는 막대나선은하를 구별했었다. 그러나 컴퓨터 시뮬레이션은 막대나선은하의 막대 부분이 다른 종류의 은하를 나타내는 것이 아니라 변환 과정을 나타낼 뿐이라는 것을 알게 해주었다. 현재 막대나선은하를 관측하는 사람들은 1억 년 후에는 사라져 보이지 않게 될 중간 과정을 보고 있는 것이다. 그러나 우리가 직접 막대나선은하의 막대가 사라지는 것을 관찰하기에는 우리의 일생이 너무 짧기 때문에 우리는 수십억 년을 몇 분으로 압축할 수 있는 컴퓨터에서 막대가 나타나고 사라지는 모습을 볼 수밖에 없다.

아프의 특이 은하들은 1960년대에 발견되어 수십 년 후에야 겨우 이해하게 된, 정확하게는 은하라고도 할 수 없는 이상한 세계의 일부분이라는 것이 밝혀졌다. 우리가 은하 동물원을 제대로 이해할 수 있기 위해서는 잠시 떠나 있던 우주의 진화 과정으로 돌아가야 한다. 은하가 어떻게 태어나는지를 이해하고, 거대한 나선은하의 중심으로부터 3만 광년 떨어져 있고 가장자리로부터 2만 광년 떨어져 있는 평온한 공간에 우리가 존재하게 된 것이 얼마나 큰 행운인지를 따져보기 위해서는 모든 은하들—정상적인, 거의 정상적인, 부정형의, 그리고 깜짝 놀랄 정도로 새로운 은하들—의 기원을 살펴보는 것이 필요하다. 나선은하 내의 물질을 지배하는 일반적인 절서에 의해 후에 별을 형성하기 될 기체

구름과 함께 태양은 은하 중심을 거의 원에 가까운 궤도를 따라 약 2억
4천만 년(우주년이라고도 불리는) 주기로 돌고 있다. 태양은 태어난 후
지금까지 20바퀴 정도 돈 셈이고 일생을 마치기 전에 앞으로도 20바퀴
는 더 돌 것이다. 그 동안 우리는 은하가 어디에서 왔는지를 살펴보기
로 하자.

# 8장

●

## 구조의 기원

최선을 다하여 140억 년의 시간을 거슬러 올라가 우주에 있는 물질의 역사를 살펴보다보면, 우리는 설명해주기를 소리쳐 요구하는 하나의 성향과 마주치게 된다. 전 우주를 통해 물질은 계속적으로 스스로 구조를 형성해가려는 성향을 가지고 있다. 우주 초기의 대폭발 직후 거의 완전하게 매끄러운 분포로부터 물질은 다양한 크기의 덩어리로 뭉쳐졌다. 이 물질 덩어리들은 은하단이나 초은하단과 같은 거대한 구조에서부터 은하단을 이루고 있는 은하들, 수천억 개가 모여 은하를 이루는 별들, 그리고 별들을 돌고 있는 더 작은 천체들—행성, 위성, 소행성, 혜성들—에 이르는 모든 크기의 천체들을 만들었다.

현재 우리 눈에 보이는 우주를 구성하고 있는 천체들의 기원을 이해하기 위해서 우리는 처음에는 엷게 퍼져 있던 물질이 고도의 구조를 가진 물체로 변환하게 되는 과정에 초점을 맞추어야 한다. 우주에서 구조가 어떻게 나타나는지를 완전하게 설명하기 위해서는 잘 결합될 것 같지 않은 실재의 두 가지 양상을 하나로 결합하는 것이 필요하다. 앞 장에서 살펴보았듯이 우주 초기에 일어났던 일들을 이해하기 위해서는 분자, 원자와 이들을 구성하고 있는 입자들의 행동을 기술하는 양자물리학과 아주 큰 물체와 공간이 서로 어떻게 영향을 주는지를 설명하는 일반상대성 이론을 연결하는 방법을 알아내야 한다.

원자보다 작은 세계와 천문학적으로 큰 세계에 대한 지식을 통합하여 하나의 이론을 만들어내려는 시도는 아인슈타인이 시작했다. 거의 성공을 거두지 못하고 있는 가운데서도 그런 노력은 현재까지 계속되고 있다. 그리고 '대통일 이론'을 만들어낼 때까지는 앞으로도 불확실한 시간을 견뎌내야 할 것이다. 현대 우주학자들을 괴롭히는 문제들 중에서 그 해답을 가장 찾아내기 어려운 이론은 양자역학과 일반상대성 이론을 성공적으로 통합하는 이론이다. 그럼에도 불구하고 서로 융화될 것 같지 않은 물리학의 이 두 분야—작은 것의 과학과 큰 것의 과학—는 그들을 통합하여 하나로 이해하려는 우리를 비웃기라도 하는 것처럼 우리의 무지를 조금도 개의치 않은 채 자신의 영역에서 대단한 성공을 거두며 우주 안에서 공존하고 있다. 태양과 같은 별 수천억 개를 포함하고 있는 은하가 별들과 별들 사이의 기체 구름을 형성하고 있는 원자나 분자들을 다루는 물리학에 관심을 두지 않는 것은 당연한 일일 것이다. 은하보다 훨씬 더 큰 물질 덩어리인 수백 또는 수천 개의 은하를 포함하고 있는 은하단이나 초은하단 역시 이런 물리학에 관심이 없을 것이다. 그럼에도 불구하고 우주의 이런 큰 구조들은 초기 우주의 측정할 수 없을 정도로 작은 양자요동 덕분에 존재할 수 있게 되었다. 이런 구조가 어떻게 생겨났는지를 이해하기 위해서 우리는 무지한 현재 상태에서 최선을 다해 구조의 기원에 대한 열쇠를 쥐고 있는 양자물리학이 지배하는 작은 세계로 들어가야 한다. 그리고 너무 커서 양자역학이 아무런 역할을 할 수 없고 대신 일반상대성 이론의 법칙들이 물질을 지배하는 큰 세상까지 나갈 수가 있어야 한다.

그래서 결국에는 대폭발 직후의 아무런 모양이 없던 우주로부터 현재 우리가 보고 있는 여러 가지 구조로 가득한 우주가 만들어지는 과정을 설명할 수 있어야 한다. 구조의 기원을 설명하려는 모든 시도는 현재 상태의 우주를 설명할 수 있어야 한다. 천문학자와 우주학자들은 수많은 시행착오를 거친 끝에 이제 올바르게 우주를 기술하는 밝은 빛(우리가 오랫동안 바라던) 속으로 걸어가게 되었다.

현대 우주학의 역사를 통해 천체물리학자들은 우주 물질의 분포가 균일성과 등방성을 가지고 있다고 가정해왔다. 균일한 우주에서는 마치 잘 섞인 컵 속의 우유처럼 어떤 지점도 다른 지점과 똑같아 보인다. 등방성이 있는 우주는 시공간의 어떤 점에서 어느 방향으로 보든 모두 똑같이 보이는 우주이다. 균일성과 등방성은 같은 것처럼 보인다. 그러나 그렇지 않다. 예를 들어 지구의 경도선은 어떤 지역에서는 멀리 떨어져 있고 어떤 지역에서는 가까이 있기 때문에 균일하지 않다. 그러나 모든 경위선이 모이는 남극과 북극에서 경위선은 등방성을 가지고 있다. 만약 당신이 세상의 '위' 또는 '아래'*에 서 있다면 당신의 머리를

---

* 세상의 위는 북극점을, 아래는 남극점을 가리킨다.

왼쪽 또는 오른쪽으로 얼마를 돌리더라도 같은 모양으로 배열된 경위선을 볼 수 있을 것이다. 좀더 물리적인 예를 들기 위해 당신이 완전한 원뿔 모양의 산 위에 서 있고 이 산이 세상의 유일한 산이라고 상상해보자. 그러면 산 위에서 보는 지구 표면의 모습은 모두 같을 것이다. 만약 당신이 과녁의 한복판에 살고 있는 사람이거나 완벽하게 짠 거미줄 한가운데 살고 있는 거미라고 가정해도 당신은 같은 일을 경험할 것이다. 이런 경우 당신의 시선은 등방성을 가지고 있다. 그러나 절대로 균일하지는 않다.

균일하기는 하지만 비등방적인 형태는 똑같은 직사각형의 벽돌을 겹치게 쌓아놓은 벽에 나타난다. 여러 개의 벽돌을 하나로 보는 정도의 큰 스케일에서 보면 이 벽은 어디나 똑같아 보인다. 따라서 균일하다고 할 수 있다. 그러나 벽 위에 선을 그어보면, 방향에 따라 벽돌 사이의 선을 끊으면서 지나가는 방법이 다를 것이기 때문에 이 벽은 등방성을 가지고 있다고 할 수 없다.

흥미로운(어떤 종류의 기교를 좋아하는 사람들을 위한) 수학적 분석에 따르면 등방성을 가질 때에만 균일성을 가질 수 있다. 또 다른 수학의 정리 중에는 만약 공간이 세 개의 다른 점에서 등방성을 가진다면 모든 다른 점에서도 등방성을 가진다는 것을 보여주는 것도 있다. 그러나 사람들 중에는 수학을 흥미 없고 생산성이 없다고 생각하여 멀리하려는 사람들도 있다.

우주학자들이 심미적인 동기에서 공간의 물질 분포가 균일성과 등방성을 가지고 있다고 가정하기 시작했지만, 그들은 곧 이것이 기본적인 우주의 원리를 형성하기에 충분한 가정이라고 믿게 되었다. 우리는 이것을 범용의 원리라고 부를 수 있을 것이다. 우주의 한 지점이 다른 지점보다 더 흥미로운 성질을 가져야 할 아무런 이유가 없다. 그러나 작은 크기와 규모에서는 이런 주장이 사실이 아니라는 것을 쉽게 알 수 있다. 우리는 밀도(1세제곱센티미터 속에 들어 있는 질량의 그램 수)가 5.5에 가까운 값을 가지는 고체 행성 위에 살고 있다. 보통 별인 태양의 밀도는 1.4이다. 태양과 지구 사이의 행성간 공간의 밀도는 아주 작아 지구나 태양 밀도의 1조분의 1의 10억분의 1 정도이다. 우주 공간의 대부분을 차지하고 있는 은하간 공간은 10세제곱미터의 부피 속에 하나의 원자가 있는 정도의 밀도보다 작은 밀도를 가지고 있다. 은하간 공간의 평균 밀도는 행성간 공간의 밀도의 10억분의 1밖에 안 되어 복잡한 곳을 싫어하는 사람들이 기분좋아할 만하다.

천체물리학자들이 그들의 지평선을 확장함에 따라 별들로 이루어진 우리 은하와 같은 은하들이 공간을 떠도는 모습을 보게 될 것이다. 은하들 역시 은하단과 같은 그룹을 형성하고 있기 때문에 균일성과 등방성의 가정에 맞지 않는다. 그러나 희망은 아직 남아 있다. 관측 가능한 물질을 가장 큰 규모에서 보면 은하단들의 분포는 균일성과 등방성을 가지고 있다는 것을 알 수 있다. 공간의 특정한 부분에 균일성과 등방성이 존재하기 위해서는 이 공간이 충분히 커서 어떤 구조(또는 구조의 부재)가 이 속에서 큰 의미를 갖지 말아야 한다. 전반적인 성질에 있어서의 균일성과 등방성의 조건은 만약 당신이 어떤 지역에서 수박 크기의 표본을 취했을 때 이 지역의 모든 성질들이 다른 곳에서 떠낸 같은 크기의 표본의 성질과 같아야 한다는 것이다. 우주의 좌측 반쪽의 성질이 우측 반쪽의 성질과 다르다면 얼마나 당황스러울 것인가?

그렇다면 균일성과 등방성을 알아보기 위해서는 얼마나 큰 표본을 살펴보아야 할까? 우리 지구의 지름은 0.04광초*이다. 해왕성의 궤도 지름은 8광시간이다. 우리 은하의 별들은 지름이 10만 광년 정도 되는 납작한 원반 모양으로 분포해 있다. 그리고 우리 은하가 속해 있는 처녀자리 초은하단은 6천만 광년이나 되는 공간에 펼쳐져 있다. 따라서 균일성과 등방성의 성질을 가지고 있는 공간은 처녀자리 초은하단의 크기보다 커야 한다. 천체물리학자들이 공간의 은하 분포를 조사한 바에 따르면 1억 광년이 넘는 크기에서도 우주에서는 서로 교차하는 평면과 선을 이루고 있는 은하들로 둘러싸인 비교적 텅 비어 있는 부분을 많이 발견할 수 있다. 이런 스케일에서도 은하의 분포는 균일한 모양의 개미집보다는 구멍이 숭숭 뚫린 수세미를 닮았다.

그러나 천체물리학자들은 이보다도 더 큰 지도를 그려내서 그들이 보물로 생각하는 균일성과 등방성을 마침내 찾아냈다. 3억 광년 정도의 크기를 가지는 공간은 균일성과 등방성의 조건을 만족시킬 정도로 같은 크기의 다른 부분과 닮아 있는 것으로 알려졌다. 그러나 이보다 작은 규모에서는 모든 것은 여러 가지 크기의 덩어리를 이루고 있어 불균일하며 비등방적이다.

3백 년 전에 뉴턴은 물질이 어떻게 구조를 형성해가는가 하는 문제에 몰두했다. 그의 창의적인 생각은 균일하고 등방적인 우주의 개념을 도출해냈지만 곧 그러한 균일성과 등방성이 우리에게는 적용되지 않는다는 것을 알아차렸다. 우주의 모든 물질이 하나로 뭉쳐 커다란 하나의

---

* 광초 : 빛이 1초 동안 달려가는 거리. 광분 : 빛이 1분 동안 달려가는 거리. 광시간 : 빛이 한 시간 동안 달려가는 거리.

물질 덩어리를 만들도록 하지 않으면서 어떻게 다양한 형태의 구조를 만들어낼 수 있단 말인가? 뉴턴은 우리가 우주에서 그런 큰 질량 덩어리를 관찰할 수 없는 것은 우주가 무한하기 때문이라고 하였다. 그는 1692년에 케임브리지 대학 트리니티 칼리지의 학장이었던 리처드 벤틀리에게 다음과 같은 편지를 썼다.

> 만약 모든 물질이 하늘에 골고루 퍼져 있고, 모든 입자들이 모든 다른 입자들에 의해 인력을 받고 있다면 유한한 우주의 바깥쪽에 있는 물질은 안쪽으로 힘을 받게 되므로 결국 우주의 중심으로 떨어져 커다란 공 모양의 물질 덩어리를 만들 것입니다. 그러나 물질이 무한하게 큰 우주에 골고루 분포해 있다면 하나의 질량으로 뭉치지 않을 것입니다. 그러나 일부의 물질은 하나의 덩어리로 뭉치고 또 다른 물질은 다른 덩어리로 뭉쳐 무한한 우주에 널리 퍼져 있는 수많은 질량 덩어리들을 만들 수 있을 것입니다.

뉴턴은 우주가 팽창하거나 수축하지 않는 정상상태의 우주이기 위해서는 우주가 무한해야 한다고 생각했다. 이 우주 안에서 질량을 가진 모든 물체 사이에 작용하는 힘인 인력에 의해 천체들이 '형성'된다. 구조를 만드는 데 인력이 중심 역할을 한다는 뉴턴의 결론은 뉴턴보다 훨씬 더 어려운 문제를 다뤄야 하는 현대의 우주학자들에게도 유효하다. 현대의 천문학자들은 정상상태의 우주가 주는 이점을 즐기기보다는 물질이 한 곳으로 모여 큰 덩어리를 가지는 것과는 반대로 최초의 대폭발 이후 우주가 계속 팽창하고 있다는 것을 사실로 받아들여야 했다. 초기의 현대 천문학자들에게 우주가 한 곳으로 뭉치는 대신 팽창하고 있다는 사실은 극복하기 어려운 문제였다. 그러나 문제를 더 어렵게 만든 것은 구조가 형성되기 시작하던 시기인 대폭발 직후에 우주가 더 빠르게 팽창했었다는 사실이었다. 처음에는 마당에서 삽으로 빈대를 옮기는 것보다 널리 퍼져 있는 물질이 모여 커다란 물체를 형성하는 것을 인력으로 설명하는 것이 더 어려울 것 같아 보였다. 그러나 과학자들은 그 문제를 해결해냈다.

우주의 초기에는 우주가 매우 빠르게 팽창해서 모든 크기의 스케일에서 균일하고 등방적이었다면 인력은 아무런 성공도 거두지 못했을 것이다. 그렇게 되었다면 현재의 우주는 은하도, 별도, 행성도, 사람도, 그리고 존경을 받을 대상도, 존경하는 사람도 없이 공간에 원자들이 골고루 흩어져 있는 재미없는 우주가 되었을 것이다. 그러나 우주 초기의 짧은 순간에 그후에 나타나는 모든 물질과 에너지의 집중을 일으키는 원인을 제공하게 되는 **불균일성**과 **비**등방성이 도입되었기 때문에 우리 우주는 흥미 있는 일들이 계속 벌어지는 재미난 세상이 될 수 있었다. 이러한 시작이 없었다면 빠르게 팽창하는 우주는 인력이 물질을 모아 오늘날 우리가 당연하게 여기는 천체들을 만들지 못하도록 계속 방해했을 것이다.

무엇이 우주의 모든 구조의 씨앗이 되는 불균일성과 비등방성을 야기한 이런 차이를 만들었을까? 그 해답은 뉴턴으로서는 상상도 하지 못했던, 그러나 우리가 어디서 왔는지를 이해하기 위해서는 피해갈 수 없는 양자역학의 영역으로부터 얻어질 수 있다. 양자역학은 가장 작은 크기의 차원에서는 어떤 물질의 분포도 균일하거나 등방적일 수 없다는 사실을 말해준다. 그 대신 물질이 사라지고 다시 태어나는 것을 반복하는 동안 물질 분포의 임의적인 파동이 다른 크기로 나타났다가 사라지고 다시 나타난다. 어떤 특정한 시간에 공간의 어떤 지역에는 다른 곳보다 조금 더 많은 입자가 존재하게 되어 밀도가 조금 더 높아지게 된다. 쉽게 이해할 수 없는 요정의 마술 같은 이런 환상으로부터 우리는 현재 우주에 존재하는 모든 것을 이끌어낼 수 있다. 약간 밀도가 높게 된 지역은 인력으로 조금 더 많은 질량을 끌어 모을 수 있었고, 우주가 커지자 밀도가 높은 이런 지역이 은하나 은하단과 같은 커다란 구조로 발전하게 되었다.

대폭발 직후부터 구조가 발전해가는 과정을 추적하다보면 우리는 이미 앞에서 언급했던 두 번의 중요한 시기를 만나게 된다. 하나는 우주가 놀라울 정도로 빠르게 팽창했던 '인플레이션 시기'이고 다른 하나는 우주배경복사가 물질과의 상호 작용을 중지하게 되는, 우주 나이가 38만 년이었을 때 있었던 '분리의 시기'이다.

인플레이션 시기는 대폭발 후 $10^{-37}$초에서 $10^{-33}$초까지 계속되었다. 이 짧은 동안에 시공간은 빛보다도 빠른 속도로 팽창했다. 1조분의 1초의 1조분의 1의 다시 10억분의 1이라는 짧은 시간에 우주가 양성자 크기의 10억의 분의 1의 1천억 분의 1 크기에서 약 9센티미터 정도의 크기로 팽창한 것이다. 그렇다. 우리가 관측하고 있는 전 우주는 한때 자몽보다도 작았다. 그렇다면 무엇이 인플레이션을 일으켰는가? 우주학자들은 우주배경복사에 관측 가능한 특별한 흔적을 남긴 '상전이'를 범인으로 지목하고 있다.

상전이는 우주학에서만 등장하는 현상이 아니다. 우리 가정에서도 자주 일어난다. 우리는 얼음을 만들기 위해 물을 얼리고 수증기를 만들기 위해 물을 끓인다. 설탕 물 속에 매단 줄에는 설탕 알갱이들이 자란다. 물기가 있어 끈적거리는 반죽을 구우면 빵이 된다. 이 모든 현상들에는 공통점이 있다. 모든 경우 상전이 전후의 물질 모양이 전혀 다르다는 것이다. 인플레이션 모델에서는 우주가 아마도 우주 초기에 여러 번 있었을 상전이 중 하나일지도 모르는 중요한 상전이를 경험했을 것이라고 주장한다. 이 특별한 상전이는 급속한 팽창을 야기했을 뿐만 아니라 높은 밀도와 낮은 밀도의 파동을 유발했다. 이러한 파동은 팽창하는 우주에 그대로 반영되어 어디에 은하가 탄생할지를 알려주는 청사진이 되었다. 따라서 우리는 우리 자신의 기원과 모든 구조의 시작을 인플레이션 시기 동안에 일어난 원자핵 크기에서의 이러한 파동에서 찾을 수 있다고 말할 수 있다.

어떤 사실이 이러한 우리의 주장을 지지해주고 있을까? 최선의 방법은 천체물리학자들이 우주 초기의 0.000000000000000000000000000000000000001초($10^{-36}$초)를 돌아보는 것이지만 그것은 가능하지 않기 때문에, 차선책으로 초기 우주의 상태를 가정하고 이를 과학적인 논리를 이용하여 관측 가능한 우주와 연결시키는 것이다. 인플레이션 이론이 정확하다면 최초의 파동은 인플레이션 시기에 생겨야 한다. 피할 수 없는 양자역학—균일하고 등방적인 유체에 장소에 따른 작은 변화가 항상 일어날 수 있다는 것을 우리에게 알려주는—의 결과는 물질과 에너지 밀도가 지역에 따라 높고 낮을 수 있는 가능성을 가지게 하였다. 우리는 장소에 따른 이런 변화의 증거를 우주배경복사에서 발견하기를 기대하였다. 우주배경복사는 현재의 우주와 초기 단계의 우주를 갈라놓는 경계선이기도 하고 두 우주를 연결하는 연결고리이기도 하다.

우리가 이미 살펴보았듯이 우주배경복사는 대폭발 이후 첫 몇 분 동안에 만들어진 광자들이다. 우주 역사의 초기에는 이 광자들이 물질과 상호 작용을 하였다. 광자는 새로 만들어진 원자와 큰 에너지를 가지고 충돌하였기 때문에 원자들은 오랫동안 존재할 수 없었다. 그러나 팽창하는 우주는 광자의 에너지를 빼앗아 가버려 분리의 시기에 이르러서는 마침내 광자들이 전자들이 수소나 헬륨의 원자핵 주위를 도는 것을 막기에는 충분하지 않은 에너지를 가지게 되었다. 우주의 나이가 38만 년이 되는 이 시기 이후로 원자들은 그대로 살아남은—근처에 있는 별들에서 오는 빛에 의해 방해를 받는 지역적인 작은 예외를 무시한다면—반면 광자는 아주 작은 에너지를 가지고 전체적으로 우주배경복사를 형성하면서 우주를 떠돌아다니고 있다.

따라서 우주배경복사는 분리의 시기의 우주가 어떠했는지를 보여주는 스냅사진으로서 우주 역사의 현장을 우리에게 보여주고 있다. 천체물리학자들은 아주 정밀하게 이 스냅사진을 조사하는 방법을 알아냈다. 첫번째로 한 일은 우주배경복사가 존재한다는 간단한 사실을 알아낸 것이었다. 이것은 우주에 대한 그들의 이해가 정확하다는 것을 나타내는 것이었다. 그리고 그 다음에는 우주배경복사를 측정하는 기술이 향상되자 기구나 위성에 탑재된 정밀한 측정장치를 이용하여 우주배경복사의 작은 변화를 보여주는 지도를 작성하게 되었다. 이러한 지도는 한때는 아주 작았던 파동이 인플레이션 시기 이후 우주가 팽창함에 따라 수십만 년 동안 팽창하였고, 그리고 그후 수십억 년 동안 더 커져서 우주의 거대한 물질 분포로 바뀌어가는 과정에 대한 기록을 제공하고 있다.

놀라운 일처럼 보이지만 우주배경복사는 모든 방향으로부터 140억 광년 떨어진 곳의 오래 전에 사라진 초기 우주가 남긴 흔적의 지도를 우리에게 제공해준다. 이 지도에서 다른 지점보다 약간 큰 밀도를 가지고 있는 지역은 은하단이나 초은하단이 될 지역이다. 밀도가 평균값보다 약간 더 큰 지역은 그렇지 않은 지역보다 약간 더 많은 광자들을 남겼다. 광자들이 에너지를 잃게 되어 새로 만들어진 원자들과 상호 작용할 수 없게 되자 우주가 투명해지게 되었다. 우주가 투명해지자 광자들은 먼 여행을 떠나게 되었다. 우리 근처에 있던 광자들은 모든 방향으로 140억 광년이나 멀리 갔을 것이다. 따라서 이 광자들의 일부분은 140억 광년 떨어져 있는 관측 가능한 우주의 가장자리에 살고 있는 외계인에 의해 관측되고 있을지도 모른다. 그리고 그 외계인들이 있는 지점을 출발한 광자들은 이제 막 우리에게 도달하여 구조가 겨우 생겨나기 시작하던 시기에 그 지역이 어떠했었는지에 대한 정보를 우리에게 전해주고 있다.

1965년 최초로 우주배경복사를 발견한 이후 사반세기가 넘는 동안 천체물리학자들은 우주배경복사의 비등방성을 찾아내기 위해 노력했다. 수십만분의 얼마 정도의 비등방성이 우주배경복사에서 발견되지 않는다면 구조가 어떻게 나타나게 되었는지를 설명하는 그들의 모델들이 정당성을 주장할 수 없기 때문에 이론 천체물리학자들에게는 우주배경복사에서 비등방성을 발견하는 것이 매우 중요한 일이었다. 물질의 씨앗이 없었다면 우리는 우리가 왜 존재하는지를 설명할 수 없을 것이다. 천만다행으로 비등방성은 예상했던 대로 나타났다. 우주학자들이 적절한 수준의 비등방성을 관측할 수 있는 장비를 사용하면서 곧 그들은 그것을 발견할 수 있었다. 1992년에 발사되었던 COBE 탐사위성이 첫번째였으며, 그후에 3장에서 이미 설명한 기구와 WMAP 탐사위성에는 훨씬 더 정밀한 장비가 장착되었다. WMAP 위성에 의해 정밀하게 나타내어진 우주배경복사를 이루는 초단파 광자의 지역에 따른 작은 변화는 우주 최초의 대폭발로부터 38만 년이 지난 시기에 형성되었던 우주의 지역적 차이를 기록한 것이었다. 전형적인 차이는 우주배경복사의 평균 온도보다 겨우 수십만분의 1가량 높거나 낮은 정도였다. 따라서 그 차이를 찾아낸다는 것은 지름이 1킬로미터나 되는 물과 기름으로 된 연못에서 평균보다 약간 기름이 많은 희미한 작은 점을 찾아내는 것이나 마찬가지였다. 아주 작기는 했지만 비등방성은 거기 있었고 이것은 모든 것을 시작하기에 충분했다.

WMAP 위성의 우주배경복사 지도에서 온도가 높은 커다란 점은 인력이 팽창하여 흩어놓으려는 우주의 성향을 극복하고 초은하단을 만들 수 있을 정도의 충분한 질량을 모은 지역을 나타낸다. 이런 지역은 오늘날 각각 천억 개의 별들을 가지고 있는 천 개 이상의 은하를 포함하는 지역으로 발전했다. 만약 우리가 그러한 초은하단에 암흑물질을 합친다면 총질량은 $10^{16}$개의 태양 질량과 맞먹을 것이다. 반대로 온도가 낮은 큰 지역은 우주 팽창에 대항하여 아무런 씨앗이 만들어지지 않았기 때문에 거대한 구조가 없는 지역으로 발전했다. 천체물리학자들은 이런 지역을 '공간(void)'이라고 부르는데 이 이름은 이 공간이 텅 비어 있는 것이 아니라 무엇인가로 둘러싸여 있다는 의미를 포함하고 있다. 따라서 우리가 하늘에서 발견할 수 있는 은하들로 이루어진 거대한 평면이나 선들은 이들이 만나는 지점에 은하단을 형성할 뿐만 아니라 우주의 빈 공간의 모양을 결정하는 벽을 만들기도 한다.

물론 밀도가 평균보다 약간 높은 지역의 물질로부터 은하들이 스스로 또는 갑자기 나타나는 것은 아니다. 초기의 대폭발 후 38만 년부터 2억 년까지는 물질이 계속 모이기는 했지만 아직 첫번째 별이 탄생하지 않아 우주에서 밝게 보이는 것은 아무것도 없었다. 이 우주의 암흑시대에 우주는 처음 몇 분 동안에 만들어진 수소와 헬륨, 그리고 약간의 리튬만을 가지고 있었다. 이들보다 무거운 원소—탄소, 질소, 산소, 나트륨, 칼슘 또는 더 무거운 원소—가 없었기 때문에 최초의 별이 빛나기 시작했을 때 우주에는 현재 우리에게 익숙한 빛을 흡수할 수 있는 원자나 분자가 없었다. 오늘날에는 우주에 빛을 흡수할 수 있는 원자나 분자가 존재하기 때문에 새로 형성된 별에서 나온 빛은 이들에게 압력을 가해 별로 흡수되어야 할 많은 양의 기체를 밖으로 밀어낸다. 별빛의 압력으로 인한 이러한 물질의 밀어내기는 별의 질량이 태양 질량의 백 배를 넘을 수 없도록 한다. 그러나 별빛을 흡수할 무거운 원자나 분자가 없는 우주에서 별이 처음 형성되었을 때는 거의 대부분이 수소와 헬륨으로 이루어진 별로 떨어져 흡수되고 있는 기체만이 별빛이 나오는 것을 약간 방해할 뿐이었다. 이것은 태양 질량의 수백 배에서 때에 따라서는 수천 배의 질량을 가진 큰 별이 탄생하는 것을 가능하도록 했다.

질량이 큰 별들은 급행 차선을 달리는 것과 같은 일생을 살아가게 마련이어서 가장 큰 질량을 가진 별은 가장 짧은 일생을 살아야 했다. 그런 별들은 자신의 질량을 놀랍도록 빠른 속도로 에너지로 변환시켜서 무거운 원소를 만들어내고 아직 젊은 나이였을 때 폭발하여 죽는다. 그들의 일생은 태양 일생의 천분의 1도 안 되는 평균 수백만 년에 불과했다. 초기에 만들어진 거대한 별들은 오래 전에 이미 폭발하여 모두 사라졌기 때문에 우리는 그때 만들어진 거대한 별들 중에서 현재까지 남아 있는 별이 있기를 기대할 수는 없다. 그리고 무거운 원소들이 우주에 널리 퍼져 있는 오늘날에는 예전에 만들어졌던 것과 같은 거대한 별은 더 이상 만들어질 수 없다. 실제로 현재 우주에서는 거대한 질량을 가진 큰 별이 전혀 발견되지 않는다. 그러나 우리는 오늘날 당연하게 여기는 탄소, 산소, 질소, 규소, 그리고 철과 같이 무거운 원소를 우주에 처음으로 소개한 것이 초기의 거대한 별들이었다고 믿고 있다. 그것을 풍요로움이라고 불러도 좋고 우주의 인구 증가라고 불러도 좋다. 그러나 생명의 씨앗은 오래 전에 사라진 첫 세대의 거대한 별들 내부에서 시작되었다.

분리의 시기 이후 첫 수십억 년 동안 질량이 거의 모든 규모에서 물질을 끌어당기자 인력에 의한 붕괴가 먼저 일어났다. 인력이 작용한 첫번째 결과는 태양 질량의 수백만 배에서 수십억 배에 이르는 많은 질량을 가진 거대한 블랙홀을 만든 것이었다. 그 정도의 질량을 가진 블랙홀의 반지름은 해왕성의 궤도 반지름과 같은 크기로 주변 환경에 커다란 재앙을 불러왔다. 블랙홀로 끌려 들어가는 기체는 블랙홀의 강한 인력으로 속도를 높이려고 하지만 너무 많은 물질이 길을 막아 충분히 속도를 높일 수 없었다. 그 대신 그들은 그들의 주인을 향해 달려 내려가면서 길에서 마주치는 모두 물질과 부딪히고 비벼댔다. 높은 밀도로 밀집되고 높은 온도로 가열된 이런 기체 구름은 영원히 블랙홀 안으로 사라지기 직전에 태양계 정도의 좁은 영역 안에서 태양이 내는 에너지의 수십억 배나 되는 엄청난 에너지를 내놓았다. 이 에너지가 좁은 통로를 통해 밖으로 빠져 나오면서 소용돌이치는 기체의 위나 아래로 수십만 광년의 거리까지 물질이나 빛의 흐름을 뿜어냈다. 하나의 구름이 블랙홀로 떨어지는 동안 다른 구름이 궤도를 돌면서 기다리기 때문에 이 시스템의 밝기는 때로는 몇 시간, 또는 며칠이나 몇 주의 간격으로 밝아졌다 어두워졌다 한다. 만약 이런 시스템에서 나오는 기체의 흐름이 우리가 있는 방향으로 뻗어나온다면, 흐름이 다른 방향을 향하고 있을 때보다 이 시스템은 더 밝아 보일 것이고 밝기의 변화도 더욱 심할 것이다. 먼 거리에서 바라본다면 블랙홀과 블랙홀로 떨어지는 물질로 이루어진 이 시스템은 매우 작아 보일 것이고 그 밝기는 우리가 현재 관측하고 있는 은하 정도로 밝아 보일 것이다. 이러한 탄생의 역사를 가지고 있는 천체가 바로 퀘이사이다.

퀘이사는 1960년대 초반에 천문학자들이 전파나 엑스선과 같이 눈에 보이지 않는 영역의 전자기파를 감지할 수 있는 검출기를 장착한 망원경을 사용하면서 발견된 천체이다. 이 망원경으로 찍은 은하 사진에는 가시광선으로는 볼 수 없었던 은하의 모습이 들어 있다. 가시광선 이외의 전자기파를 관측하는 새로운 기술과 더 발전된 사진 감광기술이 결합함으로써 공간의 바닥으로부터 은하 동물원의 더 많은 구성원들의 모습이 드러나게 되었다. 그 중 가장 놀라운 천체는 사진에서는 보통의 별―그러나 별들과는 매우 다른―처럼 보이지만 별들과는 달리 강한 전파를 내는 천체였다. 처음에 천문학자들은 이 천체를 별과 비슷하게 보이는 강한 전파를 내는 천체라는 의미에서 '별과 유사한 전파원(quasistellar radio source)'이라고 불렀지만 곧 퀘이사라고 줄여 부르게 되었다. 이 천체에서 나오는 전파보다도 더 놀라운 것은 이 천체까지의 거리였다. 이 천체는 그때까지 알려진 천체 중 가장 먼 곳에 있는 천체였다. 크기가 그렇게 작은데도 불구하고 그렇게 먼 거리에서 볼 수 있다는 것은 이 천체가 다른 천체들과는 전혀 다른 종류의 천체라는 것을 의미했다. 도대체 얼마나 큰가? 태양계보다는 크지 않다. 얼마나 많은 에너지를 내고 있는가? 이들 중 희미한 것도 보통의 은하보다 더 밝다.

1970년대 초 천체물리학자들 중에는 퀘이사의 엔진으로서 모든 것을 인력으로 먹어치우는 거대한 블랙홀을 지목하는 사람들이 늘어났다. 블랙홀 모델은 퀘이사의 크기가 작다는 것과 매우 밝다는 것을 설명할 수 있지만 블랙홀의 먹이에 대해서는 아무 이야기를 할 수 없었다. 퀘이사의 중심 부분이 너무 밝기 때문에 주위의 덜 밝은 부분은 드러나지 않아서 1980년대가 되어서야 천문학자들이 퀘이사의 주변 환경을 이해하기 시작했다. 중심부에서 오는 빛을 차단하는 새로운 기술을 도입한 결과 퀘이사 주위를 둘러싸고 있는 희미한 보풀들을 관측할 수 있었다. 관측기술이 더 향상되자 모든 퀘이사가 보풀들을 보여주었고 어떤 것들은 나선 구조를 보여주기도 했다. 퀘이사는 새로운 종류의 천체가 아니라 새로운 종류의 은하핵이었던 것이다.

1991년 4월에 미국 항공우주국(NASA)은 지금까지 만들어진 기자재 중 가장 비싼 천문학 기재인 허블 우주망원경을 발사하였다. 지구에서 보내는 명령에 의해 조종되는 그레이하운드 버스 크기의 허블 망원경은 관측을 방해하는 대기로부터 벗어나 우주를 관찰할 수 있는 이점을 가지고 있었다. 한때 우주왕복선 승무원들이 1차 거울을 만들 때의 실수를 수정하기 위하여 새로운 렌즈를 장착하는 우주 수리를 하기도 했다. 허블 망원경은 전에는 관측하기 힘들었던 보통 은하의 핵을 포함한 여러 지역을 관측하는 것을 가능하게 했다. 허블 망원경으로 은하의 핵을 관찰한 결과 이 지역의 별들이 놀라울 정도로 빠르게 돌고 있다는 것을 발견하였다. 또한 주변의 별들이 내는 빛으로부터 추정한 바에 따르면 은하핵의 인력이 매우 강했다. 음, 강한 인력, 좁은 지역… 그렇다면 블랙홀이 틀림없었다. 다른 은하 그리고 또 다른 은하—수십 개의 은하—도 은하핵 부근에 아주 빠르게 움직이는 별들을 가지고 있었다. 실제로 허블 망원경이 은하핵의 선명한 사진을 찍을 때마다 항상 빠르게 도는 별들이 발견되었다.

모든 거대한 은하들은 은하의 중심 부분에 은하 형성 초기에 주변의 질량을 인력에 의해 한 곳으로 모으는 핵 역할을 했었거나 아니면 은하가 형성된 후에 은하의 바깥쪽으로부터 물질이 모여들어 만들어졌을 거대한 블랙홀을 가지고 있는 것으로 보인다. 그러나 모든 은하가 젊은 시절에 퀘이사였던 것은 아니다.


중심에 거대한 블랙홀을 가지고 있는 보통 은하의 명단이 길어지자 학자들은 의아하게 여기기 시작했다. 퀘이사가 아니었던 초거대 블랙홀? 은하로 둘러싸인 블랙홀? 과학자들은 다른 설명을 찾아내지 않을 수 없었다. 새로운 그림에서는 일부의 은하들이 그들의 일생을 퀘이사로 시작하는 것으로 되어 있다. 아주 밝게 보이는 은하핵인 퀘이사—그렇게 밝지만 않다면 보통 은하였을—가 되기 위해서는 거대한 질량을 포함하고 있는 블랙홀뿐만 아니라 이 블랙홀로 떨어질 충분한 양의 기체가 주위에 있어야 한다. 일단 이 거대한 블랙홀이 주변의 물질을 다 먹어치우고 나면 주변에는 안전한 궤도를 돌고 있는 별들과 멀리 떨어져 있는 기체 구름만 남게 되는데 그렇게 되면 퀘이사를 밝게 빛나게 했던 블랙홀 엔진은 꺼져버리게 된다. 그렇게 되면 은하는 중심부에서 코를 골면서 동면하고 있는 조용한 블랙홀을 가진 유순한 은하가 된다.

천문학자들은 거대한 블랙홀의 난폭한 성격에 따라 달라지는 보통 은하와 퀘이사의 중간 성질을 가지는 새로운 형태의 은하들을 발견하였다. 때로는 블랙홀의 중심부로 빨려 들어가는 물질의 흐름이 느리고 계속적으로 진행되는 경우도 있고 그런 흐름이 일시적으로 일어나는 경우도 있다. 그런 은하핵의 블랙홀은 활동적이기는 하지만 그렇게 난폭하지는 않다. 수년 동안 여러 가지 형태의 은하에 저이온화 원자핵 복사선 지역(LINERs, low-ionization nuclear emission-line regions), 세이퍼트 은하(Seyfert galaxies), N 은하(N galaxies), 화염(blazars)과 같은 여러 가지 이름들이 붙여졌다. 이러한 천체들은 일반적으로 '활발한' 핵을 가진 은하란 뜻으로 AGNs(galaxies with active nuclei)이라고 부른다. 아주 먼 곳에서만 발견되는 퀘이사와 달리 AGNs은 먼 곳과 가까운 곳 모두에서 발견된다. 이것은 AGNs이 행실이 나쁜 여러 종류의 은하들을 총망라하고 있다는 것을 뜻한다. 그들의 음식을 오래 전에 다 먹어치워버린 퀘이사들은 아주 먼 거리에 있어서 빛이 우리에게 오는 데 시간이 많이 걸려 우리가 오래 전 과거를 볼 수 있을 때만 관측이 가능하다. 이와는 대조적으로 AGNs은 적당한 식욕을 가지고 있기 때문에 수십억 년이 흐른 현재에도 먹을 음식이 남아 있는 은하들이다.

AGNs을 겉으로 보이는 모양에 의해서만 분류하면 이들에 대한 이야기를 완성할 수 없다. 따라서 천체물리학자들은 AGNs을 그들이 내는 스펙트럼과 전 파장 영역의 전자기파를 이용하여 분류하고 있다. 1990년대에 연구자들은 그들의 블랙홀 모델을 개선하여 블랙홀의 질량, 물질을 먹어치우는 물질의 양, 그리고 은하면과 제트 흐름을 보는 시선 각도와 같은 단지 몇 개의 변수를 측정하는 것으로 AGNs 동물원에 있는 모든 야수들의 특성을 규정할 수 있게 되었다. 예를 들어 만약 우리가 초거대 블랙홀 근처에서 뿜어져 나오는 에너지 흐름을 바로 위에서 내려다보고 있다면 다른 각도에서 이 흐름의 옆모습을 보고 있을 때보다 훨씬 더 밝게 관측할 것이다. 이 세 가지 변수의 변화는 천체물리학자들이 관측한 거의 모든 다양한 은하들을 설명할 수 있게 해주었고, 은하의 형성과 진화 과정을 더 잘 이해할 수 있도록 했다. 몇 개의 변수로 모양, 크기, 밝기, 그리고 색깔의 차이를 설명할 수 있다는 사실은 20세기 천체물리학의 승리라고 할 수 있다. 여기에는 수많은 연구자들이 관계되었으며, 오랜 세월이 걸렸고, 그리고 망원경을 사용한 긴 세월이 있었다. 따라서 어느 날 저녁 뉴스에 나올 만큼 깜짝 놀랄 만한 새로운 사건은 아닐지 몰라도 이것은 대단한 승리임에 틀림없다.

그러나 초거대 블랙홀이 모든 것을 설명할 수 있다고 결론을 내리지는 말자. 초거대 블랙홀이 태양 질량의 수백만 배 또는 수십억 배의 질량을 포함하고 있지만 은하 전체의 질량에 비하면 아주 작다. 전체 질량의 1퍼센트 미만에 불과하다. 우리가 암흑물질이나 인력을 작용하는 관측 가능하지 않은 다른 물질들을 포함한다면 블랙홀의 질량은 무시할 수 있을 정도이다. 그러나 우리가 블랙홀들이 얼마나 많은 에너지를 내는지를 계산해보면—블랙홀의 형성 과정에서 방출하는 에너지의 양을 계산해보면—은하가 형성될 때 내는 에너지보다 훨씬 크다는 것을 알 수 있다. 은하를 형성하는 모든 별들과 기체 구름의 에너지를 다 합해도 블랙홀을 형성하는 데 필요한 에너지보다 훨씬 작다. 중심부에 숨어 있는 초거대 블랙홀이 없었다면 은하는 형성되지도 않았을 것이다. 한때는 밝았지만 현재는 보이지 않게 된 모든 거대한 은하의 중심부에 있는 블랙홀들은 물질이 모여 공통의 중심을 도는 수십억 개의 별들로 이루어진 복잡한 체계를 이루는 것이 가능하도록 한 숨은 공로자들이다.

은하 형성에 대한 더 폭 넓은 설명에서는 초거대 블랙홀의 인력뿐만 아니라 전통적인 천문학적 체계에서의 인력도 중요한 역할을 한다. 수십억 개나 되는 은하의 별들은 어떻게 만들어졌을까? 그것 역시 인력이 한 일이다. 인력은 하나의 거대한 기체 구름으로부터 수백 또는 수천의 별들을 만들어냈다. 은하 내의 대부분의 별들은 비교적 느슨한 '모임'에서 태어났다. 별들이 더 밀집해서 태어나는 곳은 '성단'이라고 부르는데 성단에 속하는 별들은 모두 성단의 중심을 돌고 있다. 성단 내의 별들은 성단 내의 다른 모든 별로부터 인력을 받기 때문에 이들의 운동을 추적해보면 우주 발레를 보는 것과 같다. 성단 전체는 은하 중심에 있는 블랙홀로부터 안전한 거리에서 아주 큰 궤도를 따라 은하 중심을 돌고 있다.

성단 내에서 별들은 다양한 속도로 운동한다. 어떤 별들은 너무 빨리 움직이고 있어 성단을 떠날 것같이 보이기도 한다. 실제로 그런 일이 가끔 벌어지기도 한다. 빠른 속도를 가진 별들 중에는 성단의 인력으로 인한 구속에서 벗어나 은하를 통과해 자유로운 여행을 즐기는 별도 있다. 이런 해방된 별들과 수십만 개의 별을 포함하고 있는 '구상성단'의 별들이 은하를 둘러싼 구형의 헤일로를 구성하는 별들이 된다. 처음에는 밝았었지만 짧은 수명을 가진 별들이 사라져 어둡게 보이는 은하의 헤일로는 은하의 형성과 함께 생겨난 우주에서 가장 오래된 관측 대상이다.

은하면에 집중된 먼지와 기체는 마지막에 한 곳에 모여 별이 된다. 타원은하에서는 먼지와 기체가 오래 전에 모두 별로 바뀌었기 때문에 은하면이 없다. 그러나 나선은하는 젊고 밝은 별들이 나선 형태를 이루면서 태어나는 물질이 매우 납작하게 분포된 은하면을 가지고 있다. 이것은 밀도가 높은 부분과 밀도가 낮은 부분이 교대로 나타나면서 은하 중심을 돌고 있는 거대한 파동이 있었다는 것을 말해준다. 뜨거운 젤리가 서로 접촉하면 달라붙듯이 별 형성에 참여하지 않는 나선은하의 모든 기체는 은하면을 향해 떨어져 은하면에 붙게 되어 서서히 별들을 만들어내는 물질의 원반을 형성한다. 지난 수십억 년 동안 그리고 앞으로 계속될 수십억 년 동안 나선은하에서는 세대가 지날 때마다 무거운 원소를 더 많이 포함하는 별들이 계속 태어날 것이다. 이 무거운 원소들(천체물리학자들은 헬륨보다 무거운 원소는 모두 무거운 원소로 분류한다)은 늙은 별에서 공간으로 내뿜어졌거나 거대한 별의 마지막 단계에서 나타나는 초신성 폭발의 잔해 속에 포함되어 있던 것들이다. 무거운 원소의 존재는 은하를 —따라서 우주를— 생명체를 연구하는 생물학자와 화학자들에게 더욱 친근한 우주로 만들어주었다.

우리는 지금까지 전형적인 나선은하의 탄생 과정을 살펴보았다. 우주의 진화 과정에서 이런 탄생 과정은 수백억 번 반복되면서 여러 가지 형태로 배열되어 은하단을 이루는 수없이 많은 은하들을 생산해냈다. 은하단을 이루는 은하들은 긴 줄로 늘어서 있기도 하고, 평면상에 분포해 있기도 한다.

우리가 우주를 바라보는 것은 우주의 과거를 보는 것이기 때문에 우리는 현재 은하들뿐만 아니라 수십억 년 전 은하의 모습을 관측할 수도 있다. 개념적으로는 가능하지만 실제 관측에서는 수십억 광년 떨어져 있는 은하는 우리에게 너무 작고 희미한 천체로 관측되기 때문에 가장 좋은 망원경으로도 그들의 모습을 그려낼 수 없다는 어려움이 있다. 그럼에도 불구하고 천체물리학자들은 지난 몇 년 동안 이 분야에서 많은 진전을 이루었다. 존스홉킨스 대학 우주망원경 과학연구소의 책임자인 로버트 윌리엄스가 1995년에 허블 망원경을 큰곰자리의 북두칠성 부근의 한 점에 고정하고 10일 정도 노출시키자 먼 우주가 우리 앞에 새로운 모습을 드러냈다. 이 사건으로 멀리 있는 은하를 관측할 때의 어려움을 해결할 수 있는 새로운 길이 열리게 되었다. 윌리엄스가 이 관측의 공로를 인정받을 수 있는 것은, 처음에 관측 요구서를 검토한 후 허블 망원경을 사용하여 관측할 수 있는 시간을 배정하는 허블 망원경 사용 시간 배정위원회가 윌리엄스의 관측 요구를 지원하지 않기로 결정했었기 때문이다. 윌리엄스는 흥미 있어 보이는 것이 아무것도 없어 지루해 보이는 하늘의 한 부분을 오랜 시간 동안 관측하기를 원했다. 그러나 사용하기를 원하는 사람이 줄을 서서 기다리고 있는 망원경을 장시간 사용하여 아무것도 보이지 않는 하늘을 관측하는 것은 어떤 연구에도 큰 도움을 줄 수 있을 것 같지 않았다. 그러나 다행스럽게도 우주 망원경 과학연구소의 책임자로서 윌리엄스는 허블 망원경 전체 사용 시간의 몇 퍼센트— '연구 책임자의 임의 사용 시간'—를 배정받을 수 있는 권리를 가지고 있었다. 그는 그의 시간을 허블 딥 필드(deep field)*라고 알려진 사진을 찍는 데 모두 투자했다. 이 사진은 지금까지 찍은 천체 사진 중에서 가장 유명한 사진이 되었다.

1995년에 있었던 10일간의 노출은 천문학의 역사에서 가장 많이 연구된 사진을 생산해냈다. 은하와 은하 비슷한 천체로 가득한 이 사진은 우리 은하로부터 다른 거리에 있는 천체들이 서로 다른 시기에 방출한 빛으로 쓴 우주의 역사를 기록한 양피지였다. 우리는 이 심우주 사진에서 우리로부터 그 천체들까지의 거리에 따라 13억 년 전, 36억 년 전, 57억 년 전, 82억 년 전의 천체들을 관찰할 수 있었다. 수백 명의 천문학자들이 은하가 어떤 과정을 거쳐 진화해가는지 그리고 은하가 형성 초기에는 어떤 모습이었는지에 대한 새로운 정보를 얻기 위해 이 사진을 분석했다. 1998년에 허블 망원경은 처음의 심우주 사진을 찍은 지점과 반대편인 남반구 하늘에 다시 10일간 노출시켜 처음 심우주 사진의 짝이 되는 남쪽 심우주 사진을 찍었다. 두 사진을 비교한 천문학자들은 첫번째 심우주 사진이 어떤 이례적인 내용(예를 들면 만약 두 사진이 모든 면에서 동일하다거나 또는 여러 가지 면에서 두 사진의 통계적인 자료가

---

* 우리말로는 먼우주 또는 심우주라고 한다.

같지 않다면 이들 사진에 무언가 잘못된 점이 있다고 결론 내릴 수도 있을 것이다)도 포함하고 있지 않다는 것을 확인할 수 있었다. 그리고 그들은 얼마나 다른 형태의 은하가 형성될 수 있는지에 대한 그들의 결론을 다듬을 수 있었다. 성공적인 관측에 힘입어 허블 망원경은 더 나은(더 정밀한) 검출기를 장착하게 되었고 우주망원경 과학연구소는 더 먼 곳에 있는 우주 모습을 보여줄 초심우주(ultra deep field) 사진을 2004년에 찍기 위해 시간을 할당받았다.

불행하게도 먼 곳에 있는 천체들을 통해 우리에게 그 모습을 드러내는 은하 형성의 초기 단계는 허블 망원경의 최고 성능으로도 알아내기가 쉽지 않다. 그것은 우주가 팽창함에 따라 은하 형성 당시의 빛이 대부분 망원경의 기기들이 검출할 수 없는 적외선 영역의 빛으로 변했기 때문이다. 가장 멀리 있는 이런 은하들을 관찰하기 위해서 천문학자들은 아폴로 시대의 미국 항공우주국 책임자의 이름을 따서 명명된, 허블 망원경의 후계자인 제임스 웹 우주망원경(JWST, James Webb Space Telescope)이 설계를 마치고 제작 발사되어 임무를 수행하게 되기를 기다리고 있다(냉소적인 사람들은 유명한 과학자의 이름을 기리기 위해서가 아니라 이 망원경 계획의 예산이 삭감되지 않도록 하기 위해 이 같이 이름 붙여졌다고 말하기도 했다).

JWST는 허블 망원경보다 더 큰 반사경을 가지고 있는데 이 반사경은 복잡한 기계로 작동하는 꽃처럼 우주 공간에서 펼칠 수 있도록 설계되어 있어 넓은 반사 면적을 가지면서도 좁은 로켓 안에 실을 수 있다. 이 새로운 우주망원경은 허블 망원경보다 훨씬 더 나은 장비들로 무장하게 될 것이다. 1960년대에 최초로 설계되었고, 1970년대에 제작되었으며, 1991년에 발사된 허블 망원경—1990년대에 중요한 업그레이드가 있었지만—은 아직 적외선 탐사와 같은 기본적인 능력이 부족하다. 이런 능력은 스피처 적외선 망원경 설비(SIRFT, Spitzer InfraRed Telescope Facility)가 일부 가지고 있다. 이 관측위성은 2003년에 발사되어 지구에서 나오는 적외선의 영향을 피하기 위해 허블 망원경보다 훨씬 멀리 떨어진 태양 궤도를 돌고 있다. 연구 목적을 달성하기 위해 JWST도 허블 망원경보다 훨씬 더 멀리 떨어진 궤도를 돌아야 하기 때문에 한번 발사되면 수리를 하기 위해 접근하는 것은 불가능할 것이다. 따라서 미국 항공우주국은 처음부터 모든 것이 제대로 작동하도록 만들기 위해 노력하고 있다. 이 새로운 망원경이 계획대로 2011년에 작동을 시작하면 백억 광년보다 더 멀리 떨어진 은하를 포함하는 우주에 대한 새로운 모습을 보여주게 될 것이다. 그것은 우리가 허블의 심우주보다 우주 초기에 훨씬 더 가까이 접근할 수 있다는 것을 의미한다. 지상에 설치된 새로운 거대한 망원경들도 다음 세대의 우주망원경이 자세한 내용을 밝혀줄 천체들에 대하여 조사하고 있다.

미래의 가능성은 크더라도 우리는 과거 30년 동안 우주를 관측하는 새로운 기구들을 고안해낸 천체물리학자들이 이룩한 성과를 소홀히 해서는 안 될 것이다. 칼 세이건은 우리가 우주가 한 일을 감탄만 하고 있지 않기 위해서는 나무를 깎아 무엇인가를 만들어야 한다고 말한 적이 있다. 우리의 진보된 관측 덕분에 우리는 우리를 존재하게 만든 일련의 놀라운 사건들에 대해 세이건보다 더 많은 것을 알게 되었다. 양성자보다 작은 크기의 물질과 에너지의 양자요동이 지름이 3천만 광년

이나 되는 거대한 초은하단으로 진화하는 과정에 대해서도 알게 되었
다. 혼돈에서 우주로 진화하는 동안에 크기는 $10^{38}$배 커졌고 시간은 $10^{42}$
배 길어졌다. 미세한 DNA 사슬이 개체의 성격과 그 구성원의 고유한
성질을 결정하듯이 우리가 보고 있는 현재의 우주는 초기 우주 속에 있
던 씨앗들이 어려운 시간과 공간을 통해 실현된 것이다. 우리는 올려다
볼 때 그것을 느낀다. 우리는 내려다볼 때 그것을 느낀다. 우리는 그 안
에서 볼 때 그것을 느낀다.

# 별들의 기원

# 9장

# 먼지에서 먼지로

씨가 맑은 날 밤에 도시의 불빛으로부터 멀리 떨어진 곳에서 하늘을 바라보면 하늘을 가로지르는 우윳빛 희미한 띠를 발견할 수 있다. 이 띠는 여기저기 검은 부분에 의해 끊어질 듯하다가 다시 이어지면서 이쪽 지평선에서 저쪽 지평선까지 연결되어 있다. 우리가 '은하수'라고 불러온 우윳빛 안개처럼 보이는 이 띠는 수많은 별들과 기체 구름이 내는 빛이 만들어낸 것이다. 은하수를 쌍안경이나 가정용 망원경으로 관찰해보면, 희뿌옇게 보이던 것이 사실은 수많은 별들과 성운이라는 것을 알 수 있을 것이다. 그러나 맨눈으로 검게 보이던 부분은 망원경으로 보아도 역시 아무것도 보이지 않는다.

갈릴레오 갈릴레이는 1610년에 베니스에서 출판한 『별 세계의 보고 *Sidereus Nuncius*』라는 작은 책을 통해 은하수를 비롯해서 그가 처음

망원경으로 관측한 하늘에 대하여 소개하고 있다. '멀리 보는 것'이라
는 의미의 그리스어에서 유래한 망원경(telescope)이라는 말이 아직
사용되기 전이어서 갈릴레이는 그의 망원경을 스파이글라스(spyglass)
라고 불렀다.

스파이글라스로 보면 은하수를 아주 잘 관찰할 수 있어서 여러 세대
를 걸쳐 철학자들을 난처하게 했던 논쟁을 확실한 관측 결과로 종식시
키고 우리는 말 많은 토론으로부터 해방될 수 있다. 은하는 집단을 이루
어 분포하고 있는 수많은 별무리이다. 당신이 스파이글라스를 어느 방
향으로 향하든 수없이 많은 별들이 자신들의 모습을 보여줄 것이다. 이
들 중 많은 별들은 크고 뚜렷해 보이지만 대부분은 매우 작아 측정이 어
려울 정도이다.*

갈릴레오가 '수많은 별들'이라고 묘사한 부분은 은하수에서 별들의
밀도가 가장 높은 지역이다. 그런데 이 지역에서는 모종의 우주적인 사
건이 벌어지고 있다. 왜 우리는 이 지역의 중간에 끼어 있는 관측 가능
한 별들이 보이지 않는 검게 보이는 부분에 관심을 가져야 할까? 겉으
로 보기에는 이 검은 부분은 영원한 빈 공간으로 향하는 통로 같아 보
인다.

은하수의 검은 부분이 무엇인지를 알아내는 데는 3백 년이 넘는 세

---

46) Galileo Galilei, *Siderius Nuncidus*, Albert van Helden 옮김(Chicago: University Press,
    1989), p. 62.(원주)

월이 걸렸다. 그것은 기체와 먼지가 높은 밀도로 모여 있는 구름으로, 뒤에 있는 별들의 빛을 가려 검게 보였던 것이다. 따라서 이것은 구멍이나 통로와는 거리가 먼 것이었다. 이런 구름들은 내부에 별들의 요람을 숨기고 있다. 미국의 천문학자 조지 캐리 콤스톡은 멀리 있는 별에서 오는 빛이 먼 거리 때문에 어둡게 보일 것이라고 예측한 것보다 실제로는 더 어둡게 보이는 것을 이상하게 생각했다. 콤스톡의 제안에 따라 네덜란드의 천문학자 야코부스 코넬리우스 캅테인은 1909년에 별빛을 어둡게 하는 원인을 찾아냈다. 「공간에서의 빛의 흡수에 대하여」[47] 라는 같은 제목을 가진 두 개의 연구 논문에서 캅테인은 검은 구름—그가 처음 발견한 '성간물질'—이 별빛을 차단할 뿐만 아니라 별빛의 색깔도 바꾸어놓는다는 증거를 제시했다. 성간물질은 붉은색에 가까운 빛보다 보라색에 가까운 빛들을 더 효과적으로 흡수하거나 산란하여 약하게 한다. 이러한 선택적 흡수는 붉은색 빛보다 보라색 빛을 더 많이 제거하여 멀리 있는 별들이 가까이 있는 별들보다 붉은색으로 보이게 한다. 성간물질에 의한 이런 적색화의 정도는 빛이 우리에게까지 여행하는 동안 만나게 되는 성간물질의 양에 비례한다.

성간구름을 형성하는 주성분인 보통의 수소와 헬륨은 빛을 붉게 하지 않는다. 그러나 여러 개의 원자로 이루어진 분자—특히 탄소와 규소를 포함하고 있는 분자—는 별빛을 붉게 만든다. 성간물질의 입자들이 수백, 수천, 또는 수백만 개의 원자로 구성되어 분자라고 부르기에는 너무 큰 입자로 자라게 되면 우리는 이것을 먼지라고 부른다. 집 안에

---

* J. C. Kapteyn, *Astrophysical Journal* 29, 46, 1909 ; 30, 284, 1909. (원주)

있는 먼지에 대하여 자세히 알려고 하는 사람들은 그리 많지 않지만 대부분의 사람들은 집 안의 먼지가 매우 다양하다는 것은 잘 알고 있다. 폐쇄된 공간인 집 안의 먼지는 대부분 사람의 피부(애완동물을 기르고 있다면 애완동물의 손상된 피부를 포함하여)에서 떨어져 나간 죽은 세포들이다. 우리가 알고 있는 한 성간먼지는 동물의 피부 단백질을 포함하고 있지는 않다. 그러나 성간 공간의 먼지는 적외선 영역의 전자기파를 내는 복잡한 구조를 하고 있는 분자들의 집합이다. 1960년대까지는 천체물리학자들이 성능이 좋은 초단파 관측용 전파망원경을 가지고 있지 않았고, 1970년대까지는 적외선을 관측할 수 있는 망원경이 없었다. 이런 관측기기들이 발명되자 과학자들은 별 사이의 공간에 흩어져 있는 다양한 물질에 대해 조사할 수 있게 되었다. 이러한 기술적 진보가 이루어진 후 10년 동안 별들이 형성되는 과정을 보여주는 놀랍고 복잡한 사진을 찍을 수 있었다.

　모든 기체 구름이 언제나 별을 형성하는 것은 아니다. 대부분 이 구름들은 다음에 무엇을 해야 될지 몰라 당황해하고 있다. 실제로 천체물리학자들 역시 여기서 어리둥절해지게 된다. 우리는 성간구름들이 인력에 의해 합쳐져 하나 또는 그 이상의 별을 형성하려고 할 것이라고 추정하고 있다. 그러나 빠르게 움직이는 기체 분자들의 운동과 함께 구름의 회전 운동은 별의 형성을 방해한다. 그리고 우리가 고등학교 화학 시간에 배운 기체의 압력 역시 별의 형성을 방해한다. 압력은 자유롭게 움직이고 있는 전하를 띤 입자들의 운동을 제한하여 입자들이 인력에 의해 한 곳으로 모이는 것을 방해한다. 만약 별이 존재한다는 것을 미리 알지 못한 채 별이 형성될 가능성에 대한 사고실험을 한다면 별이 절대로 형성될 수 없는 이유를 수없이 찾아낼 수 있을 것이다.

밤하늘을 가로지르는 우윳빛 강물처럼 보이는 희뿌연 빛 때문에 은하수라고도 불리는 우리 은하에 포함되어 있는 수천억 개의 별들과 마찬가지로 거대한 기체 구름들도 은하 중심을 공전하고 있다. 별들은 텅 빈 거대한 공간의 바다에 떠 있는 크기가 몇 광초 정도인 아주 작은 점에 지나지 않는다. 그러나 기체 구름은 대단히 크다. 전형적인 기체 구름의 지름은 수백 광년이 넘고 전체 질량은 태양 질량의 수백만 배가 넘는다. 이 기체 구름이 은하를 떠돌다보면 그들은 자주 다른 구름과 충돌하여 두 구름의 기체와 먼지가 뒤엉키게 된다. 구름 사이의 상대 속도와 충돌 각도에 따라 두 구름이 하나로 합쳐지기도 한다. 때로는 충돌의 충격으로 두 구름이 상처를 입어 여러 조각으로 갈라지기도 한다.

높은 온도에서 원자들이 충돌하면 서로 반발하여 밀어내는 것과는 달리 구름의 온도가 충분히 낮은 온도(절대온도 100K 이하)에서는 구름을 형성하는 원자들이 충돌하면 서로 달라붙는다. 이러한 화학적 변환은 모든 것을 변화시킨다. 원자들이 달라붙어 크기가 커지는 입자들—수십 개의 원자를 포함하고 있는—은 가시광선을 앞뒤로 산란시켜 구름 뒤에 있는 별에서 오는 빛을 상당히 약하게 만든다. 이 입자들이 충분히 커져서 먼지 알갱이가 되면 이들은 수십억 개의 원자를 포함하게 된다. 나이가 많은 별들 속에서도 비슷한 먼지들이 만들어져 '적색거성' 단계에 서서히 우주 공간으로 방출한다. 작은 입자들과 달리 수십억 개의 원자로 이루어진 먼지들은 그들 뒤에 있는 별빛을 더 이상 산란시키지 않고 대신 흡수한 후에 그 에너지를 적외선으로 방출하는데 적외선은 쉽게 구름을 빠져나갈 수 있다. 이런 일이 일어나면 빛을 흡수한 분자에 압력이 전달되어 구름을 광원의 반대 방향으로 밀어내게 된다. 별빛을 흡수하는 먼지들을 포함한 구름은 이제 별빛과 밀접한 관계를 갖게 된 것이다.

별빛의 압력이 구름을 밀어내 구름의 밀도를 높여 인력에 의해 뭉쳐질 수 있게 되면 별의 탄생이 시작된다. 이때가 되면 구름의 모든 부분은 다른 부분을 끌어당겨 훨씬 더 가까이 오도록 한다. 뜨거운 기체는 차가운 기체보다 압축에 더 효과적으로 저항하기 때문에 뜨거운 기체에서는 별을 만드는 작업이 처음부터 어려움에 직면하게 된다. 따라서 별이 형성되기 위해서는, 별이 스스로 빛을 내 기체를 뜨겁게 달구기 전에 우선 기체가 차갑게 식어야 한다. 다시 말해 핵의 온도가 천만 도나 되어 핵융합 반응이 가능한 별을 만들어내려면 별을 형성할 구름은 먼저 가능한 한 낮은 온도로 식어야 한다. 절대온도 수십 도 정도의 극도로 낮은 온도에서만 구름의 물질이 인력 작용으로 별을 형성하는 것이 가능하기 때문이다.

무엇이 이 물질 덩어리를 새로운 별로 바꿀까? 천체물리학자들은 실제로 컴퓨터 프로그램을 짜 실행해봄으로써 그 답을 찾아낼 수 있다. 천체물리학자들은 물리법칙과 구름에 미치는 모든 내외적인 영향을 고려하고, 그 안에서 일어날 수 있는 화학변화를 포함하는 컴퓨터 모델을 만들어 기체 구름 내에서 일어나는 일들을 추적하려고 시도하고 있다. 하지만 별 탄생 모델을 만들 때 고려해야 할 변수들이 너무 많다. 이 모든 변수들을 고려한 모델을 만드는 것은 우리 능력으로는 아직 가능하지 않다. 기체 구름의 크기가 탄생될 별보다 수천억 배나 크다는 사실 역시 일을 어렵게 만든다. 그것은 별의 밀도가 기체 구름의 평균 밀도보다 $10^{23}$배나 크다는 것을 나타낸다. 이 경우에 별처럼 작은 크기의 공간에서는 가장 문제가 되는 것이 기체 구름과 같이 큰 크기에서는 아무런 문제가 되지 않고, 그 반대의 경우 역시 생긴다.

그럼에도 불구하고 우주에서 관측한 사실들을 바탕으로 우리는 자신 있게 온도가 절대온도 10도 정도로 내려간 성간구름 내의 가장 깊고, 어둡고, 밀도가 높은 부분에서 자기장과 같은 장애물들의 저항을 극복하고 인력에 의해 기체 덩어리가 형성될 것이라고 믿고 있다. 질량의 수축은 구름 덩어리의 중력 에너지를 열로 바꾸어놓을 것이다. 중심 부분—곧 새로운 별의 핵이 되는—의 온도는 빠른 속도로 상승하여 모든 먼지 알갱이들을 부수어 파괴하게 된다. 이런 과정을 통해 결국 수축하는 구름 중심부의 온도가 중요한 온도인 절대온도 천만 도를 넘게 될 것이다.

이 마술 온도에서는 일부의 양성자(궤도를 돌고 있던 전자를 빼앗긴 수소 원자핵)가 그들 사이의 반발력을 이기고 충분히 가까이 접근할 수 있도록 빠르게 운동하게 된다. 양성자들의 빠른 속도는 양성자들이 그들 사이에 '강한 핵력'이 작용하여 하나로 합쳐질 수 있는 거리*까지 다가갈 수 있도록 한다. 아주 가까이 있을 때만 작용하는 이 힘은 원자핵 속의 양성자와 중성자들을 하나로 묶는 힘이다. 양성자의 열핵융합 반응—핵융합 반응이 높은 온도에서 일어나기 때문에 열이라는 단어가 사용되었고, 핵융합이란 말은 입자들이 합쳐서 하나의 원자핵을 형성하기 때문에 사용되었다—은 헬륨 원자핵을 합성한다. 새로 형성된 헬

---

* 강한 핵력은 입자들 사이의 거리가 원자핵의 크기인 $10^{-13}$미터보다 가까울 때만 작용한다.

류의 질량은 핵융합에 참가한 양성자와 중성자의 질량을 합한 것보다 약간 작다. 핵융합 반응 동안에 사라진 이 질량이 아인슈타인의 유명한 에너지 질량의 등가 공식에 의해 에너지로 바뀌게 된다. 질량에 의해 발생한 에너지(질량에다 빛 속도의 제곱을 곱한 값과 같은 양의 에너지)는 열 에너지 외에도 핵융합 반응 동안 나타나는 빠르게 운동하는 입자들의 운동 에너지와 같은 여러 가지 다른 형태의 에너지로도 변환된다.

핵융합 반응에 의해 발생한 에너지는 바깥쪽으로 퍼져 나가면서 기체는 가열되어 빛을 내기 시작한다. 그렇게 되면 각각의 원자핵 속에 들어 있던 에너지는 핵융합 반응에 의해 수천 도로 가열된 기체가 내는 빛의 형태로 바뀌어 별의 표면에서 공간으로 방출되게 된다. 표면으로부터 빛이 나오기 시작하면 뜨거운 기체로 이루어진 이 새로운 별이 아직 거대한 성간구름 속에 있는 우주 자궁 속에 숨어 있더라도 전 은하에 새로운 별이 탄생했다는 소식이 전해질 것이다.

천문학자들은 별은 태양 질량의 10분의 1에서 백 배 범위의 질량을 가질 수 있다는 것을 알고 있다. 그 이유가 잘 알려지지는 않았지만 전형적인 거대한 기체 구름은 차가운 물질 덩어리를 여러 개 동시에 만들 수 있고 이들은 동시에 별—어떤 별은 작고 어떤 별은 크다—로 진화한다. 큰 별이 형성될 가능성보다는 작은 별이 형성될 가능성이 더 크다. 많은 질량을 가지고 있는 거대한 별 하나에 수천 개 꼴로 작은 별이 더 많이 형성된다. 처음 기체 구름의 불과 몇 퍼센트만 별 형성에 참여한다는 사실은 별 형성 과정에 대한 고전적인 물음을 제시한다. 별로 바뀌지 않는 거대한 성간구름이 강아지라면 별로 형성되는 구름은 작은 꼬리에 불과하다. 그렇다면 무엇이 이 강아지의 작은 꼬리를 흔들어 별을 탄생시키는가? 이 질문의 해답은 아마도 더 이상의 별이 형성되는 것을 방해하는, 새로 태어난 별이 내는 빛이 가지고 있을 것이다.

우리는 별이 될 수 있는 최소 질량에 한계가 있다는 것은 쉽게 설명할 수 있다. 태양 질량의 10분의 1이 안 되는 질량을 가지는 질량 덩어리는 인력에 의한 에너지가 적어 내부의 물질을 수소의 핵융합 반응이 가능한 온도인 천만 도까지 가열할 수 없다. 그런 경우에는 핵융합 반응을 하는 새로운 별을 탄생시킬 수 없다. 대신에 '갈색왜성'이라고 불리는, 별이 되다 만 천체가 된다. 자체 내에 아무런 에너지원을 가지지 않는 갈색왜성은 초기의 수축 단계에서 얻은 에너지에 의해 빛을 내다가 차츰 어두워져간다. 갈색왜성의 바깥쪽 기체층은 온도가 낮아 대부분의 커다란 분자들이 온도가 높은 별에서처럼 파괴되지 않고 그대로 남아 있다. 갈색왜성은 어두워서 관측하기가 매우 어렵다. 따라서 천문학자들은 이런 천체가 내는 약한 적외선을 찾아내기 위해 외계 행성을 찾아낼 때 사용하는 것과 비슷한 복잡한 방법을 사용해야 한다. 최근에 와서야 천문학자들은 충분히 많은 갈색왜성을 발견하여 하나 이상의 유형으로 그들을 분류할 수 있게 되었다.

우리는 별을 형성하는 질량의 최고 한계 역시 쉽게 설명할 수 있다. 태양 질량의 백 배가 넘는 많은 질량을 가지는 큰 별은 매우 밝아—가시광선, 적외선, 자외선 형태로 쏟아내는 엄청난 에너지 때문에—별의 인력에 의해 별 쪽으로 끌려와야 할 기체들을 오히려 별빛의 강력한 압력으로 반대 방향으로 밀어내게 된다. 별빛의 광자는 구름 속의 먼지 알갱이에 흡수되면서 이 알갱이들을 밀어내고 결과적으로 구름을 밀어내게 된다. 이러한 복사 압력은 대단히 효과적이어서 몇 개의 큰 별이 어두운 거대한 성간구름 속에 있는 성간물질 대부분을 흩어놓을 수 있다. 성간물질에 작용하는 성간물질의 압력이 없다면 수백 개의 새로운 별―모두 실제로 형제자매인―이 나머지 은하에 자신들을 보여줄 수 있었겠지만 빛의 압력 때문에 불과 수십 개의 별들만 형성되는 것이다.

오리온자리의 사냥꾼의 칼*에 해당하는 별들의 중간쯤에 위치한 오리온대성운을 바라볼 때마다 우리는 이런 종류의 별들의 요람을 보고 있는 것이다. 이 성운에서는 수천 개의 별이 탄생했고 수천 개의 별들이 탄생을 기다리고 있어 성간구름이 흩어짐에 따라 차츰 모습을 드러낼 성단을 형성하게 될 것이다. 오리온 트라페지움(Orion Trapesium)이라는 그룹을 형성하고 있는 가장 질량이 큰 새로운 별들은 그들이 탄생한 구름을 흩어놓느라고 분주하다. 허블 망원경이 찍은 사진은 이 지역에서만 수백 개의 새로운 별이 형성되었다는 것을 보여주고 있다. 새로 태어난 별들은 원래의 구름에서 끌어들인 먼지와 분자들로 구성된 원행성면으로 둘러싸여 있다. 이 원행성면에서는 행성계가 형성될 것이다.

우리 은하가 형성되고 난 후 백억 년이 흐른 오늘날에도 우리 은하의 여러 곳에서 별의 형성이 진행되고 있다. 우리 은하와 같은 대부분의 거대한 은하에서는 별 형성 과정이 오래 전에 끝나버렸지만 다행스럽게도 우리 은하에서는 아직도 새로운 별이 계속 탄생하고 있고 앞으로도 수십억 년 동안은 새로운 별이 계속 탄생할 것이다. 차가운 기체와

---

* 오리온자리가 사냥꾼을 나타내므로 오리온자리 중앙에 나란히 배열되어 있는 삼태성은 사냥꾼의 벨트에 해당되고 삼태성 아래쪽으로 배열되어 있는 소삼태성은 사냥꾼의 칼에 해당한다. 오리온성운은 소삼태성을 이루는 별 중 가운데 있는 별 주위에서 관측된다.

먼지 구름이 밝게 빛나는 별로 발전해가는 전체 과정을 이해할 수 있게 해줄 별의 형성 과정과 젊은 별들을 계속 관측할 수 있다는 것은 큰 행운이 아닐 수 없다.

별들의 나이는 얼마나 될까? 어떤 별도 자신의 나이를 나타내는 표시를 달고 있지는 않다. 그러나 어떤 별은 스펙트럼을 통해 자신의 나이를 보여주고 있다. 별들의 나이를 추정하는 여러 가지 방법 중에서 별빛을 여러 가지 색깔로 분리해놓은 스펙트럼이 가장 믿을 만하다. 빛의 모든 색깔― 우리가 관측하는 빛의 모든 파장과 진동수―은 그 물질이 빛을 어떻게 만들었는지, 빛이 별을 떠날 때 영향을 준 물질이 무엇인지, 그리고 빛이 지나온 별과 우리 사이에 어떤 물질이 있었는지에 대한 이야기를 들려준다. 실험실에서 여러 가지 물질이 내는 스펙트럼을 자세히 연구한 물리학자들은 다른 종류의 원자와 분자들이 가시광선의 여러 가지 색깔에 영향을 끼치는 여러 가지 방법에 대해 자세히 알게 되었다. 스펙트럼에 대한 이런 지식 덕분에 별빛의 스펙트럼을 분석하여 특정한 별에서 오는 빛에 영향을 준 원자나 분자의 종류, 온도, 압력, 그리고 이런 입자들의 밀도까지 알아낼 수 있게 되었다. 오랫동안 별빛의 스펙트럼과 실험실에서 여러 가지 원자와 분자의 스펙트럼을 연구해서 얻은 결과를 통합하여 천체물리학자들은 별에서 오는 빛의 스펙트럼을 통해 별빛이 우주를 향해 떠난 별 표면의 물리적 상태를 손금처럼 읽어낼 수 있게 되었다. 뿐만 아니라 성간 공간에서 온도가 낮은 상태로 떠다니는 원자나 분자들이 어떻게 별빛에 영향을 주는지에 대해서도 알게 되었다. 천체물리학자들에게 별빛은 성간물질의 화학성분, 온도, 밀도, 압력과 같은 정보를 전해주는 정보원 역할을 하고 있는 것이다.

별빛의 스펙트럼을 분석하면 다른 종류의 원자나 분자들이 들려주는 그들만의 이야기를 들을 수 있다. 예를 들어 스펙트럼의 특정한 색깔에 고유한 영향을 주는 어떤 종류의 분자가 존재한다는 사실은 별의 표면층의 온도가 3,000°C(약 5,000°F) 이하라는 것을 나타낸다. 더 높은 온도에서 이 분자들은 빠르게 운동하여 서로 충돌함으로써 원자들로 분리되어 존재하지 않게 된다. 이런 종류의 분석을 다른 여러 가지 물질에 확장하여 적용하면 거의 완벽하게 별을 둘러싼 대기 상태를 추정해 낼 수 있다. 어떤 천체물리학자들은 그들이 사랑하는 별의 스펙트럼을 그들의 가족들보다 더 잘 알고 있다고 말하기도 한다. 이것은 그들의 노력이 우주에 대한 인간의 이해는 증진시키겠지만 개인적인 인간관계에는 좋지 않을 수도 있다는 것을 나타낸다.

천체물리학자들은 자연에 있는 모든 원소들—별빛의 스펙트럼을 형성할 수 있는 모든 종류의 원소들—중 특정한 한 원소를 젊은 별의 나이를 결정하는 데 이용하고 있다. 그 원소는 주기율표에서 세번째 자리를 차지하고 있고, 세번째로 가벼우며, 세번째로 간단한 원소인 리튬이다. 지구인들에게 리튬은 항우울제로 사용되는 약품의 중요한 성분으로 잘 알려져 있다. 리튬은 주기율표에서 우주에 아주 풍부하게 존재해서 잘 알려져 있는 수소와 헬륨의 바로 다음 자리를 차지하고 있다. 우주 최초의 몇 분 동안에 우주는 수소를 융합하여 많은 양의 헬륨 원자핵과 아주 적은 양의 무거운 원자핵을 만들었다. 그 결과 리튬은 매우 희귀한 원소가 되었다. 천체물리학자들은 별의 내부에서는 리튬을 만들어내지 못하고 파괴만 한다는 것을 알게 되었다. 따라서 우주에 있는 리튬의 양은 계속적으로 감소해왔고 앞으로도 감소할 것이다. 만약 우리가 리튬을 원한다면 우주에 리튬이 더 줄어들기 전에 지금 사두는 것이 좋을 것이다.

천체물리학자들은 리튬에 관한 이러한 사실을 별들의 나이를 측정하는 데 이용하였다. 모든 별들은 공평하게 우주 최초 30분 동안 진행되었던 핵융합 반응에 의해 만들어진 같은 비율의 리튬을 가지고 일생을 시작한다. 그렇다면 그 비율은 얼마인가? 리튬은 우주에 존재하는 원자핵 1천억 개마다 하나의 비율로 존재한다. 모든 새로운 별들은 이 정도 비율의 리튬을 가지고 새로운 일생을 시작하지만 별의 핵에서 진행되는 핵융합 반응이 리튬을 소모하기 때문에 시간이 감에 따라 리튬의 양이 줄어들게 된다. 별의 내부를 이루고 있는 물질과 외부 물질이 연속적으로 때로는 일시적 사건에 의해 혼합됨에 따라 수천 년이 지나면 별의 외부 물질 중에도 내부와 마찬가지로 적은 양의 리튬을 포함하게 된다.

천체물리학자가 젊은 별을 찾기 위해서는 단순히 리튬을 **가장 많이** 포함하고 있는 별을 찾으면 된다. 각 별의 수소 원자핵과 리튬 원자핵의 비율(별의 스펙트럼 분석으로 결정되는)은 이 별을 별의 나이와 별 표면층에 포함되어 있는 리튬 사이의 관계를 나타내는 그래프 위의 어떤 위치에 놓이게 한다. 이 방법을 이용하여 성단에서 가장 젊은 별들을 찾아낼 수 있고 확신 있게 이들에게 리튬에 근거한 나이를 부여할 수 있다. 별들은 효과적으로 리튬을 파괴하기 때문에 늙은 별들은 리튬을 거의 가지고 있지 않다. 따라서 이 방법은 몇억 년보다 젊은 별들의 나이를 결정할 때만 사용할 수 있다. 리튬을 이용하여 젊은 별들의 나이를 결정하는 이 나이 측정법은 놀라운 결과를 가져다주었다. 태양과 비슷한 질량을 가지는 오리온성운에 있는 20여 개의 새롭게 형성된 별에 대한 최근의 연구에서 이들의 나이가 백만 년에서 천만 년 사이라는 것을 밝혀냈다. 언젠가 천체물리학자들은 더 젊은 별들을 찾아내겠지만 현재로서는 백만 년이 우리가 식별해낼 수 있는 별 나이의 한계이다.

새로 태어난 별들은 그들이 태어난 기체 보금자리를 공간으로 날려 보내는 일을 제외하면 오랫동안 누구도 괴롭히지 않고, 핵에서 수소를 융합하여 헬륨을 만들어내고 리튬 원자핵을 파괴하면서 조용히 지내게 된다. 그러나 세상에 영원한 것은 없다. 수백만 년 동안 부근을 지나가는 거대한 구름으로부터 인력에 의한 간섭을 받으면서 함께 태어난 별들을 은하 속으로 흩어버려 대부분의 성단 후보들은 '증발'하여 사라지고 여기저기 외롭게 빛나는 별들만 남게 된다.

태양이 형성되고 거의 50억 년이 흐른 지금 아직 살아 있는지 죽었는지 모르지만 함께 태어난 태양의 형제들은 모두 어디론가 사라져버렸다. 우리 은하와 다른 은하의 적은 질량을 가지고 있는 작은 별들은 핵융합 반응을 아주 천천히 진행하기 때문에 오랫동안 살 수 있다. 태양과 같은 중간 크기의 별들은 마지막에는 외곽 기체층을 거의 백 배나 팽창시켜 적색거성으로 변하게 된다. 이렇게 팽창된 외곽 층은 별과 약하게 연결되어 있기 때문에 결국은 공간으로 퍼져 나가고, 이 별을 백억 년 동안이나 빛날 수 있도록 에너지를 공급했던 핵반응의 생성물로 이루어진 핵만 남게 된다. 공간으로 퍼져 나간 기체는 지나가는 구름에 섞여 다음 세대의 별을 탄생시킬 준비를 할 것이다.

그리 흔하게 발견되지는 않지만 가장 많은 질량을 가진 큰 별들은 별의 진화 과정의 모든 단계를 밟게 된다. 이런 별들은 큰 질량으로 인해 질량이 작은 별들보다 훨씬 빠른 속도로 핵연료를 소모하고 많은 에너지를 방출하기 때문에—이런 별들 중 일부는 태양보다 백만 배가 넘는 에너지를 방출한다—몇백만 년보다도 짧은 일생을 산다. 질량이 큰 별의 핵에서 진행되는 계속적인 열핵융합 반응은 수소를 사용하여 헬륨을 만들어내는 것을 시작으로 탄소, 질소, 산소, 네온, 마그네슘, 규소, 칼슘 등의 수십 가지 새로운 원소들을 생산한다. 이 별 용광로는 잠시 동안 전체 은하보다도 밝게 빛나는 마지막 대폭발의 불꽃으로 더 많은 원소를 생산해낸다. 천체물리학자들은 이런 불꽃을 초신성이라고 부른다. 이런 초신성은 겉보기에는 5장에서 설명한 제Ia형 초신성(그 기원은 전혀 다르지만)과 비슷해 보인다. 초신성 폭발 때 나오는 에너지는 핵융합 반응을 통해 이미 만들어졌던 원소들과 초신성 폭발 때 새로 만들어진 원소들을 포함하는 강한 별바람을 일으킨다. 이 별바람은 은하 공간에 여러 가지 원소들을 흩어놓아 부근에 있는 성간구름의 성분을 더욱 다양하게 함으로써 새로운 먼지 알갱이가 만들어질 수 있도록 한다. 이때 만들어진 강한 별바람은 성간구름 속을 초음속으로 통과하며 압력을 가하여 별을 형성하는 데 필요한 고밀도의 질량 덩어리를 만들기도 한다.

초신성이 우주에 주는 가장 큰 선물은 행성과 생명체 그리고 인간을 만드는 데 사용될 수소와 헬륨보다 큰 원소들을 제공하는 것이다. 지구에 살고 있는 우리는 은하의 긴 역사 속에서 태양계가 형성되기 이전인 수십억 년 전에 폭발한 수없이 많은 별의 생산물로 만들어졌다. 태양과 행성을 포함한 태양계는 어둡고 먼지투성이인 성간구름 깊숙한 곳에서 이전 세대의 질량이 큰 별이 제공한 풍부한 화학성분을 농축하여 만들어졌다.

우리는 어떻게 헬륨보다 무거운 원소들이 별 내부에서 만들어졌다는 사실을 알게 되었을까? 20세기 과학적 발견 중 그 가치를 가장 제대로 인정받지 못한 발견에 주는 상이 있다면, 그 상은 초신성—질량이 큰 별이 죽어갈 때 폭발하여 만들어지는—이 우주에 존재하는 무거운 원소의 근원이라는 것을 밝혀낸 것에 주어져야 할 것이다. 비교적 제대로 평가받지 못한 이 사실은 1957년 미국의 과학 잡지인『현대 물리학 리뷰 *Review of Modern Physics*』에 실린 '별 내부에서의 원소의 합성 (The Synthesis of the Elements in Stars)'이라는 제목의 긴 연구 논문에 들어 있었다. 이 논문은 마가렛 버비지, 제프리 버비지, 윌리엄 파울러와 프레드 호일이 공동으로 쓴 것이었다. 이 논문에서 네 명의 저자들은 40년 동안이나 과학자들이 고민해온 별의 에너지원이 무엇인가 하는 것과 원소의 변화가 어떻게 일어나는가 하는 두 가지 핵심적인 과제를 새롭게 이해하고 하나의 과제로 합칠 수 있는 이론적이고 수학적인 체계를 제시했다.

원자핵 융합이 어떻게 원자핵을 파괴하고 또 만들어내는지를 다루는 우주 원자핵 화학(cosmic nuclear chemistry)은 항상 어려운 문제였다. 원자핵 화학이 해결해야 할 핵심 과제에는 다음과 같은 핵심적인 질문들이 포함되어 있었다. 여러 가지 원소가 여러 가지 다른 온도와 압력 아래에서 어떻게 행동하는가? 원소들은 융합하는가 아니면 갈라지는가? 그런 일은 얼마나 자주 일어나는가? 이런 과정은 새로운 에너지를 공급하는가 아니면 흡수하는가? 그리고 그런 과정은 주기율표에 있는 다른 원소들에 어떻게 다르게 일어나는가?

주기율표가 당신에게는 어떤 의미를 가지는가? 만약 당신이 다른 많은 학생들과 다르지 않다면 당신은 과학반 벽에 걸려 있던 커다란 도표를 기억할 것이다. 이 도표는 여러 개의 사각형으로 이루어졌으며 화학 실험실 분위기와 어울리는 비밀스런 문자와 기호가 가득 들어 있었을 것이다. 그러나 사춘기의 학생들은 이 도표에 별로 관심을 기울이지 않아 도표는 먼지만 뒤집어쓰고 있었을 것이다. 하지만 이 도표는 이들이 가지고 있는 비밀을 아는 사람들에게 도표 속의 원소들을 있게 한 격렬했던 우주의 과거 이야기를 들려준다. 주기율표에는 우주에 있는 모든 알려진 원소들이 원자번호가 증가하는 순서로 배열되어 있다. 원자번호는 원자핵 속에 들어 있는 양성자의 수를 나타낸다. 하나의 양성자로 이루어진 수소와 두 개의 양성자를 가지고 있는 헬륨이 가장 가벼운 두 개의 원소이다. 1957년에 출판된 논문의 저자들은 적당한 온도와 압력 그리고 밀도에서는 별들이 수소와 헬륨을 사용하여 주기율표 속의 모든 다른 원소들을 만들어낼 수 있다는 것을 알아냈다.

원자핵들은 상호 작용하여 새로운 원자핵을 만들어내기도 하고 이미 있던 원자핵을 파괴하기도 한다. 이런 현상들을 이해하기 위해서 원자핵 화학자들은 원자핵들의 '충돌 단면적'을 계산하고 측정하는 문제를 다루어야 한다. 충돌 단면적은 하나의 입자가 다른 입자와 심각하게 상호 작용하기 위해서는 얼마나 가까이 다가가야 하는가를 나타낸다. 물리학자들은 길 위를 달리고 있는 레미콘 트럭과 트럭에 실려 가는 길이가 두 배나 되는 이동식 주택의 충돌 단면적을 쉽게 계산할 수 있다. 그러나 아주 작아서 보이지 않는 원자보다 작은 입자들의 충돌 단면적을 계산할 때는 여러 가지 어려움에 부딪히게 된다. 물리학자들은 충돌 단면적에 대해 자세히 이해하게 됨으로써 핵반응의 비율을 계산할 수 있다. 그러나 때로는 충돌 단면적에 대한 작은 불확실성이 크게 잘못된 결론으로 이끌기도 한다. 그들이 겪는 어려움은 한 도시의 지하철에서 다른 도시의 지하철 지도를 가지고 길을 찾아갈 때 겪는 어려움과 비슷하다고 할 수 있다. 기초적인 이론이 정확하더라도 충돌 단면적에 대한 자세한 내용이 틀렸다면 결과는 보나마나 뻔한 것이다.

정확한 충돌 단면적에 대한 지식이 없었음에도 불구하고 20세기 전반의 과학자들은 만약 우주 어딘가에서 새로운 원자핵이 만들어지고 있다면 그것은 별의 내부일 것이라고 생각했다. 1920년에 이론 천체물리학자 아서 에딩턴 경은 '별 내부의 구조(The Internal Constitution of the Stars)'라는 제목의 논문을 출판했다. 이 논문에서 그는 원자와 원자핵 물리학 연구의 중심지였던 영국의 캐번디시 연구소가 우주에서 하나의 원자핵을 다른 원자핵으로 바꿀 수 있는 유일한 장소가 아니라고 주장했다.

그러나 그러한 변환이 일어난다는 것을 받아들이는 것이 가능할까? 그러한 일이 일어나고 있다고 주장하기가 쉽지는 않지만 그런 일이 일어나지 않는다고 주장하기는 더욱 어렵다. 케번디시의 실험실에서 가능한 일은 태양에서는 그리 어렵지 않게 일어날 수 있을 것이다. 나는 별들이 성운 속에 흔하게 포함되어 있는 가벼운 원소들이 더 복잡한 원소들로 합성되는 모든 시련을 겪는다는 의심을 떨쳐버릴 수가 없다.

두 명의 버비지와 파울러 그리고 호일의 자세한 연구의 선구가 되었던 에딩턴의 논문은 원자와 원자핵의 물리적 성질을 이해할 수 있게 해준 양자물리학이 성립하기 몇 년 전에 출판되었다. 놀라운 통찰력으로 에딩턴은 수소와 헬륨, 그리고 다른 원자핵들의 열핵융합 반응을 통해 생산되는 별의 에너지에 대한 시나리오를 만들기 시작했다.

원소를 만들어내는 다른 단계들이 에너지를 방출하거나 때로는 에너지를 흡수하기도 하지만 우리는 별의 에너지원으로 수소에서 헬륨으로 바뀌는 핵융합에만 한정할 필요는 없다. 전체 상황은 다음과 같이 요약할 수 있을 것이다. 모는 원자들은 수소 원자들이 합성되어 만들어진다. 아니면 적어도 한때는 수소에서 형성되었을 것이다. 그리고 별의 내부는 이러한 진화가 일어나는 장소일 가능성이 크다.

원소의 변환을 다루는 모든 모델은 지구와 우주에서 발견되는 모든 원소들이 만들어지는 과정을 설명할 수 있어야 한다. 이를 위해서 물리학자들은 별 내부에서 한 종류의 원소가 다른 종류의 원소로 바뀌면서 에너지를 생산하는 기초적인 과정을 찾아내야 했다. 1931년에 잘 정리된 양자물리학의 이론을 이용하여(아직 중성자는 발견되지 않았지만) 영국의 천체물리학자 로버트 데스커트 앳킨슨은 중요한 논문을 발표했다. 이 논문에서 그는 "별이 내는 에너지와 원소의 기원에 대한 이론을 합성하면… 별의 내부에서 가벼운 원소에 양성자와 전자가 한 번에 하나씩 계속적으로 더해져서 여러 가지 원소들이 차례차례 만들어진다"라고 요약했다.

같은 해에 미국의 원자핵 화학자 윌리엄 하킨스는 "작은 원자량〔원자핵 내의 양성자와 중성자의 수〕을 가지는 원소들이 큰 원자량을 가지는 원소들보다 풍부하며 평균적으로 짝수의 원자번호〔원자핵 속에 들어 있는 양성자의 수〕를 가지는 원소가 비슷한 크기의 홀수 원자번호를 가지는 원소보다 10배나 더 많다"라는 주장이 담긴 논문을 발표했다. 하킨스는 상대적으로 풍부하게 존재하는 원소의 종류는 연소와 같은 화학 반응이 아니라 핵융합 반응에 의해 결정된다고 추정했으며 무거운 원소는 가벼운 원소로부터 합성된다고 생각했다.

별의 내부에서 일어나고 있는 핵융합 반응의 자세한 과정을 이해하게 되면 결국 우주에 존재하는 여러 가지 원소, 특히 이미 존재하던 원소에 양성자 두 개와 중성자 두 개로 이루어진 헬륨 원자핵을 더하여 만들 수 있는 원소들이 어떻게 존재할 수 있게 되었는지를 설명할 수 있을 것이다. 이런 원소들이 하킨스가 언급한 '짝수 원자번호'를 가지는 풍부한 원소들이다. 그러나 원소들의 존재와 상대적 존재 비율은 아직 잘 설명되지 못하고 있다. 우주에는 또 다른 원소 제조 방법이 있는 것이 틀림없다.

1932년에 캐번디시 연구소에서 일하던 영국의 물리학자 제임스 채드윅에 의해 발견된 중성자는 원자핵 융합에서 에딩턴이 생각하지 못했던 중요한 역할을 한다. 같은 종류의 전하를 띠는 모든 입자들이 그렇듯이 양성자도 전기적으로 서로 반발하기 때문에 양성자를 합치는 것은 매우 어려운 일이다. 양성자가 융합하도록 하기 위해서는 전기적 반발력을 극복하고 강한 핵력이 작용할 수 있는 거리까지 양성자들을 충분히 가까이 (대개는 높은 온도와 압력 그리고 밀도를 이용하여) 접근시켜야 한다. 그러나 전하를 띠지 않은 중성자는 다른 입자들을 밀어내지 않기 때문에 쉽게 원자핵으로 들어가 양성자들 사이에 작용하는 것과 같은 핵력으로 다른 입자들과 합칠 수 있다. 그러나 중성자가 원자핵에 더해지는 것으로는 새로운 원소가 만들어지지는 않는다. 원소의 종류는 원자핵 속에 들어 있는 양성자 수에 의해 결정되기 때문이다. 중성자가 더해지면 원자핵이 가지는 전체 전하량은 같으면서 세부적인 면에서 조금 다른 처음 원소의 동위원소가 만들어진다. 어떤 원자핵들은 자유롭게 움직이던 중성자를 원자핵에 받아들이면 불안정해진다. 그런 경우에는 중성자가 자발적으로 양성자(원자핵에 머물러 있는)와 전자(즉시 원자핵을 떠나는)로 변환된다.* 이런 방법으로 목마를 타고 트로이에 침입했던 그리스의 병사들처럼 양성자가 중성자로 가장하여 원자핵에 침투할 수 있다.

중성자의 흐름이 높게 유지되면 각각의 원자핵들은 첫번째 중성자가 붕괴하기 전에 여러 개의 중성자를 흡수할 수 있다. 이렇게 급속하게 원자핵에 흡수된 중성자들은 '급속한 중성자 포획 과정'에 의해 만들어진 원소들로 이루어진 원소 집단을 형성한다. 이들은 하나의 중성자가 포획된 후 다음 중성자가 포획되기 전에 처음 중성자가 양성자와 전자로 붕괴되는 느린 포획 과정에 의해 만들어진 원소들과는 다른 종류의 원소들이다.

------

* 원자핵 속에 들어 있는 양성자의 수와 중성자의 수가 일정한 비율을 이룰 때만 원자핵이 안정한 상태가 된다. 중성자의 침투로 이런 비율이 깨지면 원자핵이 불안정해진다. 그러면 중성자가 붕괴되고 양성자, 전자, 중성미자가 만들어져 안정한 원자핵으로 바뀐다. 이런 반응을 베타 붕괴라고 한다.

급속한 중성자 포획 과정과 느린 중성자 포획 과정은 모두 열핵융합 과정으로 만들어지지 않는 새로운 원자들을 만들어낸다. 자연에 존재하는 나머지 원소들은 몇 가지 다른 방법에 의해 만들어진다. 그 중에는 높은 에너지를 가지는 광자(감마선)가 큰 원자의 원자핵에 충돌하여 큰 원자핵을 작은 원자핵으로 조각내버리는 방법도 있다.

큰 질량을 가지는 별의 일생을 너무 단순화하는 위험은 있지만 별들은 내부에서 에너지를 생산하고 방출하여 인력으로부터 자신을 지키며 살아가고 있다고 말할 수 있다. 핵융합을 통한 에너지의 생산 없이는 별을 이루는 기체는 스스로의 무게 때문에 붕괴해버릴 것이다. 이런 운명은 핵에 있는 수소를 모두 소모한 별들에게 닥쳐온다. 이미 언급했듯이 수소를 헬륨으로 변환시킨 다음에는 큰 별의 핵에서는 헬륨을 탄소로, 탄소를 산소로, 산소를 네온으로, 그래서 결국은 철로 변환시키는 다음 단계의 핵융합 반응이 진행된다. 이런 일련의 핵융합 과정이 성공적으로 진행되기 위해서는 더욱 강해지는 전기적 반발력*을 극복하기 위해 점점 더 높은 온도가 필요하다. 다행스럽게도 이런 조건은 별 스스로 만들어낼 수 있다. 각 단계의 핵융합 반응이 끝나 별의 에너지원이 일시적으로 작동을 중지하게 되면 중력에 의한 수축이 진행되고 이런 수축에 의해 온도가 더 높이 올라가 다음 단계의 핵융합 반응이 시작되게 된다. 그러나 세상에 영원히 계속되는 것은 없는 법이기 때문에 별들은 결국 엄청난 문제에 직면하게 된다. 철 원자핵의 핵융합은 에너지를 방출하지 않고 오히려 에너지를 흡수한다. 이것은 별들이 더 이상

---

* 원자핵이 커지면 원자핵 속에 포함되어 있는 양성자의 수도 많아져 원자핵 사이의 전기적 반발력도 커지기 때문에 핵융합 반응이 가능하기 위해서는 온도가 더 높아야 한다.

핵융합을 통해 에너지를 공급받아 인력에 대항할 수 없게 되었다는 것을 뜻한다. 이 시점에서 별은 갑자기 붕괴하면서 엄청난 에너지를 방출하여 내부 온도를 급속하게 상승시켜 별을 이루고 있던 물질 대부분을 공간으로 날려 보내는 엄청난 폭발이 일어난다.

이러한 초신성 폭발 과정에서 양성자, 중성자 그리고 에너지를 이용하여 여러 가지 다른 방법으로 새로운 원소들이 만들어진다. 1957년에 두 사람의 버비지와 파울러, 그리고 호일은 (1)잘 증명된 양자물리학의 법칙 (2)폭발에 관한 물리학 (3)최근의 충돌 단면적 (4)원자를 다른 원자로 변환하는 여러 가지 과정 (5)별의 진화 과정에 관한 이론 등을 결합하여 초신성 폭발이 우주에 존재하는 수소와 헬륨보다 무거운 원소들의 중요한 공급원이라고 주장했다.

질량이 큰 별이 무거운 원소를 생산하는 생산자라면 초신성 폭발은 원소들을 우주에 흩어놓는 총이라고 할 수 있다. 네 사람의 과학자들은 남은 또 하나의 어려운 문제의 해답을 덤으로 구할 수 있게 된 것이다. 별의 내부에서 수소와 헬륨보다 무거운 원소들이 만들어지더라도 이 원소들이 우주 공간에 퍼져 다음 세대의 별을 형성하는 데 참여할 수 없다면 나머지 우주에게는 아무 소용이 없는 일이다. 두 사람의 버비지와 파울러 그리고 호일은 별 내부에서 새로운 원소를 만들어내면서 일어나고 있는 핵융합 반응에 대한 우리의 이해와 우주에서 우리가 관찰하고 있는 원소들을 하나로 연결했다. 그들의 결론은 수십 년 동안의 검증 과정을 거처 살아남았다. 따라서 그들의 논문은 우주가 어떤 일을 하는지에 대한 우리의 이해의 전환점이었다고 할 수 있다.

그렇다. 지구와 지구의 생명체는 모두 별 먼지에서 왔다. 물론 우리가 우주 화학의 모든 문제를 해결한 것은 아니다. 한 가지 흥미로운 사실은 1937년에 처음으로 지구에 있는 실험실에서 인공적으로 만들어낸 원소인 테크네튬과 관계된 것이다(테크네튬technetium이라는 이름은 인공적이라는 뜻을 가진 그리스어의 technetos에서 유래했다). 우리는 아직 지구에서 자연 상태의 테크네튬을 발견하지 못했다. 그러나 천문학자들은 우리 은하에 있는 적색거성의 대기에서 이 원소를 소량 찾아냈다. 만약 테크네튬의 반감기가 2백만 년으로 테크네튬이 발견된 별의 일생보다 훨씬 짧지 않다면 적색거성에서 테크네튬을 발견한 것은 그리 놀라운 소식이 되지 못했을 것이다. 테크네튬의 수수께끼는 아직 천체물리학자들이 의견 일치를 보지 못한 새로운 이론을 내놓게 했다.

이 희귀한 원소를 포함하고 있는 적색거성은 그리 흔하지 않지만 이 문제에 관심을 가지고 있는 일부 천체물리학자들(대부분 분광학자들)은 〈화학적으로 특이한 적색거성에 관한 정보지Newsletter of Chemically Peculiar Red Giant Stars〉라는 신문을 발행하여 배포하고 있다. 길거리의 신문 가판대에서는 구입할 수 없는 이 신문은 학회 소식이나 현재 진행되고 있는 연구 내용을 주로 싣고 있다. 아직도 풀리지 않은 이 문제에 관심이 있는 과학자들에게는 이 문제가 블랙홀, 퀘이사, 그리고 초기 우주와 관계된 문제들만큼이나 중요해 보인다. 그러나 우리는 이것과 관련된 뉴스를 절대로 들을 수 없을 것이다. 왜? 늘 그렇듯이 미디어들이 무엇을 다룰 것인지 그리고 무엇을 다루지 않을 것인지를 결정하기 때문이다. 우리 행성과 우리 자신을 구성하고 있는 원소들의 기원에 대한 뉴스는 그들의 잣대로 볼 때는 뉴스 가치가 없는 것임에 틀림없다.

이제 현대 사회가 우리에게 가한 잘못을 시정할 기회가 왔다. 주기율표를 여행하면서 여기저기에 멈추어 여러 가지 원소들의 흥미로운 사실들을 기록해보자. 그리고 우주가 어떻게 우주 초기의 대폭발에 의해 만들어진 수소와 헬륨으로부터 이 많은 원소들을 만들어냈는지 생각해보기로 하자.

10장

●

# 원소 동물원

지난 두 세기 동안 물리학자와 화학자들이 만들어낸 원소의 주기율표는 우리가 현재 알고 있고 앞으로 발견하게 될지도 모르는 원소들의 화학적 성질을 설명하는 체계적인 원리를 잘 나타내고 있다. 이 때문에 주기율표는 문명의 상징이며 지식을 체계화하는 우리 문명의 능력을 나타내는 실례라고 할 수 있다. 주기율표는 과학이 실험실에서뿐만 아니라 입자가속기에서 그리고 우주 시공간의 개척지에서 발휘하고 있는 인류의 탐험정신을 잘 보여주고 있다.

이러한 찬사에도 불구하고 주기율표에 들어갈 때마다 세우스 박사*가 길러낸 동물들을 키우는 동물원의 야수들을 만날 때처럼 어른 과학

---

* Dr. Seuss, 1900년대 활동했던 미국의 극작가이며 소설가. 대표 작품으로는 『모자를 쓴 고양이』, 『초록색 계란과 햄』 등이 있다.

자들도 충격을 받는다. 그런 충격 없이 우리가 어떻게 버터 칼로 자를 수 있을 정도로 활성이 큰 금속인 나트륨과 악취를 내는 유독성 기체인 염소를 결합하면 식염이 만들어진다는 것을 받아들일 수 있겠는가? 전혀 다른 성질을 가진 두 가지 원소로 만들어진 식염은 전혀 해롭지 않을 뿐만 아니라 우리 생활에 없어서는 안 되는 물질이다. 우주에 가장 흔한 원소인 수소와 산소는 어떤가? 수소는 폭발성이 있는 기체인 반면 산소는 급속한 연소를 돕는 기체이다. 그러나 이 두 가지 원소가 만나서 만들어내는 물질은 불을 끄는 액체인 물이다.

주기율표 가게에서 실행할 수 있는 몇 가지 화학반응을 통해 우리는 우주에서 가장 중요한 원소들을 만들어낼 수 있다. 이 원소들은 천체물리학자들이 망원경을 통해 먼 우주에서 주기율표를 발견할 기회를 제공할 것이다. 우리는 이런 원소들의 등장을 반길 것이고 이 원소들이 그리 괴상하게 생기지 않은 것을 다행스럽게 생각할 것이다.

주기율표는 원소들이 원자핵 속에 포함되어 있는 양성자(양전하를 띤)의 수를 나타내는 '원자번호'에 의해 다른 원소와 구별된다는 것을 강조한다. 완전한 원자에서는 항상 원자번호와 같은 수의 전자(음전하를 띤)가 원자핵 주위의 궤도를 돌고 있다. 따라서 원자가 가지고 있는 전체 전하는 0이 된다. 특정한 원소의 동위원소는 같은 수의 양성자를 가지고 있지만 중성자의 수가 다른 원소이다.

하나의 양성자로 이루어진 원자핵을 가지고 있는 **수소**는 우주 최초의 대폭발 후 몇 분 동안에 만들어진 가장 단순하고 간단한 원자이다. 자연에 존재하는 94가지의 원소 중에서 우주에 가장 풍부하게 존재하는 원소로 인간의 몸을 구성하는 원자의 3분의 2가 수소이며 태양과 큰 행성들을 포함하여 전 우주를 구성하고 있는 원소들의 90퍼센트가 수소이다. 태양계에서 가장 질량이 큰 행성인 목성의 내부에 있는 수소는 큰 압력 때문에 기체가 아니라 전기적으로 전도성을 띠는 고체처럼 행동하여 행성들이 강한 자기장을 갖도록 한다. 영국의 화학자 헨리 캐번디시는 1766년에 $H_2O$를 가지고 실험하다가 수소(hydrogen, hydro-genes는 그리스어로 '물을 형성하는'이라는 뜻이다. gen은 창조를 뜻하는 영어 genetic에도 들어 있다)를 발견하였다. 천문학자들에게 캐번디시는 뉴턴의 유명한 만유인력의 식에 들어 있는 중력상수 $G$를 정확히 측정하여 지구의 질량을 최초로 정밀하게 결정한 사람으로 더 잘 알려져 있다. 천5백만 도(섭씨온도)가 넘는 태양의 핵에서는 빠른 수소 원자핵(양성자)들이 충돌하여 헬륨 원자핵을 합성하는 핵융합 반응에 의해 매초마다 4억 5천만 톤의 수소가 헬륨 원자핵으로 바뀌고 있다. 이때 질량의 약 1퍼센트는 에너지로 바뀌고 나머지 99퍼센트는 헬륨 속에 남게 된다.

우주에 두번째로 풍부한 원소인 **헬륨**은 지구에서는 지하 광물 속에서 발견된다. 많은 사람들은 헬륨 기체가 만들어내는 이상한 목소리에 대해서 잘 알고 있으며 그것을 실험하기 위해 매장에서 헬륨을 사고 있다. 헬륨을 들이마시면 공기의 밀도보다 낮은 헬륨 기체가 기관지 내의 진동수를 증가시켜 목소리를 미키 마우스의 목소리처럼 변하게 한다. 우주에는 (수소를 제외하면) 다른 원소를 모두 합한 것보다 4배나 되는 헬륨이 존재한다. 전 우주에 존재하는 헬륨 양에 대한 예측은 대폭발 우주론의 중요한 부분을 차지한다. 이 이론에 따르면 우주 대폭발 직후의 뜨거운 불길 속에서 만들어진 헬륨의 양은 전 우주에 퍼져 있는 모든 원소의 8퍼센트 정도이며 전 우주에 골고루 퍼져 있다. 별의 내부에서 일어나고 있는 수소의 열핵융합 반응에 의해 추가로 헬륨이 만들어지고 있기 때문에 장소에 따라서는 최초의 헬륨 비율인 8퍼센트보다 더 많은 헬륨을 포함하고 있을 수도 있다. 그러나 대폭발 이론이 예측하는 바와 같이 우리 은하와 다른 은하에서 이 비율보다 적은 양의 헬륨을 포함하고 있는 지역은 발견되지 않았다.

지구에서 헬륨을 발견하기 약 30년 전인 1868년에 있었던 거시일식 때 태양의 스펙트럼을 조사하던 천체물리학자들에 의해 태양에서 먼저 헬륨이 발견되었다. 그들은 전에는 알려지지 않았던 이 물질에 그리스어에서 태양신을 뜻하는 헬리오스(Helios)라는 단어를 따라 헬륨이라는 이름을 붙였다. 공기 속에서 수소의 92퍼센트의 부력을 나타내면서도 독일의 힌덴부르크 비행선을 폭발시켰던 수소의 폭발성을 가지고 있지 않은 헬륨은 뉴욕에 있는 대형 백화점인 메이시(Macy)의 추수감사절 행진용 대형 풍선 주인공들을 채울 기체로 사용되었다. 이로 인해 메이시 백화점은 전세계에서 미국 육군 다음으로 헬륨을 많이 사용하는 고객이 되었다.

우주에서 세번째로 간단한 원소인 **리튬**은 원자핵에 3개의 양성자를 가지고 있다. 수소, 헬륨과 같이 리튬도 우주 초기의 대폭발 직후에 만들어졌다. 그러나 핵융합 반응에 의해 별의 내부에서 계속적으로 만들어지는 헬륨과는 달리 별의 내부에서 핵융합 반응이 일어나는 동안 리튬은 만들어지는 것이 아니라 **파괴된다**. 따라서 이 이론이 옳다면 우리는 우주 초기에 생산된 적은 양—전체 원자의 0.0001퍼센트 이하—의 리튬보다 많은 양의 리튬을 포함하고 있는 천체나 지역을 발견할 수 없어야 한다. 우주 초기 30분 동안에 있었던 원소 형성 과정을 설명하는 이론이 예측한 대로 아무도 아직 이보다 더 많은 양의 리튬을 포함하고 있는 은하를 발견하지 못했다. 헬륨 양의 최소한도와 리튬 양의 최대한도를 결합하면 우주 대폭발설의 진위를 확인해볼 수 있는 방법을 찾아낼 수 있을 것이다. 우주 대폭발 이론을 확인해볼 수 있는 이와 비슷한 또 다른 실험으로는 양성자 하나와 중성자 하나가 결합되어 만들어진 중수소의 양을 보통의 수소의 양과 비교해보는 것이 있다. 처음 몇 분 동안의 핵융합은 수소의 두 가지 동위원소를 모두 만들었지만 간단한 수소(하나의 양성자)를 훨씬 더 많이 만들었다.

리튬과 마찬가지로 주기율표에서 리튬 다음에 있는 두 원소인 **베릴륨**과 **보론**(각각 원자핵에 4개와 5개의 양성자를 가지고 있다)은 대부분 우주 초기의 핵융합 반응으로 만들어졌다. 이 원소들은 우주에 비교적 적은 양만 존재한다. 수소와 헬륨 다음에 있는 세 가지의 가벼운 원소들은 지구에서 매우 희귀해서 지구의 생명체들이 진화 과정에서 이 원소들을 경험했을 가능성이 없기 때문에 실수로 이 원소들을 섭취하면 무슨 일이 일어날지 알 수 없다. 흥미로운 사실은 리튬을 적당량 복용하면 어떤 종류의 정신병을 완화시킨다는 것이다.

원자번호가 6인 **탄소**로 인해 주기율표는 전성기를 맞이하게 된다. 원자핵에 6개의 양성자를 가지고 있는 탄소 원자는 탄소를 포함하지 않은 모든 분자들보다 더 많은 종류의 분자를 만들어낸다. 우주에 풍부하게 존재하고—별 내부의 용광로에서 만들어져 별의 표면으로 섞여 나온 탄소는 우리 은하 속에 상당량 포함되어 있다—다른 원소와 화학결합을 잘하는 성질 덕분에 탄소는 다양한 생명체와 화학물질의 기초가 될 수 있었다. 우주에 존재하는 양에서 탄소를 조금 앞서는 **산소**(원자핵에 8개의 양성자를 가지고 있다) 역시 매우 활성도가 큰 원소로 탄소와 마찬가지로 별의 내부에서 만들어져 늙은 별로부터 방출되었거나 초신성이 폭발하는 과정에서 만들어져 우주에 더해진 원소이다. 우리가 잘 알다시피 탄소와 산소는 생명체를 이루는 기본적인 원소이다. 같은 과정을 통해 일곱번째 원소인 **질소**도 만들어졌으며 우주 전체에 다량 분포되어 있다.

그러나 우리가 알지 못하는 생명체는 어떨까? 다른 형태의 생명체는 복잡하게 생긴 그들의 심장을 다른 원소로 만들었을까? 원자번호가 14인 **규소**로 생명체를 만들면 어떨까? 규소는 주기율표에서 탄소 바로 아래에 위치한다. 그것은 탄소를 포함하고 있는 화학물질에 탄소 대신 규소를 넣으면 탄소화합물과 같은 종류의 화합물을 만들 수 있다는 것을 의미한다(주기율표의 비밀을 아는 사람들에게 주기율표가 얼마나 유용한가를 보라). 하지만 결국에는 탄소가 규소보다 쓸모가 많다는 것을 알게 될 것이다. 탄소가 우주에 규소보다 더 많이 분포하고 있다는 사실 외에도 규소는 탄소보다 매우 강하거나 약한 화학결합을 한다. 특히 규소와 산소의 결합은 매우 강해 단단한 바위를 형성하는 반면에 규소를 기본으로 하는 복잡한 분자들은 결합이 약해 탄소를 기본으로 하는 분자들처럼 생태계의 시련을 견뎌내지 못할 것이다. 그러나 이런 사실이 공상과학소설을 쓰는 소설가들이 규소를 주성분으로 하는 물질을 주인공으로 선택하는 것을 막을 수는 없을 것이다. 그리고 그것은 외계 생명체에 대한 우리의 상상력을 자극하여 우리가 만나게 될 첫번째 외계 생명체가 어떤 형태일지를 더욱 궁금하게 할 것이다.

　　**나트륨**(원자핵에 11개의 양성자를 가지고 있다)은 식탁 위에서 항상 발견되는 식용 소금의 중요한 성분일 뿐만 아니라 도시의 가로등 속에서 길을 밝게 비춰주는 기체이기도 하다. 나트륨 기체를 사용한 가로등은 기존의 백열전구보다 더 밝게 빛나며, 수명이 더 길고, 적은 에너지를 소모한다. 나트륨을 사용하는 램프에는 두 가지가 있다. 하나는 일반적으로 사용되는 노란색이 섞인 흰빛을 내는 고압 나트륨램프이고 다른 하나는 드물게 사용되고 있는 오랜지색을 내는 저압 나트륨램프이다. 모든 종류의 빛이 천문학자들에게는 방해가 되지만 아주 좁은 범위의 빛만을 내는 저압 나트륨램프의 빛은 쉽게 망원경 자료로부터 제거할 수 있기 때문에 천문학자들의 작업을 덜 방해한다. 지역 사회와 망원경이 협력하기 위해 키트 피크 국립천문대에서 가장 가까이 위치한 대도시인 애리조나 주의 투손(Tucson)은 전 도시의 가로등을 모두 저압 나트륨램프로 교체했는데 이는 천문학자들의 관측을 방해하지 않을 뿐만 아니라 도시의 에너지 사용량을 줄일 수 있어 경제적으로도 효과적이라는 것이 밝혀졌다.

　　원자핵에 13개의 양성자를 가지고 있는 **알루미늄**은 지각 구성물의 10퍼센트를 차지하고 있지만 다른 원소와 효과적으로 결합하기 때문에 우리 할아버지 세대들에게도 낯선 원소였다. 1827년에 와서야 알루미늄이 발견되어 분리되었지만 주석 캔과 주석 호일이 알루미늄 캔과 알루미늄 호일로 대체된 1960년대까지는 일상생활에서 거의 사용되지 않았다. 연마한 알루미늄은 거의 완전한 가시광선의 반사체이기 때문에 천문학자들은 모든 반사경을 얇은 알루미늄 막을 입혀서 사용하고 있다.

　　**티타늄**(원자핵에 22개의 양성자를 가지고 있다)의 밀도가 알루미늄의 밀도보다 70퍼센트나 더 크지만 강도는 두 배나 더 강하다. 티타늄—
아홉번째로 지구에 풍부한—은 가벼우면서도 강하기 때문에 군용 비
행기의 부품 등에 널리 사용되고 있다.

우주의 대부분의 지역에서 산소 원자는 탄소 원자보다 많다. 별 내부
에서 만들어진 탄소는 산소와 결합하여 이산화탄소와 일산화탄소 분자
를 만든다. 그러고도 아직 남아 있는 산소 원자들은 티타늄과 같은 다른
원소와 결합한다. 적색거성에서 오는 스펙트럼에는 지구인들이 좋아하
는 보석들에서도 자주 발견할 수 있는 산화티타늄(TiO 분자)이 내는 붉
은빛을 포함하고 있다. 지구인들의 목에 걸려 있는 사파이어와 루비로
만든 별이 아름다운 색깔로 빛나는 것은 이들을 이루는 결정 속에 산화
티타늄이 불순물로 포함되어 있기 때문이다. 여기에 산화알루미늄 불순
물이 첨가되면 더욱 다양한 색깔을 내게 된다. 뿐만 아니라 망원경 돔
에 사용되는 흰색 페인트에는 적외선을 효과적으로 방출하여 낮 동안
내부의 온도가 높아지는 것을 방지할 수 있도록 산화티타늄이 포함되
어 있다. 밤에 돔을 열면 망원경 주위의 온도가 밤의 공기 온도로 빠르
게 떨어져 별에서 오는 빛이 공기에 의해 굴절되는 것을 줄여 선명한
상을 맺을 수 있도록 한다. 티타늄이라는 이름은 토성의 가장 큰 위성
인 타이탄의 이름과 마찬가지로 그리스 신화에 나오는 타이탄(Titan)에
서 유래했다.

탄소가 생명체에게 가장 소중한 원소라면 원자번호 26인 **철**은 여러
면에서 우주에서 가장 중요한 원소 중 하나이다. 많은 질량을 포함하고
있는 거대한 별은 핵에서 원자핵 속의 양성자 수를 증가시켜 헬륨으로
부터 탄소, 산소, 네온을 거쳐 철에 이르는 모든 원소를 생산해낸다. 26

개의 양성자와 적어도 26개 이상의 중성자[*]를 가지고 있는 철의 원자핵은 양성자와 중성자의 상호 작용을 설명하는 양자물리학에서 도출된 다른 원자핵의 성질과는 다른 성질을 가지고 있다. 철의 원자핵은 가장 큰 핵자(양성자와 중성자) 당 결합 에너지[**]를 가지고 있다. 이것의 의미는 간단하다. 만약 당신이 철의 원자핵을 분리하려고 한다면(물리학적으로는 '핵분열'이라고 부른다) 더 많은 에너지를 가해야 한다는 것을 뜻한다. 반면에 철 원자핵이 융합해도('핵융합'이라고 부르는 과정) 역시 에너지를 흡수한다는 것을 뜻한다. 철은 원자핵이 융합할 때도 에너지가 필요하고 분열할 때도 에너지가 필요한 것이다. 모든 다른 원소들의 원자핵은 작은 원자핵으로 분열할 때만 에너지가 필요하거나 아니면 큰 원자핵으로 융합할 때만 에너지가 필요하다.

별들은 유명한 식, $E = mc^2$을 이용하여 질량을 에너지로 바꾸어 스스로의 인력에 의해 붕괴되는 것을 방지하고 있다. 별들의 내부에서 핵융합 반응이 진행되고 있는 동안에는 그들이 인력에 의해 더욱 수축되는 것을 막아내기에 필요한 충분한 에너지를 얻을 수 있다. 그러나 별 내부의 모든 원자핵이 철의 원자핵으로 바뀌고 나면 더 이상의 핵융합을 하기 위해서는 오히려 에너지가 필요하기 때문에 핵융합 반응으로 더 이상의 에너지를 공급받을 수 없게 된다. 핵융합 반응이라는 에너지원을 잃게 된 별의 핵은 스스로의 중력에 의해 급속히 붕괴하게 되고 이때

---

[*] 철 원소에는 26개의 양성자와 26개의 중성자를 가지는 원소가 가장 흔하지만 이보다 많은 중성자를 가지는 철의 동위원소도 있다.

[**] 원자핵을 구성하고 있는 양성자와 중성자를 모두 떼어내어 흩어놓는 데 필요한 총 에너지를 양성자와 중성자의 수를 합한 수로 나눈 값.

초신성 폭발이라고 하는 거대한 폭발이 일어나 일주일 정도 수십억 개의 별들보다 더 밝아지게 된다. 이러한 초신성 폭발은 에너지를 가해주지 않으면 융합하지도 않고 분열하지도 않는 철 원자핵의 독특한 성질 때문에 일어난다.

수소, 헬륨, 리튬, 베릴륨, 보론, 탄소, 질소, 산소, 알루미늄, 티타늄, 그리고 철을 설명함으로써 우리는 우주를 구성하고 있는—그리고 지구 생명체를 구성하고 있는—중요한 원소들을 모두 살펴보았다.

이제부터는 주기율표에서 그다지 중요하지 않은 몇몇 원소들에 대하여 간단히 살펴보기로 하자. 이 원소들은 우리 주위에서 자주 발견되는 원소들이 아니지만 과학자들은 이들이 흥미 있는 자연의 작품일 뿐만 아니라 특별한 경우에는 매우 쓸모 있는 원소라는 것을 발견하였다. 예를 들어 아주 연한 금속인 **갈륨**(원자핵에 31개의 양성자를 가지고 있다)을 살펴보기로 보자. 갈륨은 아주 낮은 융점을 가지고 있는 금속이어서 손의 체온으로도 녹일 수 있다. 손으로 금속을 녹이는 이런 재미있는 실험과는 달리 염화갈륨은 천체물리학자들에게 매우 중요한 성분이다. 식염(염화나트륨)의 변종이라고 할 수 있는 염화갈륨은 태양의 핵에서 오는 중성미자를 검출하는 실험을 위해 필요한 물질이다. 중성미자를 검출하기 위해서 천체물리학자들은 백 톤이나 되는 액체 상태의 염화갈륨을 지하에 저장한(투과력이 약한 입자들로부터 효과적으로 보호하기 위해) 후 중성미자가 갈륨 원자핵과 충돌하여 갈륨 원자핵이 32개의 양성자를 가지고 있는 게르마늄 원자핵으로 바뀌는 반응이 일어나는 것을 지켜본다. 갈륨이 게르마늄으로 바뀔 때마다 엑스선을 내는데 이 엑스선을 측정하면 이러한 핵반응이 일어났다는 것을 알 수 있다. 염화갈륨을 사용한 '중성미자 망원경'을 이용하여 천체물리학자들은 '태양 중성미자 문제'라고 불리는 문제를 해결하였다. 태양 중성미자 문제는 초기의 중성미자 검출기들이 이론적으로 태양의 내부에서 일어나는 핵융합 반응에 의해 만들어질 것이라고 예측한 양보다 적은 양의 중성미자밖에 검출하지 못했던 데서 야기된 문제를 말한다.

**테크네튬**(원자번호 43) 동위원소의 원자핵들은 불과 몇 초에서 몇백만 년에 이르는 반감기를 가지는 방사성 원자핵들이다. 따라서 지구에서 필요에 따라 테크네튬을 생산해내는 입자가속기 외의 장소에서는 테크네튬을 발견할 수 없는 것은 당연한 일이다. 아직 충분히 이해되지 않은 이유로 일부 적색거성의 대기 속에서는 테크네튬이 발견된다. 앞 장에서 이미 설명한 바와 같이 테크네튬의 반감기가 테크네튬이 발견된 별의 일생보다 훨씬 짧지 않다면 적색거성에서 테크네튬을 발견한 것은 이상한 일이 아닐 것이다. 처음 형성될 때부터 테크네튬을 가지고 있었다면 모든 테크네튬이 오래 전에 붕괴되어버렸을 것이기 때문에 이런 별들에서 발견되는 테크네튬은 처음부터 가지고 있던 것이 아닐 것이다. 천체물리학자들은 별의 내부에서 테크네튬을 생산해내는 물리적 작용에 대해 그리고 내부에서 만들어진 테크네튬이 그것이 발견된 표면으로 올라오는 과정에 대해 아는 것이 별로 없다. 이것을 설명하기 위한 여러 가지 새로운 이론들이 제안되었지만 아직 천체물리학계에서는 의견 일치를 보지 못하고 있다.

오스뮴, 백금과 함께 **이리듐**은 주기율표에서 가장 무거운 세 원소 중 하나이다. 약 0.06세제곱미터의 이리듐(원자번호 77)은 큰 자동차의 무게와 맞먹는다. 따라서 이리듐으로 종이를 만든다면 창문을 통해 들어

오는 바람과 모든 선풍기 바람에도 끄떡없는 세상에서 가장 무거운 종이가 될 것이다. 이리듐은 과학자들에게 세상에서 가장 유명한, 아직 화약 냄새가 사라지지 않은 총을 선사했다. 전세계의 지층에서는 약 6천 5백만 년 전에 형성된 유명한 K-T 경계를 나타내는, 이리듐이 풍부한 물질을 다량 포함하고 있는 층이 발견되고 있다. 대부분의 생물학자들은 이 경계가 형성된 시기가 거대한 공룡을 포함하여 빵 상자보다 큰 모든 지상 생물이 멸종한 시기와 일치한다고 믿고 있다. 이리듐은 지구에서는 희귀한 원소지만 금속 성분의 소행성에는 10배나 더 많이 들어 있다. 우리가 공룡의 멸종을 설명하는 여러 가지 이론 중에서 어떤 것을 더 선호하는가 하는 것과는 상관없이 너비가 16킬로미터 정도 되는 소행성이 지구에 충돌하여 전 지구를 뒤덮을 만한 구름을 만들고 이 구름이 몇 달 후 빗물에 의해 없어질 때까지 빛을 차단했었다는 주장은 설득력이 있어 보인다.

아인슈타인이 어떻게 생각할지는 확실하지 않지만 과학자들은 태평양에서 최초로 핵폭탄 실험을 한 후(1952년 11월) 그 잔해 속에서 전에는 알지 못했던 새로운 원소를 발견하고 **아인슈타이늄**(einsteinium)이라고 이름 붙였다. 하지만 아마겟돈늄(armageddium)이 더 적합한 이름이었을지 모를 일이다.

헬륨이라는 이름이 태양에서 유래한 것과 같이 주기율표에 있는 10개의 다른 원소들도 태양을 돌고 있는 천체들에서 이름을 따왔다.

그리스어로 '빛을 포함하는'이란 뜻을 가진 **인**은 새벽에 태양이 떠오르기 전에 나타나는 금성의 옛 이름에서 따왔다.

**셀레늄**은 그리스어로 달을 뜻하는 selene라는 말에서 유래했다. 셀레

늪이 이런 이름을 가지게 된 것은 지구를 뜻하는 라틴어 tellus라는 단어를 따라 이미 이름 붙여진 텔루륨과 항상 함께 발견되었기 때문이다.

19세기의 첫날이었던 1801년 1월 1일에 이탈리아의 천문학자 주세페 피아치는 화성과 목성 사이의 넓은 공간에서 태양을 돌고 있는 새로운 행성을 발견하였다. 행성의 이름을 로마 신들의 이름을 따라 지었던 전통을 따라 피아치는 이 행성을 풍요의 신 세레스의 이름을 따서 세레스(Ceres)라고 불렀다. 세레스라는 단어는 우리가 자주 먹는 '시리얼(cereal)'이라는 단어 속에도 아직 남아 있다. 피아치의 발견에 고무된 과학계는 그후 발견된 원소를 피아치의 공로를 인정하여 **세륨**이라고 부르기로 했다. 2년 후에 세레스와 비슷한 궤도를 돌고 있는 또 다른 행성이 발견되었고 지혜를 상징하는 로마 여신의 이름을 따서 팔라스(Pallas)라고 명명되었다. 그후 발견된 원소는 이것을 기념하여 **팔라듐**이라고 부르게 되었다. 이러한 이름 짓기는 비슷한 궤도에서 수십 개의 다른 천체가 발견되는 동안 수십 년이나 계속되었다. 후에 자세한 관측을 통해 새로 발견된 천체들이 알려진 가장 작은 행성보다도 훨씬 더 작은 천체들이라는 것이 밝혀졌다. 작고 상처투성이인 바위와 금속 덩어리들로 이루어진 소행성계가 태양계 내의 한 자리를 차지하게 된 것이다. 세레스와 팔라스도 행성이 아니라 크기가 수백 킬로미터 정도인 소행성이라는 것이 밝혀지게 되었다. 이들 소행성들은 그 수가 수백만 개에 이르며 대부분 소행성대에서 태양을 돌고 있다. 1만 5천 개 정도의 소행성들은 목록에 정리되었고 이름이 붙여졌다. 이들의 숫자는 주기율표상의 원소의 숫자보다 훨씬 많다.

상온에서 매우 유독한 액체 상태로 존재하는 **수은**은 로마 신화에 나오는 빠른 심부름꾼 신의 이름을 따라 명명되었다. 태양계에서 가장 빠르게 운동하고 있는 수성에도 이 이름이 사용되었다.

**토륨**의 이름은 로마 신화에서 천둥과 번개를 다스리는 제우스와 비슷한 역할을 하는 스칸디나비아의 신인 토르(Thor)에서 유래했다. 제우스의 이름은 목성의 이름이 되었다. 놀랍게도 최근의 허블 망원경으로 찍은 목성의 극지방 사진을 통해 소용돌이치는 구름층 아래에서 큰 규모의 전기 방전이 일어나고 있는 것이 발견되었다.

대부분의 사람들이 가장 좋아하는 토성은 같은 이름을 가진 원소가 없다. 그러나 1789년에 발견된 **우라늄**은 이보다 8년 먼저 허셜이 발견한 천왕성*을 기념해 이렇게 부르게 되었다. 우라늄의 모든 동위원소들은 불안정하기 때문에 자발적으로 그러나 서서히 붕괴하면서 에너지를 방출하고 가벼운 원자핵으로 바뀐다. 만약 연쇄반응으로 이러한 반응을 빠르게 일어나도록 할 수 있다면 폭발을 일으킬 수 있는 에너지를 얻을 수 있을 것이다. 1945년 미국은 첫번째 우라늄 폭탄(보통은 원자폭탄 또는 A-폭탄이라고 부르는)을 전쟁에 사용하여 일본의 도시 히로시마를 잿더미로 만들어버렸다. 원자핵 속에 92개의 양성자를 가지고 있는 우라늄은 자연에서 발견되는 가장 크고 가장 무거운 원소라는 영예를 차지하고 있다. 우라늄 광산에서는 더 크고 무거운 원소의 흔적이 발견되기도 한다.

천왕성과 마찬가지로 해왕성도 자신의 원소를 가지고 있다. 그러나 천왕성이 발견된 후 오래지 않아 발견된 우라늄과는 달리 넵투늄은 천왕성의 운동을 조사하여 또 다른 행성이 있을 것이라고 예측했던 프랑

---

* 천왕성의 영어 이름은 우라누스(Uranus)이고 해왕성은 넵튠(Neptune)이다.

스의 수학자 르베리에가 예측한 장소에서 독일의 천문학자 요한 갈레가 해왕성을 발견하고 97년이 지난 후인 1940년에야 버클리 사이클로트론이라고 부르는 입자가속기에 의해 발견되었다. 해왕성이 태양계에서 천왕성 바로 다음에 있는 것과 마찬가지로 넵투늄은 주기율표에서 우라늄 바로 다음에 있다.

버클리 사이클로트론에서 일하던 입자물리학자들은 자연 상태에서 발견되지 않는 여러 개의 원소들을 발견하였다. 그 중에는 **플루토늄**도 포함되어 있다. 주기율표에서 넵투늄 바로 다음에 오는 플루토늄은 젊은 천문학자 클라이드 톰보가 애리조나의 로웰 천문대에서 찍은 사진을 분석하여 1930년에 발견한 명왕성과 같은 이름을 가지고 있다. 129년 전에 세레스를 발견한 것처럼 미국인에 의해 처음 발견된 행성인 명왕성은 많은 사람들을 흥분시켰다. 명왕성에 대한 자세한 관측 자료가 없었던 당시 사람들은 명왕성이 당연히 천왕성이나 해왕성과 같이 크고 많은 질량을 가지고 있는 행성일 것이라고 생각했다. 명왕성에 대한 관측 자료가 늘어남에 따라 명왕성은 점점 작아졌다. 1970년대 후반에 보이저 탐사선이 외부 행성계를 탐사하기 전까지는 명왕성의 크기에 대한 자료에 신빙성이 적었다. 우리는 현재 명왕성이 다른 행성들보다 아주 작아 태양계의 커다란 여섯 개 위성보다도 작은 천체라는 것을 알게 되었다. 후에 천문학자들은 명왕성의 궤도와 비슷한 궤도에서 수백 개의 다른 천체들을 발견하였다. 이러한 천체들의 발견은 아직 발견되지 않은 수많은 작은 얼음 천체들로 가득한 저장고가 있을 것이라는 것을 의미하게 되었고, 오늘날 우리는 그것을 혜성의 카이퍼 벨트(Kuiper Belt)라고 부른다. 정통주의자들은 세레스나 팔라스와 마찬가지로 명왕성도 신분을 위장해 주기율표에 살그머니 끼어든 것이 아니냐는 논쟁을 벌이고 있다.

우라늄의 원자핵과 마찬가지로 플루토늄의 원자핵도 방사능을 가지고 있다. 플루토늄은 히로시마에 우라늄을 주성분으로 하는 원자폭탄이 투하되고 3일 후에 나가사키에 투하되어 제2차 세계대전을 조기에 종식시켰던 원자폭탄의 주성분이다. 과학자들은 소량의 플루토늄을 태양 빛이 매우 약해 태양 전지를 사용할 수 없는 외부 행성계를 여행하는 우주탐사선에 에너지를 공급하는 방사성 동위원소 열전 발전기(RTG, radioisotope thermoelectric generators)의 연료로 사용하고 있다. 약 450그램의 플루토늄은 가정용 전구를 만 년 동안 사용할 수 있고, 한 사람이 비슷한 기간 동안 사용할 수 있는 열 에너지에 해당하는 천만 킬로와트의 전기 에너지를 생산할 수 있다. 1977년에 발사되어 현재 명왕성보다 훨씬 멀리 떨어진 곳을 여행하고 있는 두 보이저 우주탐사선은 아직도 플루토늄에서 얻은 에너지를 이용하여 지구에 메시지를 보내고 있다. 태양과 지구 사이 거리의 거의 백 배나 되는 곳까지 간 그들 중 한 탐사선은 태양에서 불어온 전하를 띤 입자들로 이루어진 거품 층을 지나 별 사이의 공간으로 뛰어들기 시작했다.

이렇게 해서 태양계의 경계선에서 주기율표의 원소들을 따라 진행한 우주여행을 끝내야겠다. 알 수 없는 이유로 사람들은 대부분 화학물질을 싫어한다. 아마 화학물질의 긴 이름이 위험스러워 보이기 때문일지 모른다. 그러나 그런 경우에도 우리는 화학물질이 아니라 화학자를 탓해야 한다. 우리의 별들과 마찬가지로 우리 친구들도 화학물질로 이루어져 있다.

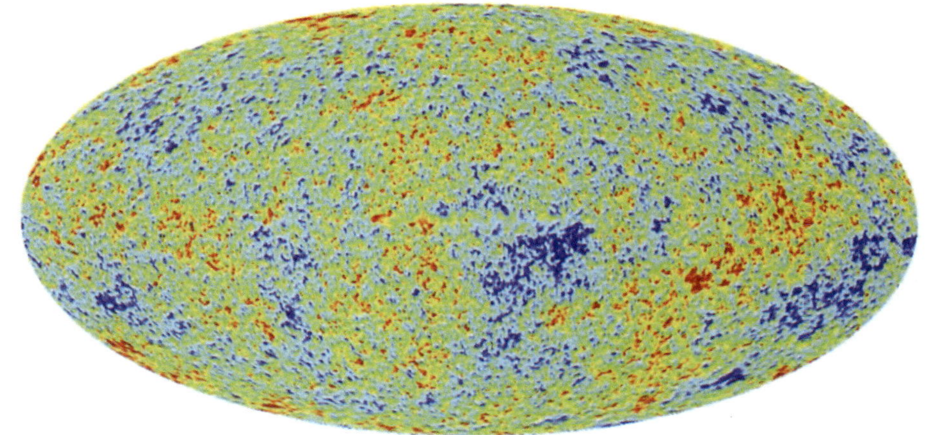

1. 얼룩덜룩하게 보이는 이 지도는 미국 항공우주국(NASA)의 윌킨슨 초단파 비등방성 측정장치(WMAP)가 작성한 우주배경복사의 지도이다. 온도가 약간 높은 지역은 붉은색으로, 온도가 약간 낮은 지역은 푸른색으로 나타냈다. 이러한 온도 차이는 초기 우주에서의 물질의 밀도 변화를 반영한다. 이 우주 초기의 지도에서 물질의 밀도가 조금 높았던 부분에서 초은하단이 형성되었다.

2. 2004년에 허블 우주망원경이 찍은 초심우주(Ultra Deep Field) 사진에는 전에는 관측하지 못했던 희미한 천체들이 나타나 있다. 이 천체들은 아무리 작고 희미해 보여도 우리로부터 20억 광년 내지 백억 광년 떨어져 있는 은하들이다. 이런 천체들에서 오는 빛은 우리에게 도달할 때까지 수십억 년을 여행해야 하기 때문에 이 은하들은 오늘날의 모습이 아니라 은하 형성 초기부터 여러 단계의 모습들을 보여주고 있다.

3. 천문학자들이 A2218이라고 부르는 거대한 이 은하단은 우리 은하로부터 약 30억 광년 떨어져 있다. 이 은하단의 뒤쪽 더 먼 곳에는 또 다른 은하들이 있다. 이런 은하들에서 오는 빛은 A2218 은하단의 거대한 은하들과 이들에 포함되어 있는 암흑물질의 인력으로 인해 휘어져 진행하게 된다. 허블 우주망원경이 찍은 이 사진에는 뒤쪽 은하에서 오는 빛이 이 은하단에 의해 휘어져 길고 가는 호 모양으로 보이고 있다.

4. 우리로부터 20억 광년 떨어져 있는 또 다른 거대 은하단인 A1689도 뒤에 있는 은하에서 오는 빛을 휘게 하여 작고 밝은 호를 만들고 있다. 허블 우주망원경이 찍은 이 사진에 나타난 호를 자세히 관측하면 은하 질량의 대부분이 은하를 이루는 물질에 있는 것이 아니라 암흑물질에 있다는 것을 알 수 있다.

5. 우리 은하로부터 약 백억 광년 떨어진 곳에 있는 PKS 1127-145 퀘이사. 허블 우주망원경이 가시광선으로 찍은 위쪽 사진에는 퀘이사가 오른쪽 아래에 밝은 점으로 나타나 있다. 이 천체의 중심 부분을 차지하는 퀘이사는 초거대 블랙홀로 빨려 들어가는 가열된 물질이 내는 엄청난 에너지 때문에 밝게 보인다. 아래쪽 사진은 찬드라 관측위성이 엑스선을 이용하여 같은 지역을 찍은 것이다. 엑스선을 내는 물질의 빠른 흐름이 퀘이사로부터 백만 광년 이상 뻗어 있는 것이 보인다.

6. 머리털자리 은하단을 찍은 이 사진에 나타난 모든 점들은 천억 개 이상의 별을 포함하고 있는 은하들이다. 우리 은하로부터 3억 2천5백만 광년 떨어져 있는 이 은하단은 지름이 수백만 광년이나 되며 수천 개의 은하를 포함하고 있다. 이 은하들은 인력이 안무한 발레를 추면서 서로가 서로를 돌고 있다.

7. 우리 은하로부터 약 6천만 광년 떨어져 있는 처녀자리 은하단의 중심부에는 왼쪽 위와 오른쪽 위에 보이는 거대한 타원은하를 포함하여 여러 가지 형태의 은하들이 수십 개 분포해 있다. 하와이에 있는 마우나 케아 천문대에서 캐나다–프랑스–하와이 망원경으로 찍은 이 사진에는 여러 개의 나선은하들이 보이고 있다. 처녀자리 은하단의 거대한 인력과 우리 은하로부터의 비교적 가까운 거리 때문에 이 은하단은 우리 은하의 운동에 영향을 미치고 있다. 실제로 우리 은하와 처녀자리 은하단은 다 같이 처녀자리 초은하단을 형성하고 있다.

8. 핼턴 아프의 『특이 은하 지도』에 등재되어 있기 때문에 Arp 295라고 불리는 이 상호 작용하고 있는 두 개의 은하 사이에는 별과 기체로 이루어진 긴 꼬리가 50억 광년이나 되는 먼 거리를 연결하고 있다. 이 두 은하는 우리 은하로부터 약 27만 광년 떨어져 있다.

9. 칠레에 있는 유럽 남천 천문대(ESO)의 VLT(Very Large Telescope, 초대형 광학망원경)로 찍은 이 사진에는 우리 은하와 닮은 거대한 나선은하가 잘 나타나 있다. 우리에게 정면을 보여주고 있는 이 은하—우리 은하로부터 약 1억 광년 떨어져 있는 NGC1232 은하—의 중심부에는 노란색으로 빛나는 오래된 별들이 많이 분포되어 있고, 나선 팔에는 온도가 높고 젊은 별들이 많이 분포되어 있다. 천체물리학자들은 나선 팔에서 많은 양의 성간먼지 입자들을 발견했다. 이 은하의 동반은하인 작은 은하는 은하면이 막대 모양인 막대나선은하인데 사진의 왼쪽 아래에 보인다.

10. 약 1억 광년 떨어져 있는 나선은하인 NGC 3370은 모양이나 크기 그리고 질량이 우리 은하와 매우 비슷하다. 허블 우주망원경이 찍은 이 사진에는 밝고 온도가 높은 젊은 별들이 분포되어 있는 나선 팔의 복잡한 구조가 잘 나타나 있다. 이 은하의 지름은 약 10만 광년이다.

11. 1994년 천문학자들은 초신성 1994D를 우리 은하로부터 6천만 광년 떨어져 있는 처녀자리 은하단에 속하는 수천 개의 은하 중 하나인 NGC 4526 은하에서 발견했다. 허블 우주망원경이 찍은 이 사진에는 초신성이 빛을 흡수하는 먼지로 이루어진 은하면 왼쪽 아래에 밝은 점으로 나타나 있다. 생명에 필요한 화학물질을 공간에 흩어놓는 것 외에도 이 초신성 1994D는 우주의 팽창이 가속되고 있다는 것을 발견하는 데 사용된 제Ia형 초신성이다.

12. 약 2천5백만 광년 떨어진 곳에 있는 NGC 4631 나선은하는 우리의 시선이 은하면이 옆을 보도록 놓여 있어 은하의 나선 팔을 볼 수는 없다. 그 대신 은하면에 분포한 먼지가 은하의 별들에서 오는 빛을 차단하고 있다. 중심부의 왼쪽에 보이는 밝은 부분은 별들이 태어나고 있는 지역으로 여겨진다. NGC 4631 은하의 위쪽에는 이 은하를 돌고 있는 작은 타원은하가 보인다.

13. 약 7백만 광년 떨어져 있는 이 작은 부정형 은하는 2천5백만 년 전에 대규모로 별이 탄생하기 시작하여 아직도 진행중이다. 이 은하의 대부분의 빛은 그런 지역에서 나오는 빛이다. 허블 우주망원경이 찍은 이 사진의 중심 왼쪽에는 두 개의 커다란 성단이 보인다.

14. 우리 은하로부터 약 240만 광년 떨어져 있는 우리의 이웃 은하인 안드로메다은하는 보름달보다 몇 배 더 크게 보인다. 아마추어 천문학자인 로버트 젠더(Robert Gender)가 찍은 이 사진의 중심으로부터 왼쪽 아래에는 이 은하의 두 위성은하 중 하나가 보이며 더 희미하게 보이는 또 다른 위성은하는 오른쪽 위에 있다. 그외에 하나하나 밝게 보이는 별들은 안드로메다은하와는 비교도 할 수 없을 정도로 가까운 곳에 있는 우리 은하의 별들이다.

15. 비교적 우리 은하에서 가까운 곳인 안드로메다은하와 같은 거리(240만 광년)에 작은 나선은하 M 33이 있다. 허블 우주망원경이 찍은 이 사진에는 M 33 은하의 거대한 별 형성 지역이 보인다. 이 지역에서 가장 밝은 별들은 이미 초신성으로 폭발해 주변에 원자량이 큰 원소들을 흩어놓았고, 질량이 큰 다른 별들은 강한 자외선을 내어 주변에 있는 전자들을 때리고 있다.

16. 우리 은하는 대마젤란은하, 소마젤란은하라고 부르는 두 개의 부정형 위성은하를 가지고 있다. 대마젤란은하를 찍은 이 사진에는 왼쪽에 별들이 분포되어 있는 막대 모양의 지역이 보이고 오른쪽에는 별이 형성되고 있는 지역이 많이 보인다. 사진의 오른쪽 중앙 부분에 보이는 모습 때문에 타란툴라성운(독거미성운)이라고 불리는 이 밝은 성운은 이 은하에서 가장 큰 별 형성 지역이다.

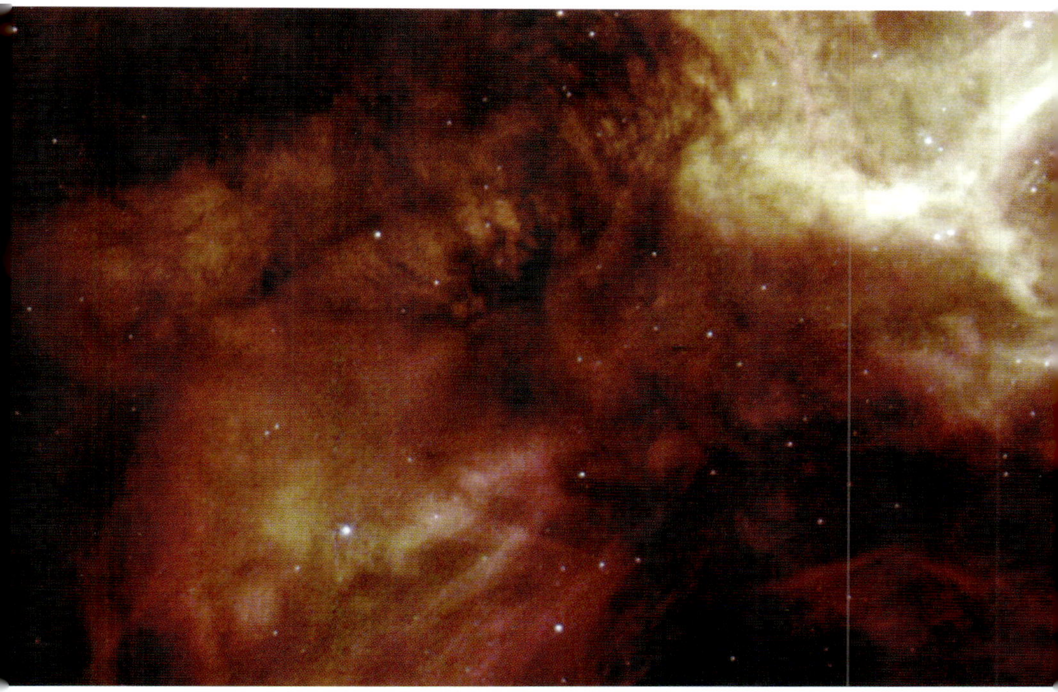

17. 나비 모양을 보여서 파피용성운(Papillon nebula)이라고 불리는 이 별 형성 지역은 우리 은하의 가장 큰 위성은하인 대마젤란은하에 있다. 허블 우주망원경이 찍은 이 사진에는 젊은 별들이 성운 내부에서 성운을 비추어 수소 원자들을 들뜨게 함으로써 수소 원자의 특성 스펙트럼인 붉은빛을 내게 하는 것이 잘 나타나 있다.

18. 적외선을 이용해 전 하늘을 관측하면 우리가 나선은하의 납작한 원반 안에 살고 있다는 것을 알 수 있다. 은하의 중심 부분이 왼쪽에서 오른쪽으로 길게 나타나 있다. 멀리 있는 다른 은하에서와 마찬가지로 먼지 입자들이 이 부분에서 나오는 빛의 일부를 흡수하고 있다. 은하면의 아래쪽에는 우리 은하의 두 위성은하인 대마젤란은하와 소마젤란은하가 보인다.

19. 태양계에서 약 3만 광년 떨어져 있는 우리 은하의 중심 부분을 가시광선으로 관찰하면 많은 먼지 구름이 빛을 차단한다. 적외선은 먼지 입자들을 잘 통과하기 때문에 더 나은 사진을 찍을 수 있다. 2MASS(Two Micron All Sky Survey) 프로젝트에서 적외선으로 우리 은하의 은하핵 부분을 찍은 이 사진의 가운데 밝게 보이는 부분에는 거대한 블랙홀이 있어 물질을 삼키고 있을 것으로 보인다.

20. 우리 태양계로부터 약 7천 광년 떨어진 곳에 있는 게성운은 1054년 7월 4일 지구에서 관측된 폭발한 별이 만들어낸 구름이다. 하와이에 있는 마우나 케아 천문대의 캐나다-프랑스-하와이 망원경이 찍은 이 사진에 보이는 붉은 선들은 폭발의 중심으로부터 멀리 팽창한 수소 기체가 내는 빛이다. 흰색으로 밝게 빛나는 부분에서는 전자들이 강한 자기장 속에서 빛의 속도에 가까운 속도로 움직이면서 빛을 내고 있다. 이와 같은 초신성 잔해는 우주 공간에 여러 가지 물질을 더한다. 이 먼지 구름 속에서는 탄소, 질소, 산소, 철과 같은 무거운 원소들을 많이 포함하는 새로운 별이 탄생할 것이다.

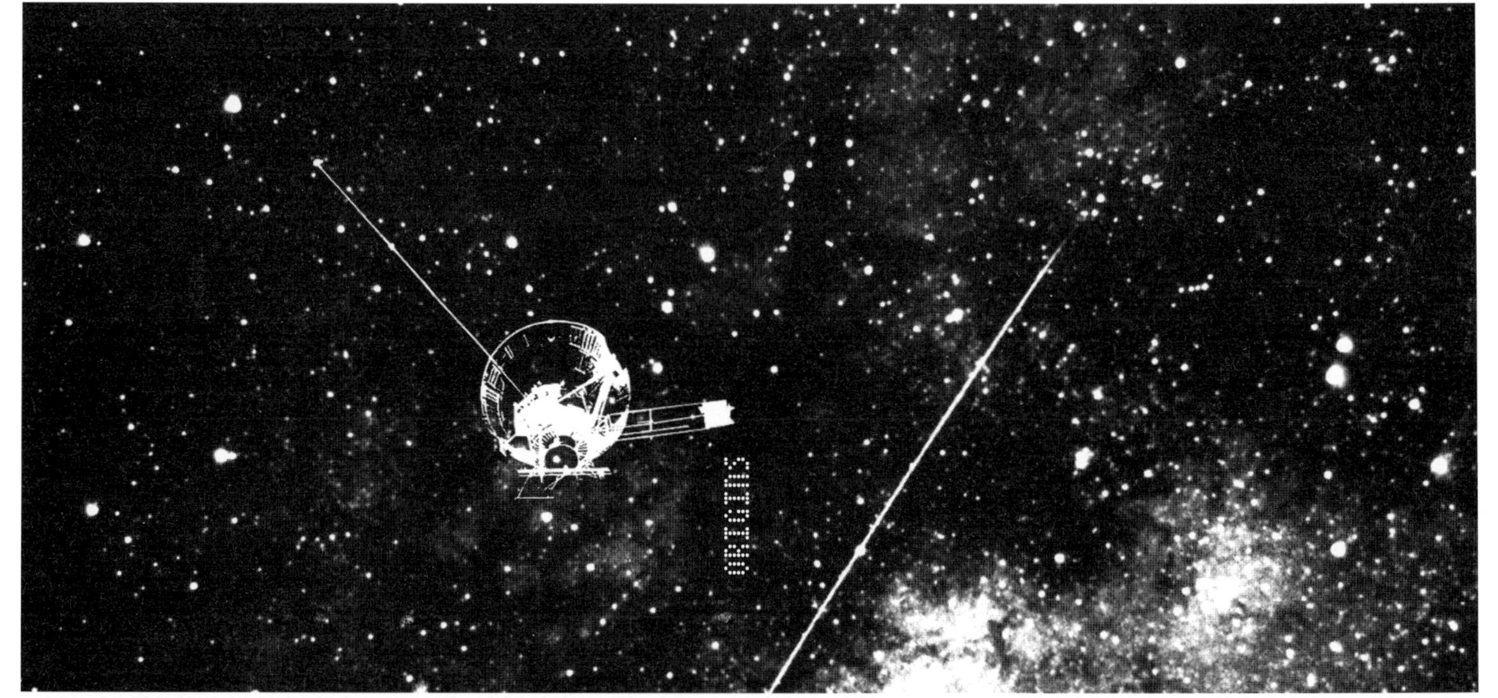


# 4부  행성의 기원

# 11장

# 세상이 젊었을 때

우주 자체와 우주에 가장 많은 빛을 공급하고 있는 별들, 그리고 가장 큰 구조(은하와 은하단)는 어떻게 **생겨나게** 되었을까? 이런 의문은 우리가 우주의 역사를 밝혀내려고 할 때 대하게 되는 가장 근본적인 의문으로 우리를 가장 깊은 신비의 심연 속으로 이끈다. 기원에 대한 이런 의문들 중에는 어떻게 아무 형체도 없었던 우주에서 여러 가지 복잡한 형태의 천체들이 만들어질 수 있었는가 하는 의문이 포함되어 있다. 이런 의문들의 답은 어떻게 그리고 왜 우주 최초의 대폭발로부터 140억 년이 흐른 후에 지구 위에 우리가 존재해서 어떻게 이런 일들이 벌어졌을까 하는 질문을 하게 되었는지를 설명하는 데 중요한 역할을 할 것이다.

이러한 질문의 답을 찾는 일은 우주의 '암흑시대'* 동안 언제부터 물질이 은하나 별과 같은 독립적인 단위로 조직화되기 시작했는가 하는 것을 밝혀내는 것에서 시작해야 한다. 암흑시대 동안 물질들은 대부분 우리가 감지할 수 있는 빛을 아주 조금 또는 전혀 방출하지 않았다. 아직 충분히 연구된 것은 아니지만 우리가 우주의 암흑시대 동안에 구조를 이루기 시작하는 물질에 대한 흔적을 많이 관측하게 될 가능성은 아주 적다. 이것은 우리가 우리의 이론이 관측 자료와 잘 맞는지를 점검할 수 있는 얼마 되지 않는 기회를 최대한 이용해야 한다는 것을 의미한다. 그리고 또한 암흑시대 동안 물질이 어떻게 행동했어야 했는가를 설명하기 위해 대부분 이론에 의지할 수밖에 없다는 것을 의미한다.

우리가 행성의 기원에 눈을 돌리면 의문은 더욱 깊어진다. 우리는 행성 형성 초기 단계에 대한 중요한 **관측 자료**를 거의 가지고 있지 않을 뿐만 아니라 어떻게 행성이 형성되었는지를 설명해줄 성공적인 **이론**도 가지고 있지 않다. 최근 몇 년 동안에 무엇이 행성을 만들었는가 하는 질문은 더 넓은 의미를 가지게 되었다. 지난 한 세기 동안 이 질문은 태양계 행성들에게 집중되어 있었다. 그러나 지난 10년 동안 비교적 가까이 있는 별 주위에서 백 개가 넘는 '외계 행성'을 발견하게 되자 천체물리학자들은 행성의 역사를 추론할 수 있는 중요한 더 많은 자료들을 수집할 수 있었다. 이런 자료들은 특히 작고, 어둡고, 밀도가 높은 이런 천체들이 어떻게 빛과 생명을 주는 별과 함께 만들어질 수 있었는지를 알아내는 데 사용될 것이다.

---

＊ 우주 초기에 만들어졌던 빛은 식어서 가시광선보다 적은 에너지를 가지게 되었고, 아직 빛을 내는 별들은 형성되지 않아 우주가 온통 어둡던 시기.

천체물리학자들이 전보다 더 많은 자료를 가지게 되기는 했지만 예전보다 더 나은 해답을 가지고 있는 것은 아니다. 실제로 우리 태양계의 행성들과는 많이 다른 궤도를 돌고 있는 외계 태양계의 행성들의 발견은 이 문제를 더욱 어렵게 만들어 행성 형성에 관한 이야기가 아무런 진전도 이루지 못하도록 했다. 간단히 요약하면 비교적 짧은 시간 동안에 작은 조각들이 모여 큰 천체를 형성하게 되었을 것이라는 것은 쉽게 짐작하고 있지만 기체와 먼지로부터 어떻게 행성들이 형성되기 **시작**했는지에 대한 더 나은 설명을 가지고 있지 못하다는 것이다.

행성 형성의 시작이 매우 다루기 어려운 문제라는 것을 지적하기 위하여, 이 문제에 관한 세계적인 전문가인 프린스턴 대학의 스콧 트레메인이 (반은 농담으로) 행성 형성에 관한 트레메인의 법칙이라는 것을 제시했다. 트레메인의 첫번째 법칙은 '외계 태양계에 대한 모든 이론적인 예측은 틀렸다'라는 것이었다. 그리고 두번째 법칙은 '행성 형성에 관한 한 가장 안전한 예측은 그러한 예측이 가능하지 않다'라는 것이었다. 트레메인의 유머는 우리가 행성 형성에 관한 수수께끼를 풀지 못하더라도 행성들이 존재하고 있다는 엄연한 사실을 풍자한 것이다.

태양과 태양계 행성들의 형성 과정을 설명하기 위해 2세기 전에 칸트는 '성운설(nebular hypothesis)'을 제안했다. 성운설에서는 이제 막 형성되고 있는 태양 주위를 돌고 있던 기체와 먼지가 덩어리를 이루어 행성을 형성했다고 설명했다. 큰 틀에서는 칸트의 이러한 가정은 행성 형성을 다루는 현대 천문학의 기본 가정으로 받아들여지고 있다. 성운설은 20세기 초반에 제기되었던, 태양계의 행성들은 태양 근처를 지나간 다른 별에 의해 형성되었다는 주장보다 더 많은 지지를 받고 있다.

다른 별이 행성 형성에 관계되었다는 시나리오에 따르면, 가까이 다가온 두 별 사이에 작용하는 인력이 두 별에서 기체를 끌어냈고, 이 기체가 식어서 행성을 형성하게 되었다는 것이다. 잘 알려진 영국의 천체물리학자 제임스 진스가 제안한 이 가설은 행성계가 아주 드물게 형성돼야 한다는 결점(그런 쪽을 선호하는 사람들에게는 호소력이 될 테지만)을 가지고 있었다. 왜냐하면 별들이 충분히 가까이 접근하는 일은 전 은하의 일생을 통해 겨우 몇 번밖에 일어나지 않을 드문 사건이기 때문이다. 한때 천문학자들은 별들에서 끌어낸 기체는 뭉치기보다는 흩어져 사라질 것이라는 것을 계산을 통해 보여주기도 했다. 그들은 진스의 가설을 버리고 많은(대부분이 아니라면) 별들이 행성계를 가질 것이라고 주장하는 칸트의 가설로 돌아왔다.

천체물리학자들은 별들이 하나하나 따로 형성되는 것이 아니라 전체적으로 수백만 개의 별을 만들어낼 수 있는 기체와 먼지로 이루어진 거대한 구름 속에서 수천 개 또는 수만 개의 별이 한꺼번에 형성된다는 것을 나타내는 증거를 가지고 있다. 이러한 거대한 별들의 요람 중 하나가 우리 태양계에서 가장 가까이에 있는 별 탄생 지역인 오리온성운이다. 수백만 년 안에 이 지역은 수십만 개의 새로운 별을 생산할 것이다. 새롭게 형성된 별들은 주위에 남아 있는 기체와 먼지를 공간 속으로 멀리 날려 보낼 것이다. 따라서 수십만 세대 후의 천문학자들은 별들을 탄생시켰던 기체와 먼지의 구름으로 둘러싸이지 않은 젊은 별들을 관측할 수 있게 될 것이다.

천체물리학자들은 현재 젊은 별 주위의 차가운 기체와 먼지의 구름 분포 지도를 만들기 위해 전파망원경을 사용하고 있다. 이런 지도는 젊은 별들이 주변에 아무것도 없는 빈 공간을 항해하는 것이 아니라 수소 기체(적은 양의 다른 기체와 함께) 속에 먼지들이 흩어져 있는 태양계와 비슷한 크기의 물질 원반을 가지고 있다는 것을 보여주었다. '먼지'는 하나의 알갱이가 수백만 개의 원자를 포함하고 있는 물질들의 집합체인데 실제 크기는 문장 마지막에 찍는 점보다 훨씬 작다. 많은 먼지 알갱이들은 기본적으로 탄소 원자들이 결합하여 흑연(연필심을 만드는 물질)을 형성한 것이다. 다른 먼지들은 규소와 산소들로 이루어진 작은 암석 둘레를 얼음이 둘러싸고 있는 것이다.

성간 공간에서 이런 먼지 알갱이들의 형성은 자체로 매우 신비스러운 일이고 그것을 설명하기 위해서는 자세한 이론이 필요하다. 그러나 우리는 우주는 먼지투성이라는 말로 이런 문제들을 비켜갈 수 있을 것이다. 먼지 알갱이가 만들어지기 위해서는 수백만 개의 원자들이 모여야 한다. 별들 사이의 공간의 극단적으로 낮은 물질 밀도를 생각한다면 이런 일이 일어날 만한 장소는 서서히 물질을 공간으로 밀어내면서 식어가는 별의 바깥층 대기밖에 없다.

성간먼지 입자의 생산은 행성으로 가는 첫번째 단계를 제공한다. 이것은 지구와 같이 고체로 이루어진 행성들에게만 해당되는 것이 아니라 목성이나 토성과 같은 기체 행성에게도 해당된다. 이런 행성들이 기본적으로는 수소와 헬륨으로 이루어져 있지만 행성의 내부 구조를 계산하고 이들의 질량을 측정한 천체물리학자들은 기체 행성도 고체로 된 핵을 가져야 한다는 결론을 내리고 있다. 지구 질량의 318배나 되는 목성의 총질량 중에는 지구 질량의 수십 배 정도 되는 고체로 된 핵을 가지고 있다. 지구 질량의 95배 정도 되는 질량을 가지고 있는 토성은 지구 질량의 10배에서 20배의 질량을 고체 핵에 포함하고 있다. 태양계의 두 작은 기체 행성인 천왕성과 해왕성은 크기에 비해 비교적 큰 고체 핵을 가지고 있다. 고체 핵 속에 지구 질량의 15배에서 17배 정도 되는 질량을 가지고 있는 이 행성들은 고체 핵의 질량이 전체 질량의 반 이상을 차지한다.

우리 태양계에 있는 이 네 개의 행성들에서뿐만 아니라 다른 별 주위에서 최근에 발견된 모든 거대한 행성들에서 행성의 핵은 행성 형성 과정에서 중요한 역할을 했을 것이다. 처음에 고체로 된 핵이 형성되고, 이 핵의 인력에 끌려 기체가 모이게 되었을 것이다. 따라서 행성이 형성되기 위해서는 우선 커다란 고체 물질 덩어리가 만들어져야 한다. 태양계의 행성 중에서 목성은 가장 큰 핵을 가지고 있고, 토성은 다음으로 큰 핵을 가지고 있으며, 천왕성과 해왕성의 핵이 그 다음 자리를 차지하고 있다. 행성 전체가 핵으로 이루어진 지구는 다섯번째로 큰 핵을 가지고 있다. 행성 형성의 역사를 다루다보면 다음과 같은 근본적인 의문이 생긴다. 어떻게 자연은 먼지가 뭉쳐 지름이 수천 킬로미터나 되는 큰 덩어리를 이루도록 하는가?

이 질문의 해답은 두 가지인데, 하나는 알려져 있고 다른 하나는 아직 알려지지 않았다. 행성 형성의 초기 단계가 알려지지 않은 부분에 들어 있다는 것은 그리 놀랄 만한 일이 아닐 것이다. 우리는 행성 형성의 후반부에 대해서는 어느 정도 이해하고 있다고 믿고 있다. 미행성이라고 부르는, 지름이 10킬로미터 정도 되는 천체가 일단 만들어지면 이들은 성공적으로 다른 비슷한 천체들을 끌어들이기에 충분한 인력을 가지게 된다. 미행성들 사이에 작용하는 인력으로 행성의 핵이 만들어지고 나면 작은 도시 크기의 물질 덩어리가 전혀 새로운 천체로 변모하기 위해서는 주변으로부터 얇은 대기층을 모으거나(금성, 지구, 화성의 경우처럼), 수소와 헬륨으로 이루어진 두꺼운 대기층을 끌어 모으기(태양으로부터 멀리 떨어진 궤도를 돌고 있고 가벼운 두 가지 기체를 끌어 모으기에 충분한 크기를 가진 네 개의 기체 행성과 같이) 위해 수백만 년의 힘든 세월을 보내야 할 것이다. 천체물리학자들은 지름이 10킬로미터 정도 되는 미행성으로부터 행성으로의 변환 과정을 잘 알려진 몇 단계의 컴퓨터 모델로 줄여 다양한 형태의 행성을 만들어낼 수 있었다. 그러나 대부분의 경우에는 작고 암석으로 이루어진 밀도가 높은 행성이 만들어졌고, 외행성들처럼 크고 기체로 이루어진(핵을 제외하고는) 행성은 매우 드물게 형성되었다. 이 과정에서 많은 수의 미행성들은 미행성들이 모여 만들어진 커다란 천체들의 일부와 함께 더 큰 천체의 인력 작용에 의해 아예 태양계 밖으로 날아가 버리기도 했다.

이 모든 일은 컴퓨터 안에서 순조롭게 진행되었다. 그러나 기체와 먼지 입자들로부터 지름이 10킬로미터 정도 되는 미행성을 만들어내는 과정을 설명하기 위해 물리학적 지식과 컴퓨터 프로그램을 연결하는 일은 아직 천체물리학자들의 능력 밖이다. 작은 물체 사이에 작용하는 인력은 매우 작아 작은 물체들을 효과적으로 붙들어둘 수 없기 때문에 인력만으로는 미행성의 형성을 설명할 수 없다. 그다지 만족스럽지 못하지만 먼지로부터 미행성이 만들어지는 과정을 설명하는 두 가지 이론이 제시되었다. 하나는 먼지 입자들이 충돌을 통해 합체되는 과정을 반복함으로써 물질을 누적시켜 미행성을 형성한다는 것이다. 모든 먼지 입자들이 만나면 서로 달라붙기 때문에 이 이론은 원리적으로는 그럴듯해 보인다. 이것은 우리 가정의 의자 밑에 쌓여 있는 먼지 덩어리를 잘 설명할 수 있다. 따라서 태양 주위에 만들어진 커다란 먼지 덩어리가 의자 크기로, 집 크기로, 그리고 마을 크기로 자라나 오래지 않아 심각한 인력 작용을 할 수 있는 미행성으로 커나가는 광경을 어렵지 않게 상상할 수 있을 것이다.

그러나 불행하게도 먼지 덩어리가 미행성으로 커지는 데는 아주 오랜 시간이 걸리는 것으로 밝혀졌다. 오래된 운석에 들어 있는 방사성 원자핵을 이용해서 측정한 결과에 따르면, 태양계의 형성은 수천만 년 동안에 이루어졌다. 실제로는 이보다 더 짧았을 가능성도 있다. 현재 행성의 나이인 45억 5천만 년과 비교할 때 이 시간은 전체 태양계 나이의 1퍼센트도 안 되는 짧은 시간이다. 먼지가 누적 과정을 통해 미행성을 형성하는 데는 수천만 년보다는 훨씬 긴 세월이 필요하다. 따라서 천체물리학자들이 먼지들이 소행성을 형성하는 과정에 대해 중요한 사항을 빠뜨리고 있는 것이 아니라면 우리는 이 시간의 벽을 넘기 위해 미행성 형성에 대한 다른 이론을 찾아보아야 할 것이다.

다른 이론은 수조 개의 먼지 입자를 끌어 모아 커다란 물체를 만드는 거대한 소용돌이를 주인공으로 등장시킨다. 태양과 행성을 이루는 기체와 먼지로 이루어진 구름은 수축하면서 어느 정도의 회전 운동을 하게 되기 때문에 전체 모양을 구형에서 평면 형태로 바꾸게 된다. 중심부의 밀도가 비교적 높은 수축하는 구형의 구름은 태양으로 발전하게 되고, 이 구의 주변에는 납작해진 물질의 원반이 둘러싸게 된다. 오늘날 태양계의 행성들이 모두 같은 평면에서 같은 방향으로 돌고 있는 것은 미행성과 행성을 형성한 물질이 원반 형태로 분포해 있었다는 것을 증명해주고 있다. 이러한 회전하는 물질의 원반 속에서 천체물리학자들은 상대적으로 밀도가 높거나 낮은 지역이 반복되는 '불안정'의 잔물결이 생겨났을 것으로 추정하고 있다. 이런 잔물결에서 밀도가 높은 부분은 기체 속에 떠 있는 먼지와 기체 상태의 물질을 모으게 되었을 것이다. 수천 년 동안에 이런 불안정은 많은 양의 먼지를 좁은 공간에 집중시키는 소용돌이로 발전했을 것이다.

미행성 형성을 설명하는 소용돌이 모델은 아직, 젊은 행성들을 포함하는 태양계가 어떻게 형성되었는지를 연구하는 모든 사람들의 지지를 받고 있는 것은 아니지만 어느 정도 성공을 거두고 있다. 자세한 조사에 따르면, 이 모델은 목성이나 토성 핵의 형성 과정을 천왕성이나 해왕성 핵의 형성 과정보다 더 잘 설명한다. 천문학자들은 이 모델이 실제로 작동하도록 하는 불안정이 실제로 일어났었는지를 설명할 수 없기 때문에 이 모델에 대해 판단을 내리는 것을 아직은 삼가야 할 것이다. 크기나 성분에서 미행성과 비슷한 수많은 작은 소행성과 혜성의 존재는 수십억 년 전에 수백만 개의 미행성들이 행성을 형성했을 것이라는 생각을 지지해주고 있다. 따라서 아직 제대로 이해되지 못한 미행성의 형성을 기정사실로 인정하고 미행성들의 충돌로 어떤 일이 일어났었는지에 대해 알아보기로 하자.


시나리오에 따르면, 일단 태양을 둘러싼 먼지와 기체에서 수조 개의 미행성이 형성되고 나면 이 천체들의 군단은 충돌하여 커다란 천체를 만들기 시작했고 결국에는 태양계에 있는 네 개의 내행성과 네 개의 외행성의 핵을 만들었다는 것이다. 우리는 태양계의 가장 안쪽에 있는 수성과 금성을 제외한 모든 행성을 돌고 있는 작은 천체들인 행성의 위성들을 간과해서는 안 된다. 지름이 수백에서 수천 킬로미터나 되는 위성들도 미행성의 충돌로 만들어졌을 것이기 때문에 미행성의 충돌로 행성이 만들어졌다는 이론은 이런 큰 위성들에게도 잘 들어맞는다. 현재 크기의 위성이 만들어진 후에는 위성 만들기가 중단되었을 것이다. 이때쯤에는 부근에 있는 행성의 강한 인력이 근처에 있던 모든 미행성들을 끌어갔을 것이 틀림없다. 우리는 이 그림에 화성과 목성 사이에서 태양을 돌고 있는 수십만 개의 소행성을 포함해야 한다. 지름이 수백 킬로미터나 되는 이들 중에서 가장 큰 것들은 미행성의 충돌로 만들어졌을 것이다. 그러나 가까이 있는 목성의 강한 인력으로 인한 간섭 때문에 더 성장할 수 없었을 것이다. 크기가 1.6킬로미터도 안 되는 가장 작은 소행성들은 먼지로부터 인력의 영향을 받을 정도로 자라난 후에는 목성의 인력 때문에 한 번의 충돌도 경험하지 못한 미행성 그 자체들일 것이다.

커다란 기체 행성을 돌고 있는 위성들에게도 이런 시니리오가 잘 들어맞는 것처럼 보인다. 목성형 행성들은 모두 큰 위성(수성 크기)에서부터 작은 위성에 이르는 다양한 크기의 위성 가족을 거느리고 있다. 지름이 1.6킬로미터가 채 안 되는 작은 위성들은 주위에 있는 큰 천체들의 영향으로 충돌에 의하여 더 큰 천체로 성장할 기회를 갖지 못한 미행성일 것이다. 네 행성의 위성 가족들에 속하는 위성들 중 큰 위성들은 모두 거의 같은 평면에서 같은 방향으로 행성을 돌고 있다. 우리는 이것을 모든 행성들이 같은 평면에서 같은 방향으로 돌고 있는 것을 설명하는 것과 똑같은 방법으로 설명할 수 있다. 모든 행성 주위에는 행성 주위를 회전하는 기체와 먼지 구름이 생겼고 이 구름에 물질 덩어리가 생겨난 후 자라서 미행성이 되었으며 이들이 위성을 형성했다는 설명이 그것이다.

내행성에서는 지구만이 그럴듯한 위성인 달을 가지고 있다. 수성이나 금성은 위성을 하나도 가지고 있지 않고, 화성은 크기가 몇 킬로미터밖에 안 되는 감자 모양의 위성인 데이모스와 포보스를 가지고 있다. 화성의 이 두 위성은 미행성으로부터 더 큰 물체로 성장하는 초기 단계를 보여주고 있다고 할 수 있다. 일부 학자들은 이 두 위성은 화성 인력에 의해 화성에 포획당한 소행성이라고 주장하기도 한다.

태양계에 있는 많은 위성 중에서 타이탄, 가니메데, 트리톤 그리고 칼리스토 다음으로 큰 우리의 달(이오와 에우로파와 거의 같은 크기)은 어떻게 형성되었을까? 우리 달도 행성들과 마찬가지로 미행성이 자라서 만들어졌을까?

이러한 가설은 인류가 달에 가서 자세히 조사할 수 있도록 달의 암석을 지구로 가져오기 전까지는 믿을 만한 것으로 보였다. 30여 년 전에 아폴로 우주인들이 지구로 가져온 달 암석의 화학성분은 두 가지 결론을 내릴 수 있도록 했다. 한편으로는 월석의 화학성분이 지구 암석의 성분과 매우 비슷해서 달이 지구와는 다른 장소에서 형성되었을 것이라는 가설을 부정하도록 했다. 그러나 또 한편으로는 달의 조성이 지구의 조성과 달라 지구와 달이 같은 물질로 만들어지지 않았다는 것을 증명하기에 충분했다. 지구와 달이 다른 장소에서 만들어진 것도 아니고 지구와 같은 물질로 이루어진 것도 아니라면 달은 어떻게 만들어졌단 말인가?

이 수수께끼에 대한 현재의 대답은 놀랍게 보일지 몰라도 태양계 형성 초기에 있었던 대규모 충돌에 의해 만들어졌다는 한때 널리 알려졌던 충돌설에 기초하고 있다. 예전의 충돌설에서는 커다란 충돌로 태평양 지역의 물질이 공간으로 날려 올라갔고 이 물질이 뭉쳐 달을 만들었다고 주장했었다. 받아들일 수 있는 최선의 이론으로 이미 많은 사람들의 지지를 받고 있는 새로운 충돌 이론에서도 달은 지구에 충돌했던 거대한 천체에 의해 만들어졌다고 주장한다. 다만 지구에 충돌했던 천체의 크기가 매우 커서—대략 화성 크기의 천체—지구에서 방출된 물질에 이 천체가 가지고 있던 물질이 첨가되었다는 것이다. 충돌 때의 강력한 힘에 의해 지구에서 떨어져나간 물질의 많은 부분은 우주 공간으로 날아가 버렸겠지만 지구 주위에도 지구에서 떨어져나간 물질과 충돌한 천체의 물질로 이루어진 달을 형성할 만큼의 물질이 남아 있게 되었다. 이런 일은 지구가 형성된 후 1억 년 내인 45억 년 전에 일어났다.

오랜 옛날에 화성 크기의 천체가 지구에 충돌했다면 충돌한 천체는 지금 어디 있는가? 내행성계에 있는 작은 미행성을 관찰할 수 있을 정도로 망원경이 발전했기 때문에 우리가 그 천체가 어디엔가 있는데도 발견하지 못할 가능성은 거의 없다. 그렇다고 충돌을 일으킨 천체가 우리가 관찰할 수 없을 정도의 작은 조각으로 산산조각 났을 가능성도 매우 적다. 이런 반론에 대한 대답을 얻기 위해 우리는 충돌이 빈번히 일어나던 초기 태양계의 격렬한 환경으로 돌아가야 한다. 이런 환경에서는 미행성이 화성 크기의 천체를 만들었다고 해도 이 천체가 오래 갈 것이라는 것을 보장할 수는 없다. 이 천체는 지구와 충돌했을 뿐만 아니라 지구와의 충돌로 만들어진 커다란 조각은 지구를 비롯한 다른 내행성들과, 또는 달(달이 형성된 후에는)과 그리고 또 다른 조각들과 계속 충돌했을 것이다. 다시 말해 첫 몇억 년 동안에는 충돌로 인한 테러가 내행성계를 지배했을 것이다. 따라서 지구에 충돌했던 천체 조각들은 결국 행성의 일부가 되었을 것이다. 미행성들과 이들로 이루어진 큰 천체들이 지구를 비롯한 행성으로 추락하는 파괴의 시대에는 화성 크기의 천체가 지구에 충돌한 사건은 하늘에서 비처럼 쏟아지는 수많은 충돌 중에서 눈에 띄는 큰 사건일 뿐이었다.

다른 면에서 보면 이러한 미행성들의 폭격은 행성계 형성의 마지막 단계를 장식했다. 이 과정이 우리가 현재 보고 있는 태양계를 완성시켰다. 그후 40억 년 동안 하나의 보통 별과 이 별을 돌고 있는 8개의 행성(행성이라기보다는 커다란 혜성을 더 닮은 얼음으로 덮인 명왕성을 제외하고), 수십만 개의 소행성, 수조 개의 운석(매일 수천 개가 지구에 충돌하는 작은 조각), 그리고 수조 개의 혜성 ─태양에서 지구까지의 거리의 수십 배나 되는 곳에서 형성된 지저분한 눈덩이─으로 이루어진 태양계는 별다른 변화를 겪지 않았다. 행성의 위성들도 지난 46억 년 동안 몇 개의 예외를 제외하고는 안정된 궤도에서 행성들을 돌고 있다. 그러나 아직도 태양 주위를 돌면서 생명을 가져오기도 하고 생명을 파괴할 수도 있는 태양계의 방랑자들을 자세히 관찰해야 할 것이다.

12장

●

# 행성들 사이에서

멀리서 보면 우리 태양계는 텅 비어 있는 것처럼 보일 것이다. 해왕성 궤도까지를 포함할 수 있는 커다란 구를 만든다면 태양과 행성들, 그리고 위성들이 실제로 차지하는 부피는 전체 부피의 1조분의 1이 조금 넘는다. 이런 결론은 행성 사이의 공간이 아무것도 없이 텅 비어 있다고 가정했을 때 얻어진다. 그러나 행성 사이의 공간을 확대해보면 이곳에는 암석 파편들, 조약돌, 얼음 덩어리, 먼지, 전하를 띤 입자들의 흐름, 멀리 달아난 탐사장비 같은 것들이 널려 있다. 행성 사이의 공간에는 눈에 보이지는 않지만 우리 이웃의 천체에게 큰 영향을 주는 강력한 중력장과 전자기장도 형성되어 있다. 이런 작은 물체들과 힘의 장은 먼 장래에 태양계 여행을 시도하려는 사람들에게 큰 위험을 주는 요소가 될 것이다. 이 물체들 중 가장 큰 것이 초속 몇 킬로미터의 속도로 지구와 충돌한다면—실제로 가끔씩 일어난다—지구 생명체는 큰 위협을 받게 될 것이다.

지구 주위의 공간에는 생각보다 많은 물질이 분포해 있어서 태양 주위를 초속 30킬로미터의 속도로 공전하는 동안 지구는 매일 수백 톤이 넘는 물질과 마주치게 된다. 이들은 대부분 모래알보다 크지 않은 물질들이다. 이들의 대부분은 큰 에너지를 가지고 대기 속으로 뛰어들 때 지구 대기의 상층부에서 타서 증발해버린다. 지구의 연약한 생물들은 공기로 이루어진 보호막 아래서 진화하고 있는 것이다. 골프 공 정도의 크기를 가지는 더 큰 부스러기들이 빠르게 연소하다보면 때로 여러 조각으로 부서져서 증발하기도 한다. 더 큰 조각들은 표면이 타고 있는 동안에도 여행을 계속해 일부분이 지상에 도달하기도 한다. 태양을 46억 번이나 도는 동안 지구는 공전궤도상에 있는 모든 물질을 진공청소기처럼 빨아들였을 것이라고 생각할지도 모른다. 지구는 이 일에서 어느 정도 성과를 거두어 이제 지구 공전궤도상에는 많은 물질이 분포해 있지는 않다. 그러나 태양계 초기에는 상황이 매우 나빴다. 태양과 행성들이 형성된 후 처음 5억 년 동안에는 수없이 많은 물질이 지구에 떨어져 충돌하면서 내놓은 에너지 때문에 지구는 뜨거운 대기와 생명체가 살지 않은 황량한 표면을 가져야 했다.

특히 지구와 충돌한 한 우주 파편은 매우 커서 달을 형성하게 했다. 아폴로 우주인들이 지구로 가져온 달 표본을 분석한 결과에 따르면, 달은 예상했던 것보다 적은 양의 철과 같은 무거운 원소를 포함하고 있다. 이것은 달이, 화성 크기의 원시행성이 지구에 충돌할 때 공중으로 날아올라간, 비교적 철을 적게 포함하고 있는 지구의 지각과 맨틀 부분의 물질이 모여 만들어졌다는 것을 나타낸다. 이 충돌에 의해 만들어진 파편의 일부가 지구 궤도를 돌다가 뭉쳐서 밀도가 작은 물체로 이루어진 아름다운 우리의 달을 형성하게 된 것이다. 약 45억 년 전에 있었던 이 대규모 충돌을 제외하면 지구가 어린 시절 견뎌내야 했던 대규모 충돌의 시기는 다른 모든 행성과 위성들에게도 비슷하게 어려운 시기였다. 이 시기에 모든 천체들은 비슷한 정도의 상처를 입었는데 공기가 없어 풍화 작용이 없는 달과 수성에는 아직도 그때 만들어진 크레이터들이 그대로 남아 있다.

행성 사이의 공간에는 행성이 형성되고 남은 파편들뿐만 아니라 화성, 달, 그리고 아마도 지구 표면에 대규모 충돌이 있었을 때 이들 천체에서 날아온 모든 크기의 바위 조각들이 분포되어 있다. 컴퓨터를 이용한 연구에 의해 운석의 충돌은 표면에 있는 암석 조각을 천체의 인력권 밖으로 던져 올리기에 충분한 에너지를 가지고 있다는 것을 알게 되었다. 화성에서 날아온 운석이 지구에서 발견되는 것으로 보아 매년 약 천 톤의 화성 암석이 지구에 떨어지는 것으로 결론지을 수 있다. 아마도 비슷한 양의 달의 파편들이 달에서 지구에 도달할 것이다. 따라서 우리는 달 표본을 채취하기 위해 달에 갈 필요가 없었다. 우리가 원한 것은 아니지만 달 암석들 중 일부는 우리에게까지 도달하기 때문이다. 우리는 이런 사실을 아폴로 프로젝트가 진행되는 동안에는 알지 못했다.

만약 화성에 생명체가 있었다면—10억 년 전에는 화성 표면에 액체 상태의 물이 자유롭게 흘러 다녔을 가능성이 크다—운석의 충돌에 의해 화성에서 튕겨져 나온 바위의 틈새나 구석진 곳(특히 틈새)에 숨어 들었던 박테리아가 지구까지 날아왔을 가능성이 있다. 우리는 어떤 종류의 박테리아는 오랫동안의 동면과 이들이 지구로 여행하는 동안에 받았을 태양의 강한 복사선 노출에도 살아남을 수 있다는 것을 알고 있다. 우주 공간에서 박테리아가 발생했다는 생각은 비정상적인 생각이거나 공상과학소설이 아니다. 이러한 생각은 생명체의 공간 이동을 뜻하는 팬스퍼미아(panspermia)라는 그럴듯한 이름도 가지고 있다. 만약 화성이 지구보다 먼저 생명체를 가졌다면 그리고 간단한 생명체가 암석을 타고 화성에서 지구로 날아와 지구에 씨를 뿌렸다면 우리 모두는 화성인의 후예일지도 모른다. 이런 사실은 화성 표면에서 재채기를 하는 우주인이 화성에 세균을 퍼뜨릴지도 모른다고 주장하는 환경주의자들의 염려를 없애줄지도 모른다. 지구 생명체가 화성에 기원을 두고 있다고 하더라도 우리는 화성에서 지구로의 생명체의 이동 흔적을 추적하는 일을 멈출 수는 없다. 이것은 매우 중요한 문제이기 때문이다.

태양계의 소행성들 대부분은 화성과 목성 사이에 있는 납작한 공간인 '소행성대'에서 태양을 돌고 있다. 전통에 따라 소행성을 발견한 사람은 그 천체에 자신이 선택한 이름을 붙일 수 있다. 예술가가 그린 그림에는 소행성대가 종종 태양계를 돌고 있는 좁은 평면에 바위들이 어지럽게 떠다니는 지역으로 나타나 있다. 그러나 실제로는 너비가 수백만 킬로미터나 되는 넓은 지역에 분포해 있는 모든 소행성들의 질량을 다 합해도 지구 질량의 1퍼센트가 조금 넘는 달 질량*의 5퍼센트도 안 된다. 얼핏 생각하면 별로 중요한 것 같지 않아 보이지만 소행성들은 지구에 장기간에 걸쳐 큰 위협이 되고 있다. 오랫동안 축적된 인력에

---

* 달의 질량은 지구 질량의 약 81분의 1이다.

의한 섭동 작용으로, 태양 가까이까지 다가오는 길게 늘어진 궤도를 돌면서 지구 궤도를 가로질러 지구와 충돌할 위험성을 가지고 있는 수천 개에 이르는 위험한 소행성 그룹이 만들어졌다. 계산에 따르면 지구 궤도를 돌고 있는 이런 소행성은 몇억 년에 한 번씩 지구와 충돌할 가능성이 있다. 지름이 1.6킬로미터가 넘는 천체는 지구 생태계를 흔들어놓기에 충분한 에너지를 가지고 있다. 따라서 지상 생명체 대부분을 멸종 위험에 직면하게 할 수 있다. 그런 일이 일어난다면 그것은 참으로 불행한 일일 것이다.

그러나 지구에 위험이 되는 천체는 소행성만이 아니다. 네덜란드의 천문학자 얀 오르트가 처음으로 태양으로부터 행성들보다 훨씬 더 멀리 떨어져 있는 성간 공간의 깊은 어둠 속에는 태양계를 형성하고 남은 차가운 부스러기들이 아직도 태양을 돌고 있다고 주장했다. 이 '오르트 구름'에는 수조 개의 혜성들이 태양에서 명왕성까지의 공간보다 수천 배나 되는 넓은 공간에 흩어져 있다.

네덜란드의 오르트와 미국의 제라드 카이퍼는 행성을 형성하는 원반을 이루고 있던 물질 중 일부가 해왕성의 궤도보다는 멀지만 오르트 구름 속의 혜성보다는 훨씬 가까운 곳에서 태양을 돌고 있다고 주장했다. 천문학자들은 이들이 흩어져 있는 공간을 카이퍼 벨트라고 부른다. 카이퍼 벨트는 해왕성 궤도 바깥쪽에서 시작되어 명왕성을 포함하고 태양에서 해왕성까지의 거리보다 몇 배나 먼 거리까지 계속되어 있다. 지금까지 알려진 가장 멀리 있는 카이퍼 벨트의 천체는 지름이 명왕성 지름의 3분의 2인 세드나(Sedna)로 이누잇족(Inuit, 에스키모족) 여신의 이름을 따라서 명명되었다. 이들의 궤도에 영향을 줄 큰 천체가 없기 때문에 카이퍼 벨트의 혜성들은 앞으로도 수십억 년 동안 그들의 궤도를 벗어나지 않고 태양을 돌 것이다. 소행성대의 소행성들과 마찬가지로 카이퍼 벨트의 천체들 중 일부도 다른 행성들의 궤도를 가로지르는 이심률이 큰 타원 궤도를 따라 태양을 돌고 있다. 해왕성의 안쪽까지 들어오는 커다란 혜성의 궤도라고 할 수 있는 명왕성의 궤도는 명왕성과 유사한 궤도를 돌고 있는 작은 천체들의 궤도와 함께 명왕성의 이름을 따 플루티노스(Plutinos)*라고 부른다. 카이퍼 벨트의 천체 중에는 그들의 커다란 궤도에서 벗어나 내행성계까지 들어오는 것들도 있다. 우리에게 잘 알려진 핼리 혜성도 이런 천체이다.

오르트 구름은 인간의 일생보다 훨씬 긴 공전주기를 가지는 장주기 혜성**의 근원이다. 태양계의 공전면상에서 태양을 향해 다가오는 카이퍼 벨트의 혜성과는 달리 오르트 구름의 혜성은 임의의 방향에서 임의의 각도로 내행성계로 다가올 수 있다. 지난 30년 동안 가장 밝은 혜성이었던 하쿠다케 혜성(1996년 발견)이 오르트 구름에서 온 혜성이었다. 따라서 빠른 기간 안에 다시 태양 근처로 돌아오지는 않을 것이다.

우리가 자기장을 볼 수 있는 눈이 있다면 목성은 밤하늘에서 보름달보다 10배는 더 크게 보일 것이다. 목성을 방문하는 우주선은 이 강력한 자기장에 영향을 받지 않도록 설계되어야 할 것이다. 영국의 화학자이자 물리학자였던 마이클 패러데이가 1931년에 발견한 전자기 유도 법칙에 따라 자기장 안에서 도선을 움직이면 도선 양끝에 전위차가 생

---

* 명왕성의 영어 이름이 Pluto이다.

** 혜성은 공전주기가 2년에서 2백 년 사이인 단주기 혜성과 이보다 긴 주기를 가지는 장주기 혜성으로 나눌 수 있다. 우리에게 잘 알려진 핼리 혜성은 주기가 76년인 단주기 혜성이다.

긴다. 이 때문에 빠르게 움직이는 금속 탐지기에 유도 전류가 흐를 수 있다. 이 전류는 자기장과 상호 작용하여 탐지기의 속도를 감소시킬 수 있다. 이런 효과는 두 파이어니어 탐사선이 태양계를 떠날 때 알 수 없는 이유로 속도가 느려졌던 것을 설명해줄지도 모른다. 1970년대에 발사된 파이어니어 10호와 파이어니어 11호는 우리가 예상했던 것보다는 그렇게 멀리 가지 못했다. 공간에 퍼져 있는 먼지의 영향, 누출되는 기름 탱크에 의한 영향에다 이러한 자기장과의 상호 작용—이 경우에는 태양의 자기장—을 고려해야 파이어니어 탐사선의 속도가 느려지는 것을 설명할 수 있다.

더 좋은 관측기술과 직접 탐사에 참가하는 탐사선들 덕분에 행성을 돌고 있는 위성들의 수가 빠르게 늘어나고 있어 위성의 수를 세는 일은 쓸모없는 일이 되어버렸다. 위성의 수는 우리가 말하고 있는 동안에도 늘어나고 있다. 이제 사람들의 관심거리는 이 위성들 중 어떤 위성이 연구하거나 직접 방문할 만한 위성인가 하는 것이다. 태양계의 위성들은 그들이 돌고 있는 행성들보다 훨씬 매력적이다. 화성의 두 위성인 포보스와 데이모스는 (이 이름이 아닌 다른 이름으로) 조너선 스위프트의 고전적 소설인 『걸리버 여행기』(1726)에 등장한다. 문제는 이들 두 작은 위성이 『걸리버 여행기』가 출판되고 백여 년이 지난 후에야 처음으로 발견되었다는 것이다. 만약 스위프트가 초능력을 가지고 있지 않았다면 그는 아마 지구가 하나의 위성, 그리고 목성이 네 개의 위성(그 당시에는 네 개로 알고 있었다)을 가지고 있다는 사실에서 화성이 두 개의 위성을 가지고 있다고 짐작했을 것이다.

달의 지름은 태양 지름의 약 4백분의 1이다. 그러나 지구에서 달까지의 거리는 태양까지의 거리의 약 4백분의 1이다. 따라서 지구에서 보면 태양과 달은 같은 크기로 보인다. 이런 크기와 거리의 조화는 태양계 내의 다른 행성에서는 발견할 수 없다. 지구인들만이 개기일식을 관찰할 수 있는 것도 이 때문이다. 달은 지구의 인력으로 인해 공전주기와 자전주기가 같게 되었다. 지구의 인력이 달 내부의 밀도가 큰 부분을 더 강하게 잡아당겨 이 부분이 항상 지구 쪽을 향하도록 만든 것이다. 목성을 돌고 있는 네 개의 큰 위성들에도 이런 현상이 나타나 이들 위성도 항상 같은 면을 목성 쪽으로 향하고 있다.

목성의 위성들을 자세하게 관찰한 천문학자들은 처음에 깜짝 놀랐다. 목성에서 가장 가까운 곳에 있는 이오는 목성의 강한 인력에 의해 항상 같은 면만 목성을 향하고 있을 뿐만 아니라 다른 큰 위성들로부터도 큰 힘을 받고 있다. 이러한 상호 작용은 이오(우리 달과 비슷한 크기)에 많은 에너지를 전해주어 암석으로 된 내부의 물질을 녹여 이오를 태양계에서 가장 화산 활동이 활발한 천체로 만들었다. 목성에서 두번째로 큰 에우로파는 이오에 화산을 만든 것과 같은 힘에 의해 녹아 액체 상태인 많은 양의 물을 얼음으로 뒤덮인 표면 아래 숨기고 있다.

천왕성의 위성인 미란다의 확대 사진에는 마치 이 위성이 여러 조각으로 갈라진 것을 풀로 급하게 붙여놓은 것처럼 보이는 잘 들어맞지 않는 균열들이 보인다. 이런 지형이 만들어진 원인은 아직 알려지지 않았지만 이런 지형이 균일하지 않은 얼음판의 이동과 같은 단순한 원인에 의해 만들어졌을 수도 있다.

명왕성의 외로운 달 카론은 명왕성의 크기에 비해 매우 크고 명왕성에서 아주 가까운* 곳에 있다. 따라서 명왕성과 카론은 서로 같은 면만을 마주보면서 돌고 있다. 두 천체의 자전주기가 모두 두 천체가 공통의 질량 중심을 도는 공전주기와 같게 되었기 때문이다. 관례에 따라 천문학자들은 행성에는 로마 신들의 이름을 붙이고 위성에는 행성에 이름을 빌려준 신과 관계있는 그리스 신화에 나오는 인물들의 이름을 붙였다(예를 들면 목성에는 그리스 신화의 제우스가 아니라 로마 신화의 주피터라는 이름을 붙였다). 옛날의 신들은 사생활이 매우 복잡했기 때문에 이름을 빌려 쓸 인물들은 얼마든지 많았다.

월리엄 허셜은 보이지 않는 행성을 맨눈으로 처음 발견한 사람이다. 그는 자기가 발견한 행성에 그의 연구를 후원해준 왕(조지 3세/옮긴이)의 이름을 붙이려고 했다. 허셜의 시도가 성공했다면 행성들의 이름은 수성, 금성, 지구, 목성, 토성 그리고 조지가 되었을 것이다. 다행히 더 현명한 사람이 이겼기 때문에 몇 년 후부터 천왕성을 우라누스(Uranus)라고 부르게 되었다. 그러나 천왕성을 돌고 있는 위성들의 이름을 셰익스피어의 희곡에 나오는 주인공과 알렉산더 포프의 시 「머리카락을 훔친 자The Rape of the Lock」에 나오는 이름으로 하자는 허셜의 제안은 받아들여져 오늘날까지 사용되고 있다. 천왕성을 돌고 있는 17개 위성들의 이름은 아리엘(Ariel), 코델리아(Cordelia), 데스데모나(Desdemona), 줄리엣(Juliet), 오필리어(Ophilia), 포티아(Portia), 퍽(Puck), 움브리엘(Umbriel)과 1997년에 새로 발견된 칼리반(Caliban)과 시코렉스(Sycorax)이다.

---

＊ 명왕성과 카론 사이의 거리는 1만 9천6백40 킬로미터밖에 안 된다. 지구에서 달까지의 거리가 약 35만 킬로미터이고, 지구 궤도를 돌고 있는 통신위성까지의 거리가 약 3만 6천 킬로미터인 것과 비교하면 명왕성과 카론의 거리가 얼마나 가까운지 알 수 있다.

태양은 매초 2억 톤의 질량을 태양 표면으로부터 우주 공간으로 날려 보낸다(이것은 아마존 강에 흐르는 물과 비슷한 양이다). 태양은 이 질량을 주로 고에너지 입자들로 이루어진 '태양풍'으로 잃는다. 초속 1천6백 킬로미터의 빠른 속도로 날아가는 이 입자들의 흐름은 공간을 통해 흐르다가 행성의 자기장에 의해 굴절된다. 행성의 자기장의 영향으로 이 입자들 중 일부는 행성의 남극이나 북극으로 낙하하게 되는데 이때 대기를 이루는 분자들과 충돌하여 오로라를 만드는 아름다운 빛을 낸다. 허블 망원경은 목성과 토성의 극지방에서 오로라를 발견하였다. 지구에서도 남극과 북극 지방에 오로라가 나타나서 그것을 보는 사람들에게 우리를 보호해주는 대기를 가지고 있는 것이 얼마나 다행스런 일인가를 알게 해주고 있다.

지구의 대기는 우리가 생각하고 있는 것보다 훨씬 멀리까지 분포해 있다. '저고도' 위성들은 보통 백 내지 6백 킬로미터 상공에서 지구를 돌고 있는데 그 주기는 90분 정도이다. 이 정도의 고도에서는 숨을 쉬기에는 턱없이 부족한 양이지만 인공위성의 에너지를 천천히 소모시키기에는 충분한 공기 분자들이 존재해 있다. 공기의 마찰력으로 인한 에너지 손실에 의해 지구로 떨어지는 것을 방지하기 위해 저고도 인공위성들은 중간 중간에 엔진을 가동해야 한다. 어디가 지구 대기의 가장자리인가를 결정하는 가장 합리적인 방법은 어디서부터 기체 분자의 밀도가 행성 사이 공간의 밀도로 떨어지는가를 살펴보면 된다. 이런 정의에 따르면 지구의 대기는 지구 표면으로부터 수천 킬로미터까지 분포해 있다. 뉴스와 화면을 전세계에 전해주는 통신위성은 이보다 훨씬 높은 고도인 지상 3만 6천 킬로미터(지구와 달 사이 거리의 10분의 1) 상공에서 지구를 돌고 있다. 이 고도에서는 공기의 저항을 피할 수 있을 뿐만 아니라 지구로부터의 먼 거리 때문에 인력이 약해져 인공위성의 속도가 작아도 된다. 이 고도에서 지구를 돌고 있는 위성이 지구를 한 바퀴 도는 데 걸리는 시간은 24시간이다. 이런 위성들은 지구의 자전 각속도와 같은 각속도로 지구를 돌고 있기 때문에 마치 한 지점의 상공에 '떠 있는' 것처럼 보여서 정지위성*이라고도 부른다. 이것은 지구의 한 곳에서 보내온 신호를 다른 곳으로 전달해주기에 가장 이상적인 조건이다.

뉴턴의 인력법칙은 행성의 인력이 행성으로부터 멀어질수록 차츰 약해지지만 질량이 큰 물체에는 아주 멀리 떨어진 곳에서도 작용한다는 것을 말해준다. 큰 중력장을 가지고 있는 목성은 내행성계에 커다란 위험을 줄 수 있는 혜성들을 멀리 다른 곳으로 날려 보내고 있다. 이러한 목성의 인력에 의한 보호 덕분에 지구는 오랫동안(5천만 년에서 1억 년 동안**) 조용하고 평화롭게 살아갈 수 있는 것이다. 목성의 보호가 없었다면 복잡한 구조를 가지고 있는 생명체는 항상 충돌로 인한 멸종 위험에 직면하면서 그런 복잡한 구조로 발전하기 힘들었을 것이다.

우리는 우주에 보낸 모든 탐사선을 이용하여 행성의 자기장을 측정해왔다. 1997년 10월 15일에 지구에서 발사된 카시니 탐사선은 금성의 인력에 의해 두 번, 지구의 인력에 의해 한 번, 그리고 목성의 인력에 의

---

* 위성이 지상의 한 점에 정지해 있는 것처럼 보이는 정지위성이 되기 위해서는 지구 적도의 상공에서 지구를 돌아야 한다. 따라서 통신위성은 모두 적도 상공 약 3만 6천 킬로미터에서 지구를 돌고 있다.

** 약 6천5백만 년 전에 공룡을 멸종시킨 대규모 운석의 충돌이 있었다.

해 한 번 가속된 후[*] 2004년 후반에 토성에 도착할 예정이다. 여러 번의 쿠션을 이용하는 당구공과 같이 행성들의 인력을 이용하여 비행하는 것은 일상적인 일이다. 그렇지 않다면 작은 탐사선은 목적지까지 도달할 수 있는 충분한 에너지와 속도를 얻지 못할 것이다.

우리 모두는 태양계 내에 존재하는 행성 사이의 소행성 하나씩을 책임져야 할지 모른다. 2000년 11월에 데이비드 레비와 캐롤라인 슈메이커가 발견한 소행성대의 소행성 1994KA를 '13123 타이슨'이라고 이름 지었다. 이런 이름을 붙인 데는 특별한 이유가 없다. 이미 언급했듯이 많은 소행성들이 조디, 해리엇, 토머스와 같이 우리에게 익숙한 이름을 가지고 있다. 다른 소행성들은 멀린, 제임스 본드 그리고 산타와 같은 이름을 가지고 있기도 하다. 안정된 궤도(이름이나 번호를 부여할 수 있는 조건)를 돌고 있는 2만 개나 되는 소행성들이 우리의 작명 능력을 시험하기 위해 대기하고 있다. 그런 날이 올지는 확실하지 않지만 행성 사이의 공간에 흩어져 있는 이 파편들의 이름을 실존 인물과 소설 속 인물들을 따라 짓다보면 우리 모두가 우리의 이름을 가진 소행성을 갖게 될지도 모른다.

최근 관측에 따르면 13123 타이슨은 우리를 향해 오고 있지 않기 때문에 지구 생명체에는 별 영향을 주지 않을 것이다.

---

[*] 작은 물체가 앞으로 달려오고 있는 큰 물체와 충돌하면 처음 속도보다 더 큰 속도로 뒤쪽으로 튀어나온다. 인공위성은 행성의 인력에 영향으로 받아 행성을 돌아나오지만 그 효과는 빠르게 달리는 큰 물체에 충돌한 후 튀어나오는 것과 같아 속도가 빨라진다.

# 13장

# 번호가 붙지 않은 세상 : 태양계 너머의 행성들

번호가 붙지 않은 신만이 아는 세상<br>
우리 것들은 우리 안에서만 그들을 따르고<br>
거대한 공간을 꿰뚫을 수 있는 자만이<br>
우주를 구성하는 세상 위의 세상을 보리라.<br>
계 안의 계가 운행하는 것을 살펴보라.<br>
다른 태양을 돌고 있는 행성들과<br>
다른 별에 살고 있는 다른 사람들은<br>
하늘이 왜 우리를 있게 했는지를 말해줄지도 모를지니.<br>
—알렉산더 포프, 『인간론 *An Essay on Man*』(1733)

약 5백 년 전 코페르니쿠스는 고대 그리스의 천문학자 아리스타쿠스*가 처음 제안한 가설을 부활시켰다. 코페르니쿠스는 지구가 우주의 중심인 태양으로부터 멀리 떨어져 태양을 돌고 있는 여러 행성들 중 하나라고 말했다.

아직도 지구가 정지해 있고 하늘이 지구를 돌고 있다고 믿는 사람들이 많이 있지만 천문학자들은 지구와 태양계에 대한 코페르니쿠스의 주장이 옳다는 것을 믿게 하려고 계속적으로 노력하고 있다. 지구가 태양을 돌고 있는 행성들 중 하나라는 결론은 곧바로 다른 행성들도 우리 지구와 비슷해서 우리와 같이 일하고, 생각하고, 놀고, 꿈꾸는 그들의

---

* 알렉산드리아 시대의 학자였던 아리스타쿠스는 지구가 태양을 공전하고 있다고 주장하고, 지구에서 달 그리고 태양까지의 거리의 비와 달과 태양의 크기의 비를 측정하려고 시도했다.

주민을 가지고 있을 것이라고 생각하게 했다.

수세기 동안 수십만 개의 별을 관찰한 천문학자들은 이 별들이 자신의 행성들을 가지고 있는지를 판단할 수 없었다. 그들의 관측 결과는 태양이 우리 은하에 비슷한 별을 수없이 많이 가지고 있는 보통 별이라는 것을 알게 해주었다. 따라서 태양이 행성 가족을 가지고 있다면 다른 별들도 행성 가족을 거느리고 있을 것이고 그들의 행성들도 여러 가지 형태의 생명체를 가지고 있을 것이라고 생각했다. 1600년에 교황의 권위에 도전하여 이런 생각을 표현한 지오다노 브루노*는 죽임을 당했다. 오늘날에는 관광객이 사람들로 시끄러운 야외 카페를 통해 로마의 캄포 디 피오리 광장 한가운데 있는 브루노의 동상에 다가가 그의 생각을 억압했던 사람들을 이겨낸 그의 생각의 힘(그 생각을 가졌던 사람의 힘이 아니라면)에 잠시 경의를 표할 수도 있다.

브루노의 운명이 보여주는 바와 같이 다른 세상의 생명체를 상상하는 것은 인류에게 엄청난 영향을 미치는 생각이다. 그런 생각이 그렇게 중요한 의미를 가지고 있지 않다면 브루노는 좀더 오래 살 수 있었을 테고, 미국 항공우주국은 지금보다 더 적은 재정적 지원 때문에 어려움을 겪어야 했을 것이다.** 태양을 돌고 있는 다른 행성에 생명체가 있을 것이라는 생각은 역사를 통해 계속되었다. 현재는 미국 항공우주국이 이 문제에 큰 관심을 가지고 있다. 그러나 지구 밖에서 생명체를 찾으려는 연구는 큰 난관에 봉착했다. 태양계 내의 다른 세상은 모두 생

---

* 이탈리아의 철학자이자 과학자였던 브루노는 천동설을 부정하고 태양 중심의 무한한 우주를 주장하였다. 이 때문에 그는 종교재판을 받고 1600년에 로마에서 화형에 처해졌다.

** 미국 항공우주국은 1970년대와 1980년대에 외계 생명체 탐사를 위해 많은 예산을 배정받았었다.

명체에게 적당한 환경이 아니라는 것이 밝혀졌기 때문이다.

지구 외의 다른 장소가 생명체에게 적당한 장소가 아니라는 결론이 생명체가 생겨나서 유지될 수 있는 수많은 가능한 방법에 모두 적용되는 이야기는 아니다. 그러나 화성과 금성 그리고 목성과 그 위성들에 대한 초기 탐사에서 우리가 발견한 사실은 이 행성들에서 생명체의 흔적을 찾을 수 없다는 것이었다. 태양계의 다른 천체에서 생명체를 찾을 수 있을 것이라는 기대와는 반대로 우리는 태양계 안에 있는 다른 세계들이 우리가 알고 있는 생명체가 존재하기에는 너무 혹독한 환경이라는 많은 증거를 찾아냈다. 그러나 앞으로 더 많은 탐사가 진행되어야 할 것이다. 다행스럽게 (이런 활동을 지지하는 사람들에게) 생명체를 찾는 일은 특히 화성에서 현재도 계속되고 있다. 그럼에도 불구하고 태양계 안에서 외계 생명체를 찾을 가능성이 거의 없다고 생각하는 사람들은 그들의 우주 이웃을 태양계가 아닌 다른 별을 돌고 있는 행성계와 같은 더 넓은 세상에서 찾기 시작했다.

1995년까지는 다른 별을 돌고 있는 행성에 대한 생각은 전혀 사실에 근거하지 않은 것이었다. 천문학자들은 행성이라고도 할 수 없고 거의 확실하게 초신성 폭발 때 만들어진 폭발한 별의 잔해 주위를 돌고 있는 지구 정도 크기의 몇몇 파편들을 제외하고는 다른 별을 돌고 있는 행성을 하나도 발견하지 못했었다. 그러나 1995년 말에 행성을 발견했다는 놀라운 뉴스가 들려왔다. 그리고 몇 달 후 네 개가 더 발견되었고, 그리고는 닫힌 수문이 열린 것처럼 새로운 행성들이 빠르게 발견되었다. 오늘날 우리는 우리 태양을 돌고 있는 행성보다 더 많은 수의 다른 별을 돌고 있는 행성을 알고 있다. 외계 행성의 수는 이제 백 개를 넘었고 그 수는 앞으로 계속 늘어날 것이다.

새로 발견된 외계 행성계에 대한 내용을 자세히 설명하기 위해서 그리고 이들 행성의 발견이 외계 생명체를 찾아내는 작업에서 어떤 의미를 갖는지를 분석하기 위해서 우리는 믿기 어려운 한 가지 사실을 알고 넘어가야 한다. 그것은 누구도 아직 외계 행성을 직접 보거나 사진을 찍은 적이 없다는 것이다. 천체물리학자들이 외계 행성의 존재를 알아냈을 뿐만 아니라 그들의 질량, 모성(母星)으로부터의 거리, 공전주기, 그리고 공전 궤도의 모양까지 알아냈다고 주장하고 있지만 행성을 직접 관측한 것은 아니다.

어떻게 한 번도 본 적이 없는 행성에 대해 그렇게 많은 것을 추론해낼 수 있을까? 그 대답은 별빛을 연구하는 사람들에게 익숙한 조사 방법에 있다. 별빛을 관찰하는 전문가들은 별빛을 여러 색깔의 스펙트럼으로 분해한 후 이 스펙트럼을 많은 별들의 스펙트럼과 비교함으로써 여러 가지 색깔의 세기 비율만으로 별의 유형을 알아낼 수 있다. 예전에는 천문학자들이 별의 스펙트럼 사진을 찍어 분석했지만 요즈음은 여러 색깔의 세기가 얼마나 되는지를 알아서 기록해주는 성능이 좋은 분광기를 사용하고 있다. 별들이 수조 킬로미터나 멀리 떨어져 있음에도 불구하고 우리가 그들의 기본적인 상태를 쉽게 알 수 있는 것은 이 때문이다. 천체물리학자들은 쉽게—단지 별빛의 스펙트럼을 분석함으로써—어떤 별이 우리 태양과 가장 비슷한 별인지, 어떤 별이 조금 온도가 높은 별인지, 어떤 별이 온도가 낮은 별인지, 그리고 어떤 별이 우리 태양보다 어두운 별인지 알아낼 수 있다.

별에서 오는 스펙트럼을 분석하여 천체물리학자들은 이외에도 더 많은 것을 알아낼 수 있다. 여러 유형의 별의 스펙트럼을 잘 알게 됨에 따라 천체물리학자들은 별들의 스펙트럼 중에서 특정한 색깔의 빛이 아주 약하거나 아예 빠져버려 검은 선으로 나타나는 특별한 유형의 스펙트럼을 금방 구별해낼 수 있게 되었다. 그들은 또한 별의 스펙트럼을 이루는 모든 색깔의 빛이 붉은색이나 보라색 쪽으로 이동해서 스펙트럼에 나타난 모든 특정한 선들이 정상적인 위치보다 조금씩 다른 위치에 나타나는 경우가 있다는 것도 알게 되었다.

과학자들은 빛의 색깔이 파동에서 마루와 마루 사이의 거리를 의미하는 파장에 따라 달라진다는 것을 알고 있다. 빛의 파장이 다르면 우리 눈과 뇌는 그 빛을 다른 색깔로 인식한다. 따라서 빛을 파장으로 구분하는 것은 우리가 빛의 색깔을 구분하는 것보다 더 높은 정밀도를 가지고 빛을 구분하는 것이라고 할 수 있다. 스펙트럼을 이루는 수많은 파장의 빛들을 조사하여 스펙트럼의 유형을 알아냈는데, 이 스펙트럼을 이루는 모든 빛의 파장이 정상보다 (예를 들어) 1퍼센트 더 긴 것으로 나타났다면 별빛의 파장이 도플러 효과* 때문에 길어졌다는 결론을 내릴 수 있다. 도플러 효과는 빛을 내는 물체가 우리에게서 멀어지거나 가까워질 때 무슨 일이 일어나는지를 알게 해준다. 예를 들어 물체가 우리에게 다가오거나 우리가 물체로 다가가면 우리가 측정하는 빛의 파장은 물체가 우리에 대하여 상대적으로 정지해 있을 때보다 약간 **짧**

---

* 도플러 효과는 음파에서도 나타나는데 다가오는 기차의 기적 소리는 더 높은 소리로 들리고 멀어지는 기차의 기적 소리는 낮은 소리로 들리는 것이 그 예이다.

게 측정된다. 그러나 물체가 우리에게서 멀어지거나 우리가 물체로부터 멀어지면 우리가 측정하는 빛의 파장은 물체가 정지해 있을 때보다 **길게** 측정된다. 정지해 있을 때 측정한 파장과의 차이는 빛을 내는 광원과 빛을 관측하는 사람 사이의 상대 속도에 따라 달라진다. 빛의 속도(초속 약 30만 킬로미터)보다 훨씬 느린 속도에서는 빛의 파장의 변화, 즉 도플러 효과의 크기가 다가오거나 멀어지는 속도와 빛의 속도의 비와 같다.

1990년대에 각각 미국과 스위스에 중심을 두고 있던 두 팀의 천문학자들이 별빛의 도플러 효과 측정값의 정확도를 높이려고 노력했다. 그들이 그러한 시도를 한 것은 과학자들이 항상 더 정밀한 측정값을 원하기 때문만이 아니라 **별**에서 오는 빛을 분석하여 **행성**을 찾아내려는 뚜렷한 목표가 있었기 때문이었다.

왜 외계 행성을 찾아내는 데 이런 우회로를 선택할까? 현재로서는 그것이 가장 효과적인 방법이기 때문이다. 우리 태양계 내의 거리와 태양과 다른 별들 사이의 거리를 비교해보면 행성계 내의 거리가 별들 사이의 거리보다 얼마나 가까운지 알 수 있다. 태양에서 가장 가까이 있는 별까지의 거리는 태양과 수성 사이의 거리의 50만 배나 된다. 태양에서 명왕성까지의 거리도 태양에서 가장 가까이 있는 별인 센타우루스자리의 알파별*까지의 거리의 5천분의 1밖에 안 된다. 별과 그 별을 돌고 있는 행성 사이의 거리가 천문학적으로 볼 때 이렇게 가깝다는 사실과 행성이 별의 빛을 반사하기 때문에 희미하다는 사실을 고려하면 우리가 별의 주위를 돌고 있는 행성을 직접 관측하는 것은 거의 불가능

---

* 태양에서 가장 가까이 있는 별인 센타우루스자리의 알파별까지의 거리는 약 4.3광년이다.

하다는 것을 알 수 있다. 예를 들어 센타우루스자리의 알파별에 살고 있는 천체물리학자가 망원경으로 우리 태양계의 가장 큰 행성인 목성을 관측하고 있다고 가정해보자. 태양과 목성 사이의 거리는 이 별에서 태양까지의 거리의 5만분의 1밖에 안 되고 목성의 밝기는 태양 밝기의 백만분의 1 정도이다. 천체물리학자들에게 이것은 탐조등 주위에 날아다니는 반딧불이를 관찰하는 것과 같을 것이다. 우리가 언젠가 이 일을 해내겠지만 현재로서는 외계 행성을 직접 관찰하는 것은 기술적으로 가능하지 않다.

도플러 효과를 이용하면 또 다른 접근이 가능하다. 우리가 별을 자세히 관측하면 별에서 오는 빛의 도플러 효과의 변화를 알아낼 수 있다. 도플러 효과가 변화하는 것은 별이 우리를 향해 다가오거나 멀어지는 속도가 변하고 있기 때문이다. 만약 이러한 변화가 주기적이라는 것이 밝혀지면—다시 말해 도플러 효과가 같은 시간 동안에 최대값과 최소값을 번갈아 갖는다면—가장 받아들일 수 있는 결론은 이 별이 공간의 어떤 점을 중심으로 궤도 운동을 하고 있다는 것이다.

무엇이 별을 이렇게 움직이도록 할까? 우리가 알고 있는 한 별을 이렇게 움직이게 할 수 있는 것은 다른 천체로부터의 인력뿐이다. 그런 천체는 별의 질량보다 훨씬 적어 약한 인력을 별에 작용하고 있는 행성이 틀림없다. 행성들이 자신보다 훨씬 큰 질량을 가지고 있는 별에 인력을 작용하면 행성들은 별의 속도를 아주 조금밖에 바꾸지 못한다.[*]

---

[*] 행성은 정지해 있는 태양 주위를 돌고 있는 것이 아니라 행성과 태양은 다 같이 공통의 질량 중심을 돌고 있다. 다만 질량이 작은 행성은 더 큰 궤도를 돌고 있고 질량이 큰 태양은 아주 작은 궤도를 돌고 있다.

예를 들어 목성은 태양의 속도를 세계적인 단거리 선수가 달리는 속도인 초속 약 1.2미터 정도 달라지게 할 수 있다. 목성이 태양 주위를 12년 주기로 돌고 있는 동안 목성의 공전면의 연장선상에 있는 곳에서 태양의 운동을 관측하는 천문학자는 태양 빛에서 도플러 효과를 찾아낼 것이다. 이 도플러 효과를 분석하면 태양의 속도가 어떤 때는 평균 속도보다 초속 1.2미터 빠르게 관측되고 그로부터 6년 후에는 평균 속도보다 초속 1.2미터 느리게 관측될 것이다. 그 사이에는 태양의 속도가 이런 최대값과 최소값 사이에서 연속적으로 변할 것이다. 이러한 도플러 효과의 변화를 수십 년 관측한 후에 그 천문학자는 태양이 12년 주기로 돌면서, 태양의 운동에 영향을 주어 도플러 효과에 변화를 가져오는 행성을 가지고 있다는 결론을 내릴 것이다. 태양이 움직이는 거리와 목성이 움직이는 거리의 비는 두 천체의 질량비의 **역수**와 같다. 태양의 질량이 목성 질량의 1천 배 정도이므로 목성은 공통 질량 중심에서 1천 배나 되는 곳에서 운동하고 있다. 바꾸어 말하면 태양이 목성보다 1천 배나 더 움직이기 어렵다는 말이다.

물론 태양은 여러 개의 행성을 가지고 있고 이 행성들은 모두 동시에 태양에 인력을 작용하고 있다. 따라서 태양은 서로 다른 주기로 운동하고 있는 여러 행성들의 인력 작용에 의해 복잡한 운동을 하게 된다. 그러므로 관측되는 태양의 운동은 이런 운동들이 모두 중첩된 것이다.[*] 그러나 태양계에서 가장 큰 행성인 목성의 인력이 다른 행성들의 인력보

---

[*] 태양계에는 여러 개의 행성이 서로 다른 주기로 태양을 돌고 있다. 따라서 태양도 이들 행성의 영향으로 다른 주기로 다른 크기의 운동을 하고 있다. 겉으로 드러나는 태양의 운동은 이런 운동이 모두 합해진 운동이다.

다 훨씬 크기 때문에 태양의 운동은 목성에 의한 운동이 가장 크게 반영된 운동을 하게 된다.

천체물리학자가 별의 움직임을 관측하여 목성 정도의 질량을 가지고 별로부터 목성과 비슷한 거리에서 궤도 운동을 하고 있는 외계 행성을 찾아내려면, 초속 1.2미터의 속도에 의한 도플러 효과의 변화를 측정할 수 있어야 한다. 지구에서 이 속도(시속 약 45킬로미터)는 상당한 속도이지만 우주에서의 속도와 비교하면 아주 느린 속도이다. 이 속도는 빛의 속도의 백만분의 1도 안 되는 속도이며 별이 우리를 향해 다가오거나 멀어지는 속도의 1천분의 1 정도 되는 속도이다. 따라서 빛의 속도의 백만분의 1 정도의 속도 변화가 나타내는 도플러 효과를 측정하기 위해서는 빛의 파장의 변화—다시 말해 빛의 색깔의 변화—를 백만분의 1까지 측정해야 된다.

이러한 정교한 측정은 행성이 존재한다는 사실을 발견하는 것 이상의 사실을 알 수 있게 해준다. 무엇보다도 우선 도플러 효과를 이용한 측정은 별 속도의 주기적 변화를 발견하는 것으로부터 시작되는데 이 주기는 별의 운동에 영향을 주는 행성의 공전주기를 나타낸다. 만약 별이 특정한 주기로 반복하여 춤을 주고 있다면 그 별 주위에 있는 행성은 훨씬 더 큰 궤도 위에서 같은 주기로 춤을 추고 있어야 한다. 행성의 공전주기를 알면 별에서 행성까지의 거리를 알 수 있다. 뉴턴은 오래 전에 가까이서 별의 주위를 돌고 있는 천체의 공전주기는 짧고 멀리서 별을 돌고 있는 천체의 공전주기는 길어야 한다는 것을 증명했다. 행성의 공전주기는 어떤 값의 별과 행성 사이의 평균 거리에 대응된다.[*] 태양계를 예로 들면 1년의 공전주기는 태양과 지구 사이의 거리에 대응되고 12년의 공전주기는 지구와 태양 사이의 거리보다 5.2배 큰 목성의 궤도 반지름과 대응된다. 따라서 연구팀은 도플러 효과의 변화를 통해 다른 별을 돌고 있는 행성의 존재를 알 수 있을 뿐만 아니라 이 행성들의 공전 주기와 별로부터 이 행성까지의 평균 거리가 얼마인지 알아낼 수 있다.

그러나 그들은 아직도 보이지 않는 이 행성에 대해 더 많은 것을 알아낼 수 있다. 별로부터 특정 거리에서 운동하는 천체는 별을 행성의 질량에 비례하는 인력으로 잡아당기고 있다. 더 많은 질량을 가지고 있는 행성은 더 큰 힘으로 별을 잡아당긴다. 그리고 이러한 힘은 별이 더 빨리 춤추도록 한다. 일단 별과 행성 사이의 거리를 알면 조심스런 관측과 수학적 계산을 통해 행성의 **질량**을 알아낼 수 있다.

별의 움직임을 관측하여 별의 질량을 결정하는 데는 한 가지 어려움이 있다. 천문학자들은 그들이 정확히 움직이는 행성이 별을 돌고 있는 공전면의 연장선상에서 이 별을 관측하고 있는지, 아니면 행성의 공전면과 수직한 위치인 공전면의 위나 아래에서 관측하고 있는지(이 경우에는 별의 속도가 0으로 관측될 것이다), 또는 (대부분의 경우겠지만) 정확히 공전면의 연장선상도 아니고 수직하지도 않은 적당한 각도로 관측하고 있는지를 알 수 있는 방법이 없다. 행성의 공전면은 행성과 별의 인력 작용으로 별이 운동하는 면과 일치한다. 따라서 우리가 별의 속도를 제대로 측정할 수 있는 것은 우리가 별을 중심으로 돌고 있는

---

＊ 케플러의 행성 운동에 관한 법칙 중 세번째 법칙에 따르면 행성의 공전주기의 제곱은 행성의 궤도 반지름의 세제곱에 비례한다. 따라서 궤도 반지름이 정해지면 그에 따라 공전주기도 정해진다.

행성의 공전면의 연장선상에서 별의 운동을 관측할 때뿐이다. 이것을 이해하기 위해 좀더 쉬운 예를 들어보기로 하자. 우리가 야구장에서 투수가 던지는 야구공의 속도를 스피드 건으로 측정한다고 가정해보자. 야구공이 우리에게로 다가오거나 멀어질 때는 공의 속도를 제대로 측정할 수 있지만 별이 우리 앞을 가로질러 지나갈 때는 공의 속도를 제대로 측정할 수 없다. 따라서 훌륭한 투수를 스카우트하려면 공이 움직이는 선상에 있는 홈 플레이트 뒤쪽에 앉아서 공의 속도를 측정해야 한다. 만약 1루나 3루에 앉아서 투수가 던진 공의 속도를 측정하면 공은 우리에게 멀어지거나 가까워지지 않으므로 공의 속도는 거의 0에 가까운 값으로 측정될 것이다.

도플러 효과는 별이 우리에게 가까워지거나 멀어지는 속도만 보여줄 뿐 얼마나 빨리 옆으로 움직이고 있는지에 대해서는 이야기해주지 않으므로 우리가 어떤 각도에서 별의 운동을 관측하고 있는지를 알 수 없다. 이런 사실은 우리가 계산한 행성의 질량이 이 행성의 실제 질량의 **최소값**이라는 것을 말해준다. 우리는 행성의 공전면의 연장선상에서 별의 운동을 관측할 때만 별의 실제 질량을 알 수 있다. 평균적으로 외계 행성의 실제 질량은 별의 속도 변화로부터 계산한 질량의 2배 정도라고 할 수 있다. 그러나 어떤 행성의 실제 질량이 우리가 계산한 질량의 2배보다 큰지 또는 작은지 알 수 있는 방법이 없다.

도플러 효과를 이용하여 별의 운동을 관측한 천문학자들은 행성의 공전주기와 궤도 반지름, 그리고 행성의 질량을 알아낸 것 외에 또 하나의 중요한 사실을 알아냈다. 그들은 공전 궤도의 모양까지 알아낸 것이다. 어떤 행성들은 금성과 해왕성의 공전 궤도처럼 거의 완전한 원형 궤도를 돌고 있다. 그러나 또 어떤 행성들은 수성, 화성 그리고 명왕성의 궤도와 같이 어떤 점에서는 별에 가까이 다가가고 어떤 점에서는 별에서 멀리 떨어지는 길게 늘어진 타원 궤도를 돌고 있다. 행성이 별에 가까이 다가가면 속도가 빨라지고 이에 따라 별의 움직임도 빠르게 변한다. 만약 천문학자가 한 주기 동안 일정한 비율로 별의 속도가 변하는 것을 관측했다면 이러한 별의 속도 변화는 원형 궤도를 돌고 있는 행성으로 인한 것이라고 결론지을 수 있을 것이다. 그러나 만약 별의 속도 변화가 어떤 때는 빠르게 진행되고 어떤 때는 느리게 진행된다면 이것은 타원 궤도를 돌고 있는 행성 때문이라고 결론지을 수 있을 것이다. 그리고 한 주기 동안의 속도 변화의 비율이 달라지는 정도를 측정하여 궤도가 늘어진 정도—궤도가 원형 궤도에서 벗어난 정도—를 계산할 수 있다.

지금까지 살펴본 바와 같이 외계 행성을 연구해온 천체물리학자들의 정확한 측정 능력과 추리력은 그들이 발견한 행성의 공전주기, 별로부터의 평균 거리, 질량의 최소값, 그리고 공전 궤도의 모양과 같은 네 가지 중요한 사항을 알아낼 수 있도록 했다. 천체물리학자들은 태양계로부터 수백조 킬로미터나 떨어져 있는 별에서 오는 빛을 백만분의 1 보다 더 정밀한 수준으로 분석하여 이런 모든 사항을 알 수 있었다. 따라서 별빛의 도플러 효과를 정밀하게 측정하는 것은 하늘에서 우리의 이웃을 찾아내려는 노력의 절정을 이루고 있다.

단 하나의 문제만 남아 있다. 지난 십 년간 발견한 대부분의 외계 행성들이 태양계의 행성들보다 훨씬 가까운 곳에서 별을 돌고 있다는 사실이다. 문제가 더욱 심각해지는 것은 지금까지 발견된 외계 행성들의 질량이 지구와 태양 사이의 거리의 5배나 되는 곳에서 태양을 돌고 있는, 태양계에서 가장 큰 행성인 목성의 질량과 비슷하다는 사실 때문이다. 이 행성들이 태양계의 행성들과 달리 그렇게 가까운 거리에서 별을 돌게 된 이유에 대해 천체물리학자들의 설명을 듣기 전에 잠시 사실을 다시 확인해보자.

우리가 별의 운동을 측정하여 별 주위를 돌고 있는 행성을 발견할 때는 언제나 이 방법이 만들어내는 편견을 고려해야 한다. 첫째, 별 가까이에서 별을 돌고 있는 행성은 멀리서 별을 돌고 있는 행성보다 짧은 주기로 별을 돈다. 그리고 천체물리학자들은 제한된 시간 동안 하늘을 관찰하기 때문에 12년을 주기로 운동하는 천체보다 6개월을 주기로 운동하는 천체를 훨씬 빨리 발견할 수 있을 것이다. 어느 경우이건 천체물리학자가 별의 속도가 주기적으로 변화하고 있다는 것을 확인하기 위해서는 적어도 몇 주기 동안은 별을 관찰해야 한다. 이것은 목성의 공전주기와 비슷한 12년의 공전주기를 갖는 행성을 찾아내기 위해서는 한 사람의 연구 인생을 모두 투자해야 한다는 것을 뜻한다.

두번째로 행성은 멀리 있을 때보다 가까이 있을 때 별에 더 강한 인력을 작용한다. 이러한 강한 인력은 별을 더 빠르게 움직이도록 하고, 별의 빠른 움직임은 별의 스펙트럼에 더 큰 도플러 효과를 나타내게 한다. 우리는 큰 도플러 효과를 작은 도플러 효과보다 더 쉽게 관측할 수 있기 때문에 가까이 있는 행성이 멀리 있는 행성보다 더 많이 그리고 더 빠르게 우리의 관심을 끌 수 있다. 지금까지 도플러 효과를 이용해 여러 가지 다른 거리에서 발견된 행성들이 모두 대략 목성의 질량(지구 질량의 318배)과 같은 질량을 가지고 있다. 그것은 작은 질량을 가지고 있는 행성들이 오늘날 우리의 기술로 측정할 수 있을 정도로 빠르게 별을 움직이게 할 수 없기 때문일 것이다.

따라서 우리가 가까운 곳에서 별을 돌고 있는 목성의 질량과 비슷한 질량을 가지는 외계 행성이 발견되었다는 뉴스를 자주 듣게 되는 것은 놀랄 만한 일이 아니다. 놀라움은 이들이 얼마나 가까운 곳에서 별을 돌고 있는가 하는 사실이다. 별에서 이들 행성까지의 거리는 매우 가까워 이들의 공전주기는 태양계 행성의 공전주기처럼 몇 달이나 몇 년이 아니라 불과 며칠에 불과하다. 천체물리학자는 현재까지 일주일보다 짧은 공전주기를 가지는 행성을 십여 개 발견하였다. 이 중에서 가장 짧은 공전주기를 가지는 행성의 주기는 2.5일이었다. 태양과 비슷한 별인 HD 73256이라는 별을 돌고 있는 이 행성의 질량은 목성 질량의 1.9배 정도였고, 약간 늘어난 타원 궤도의 평균 반지름은 지구에서 태양까지의 거리의 3.7퍼센트 정도였다. 다시 말해 지구 질량의 6백 배나 되는 질량을 가지고 있는 거대한 행성이 수성 궤도 반지름의 10분의 1 정도 되는 거리에서 별을 돌고 있는 것이다.

수성은 암석과 금속으로 구성되어 있으며 태양을 향하고 있는 부분의 온도는 수백 도까지 올라간다. 이와는 대조적으로 목성과 다른 태양계의 거대 행성들(토성, 천왕성, 해왕성)은 전체 질량의 몇 퍼센트밖에 안 되는 고체 핵을 엄청난 양의 기체가 둘러싸고 있는 기체 덩어리이다. 행성 형성의 모든 이론은 목성과 같은 크기의 행성은 수성, 금성, 지구 그리고 화성과 같이 고체일 수 없다는 것을 보여주고 있다. 그것은 행성을 형성한 원시구름이 지구 질량의 수십 배보다 큰 질량을 가진 행성을 만들 만큼 충분한 고체 성분을 가지고 있지 않기 때문이다. 이야기를 좀더 진행시키면 우리는 현재까지 발견된 모든 외계 행성은 (그들이 목성의 질량과 비슷한 질량을 가지기 때문에) 거대한 기체 덩어리여야 한다는 결론을 얻을 수 있다.

이 놀라운 결론으로부터 두 가지 의문점이 즉시 떠오를 것이다. 목성과 비슷한 행성이 어떻게 별에 가까운 궤도를 돌게 되었을까? 어떻게 이 행성들을 이루고 있는 기체가 별의 열기에 의해 증발하지 않을 수 있었을까? 두번째 질문은 쉽게 답을 구할 수 있다. 행성의 엄청난 질량이 기체의 원자나 분자가 수백 도나 되는 높은 온도에서도 인력을 벗어나 공간으로 달아나려는 원자나 분자를 잡아둘 수 있을 만큼 강한 인력을 작용하기 때문일 것이다. 극적인 경우는 열에 의해 밖으로 밀어내는 압력과 물체를 안쪽으로 잡아당기는 인력의 경쟁에서 인력이 겨우 이기거나 행성이 별의 열기에 의해 증발될 수도 있는 거리에서 겨우 벗어나 있는 경우일 것이다.

어떻게 커다란 행성이 태양과 같은 별을 그렇게 가까이서 돌고 있을 수 있는가 하는 첫번째 질문은 어떻게 행성이 형성되는가 하는 근본적인 문제로 우리를 이끌어간다. 11장에서 이미 살펴보았듯이 이론 과학자들의 노력으로 우리는 우리 태양계의 행성 형성 과정을 어느 정도 이해할 수 있게 되었다. 그들은 팬케이크와 같은 모양의 기체와 먼지 구름 속에서 작은 물질 덩어리가 점점 커져 행성을 형성하게 되었다고 결론지었다. 태양을 둘러싸고 돌고 있는 납작한 물질의 원반 속에서 밀도가 평균 밀도보다 커서 입자들 사이의 인력의 줄다리기에서 이기게 된 질량 덩어리가 여기저기 형성되었다. 행성 형성의 마지막 과정에서 지구와 다른 고체 행성들은 커다란 물질 파편들의 폭격을 견뎌내야 했다.

이러한 첨가 과정이 진행되는 동안에 태양이 빛나기 시작했고 수소와 헬륨과 같은 가벼운 원소들을 표면으로부터 증발시켜 내행성들(수성, 금성, 지구, 그리고 화성)을 탄소, 산소, 규소, 알루미늄, 그리고 철과 같은 무거운 원소로만 이루어진 행성으로 만들었다. 이와는 대조적으로 태양과 지구 사이 거리의 5배 내지 30배 되는 먼 곳에서 만들어진 질량 덩어리들은 주변 온도가 충분히 낮게 유지되었기 때문에 수소와 헬륨을 붙잡아둘 수 있었다. 가벼운 이 두 원소는 원시구름 속에 가장 풍부하게 포함되어 있던 원소였기 때문에 이 질량 덩어리들은 지구 질량의 여러 배나 되는 질량을 포함하는 거대한 행성이 될 수 있었다.

명왕성은 암석으로 이루어진 내행성에도, 기체로 이루어진 외행성에도 속하지 않는다. 대신에 아직 우주선에 의해 탐사된 적이 없는 이 행성은 얼음과 바위가 섞인 거대한 혜성을 닮았다. 지름이 3,220킬로미터인 명왕성보다 훨씬 작은 혜성은 지름이 8 내지 80킬로미터 정도 되는 천체로 태양계 초기에 형성되었던 물질 덩어리이다. 혜성은 운석과 형성 연대가 비슷하다. 운석은 바위, 금속 그리고 바위와 금속이 섞여 있는 우주 파편이 지구 표면에 떨어진 것으로 이들을 보통의 바위나 돌멩이와 구별할 수 있는 혜안을 가진 사람들에 의해 찾아진 것이다.

행성들은 혜성이나 운석과 매우 흡사한 물질 덩어리로부터 만들어졌다. 그리고 거대한 행성의 고체 핵은 많은 양의 기체를 붙들어둘 수 있었다. 운석 속에 포함되어 있는 방사성 동위원소를 이용하여 이들의 나이를 측정해보면 운석의 나이는 달에서 발견되는 암석의 나이(42억 년)나 지구 암석의 나이(40억 년 이하)보다 상당히 긴 45억 5천만 년이다. 태양계가 형성되는 사건은 기원전 45억 5천만 년에 있었고, 행성들은 자연스럽게 비교적 작은 내행성들과 거대한 기체 행성들의 두 그룹으로 나누어졌다. 네 개의 내행성들은 궤도 반지름이 지구와 태양 사이 거리의 0.37배에서 1.52배 되는 궤도에서 태양을 공전하고 있으며, 거대한 네 개의 기체 행성들은 거대 행성이 될 수 있기 위해 궤도 반지름이 지구와 태양 사이 거리의 5.2배에서 30배 되는 궤도에서 태양을 공전하고 있다.

태양계의 행성들이 어떻게 형성되었는지에 대한 이런 설명은 우리가 발견한 목성 크기의 외계 행성들이 대부분 수성의 궤도보다 작은 궤도에서 별을 돌고 있다는 것을 쉽사리 이해할 수 없게 한다. 실제로 처음에 발견된 모든 외계 행성들이 이렇게 별에서 가까운 거리에서 별을 돌고 있다는 것이 밝혀지자 한동안 이론 과학자들 중에는, 특별한 근거 없이 암묵적으로 가정해왔던 것처럼, 우리 태양계가 모든 행성계들을 대표하는 전형적인 행성계가 아니라 다른 행성계와 다른 예외적인 행성계가 아닌가 하고 생각하는 사람도 있었다. 그러나 별에서 가까운 곳에 있는 행성을 발견할 확률이 크다는 사실을 이해하게 되자* 태양계가 전형적인 행성계일 수 있다는 생각을 다시 할 수 있게 되었다. 또한 충분한 시간을 가지고 정밀한 관측을 하자 지금까지 발견된 행성들보다 별로부터 훨씬 멀리 떨어져 있는 거대한 기체 행성들도 발견되기 시작하였다.

현재 별에서 가까운 거리에 있는 것부터 먼 순서로 배열한 외계 행성

---

* 태양계의 기체 행성들처럼 별로부터 멀리 떨어져 있는 기체 행성이 발견되지 않은 것은 태양계가 특별한 행성계여서가 아니라 가까이 있는 큰 행성이 그렇지 않은 행성보다 발견될 가능성이 크기 때문이었다.

목록에는 공전주기가 2.5일인 행성에서부터 질량이 적어도 목성 질량의 4배나 되고 공전주기가 13.7년이나 되는 게자리 55번(55 Cancri) 별을 돌고 있는 행성에 이르기까지 백 개가 넘는 다양한 행성들이 포함되어 있다. 천체물리학자들은 공전주기로부터 이 행성의 궤도 반지름이 지구와 태양 사이 거리의 5.9배 그리고 목성과 태양 사이 거리의 1.14배라는 것을 알아냈다. 이 행성은 별로부터 목성 궤도보다 먼 곳에서 발견된 첫번째 행성이다. 따라서 이 행성을 포함하고 있는 행성계는 별과 거대 행성 사이의 관계에 관한 한 우리 태양계와 비슷한 행성계라고 할 수 있다.

그러나 꼭 그렇지만은 않다. 지구 궤도 반지름의 5.9배 되는 공전 반경을 가지는 게자리 55번 별을 돌고 있는 행성은 이 별 주위에서 발견된 첫번째 행성이 아니라 **세번째** 행성이었던 것이다. 현재 과학자들은 충분한 관측 자료를 축적하였고 도플러 효과를 측정하는 방법을 발전시켰기 때문에 둘 또는 그 이상의 별들의 영향이 만들어내는 별의 복잡한 움직임을 분석해낼 수 있게 되었다. 각각의 행성들은 별을 돌고 있는 주기에 따라 자신만의 고유한 리듬으로 별이 춤을 추도록 강요한다. 충분히 긴 시간 동안 관측하고 길고 복잡한 계산을 두려워하지 않는 컴퓨터 프로그램을 이용하면 행성 사냥꾼들은 뒤섞여 있는 여러 행성들의 발자국 속에서 개별적인 행성들의 자취를 찾아낼 수 있다. 이런 방법으로 게자리 방향에서 관찰되는 게자리 55번 별에서 공전주기가 각각 42일과 89일이며, 최소 질량이 목성 질량의 0.84배와 0.21배인 두 개의 가까운 곳에 있는 행성을 이미 발견했다. 최소 질량이 목성 질량의 '단지' 0.21배(지구 질량의 67배)인 행성은 그때까지 발견된 외계 행성 중에서 가장 작은 행성이었다. 그러나 최소 행성의 기록은 현재 지구 질량의 35배까지 내려가 있다. 그렇다고 하더라도 아직 이 행성들의 질량은 지구 질량보다 몇십 배나 되기 때문에 천문학자들이 곧 우리 지구와 비슷한 외계 행성을 발견할 것이라는 기대를 갖기는 어렵다는 것을 알 수 있다.

지금까지 먼 우회로를 돌아왔지만, 우리는 게자리 55번 별의 예에서 볼 수 있는 것과 같이, 왜 그리고 얼마나 많은 목성 크기의 행성이 별로부터 아주 가까운 거리에서 별을 돌고 있는가 하는 문제를 적당히 넘어갈 수는 없다. 전문가들은 목성과 같은 크기의 행성은 지구와 태양 사이 거리의 3배 또는 4배 되는 거리 이내에서 만들어질 수 없다고 말한다. 이 견해를 따른다면 외계 행성들은 별에서 멀리 떨어진 곳에서 형성된 후에 가까운 곳으로 옮겨졌어야 한다. 이러한 결론은 적어도 세 가지 어려운 문제를 야기시킨다.

1: 무엇이 이 행성들이 형성된 후에 이 행성들을 별 가까이 옮겨놓았는가?
2. 무엇이 이 행성들이 별을 향해 움직이는 것을 정지시켰는가?
3. 왜 그런 일이 많은 행성계에서는 일어났는데 우리 태양계에서는 일어나지 않았는가?

이 질문들에 대한 해답은 외계 행성의 발견으로 고무되었던 풍부한 상상력을 가진 사람들에 의해 제시되었다. 현재 전문가들이 선호하는 시나리오를 요약해보면 다음과 같다.

1. '행성들의 이주'는 새로 형성된 행성의 궤도보다 안쪽에 행성을 만들고 남아 있던 많은 양의 물질에 의해 일어났다는 것이다. 이 물질들이 행성의 큰 인력으로 인해 행성에 빨려들어가면서 행성이 안쪽으로 움직이도록 힘을 가했다는 것이다.*

2. 행성들이 원래의 위치보다 별에 훨씬 가까워지자 별에 의한 조석력이 행성을 특정한 위치에 고정시켰다. 달과 태양의 인력으로 바닷물이 부풀어 오르고 내리도록 하는 힘과 비슷한 조석력은 달에서와 같이 행성의 공전주기와 자전주기를 같게 만들었고 행성들이 별로 더 가까이 다가가지 못하도록 했다. 조석력이 행성의 접근을 금지시킬 수 있었던 이유는 조금 더 복잡한 천체역학이 관련된 사건으로 여기서는 그냥 넘어가기로 하자.

3. 어떤 행성계가 커다란 행성이 형성된 후 행성을 안쪽으로 이동시킬 수 있을 정도로 충분히 많은 부스러기들을 가지고 있고 어떤 행성계가 우리 태양계처럼 그런 부스러기들을 충분히 가지고 있지 않아서 행성을 처음 형성된 자리에 머물도록 했는지 하는 것은 확률의 문제이다. 게자리 55번 별의 경우에는 세 행성 모두가 안쪽으로 상당한 정도 움직였을 것이다. 따라서 가장 바깥쪽에서 발견된 행성은 현재의 거리보다 훨씬 먼 곳에서 만들어졌을 것이다. 그게 아니라면 궤도 안쪽에 남아 있던 물질과 궤도 바깥쪽에 남아 있던 물질의 영향으로 두 행성은 안쪽으로 이동하고 하나의 행성은 원래의 자리에 남아 있는 것인지도 모른다.

---

* 물체가 서로 인력을 작용하면 물체는 서로 상대방을 향해 움직인다. 큰 파편이 행성에 충돌하면 행성은 그 파편 방향으로 조금 움직이게 된다. 따라서 수많은 파편이 한 방향에서 충돌하면 행성은 그 방향으로 움직여 가게 된다.

천체물리학자들이 행성들이 어떻게 형성되고 있는지 이해했다고 선언하기 전에 아직 할 일이 많이 남아 있다. 외계 행성 사냥꾼들은 질량, 크기, 궤도 반지름이 지구와 비슷한 지구의 쌍둥이를 찾는 작업을 계속할 것이다. 그런 행성을 발견되면 그들은 이 행성이—수십 광년의 거리에도 불구하고—대기를 가지고 있는지, 바다를 가지고 있는지 그리고 궁극적으로는 우리와 같은 생명체를 가지고 있는지를 조사하려고 할 것이다.

이 꿈을 이루기 위해서 천체물리학자들은 정밀한 관측을 방해하는 대기권을 벗어난 곳에서 작동하는 기기들이 필요하다는 것을 알고 있다. 미국 항공우주국이 추진하고 있는 케플러 탐사 계획은 우리의 시선 방향으로 움직이는 지구 크기의 행성에 의한 별의 밝기의 변화(약 백분의 1퍼센트의 변화)를 관측하기 위해 태양에서 가까운 곳에 있는 수십만 개의 별을 조사하려는 연구 계획이다. 이 탐사가 성공을 거두기 위해서는 우리의 시선 방향이 행성의 공전면과 정확히 일치해야 하는 작은 확률의 벽을 넘어야 한다. 그런 경우에는 별빛이 변화하는 주기는 행성의 공전주기와 같을 것이고, 이것은 별과 행성 사이의 거리를 알게 해줄 것이며, 별빛이 희미해지는 정도로부터 행성의 크기를 추정할 수 있을 것이다.

그러나 우리가 행성에 대해 더 자세한 것을 알고 싶다면 행성의 사진을 직접 찍거나 행성이 반사하는 빛을 관찰할 수 있어야 한다. 미국 항공우주국과 유럽 우주국(ESA)은 20년 이내에 이 목적을 달성할 수 있는 연구를 계획중이다. 훨씬 밝은 별 근처에 있는 작은 푸른 점인 지구와 같은 외계 행성을 찾아내는 것은 많은 시인과 물리학자 그리고 정치가들에게 새로운 영감을 줄 것이다. 행성이 반사하는 빛을 분석해서 행성의 대기가 산소(생명체의 존재를 암시할지도 모르는), 또는 산소와 메탄(생명체 존재의 결정적 단서)을 포함하고 있다는 것을 알아내는 것은 시인이 찬양하고 인간의 영혼을 시대적 영웅으로 만들 수 있는 새로운 종류의 성취를 이루었다는 것을 의미할 것이다. 우리 인류는 피츠제럴드가 『위대한 개츠비 *The Great Gattsby*』에서 썼듯이 인간의 능력을 찬양하면서 서로의 얼굴을 마주볼 수 있을 것이다. 우주 어딘가에서 생명체를 찾을 수 있기를 기대하는 사람들을 위해 이 책의 마지막 부분이 기다리고 있다.

# 5부

# 생명의 기원



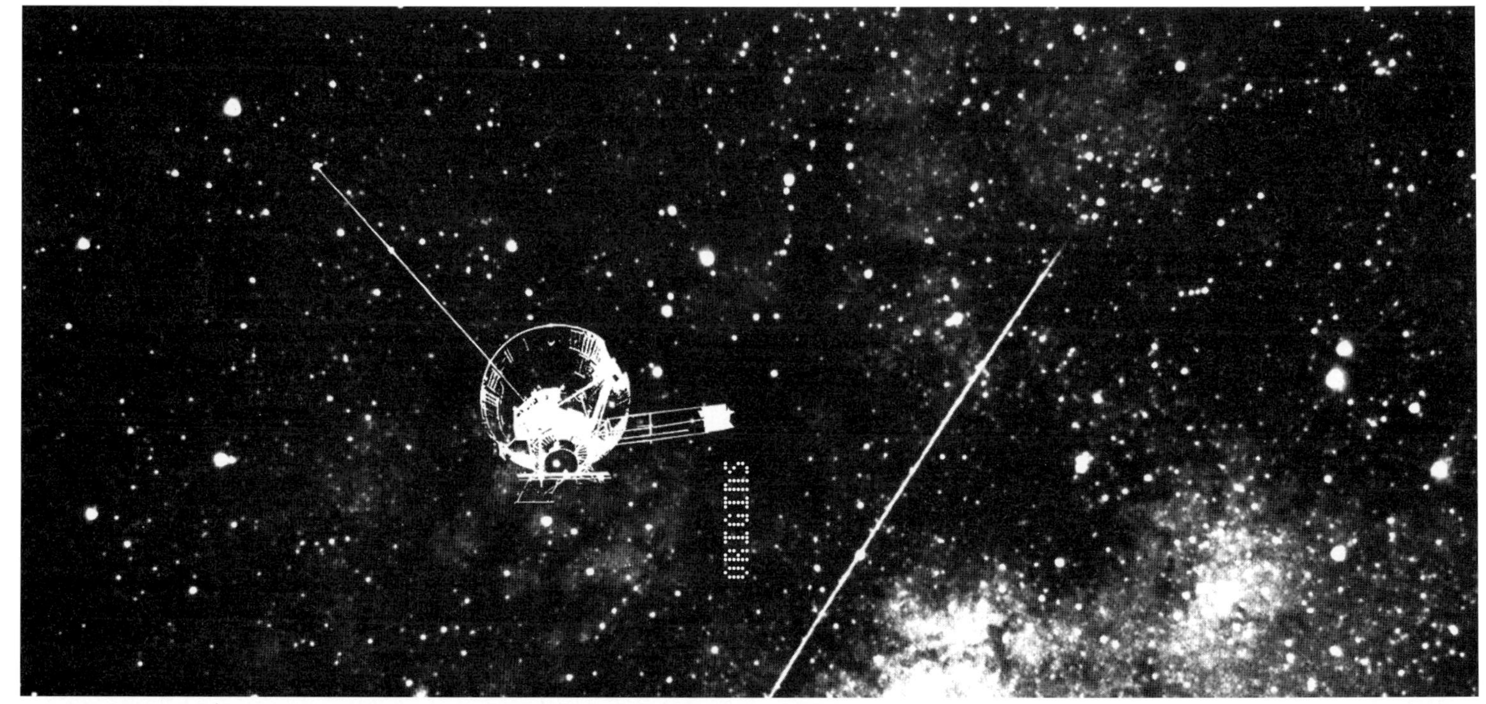

14장

우주의 생명체

우리가 예상하고 기대했던 것처럼 우주와 지구의 기원을 따져온 우리의 발걸음은 이제 지구에 살고 있는 생명의 기원, 그리고 언젠가 우리가 마주치게 될지 모르는 특별한 형태의 생명체의 기원이라는 가장 신비스러운 문제에 다다르게 되었다. 지난 몇 세기 동안, 우리는 우리가 과연 우주에 있을지도 모르는 다른 지적인 존재를 찾아낼 수 있을 것인가, 그리고 우리가 역사 속으로 사라지기 전에 누군가와 간단한 대화라도 나눌 수 있을 것인가를 궁금하게 생각해왔다. 이 수수께끼를 푸는 중요한 단서는 우리 자신을 존재하도록 한 우주의 설계도 속에 들어 있을 것이다. 이 설계도에는 지구의 기원, 지구 생명체들에게 에너지를 제공하는 태양의 기원, 은하와 같은 커다란 구조의 기원, 그리고 우주 자신의 기원과 이들의 진화 과정이 담겨 있을 것이다.

우리가 이 설계도의 세부 사항을 읽어낼 수만 있다면, 이 설계도는 우리를 큰 우주적 사건들로부터 작은 사건들이 어떻게 생겨났는지, 그리고 무한하게 넓고 큰 우주로부터 여러 종류의 생물이 번성하고 진화하는 작은 공간이 어떻게 만들어졌는지를 이해할 수 있도록 해줄 것이다. 우리가 여러 가지 다른 환경에서 형성된 다양한 형태의 생명체를 비교할 수 있다면 생명체 발생에 관한 일반 법칙을 찾아낼 수 있을 것이다. 이 일반 법칙은 특정한 우주적 상황에서 생명이 어떻게 시작되는지를 말해줄 수 있을 것이다. 그러나 현재 우리는 단 한 가지 형태의 생명체만을 알고 있다. 그것은 지구에 살고 있는 지구 생명체이다. 지구 생명체들은 모두 같은 기원을 가지고 있으며, 번식을 위한 수단으로 DNA 분자를 사용하고 있다. 우리가 단 한 가지 형태의 생명체만 알고 있다는 사실은 다양한 형태의 생명체를 알 수 있는 기회가 없었다는 것을 뜻한다. 우리가 가지고 있는 그런 제한적인 경험은 생명체에 대한 일반적인 고찰을 어렵게 할 것이다. 따라서 생명체를 일반적으로 이해하는 일은 우리가 지구 밖의 다른 장소에 살고 있는 다른 형태의 생명체를 만나기 전까지는 불가능한 일일지도 모른다.

문제를 더 어렵게 만드는 것은 우리가 지구에 살고 있는 생명체의 역사에 대해서 너무 많은 것을 알고 있다는 것이다. 따라서 우리는 지구 생명체에 대한 우리의 지식을 바탕으로 우주 전체의 생명체를 지배하는 기본 원리를 알아내려고 한다. 우리는 우리가 알고 있는 생명체에 적용되는 일반 원리를 알아낸 후에 그것을 확장한다면 우주가 언제 어디에서 그리고 어떻게 생명체가 나타나는 데 필요한 조건을 제공했는지 알 수 있을 것이라고 생각한다. 또한 지구 생명체에 대한 우리의 지식으로 인해 우리가 지구가 아닌 다른 곳에 있을지도 모르는 생명체를 상상할 때는 자연스럽게 이 외계 생명체가 우리 자신과 매우 비슷할 것이라고 생각하게 된다. 그러나 우주의 생명체를 제대로 이해하기 위해서는 이런 인류 중심적 사고에서 벗어나기 위해 노력해야 할 것이다. 지구에서 수많은 세대를 이어오면서 얻은 경험과 개인적인 경험에 바탕을 둔 이런 태도는 우리와 전혀 다른 형태의 외계 생명체를 상상해내는 우리의 능력을 제한하고 있다. 오직 지구에 존재하는 생명체가 얼마나 다양한 모습을 가지고 있는지를 잘 알고 있는 생물학자들만이 외계 생명체에 대한 다양한 가능성을 추정할 수 있을 것이다. 외계 생명체들은 보통 사람들의 상상력을 뛰어넘는 형태일 것임에 틀림없다.

언젠가—내년이 될 수도 있고, 다음 세기가 될 수도 있고, 그보다 훨씬 후일 수도 있는—우리는 지구 밖에서 외계 생명체를 찾아낼지도 모른다. 아니면 지구 밖에는 생명체가 존재하지 않는다는 충분한 자료를 입수하여 일부 과학자들이 주장하는 것처럼 지구에 생명체가 존재하는 것이 우리 은하에서 특히 예외적인 특별한 현상이라는 결론을 내리게 될지도 모른다. 그러나 현재로서는 이 문제에 대해 우리가 알고 있는 것이 그리 많지 않기 때문에 우리는 여러 가지 다양한 가능성을 추정해볼 수밖에 없다. 어쩌면 우리는 태양계 내에 있는 다른 천체에서 외계 생명체를 발견할 수도 있을 것이다. 우리가 태양계 내의 다른 천체에서 생명체를 발견한다면 그것은 우리 은하에 있는 태양과 비슷한 별을 돌고 있는 수십억 개의 행성들에도 생명체가 존재할 가능성이 크다는 강력한 증거가 될 것이다. 아니면 우리는 태양계에서는 오직 지구에만 생명이 존재한다는 사실을 알아낼지도 모른다. 그렇게 되면 우리는 태양이 아닌 다른 별 주변에 생명체가 존재할 가능성에 대한 결론을 당분간 유보해둘 수밖에 없을 것이다. 그것도 아니라면 우리가 우주를 아무리 멀리 그리고 넓게 관찰한다 해도 지구 외의 다른 곳에는 생명체가 존재하지 않을 것이라는 증거를 찾아낼 수도 있을 것이다. 다른 활동에서와 마찬가지로 우주의 생명체를 찾아내기 위한 연구에서도 낙관적인 결과들은 사람들을 더욱 낙관적이 되도록 하고, 비관적인 결과들은 사람들을 더욱 비관적으로 만든다. 지구 이외의 장소에 생명체가 존재할 가능성과 관련된 가장 최근의 정보—태양에 이웃한 별들 주위를 돌고 있는 많은 행성들의 발견—는 비교적 다양한 형태의 생명체가 우리 은하 내에 존재할 것이라는 긍정적인 생각을 가질 수 있도록 해준다. 그럼에도 불구하고 이런 긍정적인 생각이 더 확고한 기반을 다지기 위해서는 해결해야 할 문제들이 많이 남아 있다. 예를 들어 행성이 실제로 그렇게 많이 존재한다고 해도 이 행성들 중에서 생명체에 적당한 환경을 제공하는 행성이 없다면 외계 생명체에 대한 비관적인 견해가 오히려 설득력을 가지게 될 수도 있을 것이다.

외계 생명체의 존재 가능성에 대해 연구하는 과학자들은 1960년대 초 미국의 천문학자 프랭크 드레이크가 만든 드레이크 방정식을 자주 인용한다. 드레이크 방정식은 우주가 물리적으로 어떻게 작용하는지에 대하여 자세히 언급하지는 않지만 생명체의 존재에 관한 몇 가지 유용한 개념을 제공한다. 이 방정식은 우리가 찾으려고 하는 수—우리 은하 안에 지적 생명체가 존재하는 장소의 수—를 지적 생명체에게 필요한 환경을 나타내는 몇 개의 항으로 구별함으로써 우리가 알고 있는 것들과 아직 잘 모르고 있는 것들을 적절히 조직화할 수 있도록 해준다. 이 항들은 (1) 주위를 돌고 있는 행성에 지적 생명체가 진화할 수 있을 만큼 오래된 우리 은하 내의 별들의 수 (2) 이 별들을 돌고 있는 행성의 수 (3) 이러한 행성들 중에서 생명체에게 적당한 환경을 가지고 있는 행성의 비율 (4) 생명체에 적당한 환경을 가진 행성에서 실제로 생명체가 발생할 확률 (5)이러한 생명체가 우리와 의사소통할 수 있는 지적 생명체로 진화할 확률을 포함한다. 이 다섯 항들을 곱하면 우리는 우리 은하 내의 지적 문명을 가지고 있는 행성의 수를 얻을 수 있다. 드레이크 방정식을 이용해서 우리가 원하는 수—어떤 특정한 시기에 존재하는 지적 문명의 수—를 얻어내기 위해서는 여기에 여섯번째이자 마지막 항인 우리 은하의 수명(약 1백억 년)과 지적 문명의 평균 수명의 비율을 나타내는 항을 곱해야 한다.

드레이크 방정식의 여섯 개 항은 각각 천문학적, 생물학적, 또는 사회학적인 지식을 필요로 하는 것들이다. 현재 우리는 드레이크 방정식의 처음 두 항에 대해서는 상당한 정도로 예측이 가능하다. 그리고 오래지 않아 세번째 항의 값도 어느 정도 추정할 수 있을 것으로 보인다. 반면에 네번째와 다섯번째 항—적당한 환경을 가진 행성에서 실제로 생명체가 발생할 가능성과 이러한 생명체가 천문학자들이 일반적으로 우리와 의사소통할 수 있는 생명의 형태라고 정의하는 지적 생명체로 진화할 가능성—의 값을 알아내기 위해서는 은하 전체의 다양한 형태의 생명체를 찾아내서 조사해보아야 할 것이다. 지금으로서는 전문가들도 일반 사람들과 마찬가지로 그 항의 값에 대해서 여러 가지 가능성을 제시해볼 수 있을 뿐이다. 행성이 생명체에게 알맞은 조건을 가지고 있을 때 생명이 실제로 시작하게 될 가능성이 얼마나 될까? 이 의문에 대해 과학적 결론을 얻기 위해서는 생명에 적합한 조건을 가지고 있는 행성 중 몇 개의 행성에서 생명이 발생하는지를 몇십억 년 동안 관찰해야 한다. 이와 마찬가지로 우리 은하에서의 문명의 평균 수명을 결정하기 위해서도 충분히 많은 숫자의 문명을 찾아낸 후에 수십억 년 동안 그 문명을 관찰하는 것이 필요할 것이다.

그렇다면 이것은 희망 없는 일이 아닌가? 드레이크 방정식의 완전한 해를 찾는 일은 지구 문명을 하나의 자료로 이용해서 그 해를 이미 찾아낸 외계 문명과 만나지 않는 한 대단히 먼 미래에나 가능할 것이다. 그럼에도 불구하고 이 방정식은 우리 은하에 현재 몇 개의 문명이 존재하는지를 판단하기 위해서 무엇이 필요한지에 대해 유용한 통찰력을 제공해준다. 드레이크 방정식의 여섯 개 항은 전체 결과에 대해 수학적으로 비슷한 영향력을 가지고 있다. 드레이크 방정식의 해는 각각의 항들의 곱으로 나타내어지기 때문에 각각의 항들은 방정식의 해에 직접적인 영향을 준다. 예를 들어 우리가 세 개의 적당한 환경을 가지고 있는 행성 중에서 한 개의 행성에서 생명이 발생한다고 가정했는데 그후의 탐사로 이 비율이 실제로는 30개 중의 하나라고 밝혀진다면, 만약 다른 항에 대한 가정이 정확하다고 해도 우리는 문명의 수를 10배나 과대평가한 것이 된다.

우리가 알고 있는 것들을 바탕으로 판단할 때 드레이크 방정식의 처음 세 항은 우리 은하에 수십억 개의 생명이 존재할 수 있는 자리가 있다는 것을 암시한다(다른 은하에 있는 문명이 우리와 접촉하기는 대단히 어려울 것이고 우리 역시 외부 은하의 생명체들과 접촉하기 어려울 것이기 때문에 우리 은하만으로 논의를 제한하기로 한다). 괜찮다면 친구, 가족, 그리고 동료들과 나머지 세 항에 대한 토론을 해보고 그 수를 결정해보는 것도 재미있을 것이다. 우리가 추정한 수들은 우리 은하 내에 발달된 과학기술을 가지고 있는 문명의 수를 예측하게 해줄 것이다. 예를 들어 우리가 대부분의 적합한 행성이 생명체를 발생시킬 것이라는 것과 행성에서 만들어진 생명체는 틀림없이 지적 생명체로 진화할 것이라고 믿는다면, 우리는 우리 은하의 수십억 개의 행성이 그들의 역사 속에 지적 문명을 가지고 있을 것이라고 결론 내릴 수 있을 것이다. 반면에 만약 우리가 수천 개의 적합한 행성 중 단 하나의 행성만이 생명체를 발생시킬 수 있으며, 행성에서 발생한 수천 개의 생명체 중 단 하나만이 지적 생명체로 진화할 수 있다고 생각했다면, 우리는 수십억 개가 아닌 단지 몇천 개의 행성만이 지적 문명을 포함한다는 결론을 내리게 될 것이다. 우리가 가상할 수 있는 해의 범위가 이렇게 넓은 것—해의 범위는 여기서 예를 든 것보다 훨씬 더 넓을 수도 있다—은 드레이크 방정식이 과학적이라기보다는 거칠고 자유로운 예측에 불과하다는 것을 나타내는 것은 아닐까? 전혀 그렇지 않다. 이 결과는 단지 과학자를 포함한 모든 사람에게 대단히 제한된 지식으로 극도로 어려운 질문에 답을 구하려고 하는 것이 얼마나 힘든 일인지를 증명할 뿐이다.

우리가 드레이크 방정식의 마지막 세 항의 값을 추정하려고 할 때 맞닥뜨리는 이러한 어려움들은 우리가 단 하나의 예를 가지고, 또는 전혀 아무런 예를 가지고 있지 않으면서 그것으로부터 일반적 원리를 찾아내는 것이 얼마나 어려운 일인지를 잘 보여준다. 심지어 우리 자신의 문명이 얼마나 오래 지속될지조차 모르는 상황에서 우리는 우리 은하에 존재하는 문명의 평균 수명을 예측해야 하는 것이다. 그렇다면 우리는 우리가 추정한 이러한 숫자들에 대한 믿음을 모두 버려야 하는가? 그렇게 하는 것은 사색하는 즐거움을 빼앗으면서 우리의 무지를 강조하는 일일 뿐이다. 충분한 자료가 없다면, 우리가 특별한 존재가 아니라는 생각에 기초하여 가장 안전하게 보수적인 단계(누군가가 이것이 틀렸다는 것을 증명할지 모르지만)를 밟아나가야 할 것이다. 천체물리학자들은 우리가 특별한 존재가 아니라는 가정을 '코페르니쿠스의 원리'라고 부른다. 코페르니쿠스는 1500년대 중반에 태양계의 중심이 지구가 아니라 태양이라는 것을 밝혀낸 사람이다. 그리스의 철학자 아리스타쿠스가 기원전 3세기에 태양이 중심에 있는 우주를 제안했지만 대부분의 사람들은 지구가 우주의 중심에 있다고 생각했다. 이러한 생각은 그후 2천 년 동안 사실로 받아들여졌다. 아리스토텔레스와 프톨레마이오스에 의해 완성되고 로마 가톨릭 교회에 의해 계승된 이러한 생각은 대부분의 유럽인들로 하여금 지구가 모든 창조 과정의 중심에 있다는 생각을 받아들이도록 했다. 지구가 중심에 정지해 있는 우주는 하늘이 움직이는 것을 관측한 결과와 잘 맞았고, 이 특별한 행성에 대한 신의 계획이 낳은 당연한 결과로 생각되었다. 심지어 오늘날까지도 지구상의 수많은 사람들이—생각보다 훨씬 많은 수가—그들의 눈에 지구는 가만히 있고 하늘이 돌고 있는 것처럼 보인다는 사실 때문에 지구가 우주의 중심이라는 결론을 아직도 고수하고 있다.

비록 코페르니쿠스의 원리가 모든 과학적 연구에서 우리를 올바른 방향으로 이끌어준다는 보장은 없지만 우리가 우리 자신을 특별하다고 생각하고 싶어하는 자연스런 경향과 균형을 이룰 수 있도록 해줄 것이다. 더 중요한 것은 지금까지 많은 경우에 이 원리가 우리를 겸손하도록 만들었다는 훌륭한 기록을 가지고 있다는 점이다. 지구는 태양계의 중심이 아니고, 태양계는 우리 은하의 중심이 아니며, 우리 은하 역시 우주의 중심이 아니다. 만약 우리가 가장자리가 특별한 장소라고 믿고 있다고 해도, 우리는 무엇의 가장자리조차도 아니다. 그러므로 지구의 생명체가 코페르니쿠스의 원리를 따른다고 가정하는 것은 현명한 태도이다. 그렇다면 지구 생명체의 기원과, 그리고 그것의 구성 성분과 구조가 우주의 다른 곳에 있는 생명체에 대한 단서를 어떻게 제공해줄 수 있을까?

이 질문에 답변을 하려면 우리는 엄청난 양의 생물학적 정보를 소화해내야 한다. 우리는 우리에게서 매우 멀리 떨어져 있는 천체들을 오랫동안 관측하여 수집한 우주의 모든 관측 자료들보다 수천 배나 많은 생물학적 사실들을 알고 있다. 지구 생명체가 가지고 있는 놀라운 다양성은 우리 모두를, 특히 생물학자들을 크게 놀라게 한다. 지구에는 (셀 수 없을 정도로 많은 생명 형태 중에서) 조류, 딱정벌레, 해면동물, 해파리, 뱀, 콘도르 그리고 세쿼이아가 함께 살아가고 있다. 이 일곱 종류의 생명체가 크기 순서대로 줄을 서 있다고 생각해보라. 이 생명체들은 우리가 이 생명체들을 잘 모른다면 이들이 모두 한 행성에서가 아니라 우주 여러 곳에서 왔을 것이라고 생각할 만큼 다양한 모습을 하고 있다. 뱀을 한 번도 본 적 없는 사람에게 뱀을 어떻게 설명할 것인지를 상상해보라. "당신은 나를 믿어야 할 거요. 나는 지구라는 행성에서 (1) 먹이를 적외선 탐지기로 추적하고 (2) 자기 머리보다 5배나 큰 동물도 한입에 삼켜버리고 (3) 팔, 다리도 없고 그외 어떤 부속기관도 없으면서 (4) 당신이 걷는 것만큼이나 빨리 땅에서 미끄러져 가는 동물을 봤다니까요!"

지구에 존재하는 놀랄 만큼 다양한 생명체와는 반대로, 외계의 생명체를 묘사하는 할리우드 작가들의 빈약한 상상력과 창의력은 부끄러울 정도이다. 물론 작가들은 진짜 외계인보다 친근한 모습의 괴물과 침입자를 선호하는 대중을 오히려 탓할 것이다. 그러나 〈블롭 The Blob〉(1958)과 스탠리 큐브릭의 〈2001 스페이스 오디세이〉(1968)에 등장했던 외계 생명체와 같은 몇몇 주목할 만한 예외를 제외하면, 할리우드의 외계인들은 모두 인간과 비슷한 모습을 하고 있다. 얼마나 못생겼든(또는 얼마나 귀엽든) 간에 그들은 모두 눈 두 개와 코 하나, 입 하나, 귀 두 개, 머리 하나, 목 하나, 어깨, 팔, 손, 손가락, 몸통, 다리 두 개, 발 두 개를 가지고 있으며 걸을 수 있다. 그들이 다른 행성에서 독립된 진화 과정을 거쳤다고 주장하고 있음에도 불구하고 해부학적인 견지에서 볼 때 이 창조물들은 인간과 분간할 수 없다. 이보다 더 코페르니쿠스의 원리에 위배되는 것은 찾아볼 수 없을 것이다.

우주생물학—외계 생명체에 대한 연구—은 과학 영역 중에서도 가장 불확실한 학문 분야이긴 하지만 우주생물학자들은 다른 곳의 생명체가 지적이건 그렇지 않건 간에 지구의 생명 형태와 비교해 상당히 다른 모습일 것이라고 자신 있게 단언하고 있다. 우주 어딘가에 있는 생명체를 생각할 때 우리는 할리우드가 우리 뇌에 심어놓은 생각을 털어내기 위해 머리를 세차게 흔들어야 할 것이다. 우리 뇌리에 깊숙이 박혀 있는 생각을 털어낸다는 것이 쉬운 일은 아니겠지만 언젠가 만나 조용한 대화를 나눌 외계 생명체를 찾을 가능성에 대해 감정적이 아닌 과학적인 예측을 하고 싶다면 이것은 우리가 꼭 해야 할 일이다.

# 지구 생명체의 기원

우주의 생명체를 찾는 작업은 생명체란 무엇인가 하는 어려운 질문에서부터 출발해야 한다. 우주생물학자들은 이 질문에는 일반적으로 받아들여질 수 있는 간단한 답변이 있을 수 없다고 말한다. 우리가 보기만 하면 그것이 생명체인지 알 수 있을 것이라는 말은 그렇게 믿을 만한 게 못 된다. 우리가 무생물과 생물을 구별하기 위해 생명체를 어떻게 정의하든 간에 생명체와 무생물의 경계를 모호하게 하는 예를 항상 발견하기 마련이다. 일부 또는 모든 생물은 자라고 움직이고 썩지만 우리가 살아 있다고 말할 수 없는 것들에도 이런 일들은 일어난다. 생명체는 스스로 번식할 수 있다고 생각하는가? 불도 스스로 번식할 수 있다. 생명체는 새로운 형태로 진화할 수 있다고 생각하는가? 용액 속의 몇몇 결정도 새로운 형태로 진화할 수 있다. 사람들 중에는 직접 보면 당연히 어떤 것이 생명체라고 말할 수 있을 것이라고 생각하는 사람도 있을 것이다. 연어나 독수리에게서 생명을 발견할 수 없는 사람이 어디 있겠는가? 그러나 지구에 존재하는 생명체의 다양성을 잘 알고 있는 사람이 전문적인 기술을 갖춘 후에도 행운이 따르지 않는다면 발견하기 힘들 정도로 생명체로서의 속성을 드러내지 않는 생명체가 수없이 많다는 사실을 받아들이지 않을 수 없을 것이다. 이런 생명체들은 우리 주변에 있으면서도 발견되지 않고 무생물로 남아 있을 것이다.

우리의 인생은 짧기 때문에 우리는 대략적이면서도 즉각적으로 적용될 수 있고 일반적으로 받아들여질 수 있는 생명체의 기준을 설정해야 한다. 여기에 그런 생명체의 정의가 있다. 생명체는 번식하고 진화할 수 있는 물질의 집합체이다. 우리는 단지 어떤 물질이 그들 자신을 더 만들 수 있다고 해서 그것을 살아 있다고 하지는 않을 것이다. 생명체로서 자격이 주어지기 위해서는 그 물질이 시간이 지남에 따라 새로운 형태로 진화해야 한다. 그러므로 이 정의에 따르면 어떤 하나의 물체가 생명체인지 아닌지를 즉석에서 판단할 수 없다. 대신에 어떤 것이 생명체인지 아닌지를 알기 위해서는 그들이 존재하는 범위를 알아내야 하고 그것들의 시간에 따른 변화를 추적해야 한다. 생명체에 대한 이러한 정의는 정확한 것은 아니지만 지금으로서는 그것을 쓸 수밖에 없다.

지구에 존재하는 여러 가지 형태의 생명체를 연구함으로써 생물학자들은 지구 생명체의 일반적인 특성을 발견할 수 있었다. 모든 지구 생명체는 대부분 수소, 산소, 탄소, 질소의 네 가지 화학물질로 구성되어 있다. 그외 다른 원소들은 어떤 생명체에서나 모두 합해도 1퍼센트가 안 된다. 네 가지 주요 원소 이외에도 모든 생명체들은 가장 중요하고 기본적인 요소가 되는 약간의 인과 그보다는 더 적은 양의 황, 나트륨, 마그네슘, 염소, 칼륨, 칼슘, 철을 포함하고 있다.

그러나 이런 지구 생명체를 이루고 있는 원소의 특성이 우주의 다른 형태의 생명체에게도 똑같이 적용된다고 결론지을 수 있을까? 여기에 우리는 코페르니쿠스의 원리를 확실하게 적용할 수 있다. 지구 생명체의 대부분을 구성하고 있는 네 가지 원소들은 우주에 가장 풍부하게 존재하는 여섯 가지 원소 목록에 모두 들어 있다. 이 목록에 들어 있는 나머지 두 개의 원소인 헬륨과 네온은 다른 원소들과 거의 반응하지 않기 때문에, 지구 생명체는 우주에서 가장 풍부하며 화학적으로 활발한 반응성이 있는 재료로 이루어져 있다고 말할 수 있다. 우리가 다른 세계의 생명체에 대해 예상할 수 있는 것 중 가장 확실한 것은 지구 생명체를 구성하는 데 사용되는 원소들이 외계 생명체의 구성에도 거의 똑같이 쓰일 것이라는 것이다. 만약 지구 생명체의 대부분이 니오븀, 비스무스, 갈륨, 플루토늄과 같이 우주에서 가장 희귀한 네 원소로 이루어져 있다면 우리는 우리가 우주의 어떤 특별한 존재를 대표한다고 결론지을 완벽한 이유를 가지는 것이다. 그러나 지구 생명체의 화학적 성분은 우리가 지구 너머에 있는 다른 생명체의 존재에 대해 낙관적인 전망을 할 수 있도록 해준다.

지구 생명체의 구성 성분은 처음 예상했던 것보다도 훨씬 더 코페르니쿠스의 원리에 잘 들어맞는다. 지구가 기본적으로 수소, 산소, 탄소, 질소로 이루어진 행성이라면 지구 생명체가 이 네 가지 원소로 이루어져 있다는 것은 놀랄 만한 일이 못 될 것이다. 그러나 지구는 대부분 산소, 철, 규소, 마그네슘으로 이루어져 있으며 지각은 대부분 산소, 규소,

알루미늄, 철*로 이루어져 있다. 이 원소들 중 오직 산소만이 생명체를 이루는 기본 원소이다. 거의 대부분이 산소와 수소로 이루어져 있는 지구의 바다를 들여다보면, 바다에 녹아 있는 가장 흔한 원소인 염소, 나트륨, 황, 칼슘, 칼륨이 아닌 탄소와 질소가 생명체를 이루는 기본 물질이라는 사실에 놀라게 될 것이다. 지구 생명체의 구성 물질은 지구의 구성 성분보다는 우주의 구성 성분과 훨씬 더 비슷하다. 그 결과 생명체의 구성 원소는 지구보다 우주에 훨씬 더 풍부하게 존재한다. 이것은 외계 생명체를 찾아나선 사람들에게 좋은 출발점이다.

우리가 일단 생명체를 이루는 원소들이 우주에 전반적으로 풍부하게 존재한다는 사실을 인정하고 나면, 우리는 다음 질문으로 넘어가게 된다. 이러한 생명체의 원료들이 얼마나 자주 주위의 별과 같은 편리한 에너지원에서 에너지를 얻어 그들을 모으고 적절히 배열하여 스스로 생명체가 될 수 있는가? 언젠가 우리가 태양계 이웃에 있는 다른 별에서 생명체가 있음직한 지역을 많이 찾아낸다면 우리는 이 질문에 대해 통계적으로 정확한 답변을 할 수 있을 것이다. 이런 자료가 없는 현재로서는 우리는 어떻게 지구에서 생명체가 시작되었느냐에 대한 답을 찾아보는 우회적인 방법을 택할 수밖에 없다.

지구 생명체의 기원은 매우 애매한 불확실성 속에 갇혀 있다. 생명의 기원에 대해 우리가 잘 알 수 없는 것은 몇십억 년 전에 일어났던 무

---

* 지구의 최외각을 구성하는 물질의 존재비를 나타내는 클라크 수에 따르면 산소 49.5%, 규소 25.8%, 알루미늄 7.56%, 철 4.7%, 칼슘 3.39%, 나트륨 2.63%, 칼륨 2.4%, 마그네슘 1.93%로 이 8가지 원소가 전체 물질의 97.91%를 차지하고 있다.

생물을 생명체로 바꾼 사건들이 아무런 단서도 남기지 않았기 때문이다. 지구는 40억 년 전의 지구의 역사를 보여주는 지질학적 기록이나 화석을 전혀 남기지 않았다. 잊혀진 시대의 생명체를 찾아내 재구성하는 일을 하는 고생물학자들은 46억 년 전부터 40억 년 전—태양과 그 주위의 행성들이 형성된 후 6억 년—까지의 기간 동안에 처음으로 지구에 생명체가 나타났다고 믿고 있다.

40억 년 전의 지질학적 증거가 사라진 것은 우리가 대륙의 이동이라고 부르고 과학적으로는 판구조론이라고 부르는 지각 운동 때문이다. 지구의 내부에서 올라오는 열에 의한 이런 지각 운동은 지각을 계속해서 미끄러지게 하고 충돌하게 하여, 지각의 한 부분이 다른 부분 위에 올라가도록 했다. 판 구조변화 운동은 한때 지구의 표면에 있던 것들을 천천히 파묻어버렸다. 그 결과 우리는 20억 년이 넘은 바위를 몇 개 가지고 있을 뿐이며 38억 년 전의 것은 아무것도 발견할 수 없다. 이런 사실은 대부분의 초기 생물체가 화석으로 남겨질 가능성이 거의 없었을 것이라는 사실과 함께 지구를 초기 10~20억 년 동안의 생명체에 대한 기록을 가지고 있지 않은 행성으로 만들어버렸다. 우리가 가지고 있는 지구 생명체의 가장 오래된 확실한 증거는 우리를 '겨우' 27억 년 전으로 안내할 뿐이다. 그보다 10억 년 전부터 생명체가 존재했었다는 간접적인 증거들이 발견되기는 했다.

대부분의 고생물학자들은 늦어도 30억 년 전에는 지구상에 확실히 생명체가 존재했고 어쩌면 지구가 생성되고 6억 년 후인 40억 년 전에도 존재했을 가능성이 있다고 믿는다. 그들의 결론은 최초의 생명체에 대한 이성적인 추측을 바탕으로 한 것이다. 30억 년 전쯤에 지구 대기에 주목할 만한 양의 산소가 등장하기 시작했다. 우리는 이것을 생물체의 화석을 통해서가 아니라 지질학적 기록을 통해 알 수 있다. 산소는 철광석의 느린 산화를 촉진시켰고 이로 인해 애리조나의 그랜드캐니언에서 많이 발견되는 암석과 같이 철을 많이 포함하고 있는 붉은색의 바위가 만들어졌다. 산소가 없던 시절의 바위들은 그런 색깔을 나타내지 않고, 산소의 존재를 나타낼 만한 어떤 증거도 가지고 있지 않다.

대기 속에 산소가 나타나기 시작한 것은 지구에 일어났던 가장 거대한 규모의 오염이었다. 대기의 산소는 철과 결합하는 것 이상의 일을 했다. 그것은 초기 생명체의 양분이 될 수 있었던 간단한 분자들과 결합함으로써 (비유적으로 말해서) 초기 생물의 입으로부터 음식을 빼앗아갔다. 결과적으로 지구 대기에 산소가 나타나기 시작한 것은 모든 생명체가 산소가 있는 환경에 적응하거나 적응하지 못하면 죽어야만 했다는 것을 의미한다. 그리고 만약 이 당시 생명체가 이미 출현해 있지 않았다면 그후에는 어떤 형태의 생명체도 출현할 수 없었을 것이다. 생명체의 먹이가 될 물질들이 모두 산소와 결합하여 부식되어버렸을 것이기 때문이다. 산소를 호흡하는 생명체들이 증명해주고 있듯이 산소 오염에 대한 진화적 적응은 많은 경우에 잘 이루어졌다. 그 중에는 산소로부터 피하는 것도 한 방법이었다. 현재에도 인간을 포함한 모든 동물의 위속과 같은 무산소 환경에는 수십억 종의 생명체가 살고 있으며 이들은 산소를 많이 포함하고 있는 오염된 환경에 노출되면 곧 죽을 것이다.

무엇이 지구의 대기에 상대적으로 많은 산소를 있게 했을까? 산소의 대부분은 바다에 떠다니는 조그만 생명체들이 광합성 반응으로 내놓은 것이다. 약간의 산소는 생명체와 관계없이 나타나기도 했다. 태양 빛에 포함된 자외선이 바다 표면의 물 분자를 분해하여 수소 원자와 산소 원자를 방출시킨 것이다. 어떤 별을 돌고 있는 행성의 물이 수억 년 또는 수십억 년이 넘도록 별빛에 노출되면 조금씩이기는 하지만 확실히 대기 속의 산소량은 늘어날 것이다. 그런 행성에서도 대기의 산소는 생명을 유지시킬 수 있는 모든 잠재적인 양분과 결합함으로써 생명체가 시작되는 것을 막을 것이다. 산소가 생명체를 죽인다! 주기율표의 여덟번째 원소인 산소에 대해 우리는 평소에 이런 말을 하지 않는다. 하지만 우주에 존재하는 일반적인 생명체에게 이 말은 맞는 말일 것이다. 생명은 행성 역사의 초기에 출현해야 한다. 그렇지 않다면 대기에 산소가 출현해 생명체가 형성되는 것을 막아 생명은 영원히 나타나지 못할 것이다.

생명의 기원을 포함하는 지질학적 기록이 사라진 시대는 소위 '운석 폭격의 시기(era of bombardment)'라고 부르는, 지구가 생성된 뒤 몇억 년간의 기간이다. 지구 표면의 모든 부분은 계속되는 운석의 비를 견뎌야 했다. 이 몇억 년의 기간 동안에는 애리조나의 운석공을 만든 것만 한 크기의 운석들이 매 세기마다 몇 번씩 지구 표면에 떨어졌다. 지름이 몇 킬로미터에 달하는 그보다 더 큰 운석들도 몇천 년에 한 번씩 떨어졌을 것이다. 각각의 충돌은 지구 표면을 조금씩 변화시켰을 것이며 그 결과 십만여 번의 충돌로 인해 전 지구의 지형이 바뀌었을 것이다.

이 충돌들이 생명체 발생에 어떤 영향을 끼쳤을까? 생물학자들은 이런 충돌이 한 번이 아니라 여러 번 생명을 출현시키고 멸종시켰을 것이라고 말한다. 폭격의 시기에 지구 표면에 떨어진 물질의 대부분은 기본적으로 작은 바위와 먼지와 눈으로 구성된 혜성이었다. 혜성의 '눈'은 얼음과 드라이아이스라고 불리는 동결된 이산화탄소가 섞인 것이다. 초기 몇억 년 동안 지구와 충돌한 혜성들은 눈과 자갈, 무기질과 금속이 풍부한 암석 이외에도 메탄, 암모니아, 메틸알코올, 시안화수소, 포름알데히드와 같은 다른 여러 작은 분자들을 포함하고 있었다. 이 분자들은 물, 일산화탄소, 이산화탄소와 같이 생명을 위해 필요한 원료를 제공했다. 이 분자들은 모두 수소, 탄소, 질소, 산소로 구성되어 있으며 복잡한 분자를 구성해가는 첫번째 단계였다.

그러므로 혜성의 충돌은 지구의 바다에 약간의 물을 보태는 것과 함께 생명이 시작될 수 있는 물질을 제공한 것으로 보인다. 복잡한 분자가 지구에서 형성되었다는 견해에 대한 반론으로 생명 그 자체가 혜성과 함께 지구에 도착했다고 주장하는 사람들도 있다. 그러나 생명이 혜성과 함께 지구에 왔든 아니든 간에 이 폭격의 시기 동안 지구에 떨어진 큰 운석들은 지구에서 막 시작되고 있었던 생명체를 파괴했을 것이다. 따라서 이 기간 동안에는 생명체가 초기 형태로나마 시작되고, 환경에 적응하고, 파괴되고 다시 시작하는 일을 반복했을 것이다. 새로운 생명체들은 특별히 큰 운석이 떨어져 지구의 모든 생명체를 죽이는 대파괴를 일으킬 때까지 몇십만 년이나 몇백만 년 동안 살아갔을 것이고, 멸종 후에는 다시 새로운 생명체가 발생하고 비슷한 시간이 지난 뒤에 다시 파괴되었을 것이다.

잘 알려진 두 가지 사실이 생명의 기원에 대한 적응과 시작 가설에 어느 정도 자신감을 가질 수 있게 해준다. 첫째, 지구 생명체는 지구 수

명의 3분의 1이 되는 때보다 더 이른 시기에 나타났다는 것이다. 만약 생명체가 지구가 형성된 후 몇십억 년 안에 지구에서 발생할 수 있었고, 또 실제로 발생했다면 생명의 발생은 훨씬 이른 시기에 이루어졌을 것이다. 생명이 시작되는 데는 몇백만 년이나 몇천만 년 이상의 시간이 필요하지는 않다. 둘째, 우리는 몇천만 년 간격으로 일어났던 커다란 천체와 지구의 충돌이 지구에 존재하던 생명체 대부분을 파괴했다는 것을 알고 있다. 이 중에서 가장 유명한 것은 6천5백만 년 전에 있었던 백악기-제3기의 멸종이다. 이 멸종 사건으로 많은 종류의 다른 동물들과 함께 공룡이 멸종했다. 이 거대한 멸종도 가장 심했던 페름기-트라이아스기의 멸종에 비하면 작은 사건이다. 페름기-트라이아스기 멸종은 2억 5천2백만 년 전에 있었던 멸종 사건으로 해양 생명체의 90퍼센트를 멸종시켰고, 육상 척추동물의 70퍼센트를 멸종시켜 균류를 육상의 우점종이 되게 하였다.

백악기-제3기와 페름기-트라이아스기의 대멸종은 지름이 수십 킬로미터 정도 되는 운석의 충돌에 의한 것이었다. 지질학자들은 백악기-제3기의 멸종 사건과 같은 시기인 6천5백만 년 전에 운석이 떨어져 만들어진 커다란 크레이터를 찾아냈다. 이 크레이터는 유카탄 반도의 북쪽 부근 해저에 있다. 페름기-트라이아스기 멸종과 같은 시기에 만들어진 큰 크레이터 또한 존재하는데 이것은 오스트레일리아의 북서쪽 해변에서 발견되었다. 그러나 이 시기의 대량 멸종은 운석의 충돌 외에도 화산 폭발과 같은 무엇이 더해져서 일어났던 것으로 추정된다. 백악기-제3기에 있었던 공룡 멸종의 예 하나만으로도 혜성이나 소행성의 충돌로 인한 막대한 피해를 짐작하기에 충분하다. 폭격의 시기 동안에는 그런 종류의 충격뿐 아니라 80, 160, 470킬로미터의 지름을 가진 운석들에 의한 충돌의 영향도 심심찮게 받았을 것이다. 이러한 충돌들은 생명체를 완전히 혹은 겨우 생존할 수 있는 적은 양만 남기고 없애버렸을 것이다. 그러한 충돌은 현재 160킬로미터의 지름을 가지는 운석이 충돌하는 것보다는 훨씬 더 자주 일어났었을 것이다. 우리가 현재 가지고 있는 천문학, 생물학, 화학, 지질학적 지식으로 비추어볼 때 초기의 지구는 생명체를 탄생시킬 준비가 되어 있었고 우주의 환경은 그것을 없애버릴 준비가 되어 있었다. 그리고 현재 어딘가에서 별과 이 별을 돌고 있는 행성이 만들어지고 있다면 별과 행성을 형성하고 남은 파편들이 행성 표면에 충격을 가해 그 행성에서 만들어지고 있는 모든 형태의 생명체를 없애고 있을 것이다.

40억 년 전에 태양계를 형성하고 남은 파편들 대부분은 행성과 충돌하거나 충돌이 일어날 수 없는 궤도로 날아가 버렸다. 그 결과 우리 태양계 이웃은 충돌이 계속되던 위험한 지역으로부터 우리가 현재 즐기고 있는 평화로운 지역으로 변화하게 되었다. 이 평화는 몇백만 년에 한 번씩 지구 생명체들을 위협할 만한 크기의 운석이 지구에 충돌할 때에만 깨지게 된다. 우리가 보름달을 보면 아주 오래 전에 있었던 충돌의 위협과 현재에 있을 충돌의 위협을 비교할 수 있다. 달 표면에 검게 보이는 '달 사람'*의 얼굴을 이루는 거대한 용암대지는 40억 년 전 폭격의 시기가 끝날 때쯤 있었던 엄청난 규모의 충돌에 의해 만들어진 것

---

*달 표면에는 맨눈으로 보아도 쉽게 구분할 수 있는 검은 부분과 밝은 부분이 있다. 이 어두운 부분과 밝은 부분이 언뜻 보면 사람의 얼굴 모양으로 보이기도 한다.

이다. 반면에 지름이 88킬로미터 정도 되는 티코(Tycho)라는 이름의 크레이터는 비교적 현대에 가까운 시기인 지구에서 공룡이 사라진 후에 작지만 중요한 운석의 충돌로 발생했다.

우리는 생명체가 40억 년 전에 이미 존재해서 충돌의 폭풍을 견뎌냈는지, 아니면 비교적 평온해진 후에 출현했는지를 정확히 알 수는 없다. 이 두 가지 가설은 폭격의 시기건 그후이건 지구와 충돌한 천체가 생명의 씨앗을 지구에 가져왔을 가능성을 포함한다. 만약 생명체가 하늘에서 쏟아져 내리는 재앙에도 불구하고 출현하고 죽기를 반복했다면 생명이 발생하는 과정은 매우 끈질긴 것으로 보인다. 그렇기 때문에 우리는 우리와 비슷한 다른 세계에서도 우리와 비슷한 생명체가 발생하는 일이 반복되었을 것이라고 기대하는 것이다. 반면에 지구 자체에서 발생했든지 우주에서 옮겨왔든지 간에 만약 지구 생명체가 단 한 번에 나타났다면 지구가 생명체를 가지게 된 것은 전적으로 행운이라고 할 수 있을 것이다.

어떤 경우이든 오랜 역사를 통한 논란에도 불구하고 생명체가 지구에서 한 번이든 여러 번이든 어떻게 발생했느냐 하는 본질적인 질문에는 좋은 답을 주지 못한다. 오래된 이 신비를 풀 수 있는 사람에게는 훌륭한 보상이 기다리고 있다. 아담의 갈비뼈에서부터 프랑켄슈타인 박사의 괴물에 이르기까지 사람들은 무생물에 신비한 생명의 활기를 불어넣음으로써 이 질문에 답해왔다.

과학자들은 실험실에서 실험을 하고 화석 기록을 조사하면서 좀더 그럴듯한 해답을 찾으려고 노력한다. 그들은 생물과 무생물 사이에 큰 장벽을 만든 뒤 자연이 그 장벽을 어떻게 넘는지를 알아보려는 노력을 한다. 생명의 기원에 대한 초기의 과학적 논의에서는 물웅덩이나 연못에서 간단한 분자들이 상호 작용해서 더 복잡한 분자를 만든다고 상상했다. 찰스 다윈은 그의 놀라운 책 『종의 기원』에서 "지구에 살았던 모든 유기체는 원시생명의 자손일 것이다"라고 가정했다. 다윈은 『종의 기원』이 발간된 지 12년 후인 1871년에 그의 친구 조지프 후커에게 다음과 같은 편지를 보냈다.

사람들은 첫번째 생명체가 발생할 때의 환경 조건이 지금도 존재하며 언제라도 있을 수 있다고 말한다. 그러나 만약(정말로 만약!) 우리가 조그맣고 따뜻한 연못을 갖고 있어 그곳에 모든 종류의 암모니아와 인산염, 빛, 열, 전기 등이 존재한다면 그것은 단백질 복합체가 더 복잡한 물질로 변화할 준비가 되어 있다는 것을 뜻한다. 지금 그런 물질이 있다면 즉시 흡수될 것이다. 그러나 생명체가 생겨나기 전에는 그렇지 않았을 것이다.

다시 말해서 지구에서 생명을 발생시키는 일이 한창이었을 때는 물질대사를 위해 필요한 기본적 구성 물질들은 그것을 먹을 존재가 없었기 때문에 충분히 많은 양이 존재했다는 것이다(그리고 앞에서 이야기했듯이 산소가 이런 물질과 결합하지 않았기 때문에 그들은 부식되지 않고 생명체의 먹이로서 제공될 수 있었다).

과학적인 방법으로 사실을 알아내기 위해서는 실제와 비슷한 상황에서 실험을 하는 것이 가장 좋다. 1953년, 물웅덩이나 연못에서 생명이 출발했다는 다윈의 생각을 증명하기 위해, 시카고 대학의 대학원생인

스탠리 밀러는 노벨상 수상자인 해럴드 유리와 함께 유명한 실험을 했다. 그 실험은 실제 연못을 단순화시킨 가상 연못을 실험기구 속에서 만들어내어 초기 지구의 환경 조건을 재현한 것이었다. 밀러와 유리는 플라스크에 부분적으로 물을 채우고 그 위에 수증기, 수소, 암모니아, 메탄 기체를 넣었다. 그리고는 플라스크의 아래쪽에 열을 가해 증발한 기체가 유리관을 통해 다른 플라스크로 들어가도록 했는데, 그 플라스크에서는 전기 방전이 일어나 번개 역할을 했다. 그 다음엔 혼합물이 원래의 플라스크로 되돌아오는데 이 순환이 며칠 동안 반복되었다. 며칠 후에 밀러와 유리는 아래쪽 플라스크에 복잡한 분자의 재료가 되는 여러 종류의 당과 가장 간단한 아미노산인 알라닌과 구아닌을 포함한 여러 가지 유기물이 풍부하게 포함되어 있는 것을 발견했다.

단백질 분자는 20가지 서로 다른 종류의 아미노산이 서로 다른 구조로 결합하여 만들어진다. 놀랄 만큼 짧은 시간 동안 행해진 밀러-유리 실험은 생명체를 구성하는 아미노산이 간단한 분자들로부터 어떻게 생성되었는지를 부분적으로 보여주었다. 밀러-유리 실험은 뉴클레오티드라고 불리는 화학물질도 만들어냈는데 이것은 새로운 개체를 만들어내는 정보를 가지고 있는 복잡한 분자인 DNA를 구성하는 가장 간단한 단위이다. 그렇지만 실험실의 실험으로부터 생명의 발생까지는 아직도 갈 길이 많이 남아 있다. 아미노산의 형성—우리가 20가지의 아미노산 모두를 실험실에서 만들어낼 수 있다고 해도(실제로는 못하지만)—과 생명체의 발생 사이에는 아직 인간의 실험이나 발견에 의해 다리가 놓여지지 못한 커다란 간격이 있다. 가장 오래되었으며 최소한의 변화만을 거친, 태양계 전체 역사인 46억 년 동안 별다른 변화를 겪지 않은 운석에서도 아미노산은 발견되었다. 이것은 아미노산이 여러 다른 상황에서 자연적인 과정에 의해 만들어질 수 있다는 일반적인 결론을 뒷받침한다. 따라서 냉정하게 본다면 실험을 통해 얻은 결과는 아무것도 놀라울 게 없다. 생명체에서 발견되는 간단한 분자들은 여러 가지 상황에서 빠르게 형성될 수 있지만 생명체는 그렇지 않다. 가장 중요한 질문은 여전히 남아 있다. 어떻게 분자들의 집합체가 원시적인 것이라고 해도 생명체를 만들어낼 수 있었을까?

초기 지구가 생명체를 발생시키는 데는 며칠이 아닌 몇백만 년이 걸렸다는 것을 감안하면 밀러와 유리의 실험 결과는 생명이 작은 물웅덩이에서 시작되었다는 물웅덩이 모델을 지지하는 것처럼 보인다. 그러나 오늘날 생명의 기원을 찾으려는 과학자들은 밀러-유리 실험이 기술적으로 한계가 있었다고 말한다. 그들의 이러한 태도 변화는 실험 결과에 대한 의심 때문이 아니라 그 실험의 밑바탕을 이루고 있는 가설에 결함이 있음을 발견했기 때문이다. 이 결함을 이해하기 위해서 우리는 현대 생물학이 가장 오래된 생명체를 어떻게 설명하고 있는지 알아보아야 한다.


오늘날 진화생물학은 생명체들이 어떻게 기능하고 어떻게 번식할 것인지를 지시하는 유전정보를 가지고 있는 DNA 분자와 RNA 분자 사이의 유사점과 차이점에 대한 자세한 조사에 의존하고 있다. 상대적으로 거대하고 복잡한 이 분자들을 조사해 생물체들 사이의 DNA와 RNA의 차이 정도를 측정함으로써 칼 우스를 위시한 과학자들은 생명체간의 진화적 연관 관계를 나타내는 계통수를 만들 수 있었다.

계통수는 세 개의 커다란 가지로 이루어져 있는데 그것은 원시세균
(Archaea), 세균(Bacteria), 그리고 진핵생물(Eucarya)이다. 이것은 그
전까지 생물분류학에서 가장 기초적인 분류로 받아들여지던 '계'*를
대체한 것이다. 진핵생물은 그 안에 세포 증식에 필요한 유전물질을 포
함하는 잘 구획된 핵을 지닌 세포들로 구성된 기관을 가지고 있다. 이
특징이 진핵생물을 다른 두 유형의 생명체들보다 더 복잡하게 만든다.
전문가가 아닌 사람들에게 익숙한 생명체들은 모두 진핵생물에 속한
다. 진핵생물이 원시세균이나 세균보다 늦게 나타났다는 결론은 합리
적인 것으로 보인다. 계통수에서 원시세균은 출발점에 가장 가까이 있
고, 세균은 원시세균보다 출발점에서 멀리 떨어져—세균의 DNA와
RNA가 더 많이 변화했기 때문에—있다. 따라서 원시세균은 이름이 의
미하듯이 생명체의 가장 오래된 형태이다. 놀라운 사실은 세균이나 진
핵생물과는 달리 원시세균은 우리가 극한 환경이라고 부르는 곳에서도
살 수 있는 '극한 생명체'들이라는 것이다. 원시세균은 물이 끓을 정도
의 높은 온도 근처나 그보다도 높은 온도, 산도가 높은 곳 등 다른 생명
체라면 파괴될 만한 곳들에서도 번성할 수 있다(물론 원시세균들 중에
생물학자가 있다면 그들은 이런 극한 상황에서 사는 자신들을 정상으로 분
류하고 상온에서 사는 생명체를 극한 생명체로 분류할 것이다). 현대의 계
통수 연구는 생명체가 극한 환경에서 살아가는 원시세균으로부터 시작
되었으며 그후에 우리가 정상적인 조건이라고 부르는 환경에서 살아가

---



15장 ● 지구 생명체의 기원  285

기에 적합한 생물로 진화했을 것이라는 주장을 뒷받침한다.

이 경우에 밀러와 유리 실험에서 재현된 작은 물웅덩이뿐 아니라 다윈의 '따뜻한 작은 연못'은, 틀린 것으로 판명된 다른 많은 가설들이 그랬던 것처럼 안개 속으로 사라져야 할 것이다. 밀러-유리 실험이나 다윈의 연못은 상대적으로 온건한 환경이다. 그러나 이제 생명체가 시작된 장소를 찾으려는 사람들은 이런 장소 대신에 산도가 높고, 엄청나게 높은 온도의 물이 분출되고 있는 곳을 지구에서 찾아내야 할 것이다.

지난 몇십 년 동안 해양지리학자들은 그런 장소와 함께 그런 곳에 살고 있는 이상한 생명체들을 찾아냈다. 1977년 두 명의 해양지리학자들이 심해 잠수정을 조종해 처음으로 갈라파고스 군도 근처에 있는 태평양 해수면으로부터 2.4킬로미터 밑에 있는 심해 배출구를 찾아냈다. 이 배출구에서는 지각이, 잠글 수 있는 뚜껑이 달려 있는 압력솥에 물을 넣고 큰 압력을 가해 물이 끓지는 못하게 하면서 끓는 온도보다 높은 온도로 가열하는 요리사와 비슷한 일을 한다. 이때 뚜껑이 부분적으로 열리면 압력과 열을 받고 있던 물은 지각·아래로부터 차가운 심해로 뿜어져 나온다.

이런 배출구에서 솟아나오는 뜨거운 물에는 무기질이 용해되어 있는데 물이 식으면서 물에 녹아 있던 물질들이 석출되어 한 곳에 모여 배출구 주위에 크고 구멍이 많은 바위 굴뚝을 만든다. 이 굴뚝의 중심 부분은 온도가 높고, 바닷물과 접하고 있는 가장자리는 차갑다. 이 온도 변화를 따라 셀 수 없이 많은 종류의 생명체들이 살고 있다. 이들은 바다 표면에서 태양에 의해 살아가는 생명체들이 물에 녹여주는 산소를 사용하며 살아가기는 하지만, 직접적으로는 태양을 한 번도 본 적이 없고 태양열을 이용한 적도 없다. 이 생명체들은 태양열 대신 지열을 이용해서 살아가고 있다. 이 지열은 지구가 만들어질 때 남은 열과 몇백만 년 동안 지속되는 알루미늄26이나 몇십억 년 동안 지속되는 칼륨40과 같은 불안정한 동위원소가 붕괴될 때 내놓는 열이 합쳐진 것이다.

햇빛이 전혀 들어오지 않는 깊은 곳에 있는 이 배출구 주위에서 해양학자들은 박테리아와 작은 생명체들의 군집의 한가운데에서 살고 있는 사람만 한 길이의 관상벌레를 발견하기도 했다. 심해 배출구 주위에 살고 있는 이 생명체들은 식물이 태양 에너지를 이용해 광합성을 하는 것처럼 지열을 이용한 화학반응으로부터 에너지를 얻는 '화학합성'을 하고 있었다.

화학합성은 어떻게 일어나는 것일까? 심해 배출구로부터 솟아나오는 뜨거운 물은 황화수소와 수소화철을 포함하고 있다. 배출구 주위의 세균은 이 분자들을 물 분자에 포함되어 있는 수소와 산소, 그리고 바닷물에 녹아 있는 이산화탄소 분자에서 얻은 탄소 또는 산소와 결합시킨다. 이런 반응들은 탄소, 산소, 수소 원자를 이용해 더 큰 분자—탄수화물—를 만든다. 그러니까 심해 배출구 주위의 세균들은 저 멀리 위에 있는, 탄소, 산소, 수소를 이용해 탄수화물을 만드는 그들 사촌들의 흉내를 내고 있는 것이다. 한 유형의 유기체는 탄수화물을 만들어내는 데 필요한 에너지를 햇빛에서 얻고, 다른 유형의 유기체는 바다 밑바닥에서 일어나는 화학반응에서 에너지를 얻고 있는 것이다. 심해 배출구 주위에 사는 또 다른 생명체들은 이런 탄수화물을 만드는 세균을 섭취하여 에너지를 얻는데 이것은 육상에서 동물이 식물을 먹거나 초식동물을 먹는 것과 같은 것이다.

그러나 심해 배출구 주변에서의 화학반응은 탄수화물 분자를 만드는 것 이상의 일을 한다. 탄수화물에는 포함되지 않는 철이나 황 원자는 결합하여 '어리석은 자의 금'이라고 알려진 황철광의 결정을 만든다. 황철광은 다른 돌과 부딪히면 불꽃을 일으키기 때문에 고대 그리스인들은 이 돌을 '불타는 돌'이라고 불렀다. 지구에 존재하는 모든 황화물 중에서 가장 풍부하게 존재하는 황철광은 탄수화물 같은 분자의 형성을 촉진함으로써 생명의 기원에 중요한 역할을 했을 것으로 생각된다. 이 가설은 독일의 특허권 변호사이며 아마추어 생물학자였던 귄터 베흐터쇼이저가 처음 주장한 것이다. 아인슈타인의 특허사무실 일이 그가 물리학에 전념하는 것을 막지 못했던 것과 마찬가지로 베흐터쇼이저의 특허권 변호사 일이 그를 생물학적 관심에서 멀어지도록 하지 못했다(베흐터쇼이저의 생물학, 화학 공부가 완전한 독학이었던 것과는 달리 아인슈타인은 물리학과 관련된 학위를 가지고 있었다).

1994년 베흐터쇼이저는 지구 역사의 초기에 심해 배출구에서 솟아오른 철과 황이 섞여서 형성된 황철광의 표면에 탄소를 많이 포함하고 있는 분자들이 쌓여 주변의 배출구에서 나온 더 많은 탄소 원자를 획득할 수 있게 되었다고 주장했다. 생명체가 물웅덩이나 연못에서 시작되었다고 주장하는 사람들처럼 베흐터쇼이저 역시 생명체를 이루는 물질이 생명체로 전환되는 분명한 방법을 제시하지는 못했다. 그럼에도 불구하고 그는 생명체가 높은 온도에서 시작되었다는 것을 강조했으며 그가 확실히 믿고 있었듯이 그는 옳은 길에 들어서 있었는지 모른다. 생명체의 기원이 되었을 최초의 복잡한 구조의 분자가 고도로 규칙적인 조직을 가지고 있는 황철광의 표면에서 형성되었다는 것을 언급하면서 베흐터쇼이저는 한 과학 연구 발표회에서 그에게 비판적인 사람들에게 다음과 같이 말했다. "어떤 사람은 생명체의 기원이 혼란 속에서 질서를 가져왔다고 말합니다. 그러나 나는 이렇게 말합니다. '질서가 질서를 낳고, 그 질서가 또 다른 질서를 낳았다!'" 독일인 특유의 활발한 태도로 발표된 그의 새로운 주장은 많은 사람들의 관심을 불러 모았다. 그러나 그의 주장이 얼마나 정확한지는 시간만이 알려줄 수 있을 것이다.

그렇다면 생명의 기원에 대한 두 개의 모델 중 어떤 것이 옳은가? 해양 가장자리의 작은 물웅덩이인가 아니면 심해 배출구인가? 지금으로서는 이 둘의 대결은 팽팽하다. 생명체의 기원을 연구하는 전문가들은 가장 오래된 형태의 생명체가 높은 온도에서 살았었다는 것을 의심한다. 그것은 세균과 원시세균을 계통수의 다른 가지에 배치하는 최근의 분류 방법이 아직 논란거리로 남아 있기 때문이다. 더구나 DNA 분자의 사촌인, 그러나 DNA 분자보다 생명의 역사에 먼저 등장한 고대 RNA 분자 속에 얼마나 많은 서로 다른 종류의 물질이 존재하느냐를 추적하는 컴퓨터 프로그램은 생명체가 상대적으로 낮은 온도에서 생명의 역사를 시작한 후에 높은 온도를 선호하는 생명체가 나타났다는 결론을 보여주기도 했다.

그러므로 우리가 얻을 수 있는 최선의 결론도 과학에서 종종 발생하는 경우와 같이 확실함을 추구하는 사람들을 불만족스럽게 하는 결론일 뿐이다. 우리는 지구 생명체가 대략 언제쯤 나타났는지를 말할 수는 있지만 이 놀라운 일이 어디에서 어떻게 일어났는지는 알 수 없다. 최근에 고식물학자들은 모든 지구 생명체의 불확실한 조상에게 우주의 마지막 공통 조상(last universal common ancestor)이라는 말의 약자를 써 LUCA라는 이름을 붙였다(과학자들이 얼마나 지구 중심적인지를 보라. 그들은 **지구의** 마지막 공통 조상last earthly common ancestor의 약자를 따서 LECA라는 이름을 붙였어야 했다). 현재 우리가 생명체의 조상들—모두 같은 유전자를 지니고 있는 초기의 생명체들—에게 이런 이름을 붙이는 것은 우리가 생명체 기원의 신비에 관한 베일을 벗기기까지는 아직도 먼 여정이 남아 있다는 것을 강조하기 위해서다.

우리 자신의 기원에 대한 자연적인 호기심 이상의 것이 이 문제의 해답에 달려 있다. 우주의 다른 곳에서 다른 기원을 가지고 나타난 생명체들은 다른 생명의 기원뿐만 아니라 다른 진화 과정, 다른 생존 방법을 가지고 있을 것이다. 예를 들어 지구의 바다 밑바닥은 지구에서 가장 안정한 생태계를 제공한다. 만약 커다란 소행성이 지구에 충돌하여 지구 표면의 모든 생명체가 멸종되더라도 바다 밑의 극한 환경에서 사는 생명체들은 별로 영향을 받지 않고 잘 살아갈 것이다. 그들은 멸종 사건이 진정된 후에 지구 표면의 생물로 진화하여 지구 표면을 다시 생물이 번성하는 장소로 만들 수도 있을 것이다. 그리고 만약 태양이 알 수 없는 이유로 태양계의 중심에서 떨어져나가 지구가 우주를 떠돌게 되어도 깊은 바다 속의 극한 환경에 사는 생명체들은 상대적으로 영향을 받지 않고 살아갈 수 있을 것이다. 50억 년 후에 태양이 내행성계를 가득 채울 만큼 팽창하여 적색거성이 되면 지구의 바다는 증발해버릴 것이며 지구 자체도 일부 증발할 것이다. 이 사건은 지구의 어떤 생명체도 피해갈 수 없을 것이다.

극한 환경에서 살아가는 생명체가 지구 어디에나 존재한다는 사실은 우리에게 또 다른 의문을 가지게 한다. 생명체는 태양계가 만들어질 때 형성되어 먼 곳으로 튕겨나간 미행성에도 존재할 수 있을까? 미행성의 '지열' 저장소는 몇십억 년 동안 유지될 수 있다. 다른 별 주위에 만들어져서 이 행성계로부터 튕겨나가 은하를 떠도는 셀 수 없이 많은 행성들은 어떨까? 별로부터 멀리 떨어진 텅 빈 성간 공간을 떠도는 행성에서도 생명이 태어나서 진화할 수 있을까? 천체물리학자들이 극한 생명체의 중요성을 알아내기 전에는, 별로부터 적당히 떨어져 있어, 분자들이 떠다니며 상호 작용을 하여 더 복잡한 분자를 만들 수 있는 물이나 그외의 물질이 액체 상태로 존재하는 '생명체가 살 수 있는 지역'을 설정했었다. 오늘날 우리는 이 생각을 수정하여 생명체가 살 수 있는 지역을 적당한 정도의 별빛을 받는 좁은 지역으로 국한시키지 않는다. 그 대신에 별에서 받는 열뿐만 아니라 방사성원소를 포함하고 있는 바위와 같은 작은 열원이라도 있는 곳이면 어디라도 생명체가 살 수 있는 지역에 포함해야 한다고 주장한다. 동화 속에서 곰 세 마리의 오두막은 특별한 장소가 아니다. 생명체가 먹을 최소한의 식량과 적당한 온도를 갖추고 있는 곳이라면 어디라도, 아기돼지 삼형제 중 한 마리의 집이라도 생명체가 살아갈 수 있다.

희망적인 것은, 과학 발달 이전에 씌어진 동화에서도 생명체는 드물고 귀한 것이 아니라 행성들만큼이나 흔한 것이라고 표현하고 있다는 것이다. 우리에게 남은 것은 그것을 찾아나서는 일뿐이다.

16장

●

# 태양계의 생명체를 찾아서

지구 밖 생명체의 존재 가능성을 찾아내는 일이 그다지 많은 사람들을 필요로 하지는 않지만 이 일이 커다란 성장 가능성이 있는 천체생물학자라는 새로운 직업을 만들어낸 것은 사실이다. '천체생물학자' 또는 '생물천체학자'들은 어떤 형태이든 지구 밖 생명체와 연관되어 제기되는 문제들을 다룬다. 현재 천체생물학자들은 외계 생명체를 상상하거나 외계의 환경 조건을 실험실 안에 만들어 그곳에 생명체를 투입한 후 생명체들이 외계의 극한 환경에서 어떻게 살아남을 수 있는지를 실험한다. 그들은 또한 외계 환경 속에 생명이 없는 분자들의 혼합물을 투입한 후 일어나는 일들을 관찰하여 고전적인 밀러-유리 실험을 변형하거나 베흐터쇼이저의 실험을 세련되게 다듬는 일을 하고 있다. 이러한 상상과 실험의 조합은 일반적으로 받아들여지는 중요한 응용 가능성이 있는 여러 가지 결론—이것들이 실제 우주를 묘사하고 있는 경우에 한해서—을 이끌어내도록 해줄 것이다. 천체생물학자들은 우주에서 생명체가 존재하기 위한 조건은 다음과 같다고 믿고 있다.

1. 에너지원이 있어야 한다.
2. 복잡한 구조를 만들어낼 수 있는 종류의 원자가 있어야 한다.
3. 분자들이 떠다니면서 상호 작용을 할 수 있는 액체 용매가 있어야 한다.
4. 생명체가 발생하고 진화할 충분한 시간이 있어야 한다.

이 짧은 목록 중에서 첫번째와 네번째의 조건은 생명체가 만들어지는 것을 방해하는 작은 장벽일 뿐이다. 우주의 모든 별은 에너지를 공급하고 있다. 그리고 아주 많은 질량을 가지고 있는 1퍼센트의 별을 제외한 대부분의 별들의 일생은 수억 년에서 수십억 년이나 된다. 예를 들어 우리 태양은 지난 50억 년 동안 계속적으로 지구에 열과 빛을 공급했고 앞으로도 50억 년 동안은 계속 공급할 것이다. 게다가 우리는 이제 생명체가 태양 빛이 전혀 없는 곳에서도 지열이나 화학반응에서 나오는 에너지를 이용해 살아갈 수 있다는 것을 알게 되었다. 지열의 일부는 칼륨, 토륨, 그리고 우라늄과 같은 방사성 동위원소의 붕괴 때 나오는 에너지에 의해 공급된다. 방사성 동위원소의 붕괴는 태양과 같은 별의 일생과 비슷한 수십억 년이라는 긴 시간에 걸쳐 일어난다.

지구는 풍부하게 존재하는 탄소 덕분에 생명체가 존재하기 위해서는 복잡한 구조를 만들어낼 수 있는 원소가 있어야 한다는 두번째 조건을 만족시킨다. 탄소 원자는 하나, 둘, 셋, 네 개의 다른 원자와 결합할 수 있다. 이런 다양한 결합력 때문에 탄소는 우리가 아는 모든 생명체를 구성하는 가장 중요한 원소이다. 탄소와는 대조적으로, 수소 원자는 오직 하나의 다른 원자와, 산소는 하나 또는 두 개의 다른 원자와 결합할 수 있다. 탄소는 네 개의 다른 원자와 결합할 수 있기 때문에 단백질과 설탕과 같은 생명체의 가장 기본이 되는 모든 분자들의 골격 역할을 한다.

복잡한 분자를 만들어내는 능력 덕분에 탄소는 수소, 산소, 질소와 함께 지구 생명체의 대부분이 갖고 있는 네 가지 가장 풍부한 원소 중 하나가 되었다. 지각에 풍부하게 존재하는 네 개의 원소 중 이것들과 일치하는 것은 한 개뿐이지만 우주에 풍부하게 존재하는 원소들에는 헬륨, 네온과 함께 이 네 가지 원소가 포함된다는 것을 우리는 알고 있다. 이 사실은 지구 생명체가 별과 비슷한 조성을 가진 물체에서 시작되었다는 가설을 지지한다. 어떤 경우에도 탄소가 지구 표면을 이루는 대부분의 물질 속에서는 상대적으로 작은 부분을 차지하고 있지만 생명체에서는 가장 중요한 부분을 차지하고 있다는 사실은 생명체의 구조를 형성하는 데 탄소의 역할이 매우 중요하다는 것을 나타낸다.

지구가 아닌 우주의 다른 곳에서도 탄소가 생명체의 기본이 될 것인가? 공상과학소설에서 외계 생명체의 기본 구성 원자로 종종 등장하는 규소 원자는 어떨까? 탄소처럼 규소도 네 개의 다른 원자와 결합한다. 하지만 규소가 가지는 본질적 특성 때문에 탄소에 비해 복잡한 분자의 기본 구조를 구성하지 못한다. 탄소는 다른 원자와의 결합이 상대적으로 약하다. 예를 들어 탄소-산소 결합, 탄소-수소 결합, 탄소-탄소 결합은 쉽게 깨진다. 이것이 탄소를 기본으로 한 분자가 다른 분자와 상호 작용하여 다른 유형의 분자를 만드는 과정을 쉽게 해준다. 이런 점은 생명체의 물질 대사에 기본적인 부분이다. 이와는 대조적으로 규소는 다른 원소들과의 결합, 특히 산소와의 결합이 매우 강하다. 지각의 많은 부분은 규소와 산소로 이루어진 규소질 암석으로 되어 있다. 이것은 몇백만 년간 유지될 만큼 강한 결합이기 때문에 새로운 유형의 분자를 만드는 과정에는 참여할 수 없다.

다른 원자들과 결합하는 이러한 규소와 탄소의 성질 차이 때문에, 우리는 외계 생명체의 전부는 아니더라도 대부분이 우리와 같이 규소가 아닌 탄소 골격을 기본으로 해서 만들어졌을 것이라고 강력히 주장할 수 있다. 탄소나 규소가 아니더라도, 상대적으로 낯선 원자가 우주에서 네 개의 결합을 형성할 수도 있다. 탄소와 규소보다는 풍부하게 존재하지는 않을지라도 말이다. 그러나 존재하는 원소의 수만을 비교해보면 생명체가 게르마늄과 같은 원자를 지구 생명체가 탄소를 쓰는 것과 같은 방식으로 쓸 가능성은 매우 낮은 것으로 보인다.


세번째 조건은 모든 형태의 생명체가 만들어지기 위해서는 분자들이 떠다니면서 상호 작용할 수 있는 액체 용매가 있어야 한다는 것을 말하고 있다. '용매'라는 단어는 액체가 분자들이 떠다니며 상호 작용할 수 있는 상황, 화학자들이 '용액'이라고 부르는 상황을 제공해주는 물질을 말한다. 액체는 분자들을 상대적으로 가까이에 집중시켜놓지만 그들의 움직임을 제한하지는 않는다. 반대로 고체는 원자와 분자들을 한 장소에 고정시켜놓는다. 고체 분자들도 충돌하며 상호 작용을 하기는 하지만 액체에서보다는 훨씬 느리다. 기체에서 분자들은 액체에서보다 훨씬 자유롭게 움직이고 훨씬 적은 방해를 받으며 충돌하지만 기체의 밀도는 액체의 밀도보다 천분의 1밖에 안 되기 때문에 기체 분자들 사이의 충돌과 상호 작용은 액체에서보다 훨씬 적게 일어난다. "우리에게는 충분한 시간이 있다"라고 앤드류 마벨이 썼듯이 우리는 액체가 아닌 기체에서 발생한 생명체를 찾을 수도 있다. 그러나 단지 140억 년밖에 안 된 실제 우주에서는 천체생물학자들이 기체 속에서 형성된 생명체를 찾으리라고 기대할 수 없다. 따라서 그들은 지구에서의 모든 생명체와 같이 외계 생명체도 서로 다른 분자가 충돌해서 새로운 유형의 화합물을 만드는 복잡한 화학반응이 일어나는 액체를 포함할 것이라고 기대한다.

그 액체가 꼭 물이어야만 하는가? 우리는 표면의 4분의 3이 바다로 덮여 있는 행성에 살고 있다. 이것이 우리를 태양계에서 특별하게 만들며 우리는 우리 은하에서 매우 특별한 행성일 가능성도 있다. 우주에서 가장 풍부한 두 개의 원자로 구성되어 있는 분자인 물은 혜성과 운석, 그리고 태양계의 행성들과 그 위성들에서는 아주 적은 양만 발견된다. 태양계에서 액체 상태의 물이 대량으로 존재하는 곳은 지구와, 목성의 커다란 위성인 에우로파의 얼어 있는 표면 밑에 숨어 있는 바다뿐이다. 에우로파의 표면 아래에 있는 바다는 아직 간접적인 증거를 통한 추정일 뿐 실제로 확인된 것은 아니다. 물이 아닌 다른 화학물질 중에도 액체의 연못이나 바다를 이루어 분자들이 떠다니며 상호 작용하여 생명체가 되도록 할 수 있는 것이 있을까? 어느 정도의 온도 범위에서 액체 상태로 남아 있을 수 있는 가장 풍부한 세 가지 물질은 암모니아, 에탄,

그리고 메틸알코올이다. 암모니아 분자는 세 개의 수소 원자와 하나의 질소 원자를 포함하고 있으며 에탄은 두 개의 수소 원자와 두 개의 탄소 원자를, 메틸알코올은 네 개의 수소 원자와 한 개의 탄소 원자와 한 개의 산소 원자를 포함하고 있다. 다양한 외계 생명체의 가능성을 고려한다면 우리가 지구 생명체가 물을 사용하는 것과 같은 방법으로 암모니아, 에탄, 메틸알코올을 사용하는 생명체를 생각해보는 것은 합리적일 것이다. 다양한 분자들이 암모니아, 에탄, 또는 메틸알코올과 같은 액체 속에서 생명체가 되는 영광을 누리기 위해 열심히 떠다니면서 상호 작용할 것이다. 태양의 거대한 네 개의 행성들은 많은 양의 암모니아와 그보다는 좀더 적은 양의 메틸알코올과 에탄올을 포함하그 있으며 토성의 큰 위성인 타이탄은 차가운 표면에 액체 에탄올의 호수를 가지고 있을 것으로 추정된다.

생명체의 기본적인 물질로 특별한 유형의 분자를 선택하기 위해서는 이 물질이 몇 가지 조건을 만족해야 한다. 그 물질은 액체 상태를 유지해야 한다. 우리는 생명체가 북극의 빙산이나 수증기로 가득한 구름에서 생겨났다고는 생각하지 않는다. 생명체가 생겨나기 위해서는 물질들의 상호 작용이 충분히 일어나야 하고 이것은 액체에서만 가능하기 때문이다. 지구 표면에서의 대기압 아래에서 물은 $0°C$와 $100°C$ 사이($32°F$에서 $212°F$ 사이)에서 액체 상태로 존재한다. 다른 세 가지 용매는 물보다 훨씬 낮은 온도 범위에서 액체 상태로 유지된다. 예를 들어 암모니아는 $-78°C$에서 얼며 $-33°C$에서 끓는다. 이것이 지구에서 암모니아가 생명체를 위한 용매로 사용될 수 없도록 했지만, 지구보다 $75°C$ 정도나 온도가 낮은 세계에서는 물이 생명체를 위한 용매로 사용될 수 없을 것이며 암모니아가 오히려 알맞을 것이다.

　물의 가장 독특한 성질은 우리가 화학 시간에 배운 '만능 용매'라는 계급장도 아니며 액체 상태로 남아 있을 수 있는 온도의 범위가 넓다는 것도 아니다. 가장 눈에 띄는 물의 성질은 모든 물질이 온도가 내려가면 수축하여 밀도가 높아지는 대부분의 다른 물질과는 달리 물은 온도가 0°C에 가까워지면 오히려 팽창하여 밀도가 작아진다(4°C 아래에서는)는 것이다. 뿐만 아니라 물은 0°C에서 얼어 얼음이 되면 액체 상태였을 때보다도 밀도가 더 작아지기 때문에 얼음이 물에 뜰 수 있다.[*] 얼음이 물에 떠 있는 것은 물고기에게는 아주 다행스러운 일이다. 바깥 공기의 온도가 0°C 이하로 떨어지는 겨울 동안에는 0°C에 가까운 차가운 물이 4°C에 가까운 따뜻한 물보다 가볍기 때문에 위에는 차가운 물이 그리고 아래에는 따뜻한 물이 모인다. 그래서 물은 위에서부터 얼고 얼음판은 물의 표면에 떠다니면서 그 아래의 물을 따뜻하게 유지해준다.

　4°C 이하에서 온도가 내려갈수록 밀도가 작아지는 '밀도 반전(density inversion)'이 없다면 연못과 호수는 위에서부터 얼지 않고 아래에서부터 얼 것이다. 차가운 물이 더 무겁다면 대기의 온도가 0°C 이하로 내려가면 표면에서 차가워진 물은 아래로 가라앉고 따뜻한 물은 위로 올라올 것이다. 위로 올라온 물은 공기에 의해 곧 다시 차가워지게 될 것이다. 따라서 이러한 대류는 물의 온도를 0°C로 떨어뜨려 물 전체를

---

[*] 대부분의 물질은 고체 상태에서 부피가 가장 작아 밀도가 크고 액체 상태에서 부피가 커져 밀도는 작아진다. 그러나 물은 액체 상태에서보다 고체인 얼음일 때 부피가 크고 밀도는 작다. 물이 든 병을 얼리면 병이 깨지는 것은 물이 얼면서 부피가 커지기 때문이다.

얼어붙게 만들 것이다. 만약 얼음의 밀도가 액체인 물의 온도보다 높다면 얼음은 물 위에 떠 있지 않고 바닥으로 가라앉을 것이다. 한 해 겨울 동안에 물 전체가 아래에서부터 위까지 얼어붙지 않는다고 해도 얼음이 몇 년 동안 바닥에서부터 쌓이면 물 전체가 얼음이 될 것이다. 그렇게 되면 모든 물고기가 얼어 죽어버릴 것이기 때문에 얼음낚시는 지금처럼 많은 사람들의 인기를 끌지 못했을 것이다. 그래도 얼음낚시를 포기할 수 없는 사람들은 얼음 위에 남아 있는 물속에 들어가[*] 낚시를 하거나 전체가 얼어버린 얼음산의 정상에서 얼음이 녹을 날만을 기다려야 할 것이다. 그런 세상에서는 얼어붙은 북극을 횡단하는 데 쇄빙선은 쓸모가 없을 것이다. 북극해가 바닥에서부터 모두 얼어붙어 아예 배가 다닐 수 없거나, 얼음들이 모두 바닥으로 가라앉아버려 아무 불편 없이 배가 지나다닐 수 있을 것이기 때문이다. 우리는 얼음이 깨져 물속에 빠질까봐 걱정할 필요 없이 연못이나 호수의 얼음 위를 미끄러져 다닐 수 있을 것이다. 얼음이 물보다 무겁다면 얼음 조각이나 빙산이 모두 바닥으로 가라앉을 것이기 때문에 1912년 4월에 비운의 타이타닉 호는 절대로 가라앉지 않을 배라고 선전했던 대로 바다에 가라앉지 않고 뉴욕 항에 안전하게 도착했을 것이다.

한편 이러한 염려는 중위도에 살고 있는 우리들의 편견일지도 모른다. 얼음이 아래에서부터 얼든 위에서부터 얼든 지구 바다의 대부분이 얼어붙지는 않을 것이다.[**] 얼음이 가라앉는다면 북극해는 모두 얼어

---

[*] 얼음이 물보다 무겁다면 얼음이 바닥에 가라앉아 있고 물이 그 위에 고여 있을 것이다.

[**] 지구의 평균 온도는 바다 대부분을 얼게 하기에는 너무 높기 때문에 적도 가까운 곳의 바다는 얼지 않을 것이다.

붙어버릴 것이고 미국의 오대호나 발틱 해도 마찬가지일 것이다. 그러나 열대 지방에는 아직 충분한 물이 남아 있을 것이다. 이렇게 되면 브라질과 인도가 유럽과 미국을 제치고 세계의 강자로 군림하게 될 것이고 지구 생명체들은 열대 지방에서 지금처럼 계속 번창할 것이다.

잠시 동안은 물이 암모니아나 메틸알코올과 같은 다른 주요 용매들보다 훨씬 큰 이점을 가지고 있어서 모든 생명체는 아니라고 하더라도 대부분의 외계 생명체가 지구의 생명체와 마찬가지로 물을 용매로 사용하고 있을 것이라고 가정하기로 하자. 그리고 생명이 생겨나서 진화하기에 충분한 시간과 탄소 원자를 비롯한 생명체를 만들 수 있는 물질이 충분히 존재한다고 가정하자. 그러면 우리는 생명체가 어디에 있는가라는 오래된 질문을 좀더 현대적인 질문인 물이 어디에 있는가 라는 질문으로 바꿀 수 있다. 이제 새로운 질문으로 무장하고 우리 이웃에 대한 탐사여행을 계속하기로 하자.


만약 태양계에서 물기 없이 건조하고 친근하지 않아 보이는 장소들만 보고 판단한다면 우리는 물이 지구에는 풍부하지만 우리 은하에서는 아주 드문 상품이라고 생각하게 될 것이다. 그러나 세 개의 원자로 만들 수 있는 분자들 중에서 물은 가장 흔한 물질이다. 이것은 물을 구성하고 있는 두 가지 원소인 수소와 산소가 우주에 첫번째와 세번째로 풍부하게 존재하는 원소이기 때문이다. 이런 사실은 어떤 운석이 왜 물을 가지고 있는가라고 묻기보다는 왜 이 운석들이 물을 많이 포함하고 있지 않는가라고 묻는 것이 더 현명한 질문이라는 것을 나타낸다.

어떻게 지구는 물로 된 바다를 가지게 되었을까? 달의 크레이터들을 잘 살펴보면 달에는 전 역사에 걸쳐 수많은 운석이 충돌했다는 것을 알수 있다. 우리는 지구도 이와 같이 많은 충돌을 견뎌왔을 것이라고 예측할 수 있다. 사실 지구는 달보다 더 크기 때문에 더 강한 인력을 가지고 있어서 달에서보다 운석들의 충돌이 더 많았을 것이다. 이런 상황은 달과 지구가 탄생했을 때부터 지금까지 계속되었을 것이다. 지구는 별사이의 빈 공간에서 부화되어 공 모양의 방울을 이룸으로써 생겨난 것이 아니다. 그 대신 지구는 태양과 다른 행성들을 만든 밀도가 높은 기체 구름 속에서 생겨났다. 이 과정에서 지구는 엄청난 양의 작은 고체 조각들이 첨가되어 커졌을 것이며 무기질이 풍부한 운석과 물이 풍부한 혜성이 끊임없이 충돌했을 것이다. 얼마나 끊임없이? 지구 형성 초기의 혜성 충돌은 바다 전체의 물을 공급할 만큼 자주 일어났을 것이다. 이 가설에는 아직 불확실성이(그리고 반론이) 많이 남아 있다. 우리가 핼리 혜성에서 관측한 물은 지구의 물보다 보통의 수소 대신 중수소로 되어 있는 중수를 훨씬 많이 포함하고 있었다. 중수소는 수소의 동위원소로 원자핵에 중성자를 하나 더 가지고 있는 원소이다. 만약 지구의 바다가 혜성에서 왔다면 태양계가 형성된 직후에 지구에 충돌한 혜성들의 화학성분은 현재의 혜성들의 화학성분과 확연히 달랐거나 적어도 핼리 혜성과 같은 유형의 혜성들의 성분과는 달랐을 것이다.

화산 폭발에 의해 대기에 보태진 수증기까지 고려한다면 지구가 표면에 있는 물을 얻게 된 것을 설명하는 데는 큰 어려움이 없을 것이다.

우리가 물도 없고 공기도 없는 장소를 방문하고 싶다면 달보다 더멀리 갈 필요가 없을 것이다. 달에서는 대기압이 0에 가깝고, 2주 동안이나 계속되는 낮에는 온도가 107°C까지 올라가기 때문에 물이 빠르게 증발한다. 2주간 계속되는 달의 밤 동안에는 온도가 영하 153°C까지 내려가 모든 것을 얼리기에 충분하다. 그러므로 달을 방문했던 아폴로 우주인들은 그들의 왕복여행에 필요한 물과 공기를(그리고 에어컨을) 가져가야만 했다.

지구는 엄청난 양의 물을 얻었는데 가까이 있는 달은 물을 거의 얻지 못했다는 것은 이상한 일이다. 적어도 부분적으로는 확실히 맞을 하나의 가능성은 달에서의 중력이 지구에서의 중력보다 훨씬 작아 물이 달 표면에서 훨씬 빠르게 증발했다는 것이다. 또 다른 가능성은 달에 가는 사람들이 물이나 물을 이용하여 만든 제품을 가지고 가지 않아도 될 것이라는 것이다. 달 궤도를 돌며 별 사이의 공간에서 빠르게 움직이던 입자들이 수소 원자와 부딪힐 때 만들어내는 중성자를 검출하여 분석하던 클레멘타인 탐사선*의 관측 결과는 달의 북극과 남극 근처에 있는 크레이터 밑 깊은 곳에 얼음 조각의 저장소가 있을 것이라는 오래된 주장을 지지해주었다. 만약 달에 해마다 비슷한 수의 행성 사이를 떠도는 부스러기들이 충돌했다면 이 중에는 지구에 충돌한 것과 같은 물을 많이 포함하고 있는 혜성도 있었을 것이다. 이런 혜성들은 얼마나 클까? 태양계에는 이리 호**의 크기와 같은 웅덩이를 채울 만큼의 물을 가지

---

* 심우주 탐사과학실험(Deep Space Probe Science Experiment: DSPSE)이라는 공식 명칭으로 1994년 1월 25일 발사된 클레멘타인 탐사선은 70일 동안 달 궤도를 돌면서 달 표면의 지도를 작성하였다. 클레멘타인 탐사선은 달 표면에서 반사되어 나오는 중성자를 이용하여 달 표면의 성분을 조사하기도 했는데 이 과정에서 달의 극지방에 얼음이 있을 가능성을 발견하였다.
** 북미 대륙에 있는 오대호 중에서 네번째로 큰 호수.

고 있는 혜성이 많이 있다.

혜성의 충돌로 새로 만들어진 호수가 온도가 200도나 올라가는 달에서 증발되지 않고 여러 날을 견딜 수 있을 것이라고 기대하기는 어렵다. 그러나 달의 남극이나 북극 근처에 있는 깊은 크레이터의 바닥에 충돌한 혜성(또는 그 자신이 극에 충돌해 깊은 크레이터를 만든 혜성)의 물은 어둠의 장막 속에 아직도 남아 있을 것이다. 달의 남극과 북극 근처에 있는 깊은 크레이터는 달에서 '태양이 빛나지 않는' 유일한 장소이다(만약 달의 한 면은 계속 어둡다고 생각한다면 당신은 1973년에 나온 핑크 플로이드의 앨범 〈달의 어두운 면Dark side of the Moon〉과 같은 자료들로 인해 잘못된 생각을 갖게 된 것이다). 항상 모자라는 태양 빛을 아쉬워하는 북극과 남극 근처에 살고 있는 사람들이 잘 알고 있는 것처럼 극지방에서는 태양이 하루 중 어느 때도 또는 일 년 중 어떤 계절에도 하늘 높이 올라오지 않는다. 태양이 떠오르는 가장 높은 고도보다 더 높은 언덕으로 둘러싸인 크레이터의 바닥에 살고 있다고 상상해보자. 햇빛이 비추지 않는 곳으로 빛을 산란시킬 공기가 없다면 당신은 영원한 어둠 속에서 살아야 할 것이다.

그러나 차가운 암흑 속에서도 얼음은 천천히 증발한다. 얼음 접시에 얼음 조각을 담고 냉동실에 넣은 후 긴 휴가에 갔다 와보라. 얼음 조각들의 크기가 당신이 떠날 때에 비해 눈에 띄게 작아져 있을 것이다. 그러나 만약 얼음 조각들이 작은 고체 조각들과 잘 섞여 있다면(혜성에서처럼) 이 얼음 조각들은 달의 극지방에 있는 깊은 크레이터의 바닥에서 몇억 년 동안 남아 있을 것이다. 우리가 달에 기지를 건설한다면 이 호수 근처에 자리를 잡는 것이 여러 가지 이익을 가져다줄 것이다. 얼음을 녹이고 걸러서 마실 수 있는 이점 외에도 물 분자를 수소와 산소로 분리해 수소를 얻을 수 있는 이점도 있다. 우리는 그렇게 얻은 수소를 로켓 연료의 중요한 혼합 성분으로 사용할 수 있을 것이며, 일부의 산소는 숨쉬는 데 사용할 수 있을 것이다. 그리고 우주 탐사 작업 사이사이에 스케이트를 타러 갈 수 있을 것이다.

금성은 크기와 질량이 지구와 비슷하지만 여러 가지 면에서 태양계의 다른 행성들과 다르다. 주로 이산화탄소로 이루어진 금성의 대기는 반사율이 높고, 두꺼우며, 밀도가 높아 금성의 대기압은 지구 대기압의 백 배나 된다. 이와 비슷한 압력을 받으며 살아가고 있는 심해에서 사는 생물을 제외한 모든 지구 생명체는 금성에 가면 높은 압력 때문에 부서져 죽어버릴 것이다. 그러나 금성의 가장 특이한 특징은 표면에 골고루 흩어져 있는 비교적 젊은 크레이터들에 있다. 금성에서는 전 행성적인 대재앙이 그 이전에 있었던 충돌의 증거들을 모두 날려버렸기 때문에 크레이터 시계를 새로 다시 시작해야 했다. 따라서 크레이터의 형성 순서를 보고 나이를 추정하는 우리의 능력도 다시 조정되어야 했다. 전 행성적인 홍수와 같은 침식성의 기후가 이런 일을 했을 수도 있다. 그러나 용암의 흐름과 같은 전 행성적인 지각(금성각이라고 해야 할까?) 활동이 미국의 자동차들이 꿈꾸는 것과 같이 금성 전 표면을 새로 포장해놓았을 수도 있다. 크레이터 시계를 다시 시작하게 했던 사건은 그것이 어떤 사건이었든 갑자기 사라진 것이 틀림없다. 그러나 중요한 질문이 아직 남아 있다. 특히 금성의 물에 대한 질문이 그렇다. 만약 금성에 전 행성적 홍수가 일어났다면, 그 물은 모두 어디로 갔을까? 표면 밑으로 가라앉았을까? 대기 속으로 증발했을까? 홍수가 일어나지 않았다고 해도 금성은 그의 자매 행성인 지구처럼 혜성들의 충돌로 많은 물을 얻었을 것이다. 그 물들에는 무슨 일이 일어났을까?

그것에 대한 답변으로는 금성의 대기가 온도를 높여 물을 잃게 되었다는 것이 가장 그럴듯하다. 이산화탄소 분자는 가시광선을 잘 통과시키지만 적외선은 효율적으로 흡수한다. 그러므로 대기의 반사로 인해 금성 표면에 도달하는 태양 빛은 대기를 통과하면서 세기가 약해지기는 하겠지만 금성의 대기를 통과해 표면에 도달할 수 있다. 표면에 도달한 태양 빛은 금성 표면의 온도를 높인다. 그러면 금성 표면의 물질은 적외선을 내놓는데 이 적외선은 대기를 통과해 밖으로 나갈 수 없다. 대기 속의 이산화탄소 분자가 금성 표면이 내는 적외선을 흡수하면 하층부의 대기의 온도가 올라가고 따라서 대기의 아래쪽에 있는 금성 표면의 온도가 더욱 올라간다. 과학자들은 이렇게 대기가 가시광선을 통과시키고 적외선을 흡수하는 것을 온실의 유리 창문이 가시광선만 통과하게 하고 적외선의 일부는 막는 것에 비유해 '온실효과'라고 부른다. 금성에서와 마찬가지로 지구에서도 온실효과가 나타난다. 지구 대기의 온실효과는 우리 행성의 온도를 대기가 없을 때보다 14°C 정도 높여주기 때문에 생명체에게는 꼭 필요하다. 지구의 온실효과는 공기 속에 포함되어 있는 물 분자와 이산화탄소 분자에 의한 온실효과가 합해진 것이다. 지구의 대기는 금성의 대기보다 천분의 1밖에 안 되는 이산화탄소를 포함하고 있기 때문에 지구의 온실효과는 금성의 그것과는 비교가 되지 않는다. 그럼에도 불구하고 우리는 화석연료를 연소시킴으로써 공기 속 이산화탄소의 양을 계속 증가시키고 있어 지구의 온실

효과는 꾸준히 높아지고 있다. 의도하지 않았음에도 불구하고 우리는 지구의 온도가 올라가면 어떤 해로운 결과가 나타날지에 대한 전 지구적 실험을 수행하고 있는 셈이다. 금성에서는 이산화탄소에 의한 온실효과가 표면 온도를 수백 도 올려놓아 표면 온도가 용광로의 온도와 비슷한 500°C(900°F)나 된다. 금성은 태양계에서 가장 뜨거운 행성이다.

어떻게 금성이 이런 상태에 이르게 되었을까? 과학자들은 금성의 대기에 흡수된 적외선이 온도를 높이고 높은 온도가 물을 증발시키는 이런 현상을 나타내기 위해 '폭주하는 온실효과(runaway greenhouse effect)'라는 단어를 만들어냈다. 대기에 포함되게 된 수증기는 적외선을 좀더 효과적으로 흡수할 수 있게 하여 온실효과를 증대시켰다. 그리고 이것은 물의 증발을 촉진시켜 대기에 더 많은 수증기를 생기게 함으로써 온실효과를 더욱 강화시켰다. 한편 금성 대기의 최상층부에서는 강한 태양 빛이 물 분자를 수소 원자와 산소 원자로 분리시켰다. 높은 온도 때문에 수소는 공간으로 달아나버리고 무거운 산소는 다른 원소와 결합해버려 다시는 물이 되지 않았다. 시간이 지남에 따라 한때 금성 표면에 가지고 있던 물이 영원히 사라지게 되었다.

비슷한 과정이 지구에서도 일어난다. 그러나 지구에서는 대기의 온도가 훨씬 낮기 때문에 매우 낮은 비율로 그런 일이 일어난다. 지구 표면의 대부분은 바다이다. 그러나 바닷물의 질량을 다 합해도 전체 지구 질량의 약 5천분의 1밖에 안 된다. 이런 적은 비율에도 불구하고 바닷물의 양은 $10^{18}$톤이나 되고 그 중 약 2퍼센트는 얼어 있다. 만약 지구에서 금성에서 일어났던 것과 같은 폭주하는 온실효과가 발생한다면 우리 대기는 많은 양의 태양 에너지를 흡수할 것이다. 그렇게 되면 대기의 온도가 올라가고 바닷물은 빠르게 공기 속으로 증발할 것이다. 이것은 지구에 사는 모든 생명체에게 정말로 나쁜 소식이 될 것이다. 지구의 식물과 동물이 결국 열로 인해 죽어가겠지만 수증기로 두꺼워진 공기층의 압력이 3백 배로 증가하여 이 압력 때문에도 모두 죽게 될 것이다. 우리는 우리가 숨쉬는 공기에 깔리고 구워질 것이다.

우리의 행성에 대한 관심이(그리고 무지가) 금성에만 국한되는 것은 아니다. 이제는 말라버렸지만 아직도 보존되어 있는 구불구불한 강바닥, 홍수 지역, 강이 만든 삼각주, 서로 연결되어 있는 지류들, 그리고 강의 침식 작용이 만든 지형을 가지고 있는 화성은 한때 물이 흐르고 있던 에덴동산이었음이 틀림없다. 만약 태양계에서 넘쳐나는 물을 공급받을 수 있는 장소가 지구 외의 다른 곳에 있었다면 그곳은 화성이었을 것이다. 그러나 알려지지 않은 이유로 화성의 표면은 말라버렸다. 금성과 화성을 자세히 관찰해보면 우리의 형제자매 행성들은 우리로 하여금 지구를 새롭게 바라보게 하고 지구의 표면이 액체 상태의 물을 공급해주고 있는 것이 얼마나 다행스런 일인가를 알게 해준다.

20세기 초에 풍부한 상상력으로 화성을 관찰했던 유명한 미국의 천문학자 퍼시벌 로웰*은 지능이 있는 화성인들이 화성의 극지방으로부터 인구가 밀집해 있는 중위도 지방으로 물을 끌어들이기 위해 운하망

---

* 미국의 여행가이며 천문학자인 로웰은 일본을 여행하고 미국에 돌아가 우리나라를 소개하는 『조선 *Chosun*』이라는 책을 쓰기도 했다. 만년에 그는 로웰 천문대를 설립하고 아홉번째 행성을 찾는 일에 주력했는데 아홉번째 행성인 명왕성은 그가 죽은 후 로웰 천문대에서 일하던 톰보에 의해 1930년 2월 18일에 발견되었다.

을 건설하고 있다고 주장했다. 피닉스의 시민들이 콜로라도 강물이 줄어드는 것을 염려하는 것을 보면서 로웰은 그가 관찰했다고 생각한 것을 설명하기 위해 물이 없어 죽어가는 화성 문명을 상상해냈을 것이다. 그의 잘못된 생각이 잘 반영된 1909년에 출판된 『생명의 거주지 화성 *Mars as the Abode of Life*』에서 그는 그가 보았다고 상상했던 화성 문명의 종말이 임박한 것을 아쉬워했다.

실제로 화성의 표면은 어느 시점에 생명체가 살 수 없도록 말라버린 것이 틀림없다. 천천히 그러나 확실히 시간은 생명체를 이미 모두 소멸시켰거나 소멸시킬 것이다. 마지막 생명의 불꽃이 사라지고 나면 화성에서의 진화 과정은 영원히 끝나고 화성은 죽은 세계가 되어 공간을 돌고 있게 될 것이다.

로웰은 적어도 한 가지 사실은 바로 보았던 것이다. 만약 화성이 표면을 흐르는 물을 필요로 하는 문명을 가지고 있었다면(아니면 어떤 행태의 생명체라도 가지고 있었다면) 화성 역사의 어느 시점에 알 수 없는 이유로 화성 표면의 물이 말라버렸기 때문에 화성 문명은 대재앙을 만났을 것이다. 이것은 로웰이 묘사했던 것—현재의 일이 아니라 과거의 일이긴 하지만—과 일치하는 상황이다. 수십억 년 전에 화성 표면을 흐르던 물이 어떻게 되었을지를 알아내는 것은 행성지질학자들이 가장 풀기 어려워하는 문제로 남아 있다. 화성은 주로 얼어붙은 이산화탄소(드라이아이스)로 이루어진 극관 속에 약간의 물이 언 얼음을 가지고 있고, 대기 속에도 아주 적은 양의 수증기가 포함되어 있다. 화성의 극관이 화성에 존재하는 물의 대부분을 포함하고 있지만 그 양은 고대 화성에 흐르던 물을 설명하기엔 턱없이 모자라다.

　만약 고대 화성에 존재했던 물이 공간으로 증발해버리지 않았다면 화성 지하에 있는 영구 동토층에 잡혀서 지하에 숨어 있을 것이다. 그렇게 주장하는 증거는 무엇인가? 화성 표면에 있는 커다란 크레이터들은 작은 크레이터들보다 그 가장자리 언덕이 더 심하게 무너져 있다. 만약 지하에 영구 동토층이 있다면 그곳에 다다르기 위해서는 더 큰 충돌이 필요할 것이다. 커다란 충돌이 내놓는 에너지는 이 얼음 층을 녹여 표면으로 올라와 흐르도록 했을 것이다. 덜 깊은 곳에 영구 동토층을 가지고 있을 것이라고 예상되는 고위도 지방으로 가면 이런 무너져 내린 가장자리를 가지고 있는 크레이터들이 더 많이 나타난다. 낙관적인 예측에 따르면 화성 동토층의 얼음을 모두 녹인다면 화성 전체를 수십 미터 깊이의 물로 채울 수 있을 것이라고 한다. 화성 생물(또는 화석)에 대한 탐사는 화성의 지하를 비롯해 여러 지역에 대한 조사가 병행돼야 할 것이다. 화성에서 생명체를 찾는 것과 연관된 가장 중요한 질문, 즉 화성 어디엔가 액체 상태의 물이 있는가에 대한 답은 쉽게 찾아낼 수 있을 것이다.

　해답의 일부분은 우리의 물리학적 지식으로부터 얻어진다. 화성의 대기압은 지구 대기압의 1퍼센트도 안 되기 때문에 화성에 액체 상태의 물이 존재하는 것은 불가능하다. 따라서 화성 표면에는 액체 상태의 물이 존재할 수 없다. 높은 산을 등반하는 등산가라면 누구라도 잘 알고 있듯이 기압이 낮아지면 물은 100°C보다 낮은 온도에서도 끓는다. 기압이 해수면의 기압보다 반으로 떨어지는 휘트니 산*의 정상에서는 물

---

*　미국 캘리포니아 동부에 있으며, 해발 4,418미터로 미국에서 제일 높은 산이다.

은 100°C가 아니라 75°C에서 끓는다. 기압이 해수면 기압의 4분의 1밖에 안 되는 에베레스트 산의 정상에서는 50°C에서 끓을 것이다. 대기압이 지상의 1퍼센트밖에 안 되는 32킬로미터 상공에서는 물이 끓는 온도는 5°C이다. 몇 킬로미터 더 높은 곳으로 올라가면 물은 0°C에서 끓게 된다. 이것은 물을 공기 속에 내놓기만 하면 증발해버린다는 것을 뜻한다. 과학자들은 고체가 액체 상태를 거치지 않고 기체 상태로 변하는 것을 '승화'라고 부른다. 우리 모두는 어린 시절부터 승화에 익숙해 있다. 아이스크림을 파는 사람이 아이스크림 통을 열면 그 속에서는 맛있는 아이스크림뿐만 아니라 아이스크림을 차갑게 유지하기 위해 넣어 둔 드라이아이스 덩어리도 있다. 드라이아이스는 물이 언 얼음보다 아주 좋은 장점을 가지고 있다. 드라이아이스는 승화하기 때문에 녹아도 닦아낼 액체가 생기지 않는다. 오래된 탐정소설에서는 어떤 사람이 드라이아이스 위에 올라서서 목을 매고 있다가 드라이아이스가 승화됨에 따라 줄이 당겨져 죽는다. 그리고 탐정은 그가 어떻게 목을 맸는지에 대한 단서를 (방 안 공기의 성분을 정확히 분석해보지 않는다면*) 찾아내지 못한다.

지구의 공기 속에서 이산화탄소에 일어나는 일이 화성에서는 물에 일어난다. 화성의 여름날 온도가 0°C 이상으로 올라간다고 해도 화성에는 액체 상태의 물이 존재할 수 없다. 이런 사실은 우리가 화성의 지하에서 액체 상태의 물을 찾아내기 전까지는 화성 생명체에 대한 전망에 어두운 그늘을 드리운다. 화성의 고대 생명체나 현대의 생명체를 발

---

* 방 안의 공기를 정밀하게 분석해보면 방 안 공기가 더 많은 이산화탄소를 포함하고 있다는 것을 알 수 있을 것이다.

견할 가능성을 높이기 위해 미래의 화성 탐사는 화성 표면에 구멍을 뚫어 생명의 묘약인 물을 찾아낼 수 있는 지역을 중심으로 이루어져야 할 것이다.

물이 생명의 묘약인 것처럼 보이지만 어떤 생명체에게는 열심히 피해 다녀야 할 죽음의 물질일 수도 있다. 1997년에 아이다호에 있는 이글록 고등학교의 14살짜리 학생이었던 네이선 조너가 일반인들을 대상으로 (과학 대중화에 앞장선 사람들 사이에서) 이제는 유명하게 된 반기술적 정서 및 화학물질 공포증과 관련된 실험을 하였다. 조너는 사람들에게 산화수소를 완전히 폐기하든지 아니면 엄격하게 통제할 것을 호소하는 탄원서에 서명하도록 요구했다. 그는 이 색깔도 없고 냄새도 없는 물질의 나쁜 성질을 열거했다.

- 이것은 산성비의 주성분이다.
- 이것은 모든 물질을 녹인다.
- 이것을 허파로 들이마시면 죽을 수도 있다.
- 이것은 기체 상태에서 심한 화상을 입힐 수도 있다.
- 이것은 말기 암 환자의 종양에서도 발견된다.

조너가 서명을 부탁했던 50명 중 43명이 탄원서에 서명하였고 여섯 명은 결정을 하지 못했으며, 한 사람은 이 분자의 열렬한 지지자로 서명을 거부했다. 그렇다. 86퍼센트의 사람들이 산화수소($H_2O$)를 우리 환경에서 폐기하는 데 찬성했다.

아마도 그런 일이 실제로 화성에서 일어났던 모양이다.

금성, 지구 그리고 화성은 생명체의 열쇠(다른 가능한 용매와 마찬가지로)로서 물에 초점을 맞추는 것이 가져올 함정과 이익에 대해 많은 것을 알게 해준다. 천문학자들이 어디에서 액체 상태의 물을 발견할 수 있을지를 생각할 때 그들은 우선 모성(母星)으로부터 적당한 거리—너무 멀지도 않고 너무 가깝지도 않은 거리—에서 모성을 돌고 있어서 액체 상태의 물을 가지고 있을 수 있는 행성을 주목하게 된다. 따라서 우리는 골디락스*의 이야기로 시작해보자.

옛날—대략 40억 년 전—에 태양계의 형성은 거의 완성 단계에 있었다. 금성은 태양에 너무 가까이에서 만들어졌기 때문에 강한 태양 빛의 에너지로 인해 물의 공급원이 있었다고 해도 모든 물이 증발되었을 것이다. 화성은 태양에서 너무 먼 곳에 형성되어 모든 물이 얼어붙었다. 단지 지구만이 물이 액체 상태로 존재할 수 있는 '적당한' 거리에 형성되었다. 따라서 지구는 생명체를 가질 수 있게 되었다. 물이 액체 상태로 존재할 수 있는 이 지역을 '생명체가 살 수 있는 지역'이라고 부른다.

골디락스는 '적당한' 것들을 좋아했다. 세 마리 곰이 살고 있던 오두막에 있는 한 그릇의 보리죽은 너무 뜨거웠다. 다른 그릇의 죽은 너무 차가웠다. 세번째 그릇의 보리죽은 온도가 적당했다. 그래서 그녀는 그것을 먹었다. 위층에 있는 침대 하나는 너무 딱딱했고 다른 하나는 너무 물렁물렁했다. 세번째 침대는 적당했다. 그래서 그녀는 그곳에서 잤다. 곰 가족이 집에 돌아왔을 때 보리죽이 없어진 것과 골디락스가 잠

---

* 미국 동화 「골디락스와 곰 세 마리Gollocks and Three Bears」의 주인공 여자아이. 골디락스는 곰 세 마리가 살고 있는 숲속 오두막에 몰래 들어가 일을 저지른다.

들어 있는 것을 발견했다(이야기가 어떻게 끝나는지에 대해서는 신경쓰지 말기 바란다.* 그러나 곰 가족—잡식성이고 먹이사슬의 가장 윗자리에 있는—이 보리죽 대신 골디락스를 먹어버리지 않은 것은 신기한 일이다).

이 행성들의 실제 역사는 세 그릇의 보리죽의 역사보다는 훨씬 복잡하겠지만 금성, 지구, 화성의 상대적 생명의 생존 가능성은 골디락스의 이야기와 닮은 부분이 있다. 40억 년 전에는 그 이전보다는 현저하게 그 수가 줄어들었지만 아직도 물을 포함하고 있는 혜성과 광물질을 많이 포함하고 있는 소행성이 행성의 표면을 두들기고 있었다. 이 우주 당구 게임이 벌어지고 있는 동안에는 어떤 행성은 안쪽으로 조금 이동하였고 어떤 행성은 바깥쪽으로 밀려났다. 그리고 형성된 수십 개의 행성 중 어떤 행성은 불안정한 궤도로 이동하여 태양이나 목성과 충돌하였다. 그리고 또 다른 행성들은 태양계에서 영원히 추방되었다. 마지막에는 몇 개의 행성들만이 수십억 년을 견딜 수 있는 '적당한' 궤도에 남게 되었다.

지구는 태양으로부터 평균 1억 4천8백만 킬로미터 떨어진 거리에 자리를 잡았다. 이 거리에서 지구는 태양이 내놓는 에너지의 20억분의 1를 받아들이고 있다. 만약 지구가 태양에서 오는 에너지를 모두 흡수한다면 지구의 평균 온도는 280K(7°C) 정도일 것이다. 이 온도는 여름과 겨울 온도의 중간쯤 된다. 정상적인 대기압에서 물은 273K(0°C)에서 얼고 373K(100°C)에서 끓는다. 지구는 대부분의 물이 액체 상태에 있을 수 있는 적당한 거리에 있는 것이다.

---

* 잠이 깬 골디락스는 깜짝 놀라 곰들의 오두막을 도망쳐나와 집으로 돌아오고 다시는 그 숲 근처에 가지 않는다.

결론을 내리기에는 아직 이르다. 과학에서는 때로 잘못된 이유로 옳은 결론을 얻는 경우도 있다. 실제로 지구는 태양에서 지구에 도달하는 에너지의 3분의 2만 흡수한다. 나머지 에너지는 지구 표면(특히 바다)과 구름에 의해 다시 공간으로 반사된다. 이 반사되는 에너지를 고려하면 지구의 평균 온도는 물이 어는 온도보다 훨씬 낮은 온도인 255K(-22°C)로 떨어져야 한다. 무엇인가가 지구의 온도를 우리가 안락하게 느낄 수 있는 온도로 높이고 있어야 한다.

잠깐만 기다려주기 바란다. 별의 진화를 설명하는 모든 이론은 우리들에게 40억 년 전 지구에 처음 생명체가 생겨나기 시작했을 때는 태양이 지금의 3분의 1밖에 안 되는 에너지를 내고 있었다고 말해준다. 그것은 그 당시의 지구 평균 온도를 더 내려가게 한다. 아마도 오래 전에는 지구가 태양에 더 가까이 있었는지도 모를 일이다. 그러나 초기의 엄청난 폭격이 끝난 후에는 태양계에서 행성이 앞뒤로 움직일 만한 아무런 이유를 찾을 수가 없다. 그렇다면 과거에는 지구 대기에 의한 온실효과가 매우 컸던 것이 아닐까? 우리는 이것도 확신할 수 없다. 우리가 알 수 있는 것은 생명체가 살 수 있는 지역이라는 것이 사실은 행성에 생명체가 있느냐의 여부를 가지고 판단한 결과론적인 설정이라는 것이다. 이것은 지구가 생명체를 가지는 것이 생명체가 살 수 있는 지역이라는 단순한 모델로 설명되지 않는다는 것으로도 확실히 알 수 있다. 더구나 물을 포함한 용매가 액체 상태로 남아 있는 것이 태양으로부터의 열에만 의존할 필요는 없다.

우리 태양계는 생명체가 살 수 있는 지역이라는 모델이 생명체를 찾아내는 데 오히려 제약이 될 수 있다는 두 가지 사실을 가지고 있다. 하나는 태양의 에너지가 물을 액체 상태로 유지할 수 있는 영역 밖에도 넓은 바다가 존재한다는 사실이다. 다른 하나는 물이 액체 상태로 존재하기에는 너무 온도가 낮은 곳에서도 다른 용매는 액체 상태로 존재할 수 있다는 사실이다. 그런 용매가 우리에게는 해로울지 모르지만 다른 형태의 생명체에게는 필수적인 물질일지도 모른다. 오래지 않아 인류는 이 두 천체를 자세하게 관측할 수 있는 기회를 가지게 되겠지만 우리는 현재 우리가 에우로파와 타이탄에 대해 알고 있는 것들을 확인해 보기로 하자.

목성의 위성인 에우로파는 달과 비슷한 크기의 위성으로 표면에는 서로 얽혀 있는 수많은 균열이 보인다. 이 균열들은 몇 주 또는 몇 달을 두고 모양이 변한다. 지질학 전문가나 행성천문학자들은 이러한 균열의 변화는 북극해가 거대한 얼음으로 뒤덮여 있는 것처럼 에우로파의 표면이 대부분 얼음으로 덮여 있다는 것을 나타낸다고 생각한다. 얼음 표면에 보이는 갈라진 틈과 작은 개울의 모양이 계속 변하는 것으로부터 과학자들은 놀라운 결론을 이끌어냈다. 이 얼음이 에우로파의 전 표면을 덮고 있는 바다에 떠 있다는 것이다. 보이저 호와 갈릴레오 호의 성공적인 탐사 활동 덕분으로 과학자들은 에우로파 표면에서 새로운 많은 지형들과 지형의 변화를 발견하였다. 과학자들은 그들이 발견한 것을 설명하기 위해서는 얼음이 액체 위에 떠 있어야 한다고 생각했다. 그러한 변화를 에우로파의 전 표면에서 관찰했기 때문에 얼음 밑에 있는 바다는 에우로파 전체를 둘러싸고 있어야 한다.

그렇다면 이 액체는 무슨 액체이며 어떻게 액체 상태를 유지할 수 있을까? 행성천문학자들은 두 가지 결론을 얻어냈다. 하나는 이 액체가 물이라는 것이다. 또 다른 결론은 물이 목성의 조석력에 의해 액체 상태로 유지된다는 것이다. 암모니아, 에탄, 메틸알코올과 같은 다른 분자들보다 물 분자가 훨씬 풍부하게 존재한다는 사실이 에우로파의 얼음 밑의 액체가 물일 것이라는 추정을 하게 한다. 그리고 얼어붙은 에우로파 표면 아래 액체 상태의 물이 존재한다는 사실은 가까이 있는 다른 위성에도 물이 있을 것이라는 것을 의미한다. 그러나 태양 빛에 의한 평균 온도는 120K(-153°C)인 목성 궤도에 어떻게 액체 상태의 물이 존재할 수 있을까? 에우로파의 내부는 목성과 다른 위성들의 조석력 때문에 비교적 따뜻하게 유지될 수 있다. 목성과 가까이 있는 두 위성인 이오와 가니메데는 에우로파가 이들 천체와의 상대적 위치를 바꿀 때마다 에우로파 내부의 바위들을 휘어놓는다. 이오와 에우로파의 항상 목성을 향하고 있는 면은 먼 쪽에 있는 면보다 목성으로부터 더 큰 인력을 받는다. 이런 인력의 차이는 이 고체 위성을 목성 방향으로 조금 늘어나게 한다. 그러나 위성이 목성을 공전하면서 목성과 위성 사이의 거리가 달라짐에 따라 목성의 조석 영향—가까운 쪽에 있는 면과 먼 쪽에 있는 면이 받는 인력의 차이—이 달라진다. 따라서 이미 찌그러진 모양에 약간의 파동이 만들어진다. 계속적으로 가격되는 라켓 볼과 스쿼시 볼의 경우처럼 계속적으로 구조적인 변형력을 받게 되면 내부 온도가 올라가게 된다.

태양에서의 먼 거리 때문에 그렇지 않다면 모든 것이 영원히 얼어붙어 있을 이오는 이러한 조석력 때문에 태양계에서 가장 지각 활동이 활발하게 일어나는 천체가 되었다. 이오의 표면에는 화산이 폭발하고 지각에 균열이 생기며 지각이 움직여 다니고 있다. 어떤 사람들은 현재의 이오를 형성 초기의 지구와 비슷하다고 생각하기도 한다. 이오의 내부는 구역질나는 냄새를 풍기는 황 화합물과 나트륨 화합물을 화산을 통해 이오의 표면 위로 몇 킬로미터까지 분출할 수 있을 정도로 온도가 높다. 이오는 액체 상태의 물을 가지고 있기에는 온도가 너무 높다. 그러나 목성에서 이오보다 더 멀리 떨어져 있어서 이오보다 조석력을 덜 받는 에우로파는 온도가 이오처럼 높지는 않지만 의미를 가질 만한 온도는 유지할 수 있다. 게다가 에우로파의 전 표면을 덮고 있는 얼음 층은 액체에 압력을 가해 증발하는 것을 막아주어 액체 상태의 물이 수십억 년 동안 유지될 수 있도록 해주었다. 우리가 아는 한 에우로파는 바다를 뒤덮고 있는 얼음과 물이 어는 온도에 가깝기는 하지만 아직 어는 점보다 높은 온도를 유지하고 있는 이 바다를 45억 년의 태양계 역사를 통해 보유하고 있다.

따라서 천체생물학자들은 에우로파의 바다를 수사선상의 가장 앞쪽에 올려놓고 있다. 아무도 이 얼음 층의 두께가 얼마나 되는지 알지 못하고 있다. 수십 미터일 수도 있고, 10킬로미터가 넘을 수도 있다. 지구의 바다에 살고 있는 생명체의 다양성을 생각한다면 에우로파는 태양계 내에서 외계 생명체를 찾을 가능성이 가장 큰 장소이다. 에우로파로 얼음낚시를 가는 것을 상상해보라. 실제로 캘리포니아에 있는 제트 추진연구소의 기술자들과 과학자들은 이곳에서 얼음 구멍을 찾아내(또는 구멍을 내어) 수중 카메라를 얼음 아래로 내려 보내서 헤엄치거나 기어 다니는 생명체를 찾아낼 계획을 세우고 있다.

그러나 우리는 에우로파에서 기껏해야 '원시적인' 생명체를 찾아내는 것이 고작일 것이다. 왜냐하면 이곳에서 발견될지도 모르는 생명체는 아주 적은 양의 에너지를 사용해야 할 것이기 때문이다. 그럼에도 불구하고 워싱턴 주의 현무암 아래 1.6킬로미터 이상 되는 곳에서 많은 양의 유기체를 발견한 것은 우리가 언젠가 에우로파의 바다에서 지구 생명체와는 다른 외계 생명체를 발견할 가능성을 크게 한다. 그렇게 되면 하나의 문제가 생길 것이다. 이 생명체의 이름을 에우로판(Europan)이라고 해야 할지 아니면 에우로피언(European)이라고 해야 할지 하는 문제다.*

태양계 내에서 외계 생명체를 찾는 작업에서 화성과 에우로파는 각각 1번과 2번 목표물이다. 세번째 '나를 찾아요!'라는 팻말은 태양으로부터 목성과 목성의 위성들까지의 거리보다 두 배나 먼 곳에 있는 토성에 있다. 토성은 커다란 위성인 타이탄을 가지고 있다. 타이탄은 목성에서 가장 큰 위성인 가니메데와 태양계의 챔피언 자리를 놓고 다투는 위성이다. 우리 달보다 두 배나 큰 타이탄은 다른 위성(또는 수성. 타이탄보다 그리 크지 않은 수성은 태양 가까이에 있어 태양열에 의해 모든 기체가 날아갔다)과는 달리 두터운 대기층을 가지고 있다. 타이탄의 대기층은 화성의 대기보다 수십 배 더 두껍다. 타이탄의 대기는 화성이나 금성의 대기와는 달리 지구의 대기와 마찬가지로 주로 질소 분자로 이

---

* 영어에서는 어떤 지역에 사는 사람을 나타낼 때 지명 뒤에 an을 붙이는 경우가 많다. 예를 들어 유럽 사람들은 European이라고 부른다. 따라서 유럽과 비슷한 이름을 가지고 있는 이 위성에서 생명체를 발견한다면 관례에 따라 an을 붙여 에우로판이라고 해야 할지 아니면 비슷한 이름을 가진 유럽인의 예를 따라 에우로피언이라고 해야 할지를 묻고 있다. 어원을 이용한 유머이다.

루어져 있다. 투명한 질소 기체 중에는 많은 양의 연무 입자들이 짙은 타이탄의 안개를 만들어내 타이탄의 표면을 우리의 시선으로부터 영원히 감추고 있다. 그 결과 타이탄에서 생명체를 발견할 가능성에 대해서는 온갖 추측이 난무하고 있다. 우리는 타이탄 표면에서 반사하는 전파(기체와 연무를 뚫고 지나갈 수 있는)를 이용하여 이 위성 표면의 온도를 측정하였다. 타이탄 표면의 온도는 85K(-188°C)였다. 이 온도는 액체 상태의 물이 존재하기에는 너무 낮은 온도지만 석유를 정제하는 사람들에게는 잘 알려진 탄소와 수소 화합물인 에탄이 액체 상태로 존재하기에는 알맞은 온도이다. 수십 년 동안 천체생물학자들은 타이탄에는 유기체들이 가득 떠다니며 먹고 만나고 재생산하는 에탄 호수가 있을 것이라고 생각해왔다.

21세기 초인 오늘날에 와서야 드디어 타이탄에 대한 직접 탐사가 상상력을 대신할 수 있게 되었다. 미국 항공우주국과 유럽 우주국이 공동으로 실행중인 토성 탐사를 위한 카시니-호이겐스 탐사위성이 1997년 10월 지구에서 발사되었다. 금성(두 번)과 지구(한 번), 그리고 목성(한 번)의 중력으로 속도를 높여 토성으로 향하고 있는 카시니-호이겐스 탐사위성은 거의 7년 후인 2004년에 토성 궤도에 도착하였다. 이곳에서 이 탐사위성은 엔진을 점화하여 테를 두르고 있는 이 행성의 공전 궤도로 진입했다.

이 탐사를 설계한 과학자들은 2004년 후반에 카시니 탐사위성으로부터 호이겐스 탐사봉을 분리하여 타이탄의 두꺼운 구름을 뚫고 아래로 내려 보내 표면에 착륙하도록 할 예정이다.* 대기 상층에서는 빠른 속도로 인한 마찰열로 탐사봉이 타는 것을 막기 위해 열 차단장치를 사용하고 대기의 하층부에서는 탐사봉의 속도를 줄이기 위해 여러 개의 낙하산을 사용할 것이다. 호이겐스 탐사봉에 실려 있는 여섯 가지 장비는 타이탄 대기의 온도, 밀도, 화학성분을 측정하여 카시니 탐사위성을 통해 지구에 보낼 것이다. 지금으로서는 우리는 타이탄의 구름 아래 숨겨져 있는 수수께끼를 풀어줄 자료와 사진을 기다리고 있는 수밖에 없다. 멀리 떨어져 있는 이 위성에 생명체가 존재한다고 해도 우리가 생명체를 직접 보기는 어려울 것이다. 그러나 우리는 생명체가 살아가고 번성할 수 있는 액체 연못과 같은 것을 발견하여 이 위성의 환경이 생명체가 존재할 만한 환경인지를 알 수 있게 되기를 기대하고 있다. 그리고 적어도 타이탄의 표면에 존재하는 새로운 종류의 분자에 대하여 알 수 있게 되기를 기대하고 있다. 그런 분자들은 지구와 태양계에서 생명체의 선구 물질이 어떻게 생겨났는지에 대한 연구에 새로운 빛을 비추게 될 것이다.

생명체가 존재하기 위해서 물이 필요하다고 해서 생명체를 찾는 장소를 단단한 표면이 물을 모아둘 수 있는 행성이나 위성으로 한정할 필요가 있을까? 그렇지 않다. 우리 가정에서 사용하고 있는 암모니아, 메탄, 그리고 에틸알코올과 마찬가지로 물 분자는 별 사이의 공간에 존재하는 차가운 기체 구름에서도 자주 발견된다. 밀도가 높고 온도가 낮은 특별한 조건에서는 물 분자의 결합체가 부근에 있는 별에서 에너지

---

* 2005년 1월 15일(한국 시간)에 성공적으로 타이탄 표면에 착륙하여 타이탄 표면의 사진과 자료들을 전송해왔다.

를 받아 세기가 강한 초단파를 낼 수 있다. 이 현상에 관계된 원자물리학의 원리는 가시광선을 만들어내는 레이저(laser)의 원리와 비슷하다. 그러나 이러한 현상을 나타내는 약자는 메이저(maser : **m**icrowave **a**mplification by **s**timulated **e**mission of **r**adiation)이다. 물은 은하 어디에나 존재할 뿐만 아니라 별빛의 에너지를 받아 초단파를 발사하고 있는 것이다. 성간구름 속에 존재할지도 모르는 생명체가 겪어야 할 어려움은 생명체의 재료가 되는 물질의 부족이 아니라 물질의 밀도가 매우 낮다는 것일 것이다. 이런 낮은 밀도에서는 물질이 서로 충돌하고 상호 작용할 가능성이 아주 작아진다. 지구와 같은 장소에서 생명체가 형성되는 데 수백만 년이 걸린다면 훨씬 낮은 밀도에서는 수조 년이 걸릴 것이다. 이것은 우주가 제공해줄 수 있는 시간보다 훨씬 긴 시간이다.

태양계에서의 생명체 탐사를 마침으로써 우주의 기원과 연결되어 있는 기본적인 문제들을 모두 살펴보았다. 그러나 우리는 우리 앞에 놓여 있는 기원에 관한 쟁점을 살펴보지 않고 끝낼 수는 없다. 그것은 다른 문명과의 접촉에 대한 것이다. 어떤 천문학적 주제도 이 주제보다 사람들의 상상력을 더 생생하게 사로잡을 수는 없다. 그리고 어느 것도 이 주제보다 우리가 우리 우주에 대해 알게 된 것들을 잘 이해할 수 있는 더 나은 기회를 제공할 수 없을 것이다. 우리가 다른 세계에서 생명이 어떻게 발생할는지에 대해 조금 알게 된 지금 인간의 마음속 깊은 곳에 숨어 있는 욕망을 만족시킬 수 있는 가능성에 대해 알아보기로 하자. 그것은 우리와 같이 여러 가지 일들에 대한 이야기를 나눌 우주의 다른 존재들을 찾아내고 싶은 욕망이다.

# 17장

## 우리 은하의 생명체를 찾아서

우리는 이제 태양계 안에서는 화성, 에우로파, 타이탄이 생명체를 발견할 가능성이 있는 장소라는 것을 알게 되었다. 살아 있는 상태가 아니라면 화석 형태로라도 말이다. 이 세 천체는 여러 가지 분자들이 떠다니며 상호 작용하여 복잡한 물질을 형성해 생명체로 발전할 수 있는 물 또는 다른 형태의 용매를 가지고 있을 가능성이 가장 큰 천체들이다.

천체생물학자들은 태양계 안에서 원시적인 형태의 생명체라도 포함하고 있기 위해서는 물을 담고 있는 연못을 가지고 있어야 한다고 생각한다. 태양계 내에서는 이 세 천체들만이 이런 조건을 만족시킬 가능성이 있다. 그러나 비관적인 사람들은 우리가 이 세 천체들에서 생명체에게 적당한 환경을 발견한다고 해도 생명체는 존재하지 않을 것이라고 주장한다. 이들의 생각이 실제 탐험을 통해 옳은 것으로 판명 날지 아니면 잘못된 것으로 밝혀질지는 모르지만 어떤 경우이든 화성, 에우로파, 그리고 타이탄에 대한 탐사 결과는 우주에 생명체가 널리 퍼져 있을 것인지를 판단하는 중요한 자료가 될 것이다. 그러나 우리가 더 진보된 형태의 생명체—지구에 초기에 나타나서 현재도 많이 남아 있는 간단한 하나의 세포로 된 생명체보다는 큰 생명체—를 발견하려고 한다면 우리는 태양계 밖으로 나가 태양이 아닌 다른 별을 돌고 있는 행성계를 찾아가야 할 것이다.

한때는 태양계 밖에 있는 다른 별을 돌고 있는 행성이 존재하느냐 하는 행성의 존재 자체가 관심의 대상이었다. 그러나 목성이나 토성과 비슷한 백 개가 넘는 외계 행성들이 발견된 현재로서는 우리는 좀더 많은 시간과 정밀한 관측만 할 수 있다면 지구와 같은 행성을 틀림없이 발견하게 될 것이라고 생각하고 있다. 20세기의 마지막 몇 해 동안은 우주에 생명체가 존재할 수 있는 곳이 많다는 것을 확인한 중요한 시기로 역사에 기록될 것이다. 외계 행성들의 발견으로 드레이크 방정식에서 나이가 수십억 년 된 별의 수를 나타내는 첫번째 항과 그 주위에 행성을 가지고 있는 별의 수를 나타내는 두번째 항은 작은 값이 아니라 큰 값이라는 것을 알게 되었다. 그러나 행성이 생명체에게 적당한 환경을 가질 확률과 그런 행성에서 생명체가 실제로 나타날 확률을 나타내는 다음 두 항은 외계 행성을 발견하기 이전과 마찬가지로 아직 확실하지 않은 채로 남아 있다. 그럼에도 불구하고 세번째 항과 네번째 항의 확률을 추정해내려는 우리의 시도는 마지막 두 항인 다섯번째 항과 여섯번째 항을 알아내려는 것보다 더 확실한 근거를 가지게 되었다. 마지막

두 항은 일단 태어난 외계 생명체가 지적 생명체로 진화할 확률을 나타
내는 것과 그러한 문명이 지속되는 시간과 은하 수명과의 비율에 관한
것이었다.

드레이크 방정식의 처음 다섯 항의 답을 추정하는 데는 인류와 인
류의 문명 그리고 우리 태양계 자체가 하나의 예로 사용될 수 있을 것
이다. 그러나 우리 자신을 예로 이용할 때는 우주에 견주어서 우리를
측정하는 것이 아니라 우리에 견주어서 우주를 측정하지 않도록 항상
코페르니쿠스의 원리를 되새겨야 할 것이다. 일단 생명체가 서로 통신
할 수 있는 기술을 가질 수 있는 문명을 만든 후에 얼마 동안 이 문명을
지속시킬 수 있는지를 나타내는 드레이크 방정식의 마지막 항의 답을
구하는 데는 우리나 지구의 문명이 별 도움이 되지 못할 것이다. 누구
도 우리 문명이 언제까지 계속될지 모르기 때문이다. 인류가 현재 다른
별에서 오는 정보를 읽을 수 있고 보낼 수 있게 된 것은 강력한 전파 발
신기가 지구의 바다를 가로질러 전파를 보낼 수 있었던 때부터 계산해
서 백 년 정도 된다.* 우리 문명이 앞으로 얼마나 더 오래 지속될 수 있
을지를 결정할 변수들은 인간의 예측 능력 밖에 있다. 그러나 많은 징조
들은 우리 문명이 그리 오래 갈 것 같지 않다는 염려를 갖게 만든다.
우리 문명의 존속 기간이 우리 은하 내의 다른 문명의 존속 기간의
평균값이냐 하는 질문은 또 다른 차원의 문제를 불러일으킨다. 따라서

---

* 이탈리아 출신 과학자 마르코니는 1901년 12월 12일에 최초로 영국의 폴두에서 뉴펀들랜드까지
무려 3,380킬로미터나 되는 대서양 횡단 무선 통신에 성공하였다.

드레이크 방정식의 마지막 항이 최종 결과에 직접 영향을 주는 중요한 항이기는 하지만 일단 이 항은 우리가 알 수 없는 것으로 접어둘 수밖에 없다. 만약 낙관적으로 접근해서 모든 행성계가 적어도 하나는 생명체들에게 적당한 환경을 가진 행성을 가지고 있다고 가정해보자. 그리고 그런 행성 중 많은 행성(예를 들어 10분의 1)에서 생명체가 생겨나고, 그 중 많은 생명체(다시 10분의 1)가 문명을 가지게 될 것이라고 가정하자. 그러면 우리 은하에 있는 천억 개의 별 중 10억 개의 별이 문명을 가진 생명체를 가지고 있을 것이라는 결론을 얻게 된다. 이런 엄청난 숫자를 얻을 수 있는 것은 우리 은하가 포함하고 있는 별의 수가 아주 많고, 이 별들이 대부분 태양과 비슷하기 때문이다. 비관적인 사람들은 앞에서 추정한 10분의 1이라는 추정치 대신에 만분의 1이라는 추정치를 사용할지도 모른다. 그러면 문명화된 생명체를 발견하는 것이 가능한 장소의 수가 백만분의 1로 줄어들어 10억 개에서 천 개로 바뀔 것이다.

이것은 큰 차이이다. 예를 들어 성간 통신이 가능한 기술을 가지고 있는 문명의 존속 기간을 은하 일생의 백만분의 1인 만 년이라고 가정해보자. 은하 역사의 한 시점에서 10억 곳의 가능한 장소를 예측한 긍정적인 견해를 가진 사람들의 추정에 따르면, 은하의 역사 중 어느 시점에서도 10억의 1백만분의 1인 천 개의 장소에서 문명이 꽃피우고 있어야 한다. 이와는 대조적으로 비관적인 견해에 따르면, 어떤 시점의 평균 문명의 수는 0.001로 우리는 매우 외로운 존재이고 현재 우리 은하는 우리로 인해 평균보다 훨씬 많은 수의 문명을 가지고 있는 셈이다.

어떤 예측이 실제 상황을 더 잘 반영하고 있을까? 과학에서는 실험에서 얻은 증거보다 더 확실한 것은 아무것도 없다. 우리가 과학적으로 우리 은하 내의 문명의 수를 결정하고 싶다면 최선의 방법은 현재 존재하는 문명의 수를 알아내는 것이다. 이것을 달성하는 가장 직접적인 방법은 〈스타 트랙〉에서와 같이 우주로 나가 새로운 문명을 만날 때마다 기록하고 숫자를 세어가면서 은하 전체를 조사해보는 것이다(외계 생명체가 없는 은하는 아무것도 나타나지 않아 지루한 화면만 보여줄 것이다). 불행하게도 이런 조사는 기술적으로 우리의 능력 밖에 있을 뿐만 아니라 예산상의 제약 때문에도 불가능할 것이다.

그외에도 전 은하를 조사하는 데 걸리는 수백만 년이 넘는 시간도 문제일 것이다. 만약 별 세계를 조사하는 것을 방영하는 텔레비전 프로그램이 물리적인 실제 상황만을 방영한다면 어떻게 될지를 상상해보라. 대부분의 화면은 아직 지나온 거리는 얼마 안 되고 갈 길은 멀다는 것을 잘 알고 있는 승무원들의 불평과 언쟁으로 채워질 것이다. 한 승무원이 말할 것이다. "어디 시간 때울 새로운 읽을거리 없어? 이 잡지들은 너무 여러 번 읽어서 이젠 신물이 난단 말이야!" 또 다른 승무원이 외칠 것이다. "매일 같은 사람만 보고 있자니 이제 넌덜머리가 날 지경이야. 당신과 선장은 이제 내겐 고통일 뿐이야." 어떤 승무원은 노래를 부를 것이고 어떤 사람은 미쳐버릴 것이다. 은하에서 별 사이의 거리는 우리 태양계 내에서 행성 사이의 거리보다 수백만 배는 더 멀다.

그러나 이런 거리 비교도 태양계로부터 몇 광년 떨어진 곳에 있는 태양계의 이웃 별들과의 거리를 비교할 때만 해당된다. 우리 은하 전체를 여행하기 위해서는 이보다도 만 배는 더 먼 곳까지 가야 할 것이다. 은하 공간의 여행을 그린 할리우드의 영화들은 이런 사실을 무시하거나

(〈신체 강탈자의 침입 Invasion of the Body Snatcher〉, 1956, 1978), 더 좋은 로켓이나 물리학에 대한 더 나은 이해를 통해 이 문제를 해결하거나 (〈스타 워즈 Star Wars〉, 1977), 동면을 통해 오랜 시간의 여행을 견더내는 것(〈혹성탈출 Planet of Apes〉, 1968)과 같은 흥미 있는 접근을 통해 거리와 시간의 문제를 해결하고 있다.

이 모든 접근 방법은 나름대로 호소력이 있고 때로는 창조적인 가능성을 보여주기도 한다. 우리는 우리 우주에서 가장 빠른 속도인 빛 속도의 겨우 10만분의 1밖에 안 되는 느린 속도로 달리고 있는 로켓을 개선할 수 있을 것이다. 그러나 빛의 속도에 가까운 속도로 달린다고 해도 가장 가까운 곳에 있는 별까지 가는 데 몇 년이 걸릴 것이고 은하를 가로지르는 데는 수천 세기가 걸릴 것이다. 냉동된 채로 여행하는 우주인은 지구에 냉동되지 않은 채로 남아 있는 사람들과 그의 여행에 관해 계약을 맺어야 할 것이다. 그러나 오랜 세월이 지난 후에 그가 돌아와 들려줄 그의 이야기를 들어주고 그와의 계약을 이행해줄 사람이 남아 있을까? 잠깐만 생각해봐도 외계 문명—그들이 존재한다는 가정하에—과 접촉하는 다른 방법을 찾아보는 것이 좋을 것이라는 것을 알게 될 것이다. 우리가 할 수 있는 것은 그들이 우리에게 접근해오기를 기다리는 것이다. 이것은 아주 적은 경비로 우리 사회가 그렇게 기다리고 있는 소식을 단숨에 전해줄 수 있을지도 모른다.

단 여기에는 하나의 문제가 남아 있다. 누가 우리에게 접촉해올 것인가? 외계인이 존재한다고 가정해도 우리 행성의 무엇이 외계 문명 사회의 관심을 끌 수 있을 만큼 특별할까? 무엇보다 이 점에서 우리는 항상 코페르니쿠스의 원리를 크게 위배하고 있다. 우리가 어떤 사람에게 지구가 왜 관심의 대상이어야 하느냐고 묻는다면 대개는 날카롭고 싸늘한 시선을 되돌려 받을 것이다. 외계인이 지구를 방문한다는 생각은 종교의 신념과 마찬가지로 말로 표현되지는 않았지만 확실한 믿음을 바탕으로 하고 있다. 그것은 지구나 인류는 그 존재 자체가 우주의 기적 중에서도 기적이라는 믿음이다. 그런 믿음을 가지고 있는 사람들은 인류의 존재가 은하수 변두리를 떠돌던 먼지에서 형상되었다는 것과 같은 이상스런 천문학적 논쟁을 받아들일 필요가 없다고 생각한다. 그들은 우리가 깜박이는 은하 신호등 같은 것을 가지고 있어서 우주적인 규모에서 관심을 받고 또 관심을 주기를 요구받고 있다고 생각한다.

우리가 이런 결론을 내리게 된 것은 지구에서 우주를 보면 실제 상황이 반대로 인식되기 때문이다. 지구에서 보면 태양계는 거대한 물질의 세계이다. 그러나 우주의 별들은 반짝이는 작은 점들에 지나지 않는다. 일상생활과 연관지어 생각하면 이것은 더욱 이해가 되는 상황이다. 다른 생명체와 마찬가지로 지구에 성공적으로 존재해서 자손을 재생산해 내는 인류에게 우리를 둘러싸고 있는 우주의 별들은 거의 아무런 영향을 주지 않는다. 모든 천체 중에서 단지 태양과 그리고 아주 작은 정도로 달이 우리 생활에 영향을 미칠 뿐이다. 그리고 이 두 천체마저도 규칙적으로 운동하고 있어 마치 지구의 일부분인 것처럼 느껴지기도 한다. 우리의 의식은 지구상에서 수없이 많은 생명체를 대하고 사건을 겪으면서 형성되었다. 따라서 우리가 태양계 밖에 있는 넓은 우주를 중앙무대에서 벌어지는 중요한 연기와는 멀리 떨어져 있는 배경 정도로 인식하는 것은 충분히 이해할 만한 일이다. 우리의 잘못은 그런 배경이 우리와 마찬가지로 우리와 우리가 살고 있는 지구를 우주 중앙 무대의 주인공으로 생각해줄 것이라고 기대하고 있다는 것이다.

우리들 대부분은 우리 스스로 생각하는 방법을 조절할 수 있게 되기 훨씬 전부터 이런 잘못된 생각을 가지게 되었다. 따라서 우리가 우주에 접근할 때 우리는 그렇게 하지 않으려고 해도 어느 정도 잘못된 생각으로 우주를 대하게 된다. 그러므로 코페르니쿠스의 원리를 따르려는 사람들은 우리가 우주의 중심이고 우주는 우리에게 큰 관심을 가지고 있을 것이라고 우리 뇌에 속삭이는 유혹에 넘어가지 않기 위해 항상 정신을 똑바로 차려야 한다.

지구를 방문한 외계 방문자들을 보았다는 보고의 이야기로 돌아가면 여기에서도 우리는 반(反)코페르니쿠스적 편견과 마찬가지로 스스로를 속이고 있는 인간 사고의 또 다른 잘못을 발견하게 된다. 인간은 그들의 기억력을 실제로 증명된 것보다 훨씬 더 신뢰한다. 우리가 우리의 기억 능력을 그렇게 신뢰하는 것은 지구를 우주의 중심이라고 생각했던 것과 같은 이유이다. 우리 기억은 우리가 느낀 것을 기억한다. 그리고 우리는 우리가 미래를 위해 어떤 결정을 할 때 이 기억에 관심을 기울이게 된다.

우리는 현재 과거를 기록할 때 개인의 기억보다 더 좋은 많은 기록 수단을 가지고 있다. 우리는 사회의 중요한 문제들을 해결할 때 개인의 기억에 의존하는 것보다는 이런 새로운 기록 방법에 의존하는 것이 더 좋다는 것을 잘 알고 있다. 국회는 토론을 기록으로 남기고, 법안을 인쇄물로 보관하며, 범죄 현장을 비디오테이프에 담고, 범죄 사건을 몰래 녹음한다. 우리가 이렇게 하는 것은 이런 것들이 과거 사건을 영원히 기록해두는 데 우리 기억보다 더 우수하다고 생각하기 때문이다. 그러나 이 법칙의 아주 중요한 예외가 하나 있다. 법정에서는 직접 현장을 목격한 증인의 증언을 가장 정확하고 증거 능력이 있는 것으로 받아들이고 있다. 수많은 실험을 통해 우리 모두는 최선의 노력에도 불구하고 사건을 정확히 기억할 수 없다는 것이 입증되었지만 아직도 법원에서는 목격자의 증언이 다른 증거에 우선한다. 특히 이런 기억—법정에 갈 만큼 중요한 일에 대한—이 비정상적이거나 흥분된 상태에서 일어난 사건에 대한 것이라면 정확하게 기억하는 것이 더욱 어려울 것이다. 그럼에도 불구하도 법정이 목격자의 증인을 중요시하는 것은 오랜 전통 때문이다. 그것은 정서적인 면 때문이기도 하지만 많은 경우에는 목격자 외에는 다른 직접적 증거가 없기 때문이기도 하다. 어쨌든 모든 법정에서는 "저 사람이 총을 들고 있었어요!"라는 외침이 상당한 신뢰를 받는다. 하지만 증인이 진지하게 그 사람이라고 믿고 있다고 해도 실제로는 그 사람이 아닌 경우가 많다.

만약 우리가 UFO(미확인 비행물체)에 대한 보고를 분석할 때 이런 사실을 염두에 둔다면 우리는 보고서에서 금방 오류일 가능성이 있는 많은 사실들을 찾아낼 수 있을 것이다. UFO는 관측자가 자주 관찰하지 않아 그들에게 익숙하지 않은 천체들을 배경으로 하여 정상적인 현상인지 아니면 비정상적인 현상인지를 구별해내야 하는 특별한 현상이다. 그것도 그들이 사라지기 전에 빠르게 결론을 내려야 한다. 이러한 상황과 관측자가 대단히 비정성적인 현상을 목격했다고 믿고 있는 믿음에서 오는 정신적인 부담을 더하면 잘못된 기억을 만들어낼 수 있는 더 좋은 예를 어디에서도 발견할 수 없을 것이다.

목격자의 증언보다 믿을 만한 UFO에 대한 자료를 입수하려면 어떻게 해야 될까? 1950년대에 천체물리학자이자 UFO에 대한 공군의 자문관이었던 앨런 하이넥은 항상 카메라를 주머니에 넣고 다니다가 꺼내 보이면서 그가 UFO를 만나면 사진을 찍어 확실한 증거를 남기겠다고 말하곤 했다. 그가 그렇게 한 것은 목격자의 증언이 그다지 믿을 만하지 못하다는 것을 알고 있었기 때문이다. 불행하게도 그 이후 발달된 기술로 진짜와 구별하기 어려운 가짜 사진과 가짜 비디오테이프를 만드는 것이 가능해졌다. 따라서 사진을 통해 UFO를 증명하려고 했던 하이넥의 계획은 현대에는 더 이상 통하지 않게 되었다. 실제로 우리 기억력이 그다지 믿을 만한 것이 못 된다는 사실과 가짜 예술가들의 창의성을 감안한다면 UFO 목격담의 사실 여부를 판단하는 것이 쉽지 않은 일이라는 것을 짐작할 수 있을 것이다.

최근에 보고되고 있는 UFO에 의한 유괴 사건을 생각해보면 우리가 사실을 외면해버릴 가능성이 얼마나 큰지가 명백해질 것이다. 정확한 숫자는 아니지만 최근에 수만 명의 사람들이 외계에서 온 우주선에 납치되었고 아주 치욕적인 상태에서 조사를 받았다고 주장하고 있다. 이런 주장을 하는 사람들의 침착한 자세는 이런 이야기를 사실로 믿게 하기에 충분하다. 그러나 어떤 사람이 주장하는 것들이 사실인지 아닌지를 판단하는 가장 간단한 기준인 오캄의 면도칼(Occam's razor)*을 이 경우에 직접 응용하면 이런 유괴는 실제로 있었던 사건이 아니라 상상

---

* 오캄은 중세의 과학철학자로 귀납적인 방법으로 일반 원리를 알아내기 위해서는 원인과 결과 사이의 관계가 필연적인 인과 관계라는 것을 철저히 증명해야 한다고 했다. 그는 몇 가지 기준을 제시하고 그 기준에 맞지 않는 원인을 제거해가는 방법으로 어떤 현상의 원인을 찾아내야 한다고 했다. 그가 제시한 기준을 오캄의 면도날이라고 부른다.

의 산물이라는 결론을 내릴 수 있다. 대개의 경우 유괴는 한밤중에 일어났으며 대부분은 자다가 유괴를 당했다고 주장한다. 자는 것과 깨어 있는 상태의 중간인 최면 상태에서 유괴가 일어난 경우가 특히 많다. 많은 사람들은 이 상태에서 환영과 환청을 경험하고 때로는 의식은 있는 데 움직일 수는 없는 '백일몽'을 꾸기도 한다. 이런 효과가 우리 뇌의 검색 과정을 통과하면 사실로 인식되게 되어 절대로 사실이라는 확신을 갖게 한다.

UFO에 의한 유괴에 대한 이런 설명을 다른 설명과 비교해보라. 다른 설명은 외계 방문자가 수많은 천체 중에서 지구를 선택하고 수천 명의 인간을 유괴할 만큼 많은 숫자의 외계인이 지구에 도착하여 인간들을 유괴한 후 짧은 시간 동안 그들을 검사했다는 것이다.(그들은 오래 전에 그들이 알고 싶어하는 것을 알았어야 하지 않을까? 왜 그들은 사람의 시체를 가져다 해부해 보면서 좀더 자세히 관찰하지 않을까?) 어떤 이야기에서는 외계인이 납치된 사람들로부터 무엇인가 유용한 물질을 추출했다거나 그들의 씨를 여성 희생자에게 심었다거나 그들이 후에 그것을 알아내는 것을 방지하기 위해 심리적 상태를 바꿔놓아 그 사실을 기억할 수 없게 만들었다고 주장하기도 한다(그러나 그런 경우에도 유괴되었던 기억 전체가 지워지지는 않았다). 이런 주장을 명백하게 틀렸다고 단정할 방법은 없다. 그것은 외계인이 지구나 우주를 정복하려는 계획을 숨기고 지구인들을 안심시키기 위해 거짓으로 이 글을 쓰고 있을지도 모른다는 가능성을 반증하는 것만큼이나 어려울 것이다. 그 대신 상황을 이성적으로 분석하는 우리의 능력과, 가능성 있는 설명과 좀더 가능성이 큰 설명을 구별해내는 우리의 능력에 의존하여 우리는 유괴 가설이

거의 가능성이 없는 이야기라고 결론 내릴 수 있다.

UFO에 회의적인 사람이나 좋아하는 사람이나 누구도 부정할 수 없는 결론이 하나 있다. 만약 외계 사회가 지구를 방문했다면 그들은 우리 인류가 전세계에 순식간에 정보를 유포할 수 있는 능력을 가지고 있다는 것을 알고 있을 것이다. 시설들은 이용하고자 하는 모든 외계인 방문객들에게 열려 있다. 그들은 쉽게 허가를 받을 수도 있을 것이며 (생각해보면 그런 허가가 그들에게 필요할 것 같지도 않지만) 원하기만 한다면 자신의 존재를 순간적으로 우리가 느끼게 할 수 있을 것이다. 텔레비전에 외계인의 모습이 나타나지 않는 것은 그들이 지구에 오지 않았거나 왔더라도 그들 자신을 드러내지 않으려는 수줍음 때문일 것이다. 지구에 온 외계인들이 자신의 존재를 드러내기를 꺼려할 것이라는 두번째 설명은 풀기 어려운 수수께끼를 만들어낸다. 만약 외계 방문객이 자신을 드러내지 않기로 결정했다면, 그리고 그들이 성간 공간을 여행할 수 있을 정도로 우리보다 훨씬 우수한 기술을 가지고 있다면, 왜 그들은 자신을 완벽하게 숨겨버리지 않는 것일까? 어떻게 우리는 외계인들이 숨기기로 결정한 증거들—시각적인 관찰, 곡식을 심은 밭에 만들어진 원들, 고대 우주인들이 만든 피라미드, 유괴의 기억들—을 발견할 수 있기를 기대하는가? 그들은 술래잡기 놀이를 하면서 우리의 마음을 혼란스럽게 하고 있는 것이 틀림없다. 그들은 우리의 지도자들을 뒤에서 조종하고 있는지도 모른다. 이런 결론은 우리로 하여금 정치와 오락산업을 관심 있게 주시하도록 할 것이다.

UFO 현상은 우리 의식의 중요한 면을 부각시킨다. 우리는 한편으로는 지구가 창조의 중심에 있다고 믿으면서 그리고 우주의 별들은 우리를 위한 장식이라고 생각하면서도 한편으로는 우주와 연결하려는 강한 의지를 갖고 있다. 우리는 외계 방문객의 이야기를 믿으면서 동시에 지구에 천둥과 번개를 내리고 그의 사자를 보내는 너그러운 신의 존재를 믿고 있다. 이러한 태도는 하늘에 있는 것과 땅위에 있는 것, 그리고 우리가 만지고 느낄 수 있는 것과 우리에게서 멀리 떨어져서 빛나고 움직이지만 우리가 접근할 수 없는 것들을 확실히 구분할 수 있던 시대부터 생겨났을 것이다. 이런 차이로부터 지상의 물체와 우주의 정신을 세속적인 것과 불가사의한 것으로 그리고 자연적인 것과 초자연적인 것으로 구별하기 시작했다. 이 두 가지 실재의 속성을 연결하는 마음속의 다리를 가지고 싶어했던 사람들의 마음이 지상의 존재와 하늘의 존재에 대한 통일성 있는 그림을 창조해내려는 시도를 하도록 했다. 우리가 우주 먼지라는 현대 과학의 설명은 우리 정신세계에 많은 충격을 주었고 아직도 그 상처에서 헤어나려고 노력하고 있는 중이다. UFO는 다른 영역에 있는 어떤 존재로부터의 새로운 심부름꾼이다. 이 존재는 우리가 그런 존재가 있다는 사실 외에는 아무것도 모르고 있던 동안에도 모든 것을 알고 있는 전지전능한 존재였다. 이런 태도는 고전적인 영화 〈지구 최후의 날The Day The Earth Stood Still〉(1951)에 잘 나타나 있다. 이 영화에서는 우리보다 훨씬 현명한 외계 방문객은 우리의 파괴적인 성품이 지구를 멸망시킬 것이라고 경고한다.

낯선 사람을 대하는 우리의 배타적인 정서를 외계인들에게 적용하면 다른 세계에 대한 우리의 감정이 그리 좋지만은 않을 것이라는 것을 알 수 있을 것이다. 많은 UFO 목격담은 다음과 같은 비슷한 이야기를 담고 있다. "나는 밖에서 이상한 소리를 들었다. 그래서 총을 들고 무슨 일이 벌어졌는지 보려고 나갔다." 외계인을 다룬 많은 영화들 역시 대부분 폭력적이다. 냉전적으로 다룬 〈지구와 비행선Earth Versus the Flying Saucers〉(1956)에서는 군인들이 외계인들의 의도를 물어보지도 않은 채 이들의 비행선을 멀리 날려버린다. 그리고 〈사인Signs〉(2002)에서는 총을 가지고 있지 않은 평화를 사랑하는 영웅이 침입자를 응징하기 위해 야구 방망이를 사용한다. 이런 방법은 별 사이의 공간을 여행해온 실제 외계인에게는 별 효과가 없을 것이다.

UFO 보고를 부정적으로 보는 사람들은 외계인들이 지구를 그다지 중요하게 생각하지 않을 것이라는 것과 별과 별 사이의 거리가 너무 멀다는 것을 지적한다. 이것이 UFO에 대한 설명을 완전히 봉쇄하지는 못하겠지만 충분한 논란거리를 제공할 것이다. 우리 지구가 그들의 주의를 끌 만한 요소가 없다면 외계 문명을 찾아내려는 우리의 희망은 우리가 우리의 비용으로 외계 행성계를 찾아 떠날 수 있을 때까지 접어두어야 할 것인가?

그렇지 않다. 우리 은하 내에 있는 또는 은하 밖에 있는 외계 문명과 접촉하려는 과학적 접근은 우리가 자연을 어떻게 우리에게 유리하게 사용하느냐 하는 것일 것이다. 이 원칙은 우리의 질문을 수정하게 해준다. "우리가 외계 문명의 어떤 면을 발견하면 가장 놀라워할까?"(해답 : 방문객이 인류일 때)라는 질문을 좀더 과학적인 것으로 바꾸어보면 "외계 문명과 접촉하는 가장 그럴듯한 수단은 무엇일까?"가 될 것이다. 자연, 그리고 별 사이의 엄청난 거리가 이 질문의 해답을 알려준다. 그 수단은 가장 값이 싸고, 가능한 가장 빠른 통신 방법이어야 하며, 우주 어디에나 같은 정도로 존재해야 한다.

별 사이에서 가장 싸고 가장 빠르게 통신할 수 있는 것은 지구에서 원거리 통신에 사용하는 것과 똑같이 전자기파를 이용하는 것뿐이다. 전파는 초속 30만 킬로미터의 속도로 말과 사진을 주고받을 수 있게 하여 인간 사회를 혁명적으로 바꾸어놓았다. 전파 메시지들은 매우 빠르게 전달되어 지상 3만 6천 킬로미터 상공에 떠 있는 정지위성이 한 곳에서 보내오는 전파를 받아 다른 곳으로 전달해주는 데도 1초보다 훨씬 짧은 시간이 걸릴 뿐이다.

별 사이의 공간에서도 전자기파는 가장 빠른 전달 수단이지만 메시지가 전달되는 데 걸리는 시간은 지구에서보다는 더 길어질 것이다. 우리가 태양에서 가장 가까이 있는 별인 센타우루스자리의 알파별까지 전파 메시지를 보낸다면 이 메시지는 가고 오는 데 각각 4.4년씩 걸릴 것이다. 전파 메시지가 20년 동안 여행하면 우리 태양계 가까이에 있는 수백 개의 별들과 이 별들을 돌고 있는 행성들에까지 도달할 수 있을 것이다. 따라서 이런 별을 향해 우리가 전파 메시지를 발사하고 40년을 기다리면 우리가 답장을 받을 수 있을지 없을지를 알게 될 것이다. 이런 접근은 태양계에서 가까이 있는 별에 외계 문명이 존재하고 그들이 전파를 사용할 수 있고 그것을 응용하는 데 흥미를 가지고 있다고 가정할 때 가능하다.

외계 문명을 찾아내는 데 이런 방법을 사용하지 않는 근본적인 이유는 이런 가정 때문이 아니라 우리의 자세 때문이다. 40년이란 세월은 아무것도 일어나지 않을지도 모르는 사건을 기다리기에는 너무 긴 시간이다(그러나 우리가 40년 전에 전파를 보냈다면 지금쯤 우리 은하의 우리 지역에 전파를 사용하는 문명의 존재에 대한 정보를 가지게 되었을 것이다). 이런 방향에서의 진지한 시도가 1970년대에 한 번 있었다. 푸에르토리코에 있는 아레시보 전파망원경의 성능을 향상시킨 것을 축하하기 위해 M13 구상성단 방향으로 몇 분 동안 전파 메시지를 보낸 것이다. 이 성단은 태양계로부터 약 2만 5천 광년 떨어져 있으므로 우리가 답장을 받으려면 오랜 시간을 기다려야 할 것이다. 따라서 이것은 실제적인 의미를 가지는 것이 아니라 행사용일 뿐이었다. 신중함 때문에 그런 전파를 보내는 것이 어렵다면(새로운 나라에서는 잘 둘러대는 것이 좋다) 제2차 세계대전 이후 라디오와 텔레비전 방송 전파와 강력한 레이더 전파가 공간으로 퍼져나가고 있다는 사실을 상기해보라. 〈신혼여행 Honey-mooners〉에서부터 〈나는 루시를 좋아해 Love Lucy〉까지 방송 전파는 빛의 속도로 전파되면서 이미 수천 개의 별 세계를 지나쳤을 것이고, 〈하와이 파이브-오 Hawaii Five-O〉와 〈미녀 삼총사 Chaerlie's Angels〉는 수백 개의 별 세계를 지나갔을 것이다. 지구에서 발사된 전파 더미—현재로서는 태양을 포함한 어떤 태양계 천체에서 나오는 전파보다도 강한— 속에서 외계의 문명인들이 개개의 프로그램들을 구별해낼 수도 있을 것이다. 그런 일이 일어났는데도 우리가 우리 이웃으로부터 아무 소식도 들을 수 없는 것은 이 프로그램의 내용 때문일지도 모른다. 그 내용이 너무 형편없었거나 너무 감동적이어서 (감히 상상하지만) 답을 하지 않기로 결정했는지도 모를 일이다.

흥미 있는 정보와 간단한 비평을 담은 메시지가 내일 외계로부터 도착할지도 모른다. 여기에 전자기파를 이용한 통신의 가장 큰 장점이 있다. 이것은 가장 비용이 적게 드는 방법일 뿐만 아니라(50년 동안 텔레비전 방송을 내보내는 데 드는 비용은 우주탐사선 한 대를 보내는 비용보다 적다) 동시적이다. 우리는 우리 신호를 보내는 것과 동시에 외계에서 보내오는 신호를 받아서 해석할 수 있다. 외계의 신호를 받는 것 역시 UFO가 제공하는 것과 기본적으로 같은 종류의 흥분을 느끼게 할 것이다. 그러나 이 경우에는 우리가 실제로 신호를 받고 기록하고 그들을 이해할 수 있을 때까지 오랜 시간 동안 연구할 수 있을 것이다.

SETI라는 줄임말로 표현되는 외계 지능 탐사는 외계에서 보내오는 전파 신호를 찾아내는 것에 초점을 맞추고 있다. 가시광선 영역의 전자기파를 이용하여 외계에서 보내오는 신호를 찾아내는 것이 또 다른 선택이기는 하지만 파장이 긴 전자기파인 전파가 더 선호되고 있다. 외계에서 오는 빛을 이용한 신호는 수많은 자연의 광원들에서 나오는 빛과 경쟁해야 하지만 레이저는 하나의 파장 또는 색깔에 에너지를 집중할 수 있어 관측될 더 많은 기회를 갖게 될 것이다. 다른 라디오나 텔레비전 방송국에서 그들 고유한 주파수의 전파로 메시지를 전달하는 것은 이와 같은 이유에서이다. 전파가 전달되고 있는 한 SETI의 성공 여부는 하늘에서 오는 신호를 받아들일 안테나와 안테나가 감지한 신호를 기록하는 기록장치, 이 신호들 중에서 자연적이지 않은 신호를 가려낼 거대한 컴퓨터에 달려 있다. 여기에는 두 가지 기본적인 가능성이 있다. 우리가 라디오나 텔레비전 방송국이 그러하듯이 외계 문명이 자기들끼리 통신하면서 우주로 흘려보내는 전파를 이삭줍기할 가능성이다. 아니면 외계 문명이 우리의 관심을 끌기 위해 우리를 향해 의도적으로 발사하는 신호를 포착할 가능성이다.

이삭줍기는 훨씬 어려운 일일 것이다. 의도적으로 발사하는 신호는 특정한 방향으로 에너지가 집중되어 있어 신호가 우리를 향해 발사되기만 한다면 우리가 그것을 검출하는 것이 훨씬 쉬울 것이다. 반면에 우주 공간으로 새어나간 신호는 그들의 에너지를 모든 방향으로 골고루 흩어버릴 것이기 때문에 의도적으로 발사한 신호보다 훨씬 강도가 약할 것이다. 게다가 의도적으로 발사한 신호는 그것을 수신한 사람이 그 내용을 이해할 수 있도록 하는 연습 부분을 포함하고 있을 것이다. 그러나 이삭줍기로 얻어진 신호에는 그런 사용자 매뉴얼이 포함되어 있지 않을 것이다. 우리 문명은 지난 수십 년 동안 우주 공간으로 신호를 흘려 보냈고 몇 분 동안 특정한 방향으로 의도적인 신호를 발사했다. 만약 문명의 수가 많지 않다면 우리는 의도적인 신호보다는 이삭줍기에 집중해야 할 것이다.

더 나은 안테나와 기록장치를 가지고 SETI의 제안자들은 외계 문명을 찾아낼 수 있기를 희망하면서 우주의 이삭줍기를 시작했다. 그러나 이삭줍기를 통해 무엇을 들을 수 있으리라는 것은 누구도 장담할 수 없는 일이다. 따라서 이 연구에 참여하는 사람들은 연구 자금을 확보하는 데 많은 어려움을 겪어야 했다. 1990년대 초에 차가운 이성을 가진 사람이 플러그를 뽑아버리기 전까지는* 미국 의회가 몇 년 동안 SETI 프로그램을 지원했었다. SETI 연구자들은 그들의 연구 자금의 일부를 스크린 보호 화면을 다운로드하여(웹사이트 seti@home. ssl.berkeley.edu 로부터) 그들의 가정용 컴퓨터에 저장한 후 여가 시간에 외계인의 신호

---

* SETI 프로젝트는 1993년 미국 의회로부터 미국 항공우주국 예산이 삭감되면서 중단되었다. 이 과정은 칼 세이건의 공상과학소설을 기초로 한 영화 〈콘택트Contact〉에 잘 묘사되어 있다.

를 분석해내는 수백만의 사람들로부터 지원받고 있다. 더 많은 연구 자금은 이 사업에 관심을 가지고 있는 개인들로부터 지원받고 있다. 그 중 가장 많은 지원은 휴렛 페커드 사의 뛰어난 기술자였으며 일생 동안 SETI 연구에 관심을 가져온 버나드 올리버가 제공했고, 마이크로소프트 사의 공동 창업자인 폴 앨런으로부터도 많은 지원을 받았다. 올리버는 외계 문명이 보내오고 있을지도 모르는 신호를 찾아내기 위해 수십억 종류의 가능한 진동수의 전파를 찾아야 하는 어려움을 수년간 고민했었다. 우리는 전파를 넓은 영역의 밴드로 나누고 있다. 따라서 라디오와 텔레비전의 방송을 위해서는 단지 수백 가지의 전파만 가능하게 된다. 그러나 원리적으로 외계에서 오는 신호는 아주 좁은 파장대에 한정될 것이기 때문에 외계 신호를 수신하기 위해서는 수십억 가지의 다른 파장을 검색해야 할 것이다. 현재 SETI 연구의 핵심에 있는 강력한 컴퓨터는 동시에 수억 종류의 파장을 분석하여 이 도전을 가능하게 하고 있다.

아마도 실험과 이론 분야를 함께 섭렵한 마지막 물리학자였던 이탈리아의 천재 엔리코 페르미는 50여 년 전 점심시간에 그의 동료들과 외계 문명에 대한 토론을 벌였다. 지구가 생명체를 위해 특별한 장소가 아니라는 것에 동의한 과학자들은 우리 은하에 생명체가 풍부하게 존재해야 한다는 결론에 이르렀다. 페르미가 수십 년간 반복되어온 질문을 했다. 그렇다면 그들은 어디에 있는가?

페르미의 이 질문은 우리 은하의 여러 장소에 기술적으로 발전된 문명이 나타났다면 지금쯤 그들이 실제로 우리를 방문하지는 않더라도 전파나 레이저 같은 것을 이용하여 우리에게 어떤 소식을 전해와야 하는 것 아니냐는 뜻이었다. 우리 문명이 그럴지 모르듯이 외계 문명이 아주 빨리 사라진다고 해도 수많은 문명이 존재한다면 그들 중 일부는 다른 생명체를 오랫동안 찾을 수 있도록 오랫동안 지속될 수도 있을 것이다. 그리고 이렇게 오래 존재하는 외계 문명이 다른 외계 문명을 찾는 일에 아무런 관심이 없다고 해도 빠르게 나타났다가 사라지는 다른 문명들 중에는 이 문명을 찾아내는 문명이 있을 수도 있을 것이다. 따라서 과학적으로 증명된 외계인들의 방문이나 다른 문명이 발사하는 것으로 보이는 신호가 잡히지 않는다는 것은 우리가 은하에서 문명이 발생할 확률을 너무 높게 추정한 것일지도 모른다라고 결론을 내려야 할지도 모른다.

페르미는 정곡을 찔렀다. 하루하루가 지날수록 우리는 우리가 은하에서 외로운 존재라는 증거를 더 많이 찾아낼지도 모른다. 그러나 우리가 실제 숫자를 조사해보면 우리가 외계 문명을 발견할 수 없는 이유를 새롭게 발견할 수 있을 것이다. 어떤 시점에 우리 은하에 수천 개의 문명이 존재한다고 해도 문명 사이의 평균 거리는 수천 광년이나 될 것이다. 이 거리는 태양계에서 가장 가까운 곳에 있는 별까지의 거리보다 천 배는 더 멀다. 그러나 외계 문명이 수백만 년 동안 지속된다고 하면 현 시점에서 우리는 그들이 우리에게 신호를 보내거나 우리의 이삭줍기 노력에 의해 그들의 정체가 드러났어야 한다. 그러나 아무 문명도 우리가 이룬 것과 같은 정도의 문명을 성취하지 못했다면 우리는 우리의 이웃을 찾는 노력을 배가해야 할 것이다. 왜냐하면 그들 주위에 누구도 다른 존재를 찾기 위해 전 은하를 뒤지는 일을 하지 않을지도 모르고 그들 중 누구도 우리가 이삭줍기를 통해 그들을 발견할 수 있을 정도로 강한 전파를 이용하여 방송을 하고 있지 않을지도 모르기 때문이다.

　이렇게 해서 우리는 우리가 살아가는 익숙한 환경에서는 일어나지 않을지도 모르는 사건을 염려하게 되었다. 인류 역사에서 가장 중요한 소식이 내일 도착할 수도 있고, 내년에 도착할 수도 있으며, 영영 도착하지 않을 수도 있다. 새로운 새벽을 향해 나아가 우주가 우리를 감싸고 있듯이 우주를 감싸 안아보자. 그리고 우주가 에너지와 신비를 가득 안고 자신을 드러낼 때를 기다려보자.

# 우주에서 우리 자신을 찾자

다섯 가지의 감각기관을 가지고,
사람들은 자신들 주위의 우주를 개척한다.
그리고 그 탐험을 과학이라고 부른다.
—에드윈 허블, 1948

인간의 감각은 매우 예리하고 그 감각 범위는 놀라울 정도로 넓다. 우리의 귀는 우주왕복선이 발사될 때 나오는 천둥치는 것 같은 큰 소리를 들을 수 있고, 방 한구석에서 모기 한 마리가 왱왱거리는 소리도 들을 수 있다. 우리의 감각은 볼링공이 우리 발가락에 떨어졌을 때의 통증을 느낄 수 있고, 우리 팔 위로 1그램의 몸무게를 가진 벌레가 기어오르는 것을 느낄 수도 있다. 어떤 사람들은 매운 하바네로 고추를 즐길 수 있는가 하면 예민한 혀는 백만분의 1의 차이가 만들어내는 음식의 맛도 분간해낼 수 있다. 그리고 우리의 눈은 햇빛이 내리쬐는 해안에서 밝게 빛나는 모래알들을 구별할 수 있고 어두운 강당에서 백여 미터 떨어진 곳에 있는 작은 성냥 불빛을 찾아낼 수도 있다. 우리 눈은 방 한쪽 구석을 볼 수 있는가 하면 우주 저편을 볼 수도 있다. 우리의 시

각이 없었다면 천문학은 생겨나지도 않았을 것이고 우주에서 우리의
위치를 가늠하는 일은 엄두도 내지 못했을 것이다.

우리의 여러 가지 감각이 결합하여 지금이 낮인지 밤인지, 그리고 어
떤 괴물이 우리를 잡아먹으려 하고 있는지를 알 수 있게 해준다. 감각이
없다면 우리는 우리 주변에서 어떤 일들이 일어나고 있는지 알아차릴 수
없을 것이다. 그러나 몇 세기 전까지는 인간의 감각이 우주를 보는 작은
창문에 불과하다는 것을 알아차리는 사람은 그리 많지 않았다.

어떤 사람들은 자기는 다른 사람들이 볼 수 없는 것을 볼 수 있는 여
섯번째 감각을 가지고 있다고 자랑한다. 자신들만의 신비한 힘을 가지
고 있다고 주장하는 점쟁이, 심령술사, 신비주의자 같은 사람들이 그런
사람들이다. 그런 사람들은 아직도 주위의 많은 사람들을 현혹시키고
있다. 그들이 가지고 있는 초능력을 의심하는 사람들도 많지만 그들의
사업은 계속 번창하고 있다. 그것은 많은 사람들이 누군가는 그런 능력
을 지니고 있을 것이라는 기대심리를 가지고 있기 때문이다.

이와는 대조적으로 현대 과학은 수십 가지의 새로운 감각기관을 사
용하고 있다. 그러나 과학자들은 이런 것들을 특별한 능력이라고 주
장하지 않는다. 그들은 새로운 감각기관으로 수집한 정보를 우리의 기
본적인 다섯 감각기관이 이해할 수 있는 표, 도표, 사진으로 바꾸어놓
는다.

허블이 용서한다면 앞 쪽에서 인용한 그의 문장은 시적인 면을 손상
시키더라도 다음과 같이 수정해야 할 것이다.


망원경, 현미경, 질량분석기, 지진계, 자기장 측정기, 입자검출기, 가

속기, 모든 스펙트럼 영역의 전자기파를 검출할 수 있는 분광기와 함께 다섯 가지 감각기관을 가지고, 사람들은 자신들 주위의 우주를 개척한다. 그리고 그 탐험을 과학이라고 부른다.

우리가 보고 싶은 파장을 마음대로 선택해서 볼 수 있는 눈동자를 가지고 태어났다면, 세상을 얼마나 더 많이 볼 수 있고 우주의 기본적인 성질을 얼마나 더 빨리 알아냈을지를 상상해보자. 우리 시각을 가장 파장이 긴 전파 부분에 맞추면 낮에 보는 하늘이 어떤 부분을 제외하고는 밤처럼 검게 보일 것이다. 전파로 보는 하늘에서는 우리 은하의 중심 부분이 가장 밝게 보여서 궁수자리에 있는 몇 개의 별 뒤쪽에서 밝게 빛날 것이다. 우리의 시각을 초단파에 맞추면 전 우주가 우주 초기의 대폭발 후 38만 년이 되었을 때 여행을 시작한 초기 우주의 빛으로 밝게 빛날 것이다. 우리 눈을 엑스선을 볼 수 있도록 조정하면 물질이 소용돌이치면서 빨려 들어가는 블랙홀을 금방 찾아낼 수 있을 것이다. 감마선으로는 우주 전체의 모든 방향에서 거의 매일 일어나고 있는 감마선 폭발*을 목격할 수 있을 것이다. 그리고 이러한 폭발이 주위의 물질에 에너지를 전해주어 가열된 이 물질들이 엑스선, 적외선, 가시광선을 내는 것을 볼 수 있을 것이다.

만약 우리가 자기장 검출기를 가지고 태어났더라면 나침반은 발명되지도 않았을 것이다. 누구도 나침반을 사려고 하지 않을 것이기 때문이

---

* 우주에서는 강한 감마선을 내는 감마선 폭발(GRB, gamma ray burster)이 자주 관측되고 있다. 그러나 아직 감마선 폭발이 어디에서 어떻게 일어나는지는 밝혀내지 못했다.

다. 지구 자기장에 초점을 맞추기만 하면 마법사처럼 북극이 지평선 위로 나타날 것이다. 만약 우리가 우리 눈동자에 스펙트럼 분석기를 가지고 있다면 우리는 공기가 무엇으로 구성되어 있는지를 궁금해하지 않을 것이다. 그냥 바라보기만 해도 사람이 살아가기에 충분한 산소가 있는지를 금방 알 수 있을 것이다.* 그리고 우리는 이미 수천 년 전에 별이나 성운과 같이 우주에 있는 물질이 우리 주위에 있는 물질들과 같은 원소로 이루어져 있다는 것을 알아차렸을 것이다.

그리고 만약 우리가 도플러 효과를 측정할 수 있는 크고 예민한 눈을 가지고 있다면 고대에 살았던 우리 조상들도 모든 은하들이 우리로부터 멀어지고 있고, 전 우주가 팽창하고 있다는 것을 알고 있었을 것이다.

만약 우리 눈이 성능이 좋은 현미경이라면 흑사병과 같은 질병을 신의 노여움 탓으로 돌리는 사람은 없었을 것이다. 병을 일으키는 박테리아와 바이러스가 음식물로 기어들어가는 것을 볼 수 있을 것이고 피부에 난 상처를 통해 우리 몸으로 들어오는 것을 볼 수 있을 것이다. 간단한 실험으로도 어떤 미생물이 우리에게 이롭고 어떤 종류가 우리에게 해로운지 구별해낼 수 있을 것이다. 그리고 수백 년 전에 이미 수술 후 자주 발생하는 감염의 원인을 밝혀내 문제를 해결했을 것이다.

만약 우리가 고에너지 입자를 검출할 수 있다면 멀리서도 방사성 물질을 구별해낼 수 있을 것이기 때문에 방사능을 측정하는 가이거 계수

---

* 모든 원소는 그 원소 고유의 스펙트럼을 낸다. 따라서 원소가 내는 스펙트럼을 분석하면 빛을 낸 물체의 성분을 알 수 있다.

기는 더 이상 필요하지 않을 것이다. 우리는 우리 지하실에서 스며 나오는 라돈 기체를 찾아내기 위해 다른 사람에게 돈을 지불하지 않아도 될 것이다.

우리는 태어날 때부터 우리가 가지고 있는 다섯 가지 감각을 통해서 얻은 경험을 바탕으로 우리 생활에서 일어나는 사건이나 현상이 '상식적'인지 아닌지를 판단한다. 그런데 지난 세기에 얻어진 대부분의 과학적 결과들은 우리 감각의 직접적인 경험을 통해 얻어진 것이 아니라 우리 감각을 초월하는 수학적 추론이나 관측기기들을 통해 얻어졌다. 이런 사실은 왜 상대성 이론, 입자물리학, 그리고 11차원의 끈 이론이 보통 사람들에게 이해가 되지 않는지를 설명한다. 우리가 쉽게 이해할 수 없는 것들에는 블랙홀, 웜홀, 대폭발설도 포함시켜야 할 것이다. 실제로 이런 사실들은 기술적으로 제공되는 모든 감각을 이용하여 오랫동안 우주를 관찰하기 전에는 과학자들에게도 잘 이해되지 않는 것들이다. 과학자들의 과학적 연구 결과로 얻어지는 새로운 사실들은 원자와 같이 작은 세계를 이해할 수 있게 하고, 고차원의 세계와 같은 새로운 세상을 창조적으로 상상해낼 수 있게 하는 더 높고 새로운 '비상식'이었다. 20세기 독일의 물리학자 막스 플랑크는 양자물리학의 발견에 대해 다음과 같은 말을 했다. "현대 과학은 우리가 감각하는 세상과는 다른 실재가 존재한다고 가르쳐온 오랜 믿음이 맞다는 것을 강조한다. 이것은 우리에게 깊은 인상을 준다. 그리고 이런 사실은 우리가 경험한 많은 사실보다 경험 뒤에 숨어 있는 실재가 더 큰 의미를 가지는가 하는 문제를 제기한다."

우리의 비생물학적 감각 목록에 더해지는 새로운 관측기기들은 우주로 향하는 새로운 창문을 열어준다. 새로운 관측기기들을 새롭게 사용하게 될 때마다 우리는 우리가 갑자기 초감각 능력을 지닌 존재로 진화한 것처럼 한 단계 더 높은 곳에서 우주를 바라볼 수 있게 된다. 인류가 수많은 인공적인 감각을 이용하여 우주의 신비를 풀어낼 것이라고 누가 상상할 수 있었을까? 우리는 단순한 욕구를 만족시키기 위해 이런 탐험을 시작한 것이 아니라 우주에서 우리의 장소를 찾아내라는 인류의 명령으로 이 일을 시작했다. 이 탐험은 새로운 것이 아니라 아주 오래된 것이다. 그리고 우리의 탐험은 모든 문명과 모든 시대를 통해 크고 작은 많은 사색가들의 관심을 받아왔다. 우리가 발견한 것을 시인들은 이미 알고 있었다.

> 우리는 탐험을 중단하지 않을 것이다.
> 그리고 우리 탐험의 종착지는
> 우리가 출발한 장소일 것이다.
> 그리고 그곳을 처음으로 알게 될 것이다…
> —T. S. 엘리엇, 1942

AGN (active galactic nucleus)　활발한 은하핵을 가지고 있는 은하를 나타내는 약자.

COBE (Cosmic Background Explorer)　1989년 11월 18일에 미국 항공우주국의 고다드 우주기지에서 발사된 COBE 탐사위성은 우주에 퍼져 있는 적외선배경복사를 측정하기 위한 적외선배경복사 관측장치(DIRB: Diffuse Infrared Background Experiment), 정밀한 초단파 우주배경복사 지도를 작성하기 위한 초단파 변화율 측정기(DMR: Differential Microwave Radiometer), 초단파 우주배경복사를 흑체복사와 비교하기 위한 원적외선 분광기(FIRAS: Far Infrared Absolute Spectrometer)를 장착하고 우주배경복사 분포 지도를 성공적으로 작성했다. 이 지도를 통해 처음으로 우주배경복사의 세기가 지역에 따라 10만분의 1 정도의 차이를 보이고 있다는 것을 알게 되었다.

MOND (modified Newtonian dynamics)　수정된 뉴턴 역학이라는 뜻으로 이스라엘의 물리학자 모데하이 밀그롬이 제안한 새로운 인력 이론.

SETI (Search for extraterrestrial intelligence)　외계 생명체를 찾기 위한 프로젝트.

WMAP (Wilkinson Microwave Anisotropy Probe)　미국 항공우주국에 의해 2001년 6월 30일에 발사된 WMAP는 3개월의 여행 끝에 10월 1일 지구에서 150만 킬로미터 되는 곳에 있는 영구 관측 지점(라그랑제점, 지구의 인력과 태양의 인력이 균형을 이루어 준안정 상태에 있는 지점)에 도달하여 지구를 따라 태양 궤도를 돌면서 우주배경복사를 관측하기 시작하였다. 2002년 4월에는 첫번째로 전 하늘에 대한 우주배경복사 지도를 완성하였고, 그해 8월에는 두번째 전체 하늘의 우주배경복사 지도를 작성하였다. 2003년 2월에는 처음으로 WMAP의 관측 결과가 일반에게 공개되었다. 그후에도 WMAP는 태양 궤도를 돌면서 더 정밀한 우주배경복사 지도를 작성하기 위하여 자료를 수집하고 있다.

**가속도** acceleration  속도의 변화율. 긴 시간 동안 속도가 변화한 양을 시간으로 나눈 것을 평균 변화율이라고 하고, 아주 짧은 시간 동안의 변화율을 순간 변화율이라고 하는데, 물리학적으로 의미를 가지는 것은 순간 변화율이다.

**가시광선** visible light  우리 눈이 감지할 수 있는 전자기파. 가시광선의 파장은 적외선보다는 짧고(진동수는 많고) 자외선보다는 길어(진동수는 적어) 약 4천 옹그스트롬(1억분의 1센티미터)에서 7천 옹그스트롬 사이이다.

**갈릴레오 우주선** Galileo spacecraft  1989년 10월 18일에 발사된 목성 탐사선. 목성 궤도를 돌면서 목성 대기에 관한 여러 가지 정보를 수집하는 우주선 본체와 목성 대기에 낙하해 수집 활동을 하는 탐침으로 구성되었다. 목성 궤도에 도착한 갈릴레오 우주선은 1995년 12월 7일에 목성 대기를 측정하기 위한 탐침을 목성에 투하하였다.

**갈색왜성** brown dwarf  내부의 핵융합 반응에 의해 에너지가 공급되어 스스로 빛을 내는 천체를 별이라고 한다. 그러나 적은 질량을 가지는 천체는 인력에 의한 에너지가 작아 내부 온도를 핵융합이 가능한 천만 도까지 올릴 수 없다. 이런 천체는 인력에 의한 에너지에 의해 갈색으로 빛나지만 곧 식어버린다. 이렇게 별이 되다 만 천체를 갈색왜성이라고 한다.

**감마선** gamma ray  전자기파 중에서 가장 파장이 짧고 진동수가 커서 가장 큰 에너지를 가지는 전자기파. 온도가 아주 높은 곳이 없는 지구에서는 감마선은 주로 핵반응 때 발생한다. 불안정한 원자핵은 오랜 시간을 두고 붕괴하여 안정한 원자핵으로 변해가는데 이때 다른 방사선과 함께 감마선도 내게 된다.

**강한 핵력** strong forces  네 가지 기본적인 힘 중 하나로 쿼크 사이에 작용하는 힘. 원자핵의 구성 물질인 양성자와 중성자는 쿼크로 이루어져 있기 때문에 강한 핵력이 작용한다. 강한 핵력은 모든 힘 중에서 가장 큰 힘이다. 강한 전기적 반발력에도 불구하고 양성자들이 좁은 원자핵 속에 들어 있을 수 있는 것은 전기력보다 훨씬 큰 강한 핵력이 작용하고 있기 때문이다. 그러나 강한 핵력은 작용 거리가 매우 짧아 원자핵의 크기인 $10^{-13}$센티미터 이내에서만 작용한다.

**거대 행성** giant planet  목성, 토성, 천왕성, 해왕성과 같이 주로 기체로 이루어진 행성으로 중심부에 암석과 얼음으로 된 고체 핵을 가지고 있다. 이들은 주로 수소와 헬륨 기체로 이루어진 두꺼운 대기층을 가지고 있는데 대기의 아래쪽에서는 높은 압력으로 인해 수소가 액체 상태로 존재한다. 거대 행성의 질량은 지구 질량의 수십 배에서 수백 배나 된다.

**겉보기밝기** apparent brightness  관측자가 관측하는 천체의 밝기. 따라서 겉보기밝기는 별이 내는 에너지의 양과 별까지의 거리에 따라 달라진다. 별이 내는 총에너지에 의해서만 달라지는 밝기를 절대밝기라고 한다.

**게놈** genome  한 생명체의 유전정보를 가지고 있는 모든 DNA 분자를 통틀어 게놈이라고 한다. 최근에 인간의 게놈 지도가 완성되었는데 그것은 인간의 유전정보를 구성하는 모든 유전자의 지도(염기서열)를 밝혀냈다는 것을 뜻한다.

**경도** longitude  지구에서 위치를 결정하기 위해 영국의 그리니치 천문대를 지나는 자오선으로부터 동쪽과 서쪽으로 몇 도나 떨어져 있는지를 나타낸다. 경도는 동경 180도와 서경 180도가 있어 모두 360도로 구분되어 있다.

**광년** light-year  우주에서 거리를 나타내는 단위로 빛이 일 년 동안 가는 거리인 약 십조 킬로미터가 1광년이다.

**광도** luminosity  천체가 단위 시간에 전자기파의 형태로 내는 에너지의 총량. 가시광선은 천체가 내는 전자기파 중 아주 좁은 파장대의 전자기파이기 때문에 가시광선으로 보면 희미하게 보이는 별도 전체 광도는 높은 경우가 많다.

**광자** photon  빛은 전자기파, 즉 파동이다. 그러나 빛은 입자의 성질도 가지고 있다. 따라서 빛은 파동으로 다룰 수도 있고 입자로 다룰 수도 있다. 빛 입자를 광자라고 한다. 0의 질량을 가지고 있는 빛 입자는 공간에서 빛의 속도로 달릴 수 있다. 빛 입자는 진동수에 따라 달라지는데 진동수가 가장 큰 감마선 광자가 가장 큰 에너지를 가지고 있다.

**광합성** photosynthesis  빛 에너지를 이용하여 물과 이산화탄소로부터 탄수화물을 만들어내는 과정. 어떤 유기체에서는 황화수소($H_2S$)가 광합성에서의 물과 같은 역할을 한다.

**구** sphere  중심으로부터 같은 거리에 있는 점들로 이루어진 표면.

**국부 은하군** Local Group  지름 약 3백만 광년의 공간에 20여 개의 은하들이 그룹을 이루고 있다. 이 은하 중에서 가장 큰 은하는 우리 은하로부터 약 2백만 광년 떨어져 있는 안드로메다은하이고 우리 은하는 그 다음으로 큰 은하이다. 안드로메다은하와 우리 은하는 나선은하이지만 나머지 대부분의 은하는 타원은하이거나 부정형 은하이다. 우리 은하에서 약 15만 광년과 17만 광년 떨어져 있는 대마젤란은하와 소마젤란은하도 국부 은하군에 속하는 은하들인데 이들은 모두 부정형 은하로 우리 은하의 위성은하들이다.

**기본 입자** elementary particle  자연을 이루는 기본적인 요소로 보통 다른 입자 속에 들어 있어 볼 수 없다. 현대 과학은 만물을 이루는 기본 입자로 여섯 종류의 경입자와 여섯 종류의 쿼크가 있다는 것을 밝혀냈다. 그러나 입자의 세계에는 힘을 매개하는 보손 입자들과 모든 입자들의 반입자도 있다. 양성자나 중성자와 같은 입자들은 기본 입자가 아니라 쿼크로 구성되어 있는 복합 입자이다.

**나선은하** spiral galaxy  납작한 형태의 원반에 별, 기체와 먼지 구름들이 몰려 있는 은하로 이 원반 내에는 중심에서 뻗어나온 나선 팔이 있다. 타원은하가 오래 전에 별을 생성하는 작업을 끝내 조용한 것과는 달리 나선은하는 별이 대규모로 형성되고 있는 지역을 포함하고 있어 매우 역동적이다. 이러한 별 형성 지역은 나선 팔에 주로 분포해 있다. 태양계가 포함되어 있는 우리 은하는 나선은하이다.

**나선 팔** spiral arm  나선은하의 중심에서 나선 형태로 뻗어나와 은하를 휘감고 있는 나선 팔에는 젊고 온도가 높은 밝은 별들이 많이 분포해 있다. 또한 나선 팔에는 별을 형성하는 먼지와 기체 구름을 많이 포함하고 있다. 태양계는 우리 은하의 나선팔 중 하나인 오리온 팔에 위치해 있다.

**내행성** inner planet  태양계에서 안쪽 궤도를 돌고 있는 수성, 금성, 지구, 화성을 말하는데 지구형 행성이라고도 한다. 기체 행성에 비해 작고 밀도가 높으며, 암석으로 이루어져 있고 얇은 대기를 가지고 있다. 또한 긴 자전주기로 자전하고 있으며 위성을 가지고 있지 않거나 적은 수의 위성을 가지고 있다.

**뉴클레오티드** nucleotide  DNA와 RNA를 이루는 기본 단위. 오탄당과 인 그리고 염기로 이루어져 있는데 오탄당의 종류에 따라 DNA 분자를 구성하는 뉴클레오티드가 되기도 하고, RNA 분자를 구성하는 뉴클레오티드가 되기도 한다. DNA를 구성하고 있는 염기에는 아데닌, 구아닌, 시토신, 티민이 있고, RNA에는 티민 대신 우라실이 들어 있다. 여러 개의 뉴클레오티드가 연결되어 DNA 분자와 RNA 분자를 형성하는데 이때 뉴클레오티드의 염기 순서가 유전정보이다.

**단백질** protein　생명체를 구성하는 기본 물질로 아미노산 분자들이 길게 연결되어 만들어진다. 생명체의 여러 가지 생명 활동을 조절하는 호르몬도 단백질이다. 생명체는 모두 다른 종류의 단백질을 합성하는데 단백질을 합성하는 아미노산의 조합 순서가 유전정보의 중요한 부분을 차지하고 있다.

**대량 멸종** mass extinction　지구의 역사에서 작은 천체의 대규모 충돌로 지구 생명체의 상당 부분이 짧은 시간 동안에 멸종된 사건. 지구의 역사에는 여러 번의 대량 멸종이 있었는데 지금까지 그 원인이 정확하게 밝혀지지 않았다. 그러나 최근에는 대형 운석이나 혜성의 충돌이 대량 멸종의 원인이라는 주장이 설득력을 얻고 있다. 약 6천5백만 년 전에 있었던 공룡의 멸종은 중미 유카탄 반도 부근에 충돌한 운석 때문인 것으로 추정되고 있다.

**대마젤란은하** Large Magellanic Cloud　페르디난드 마젤란과 그의 선원들이 세계 최초의 세계일주 항해를 하는 동안 남반구의 하늘에서 북반구에 사는 사람들에게는 알려지지 않았던 두 개의 희미한 구름 같은 천체를 발견했다. 그것이 대마젤란은하와 소마젤란은하였다. 구름 조각처럼 보이는 이 별무리들은 커다란 나선은하인 우리 은하를 돌고 있는 위성은하로 일정한 모양을 갖추지 않은 부정형 은하이다. 대마젤란은하와 소마젤란은하는 우리 은하와 차가운 수소 기체의 흐름으로 연결되어 있다.

**대폭발설** big bang theory　약 140억 년 전에 대폭발과 함께 우주에 물질과 공간이 존재하게 되었다는 학설. 우주는 현재도 모든 방향으로 팽창하고 있다.

**도플러 편이** Doppler shift　도플러 효과의 결과로 나타나는 진동수나 파장의 변화. 스펙트럼 선이 파장이 긴 쪽으로 편이되는 것을 적색편이라고 하고 파장이 짧은 푸른색 쪽으로 편이되는 것을 청색편이라고 한다.

**도플러 효과** Doppler effect　광원과 관측자 사이가 멀어지거나 또는 가까워지는 상대 운동에 의해 빛의 진동수, 파장 그리고 에너지가 달라지는 현상. 상대 운동에 따라 진동수와 파장이 달라지는 것은 모든 파동에 공통적으로 나타난다. 도플러 효과는 관측자가 움직이건 광원이 움직이건 관계없이 상대 속도에 의해 일어난다. 도플러 효과를 일으키는 것은 관측자의 시선 방향으로의 상대 운동이다.

**동위원소** isotope  같은 수의 양성자를 가지고 있지만 중성자의 수가 다른 원자핵. 다시 말해 원자번호는 같지만 원자량이 다른 원소를 말한다. 동위원소는 방사성을 가진 동위원소와 방사성을 가지지 않는 안정한 동위원소로 나눌 수 있다. 자연 상태에 존재하는 동위원소들은 대부분 안정한 동위원소들이다. 원소의 원자량은 그 원소의 여러 가지 동위원소들의 가중 평균값이다. 예를 들어 원자번호가 17인 염소는 원자량이 35인 동위원소가 약 75퍼센트 정도 존재하고, 원자량이 37인 동위원소가 약 25퍼센트 존재한다. 따라서 염소의 원자량은 약 35.5가 된다. 많은 원소들의 원자량이 양성자의 질량의 정수배가 아닌 것은 동위원소들이 존재하기 때문이다.

**드라이아이스** dry ice  상온에서 기체 상태로 존재하는 이산화탄소($CO_2$)는 영하 78°C와 영하 80°C 사이에서 냉각하여 고체가 된다. 고체가 된 드라이아이스가 녹으면 액체가 되는 것이 아니라 기체가 된다. 이렇게 기체가 직접 고체로 그리고 고체가 기체로 변하는 현상을 승화라고 한다.

**드레이크 방정식** Drake equation  미국의 천문학자 드레이크가 처음으로 제안한 방정식으로 현재 또는 미래 어느 시점에 우주에 존재할지 모르는 문명의 수를 예측하는 데 사용된다.

**로그 척도** log scale  아주 큰 수를 손쉽게 나타내기 위하여 사용하는 척도로, 큰 숫자 대신에 그 숫자의 로그값을 이용한다. 로그 그래프에서는 한 칸이 1, 2, 3, 4처럼 일정한 값만큼 증가하는 것이 아니라 1, 10, 100, 1000처럼 어떤 수의 지수값으로 증가한다.

**막대나선은하** barred spiral galaxy  나선은하의 일종으로 은하의 중앙 부분에 많은 별과 기체가 분포해 있는, 은하면이 긴 막대처럼 보이는 은하.

**망원경** telescope (**감마선, 엑스선, 자외선, 가시광선, 적외선, 초단파, 전파**)  대물렌즈나 반사경을 이용하여 멀리 있는 물체에서 오는 빛을 모아 가까운 곳에 상을 만들고 이상을 대안렌즈를 통하여 확대해 보는 장치. 초기에 만들어진 망원경은 가시광선을 이용하는 망원경이었지만 최근에는 가시광선과 다른 파장 영역의 전자기파를 이용하는 여러 가지 종류의 망원경이 사용되고 있다.

**먼지 구름** dust cloud  우주를 이루는 물질의 대부분은 수소와 헬륨 기체이다. 그러나 큰 별의 내부에서 이 원소들보다 원자량이 큰 원자들이 만들어져 우주 공간에 흩어지게 되는데, 이런 원자들은 분자를 형성할 수 있을 정도로 충분히 온도가 낮은 기체 구름에서는 수백만 개의 원자들이 모여 먼지 입자를 형성한다. 먼지를 많이 포함하고 있는 구름을 먼지 구름이라고 하는데 먼지 구름은 별의 형성 과정에서 중요한 역할을 한다.

**메가헤르츠** megahertz  파동의 진동수를 나타내는 단위. 1초에 한 번 진동하는 파동의 진동수를 1헤르츠라고 한다. 메가헤르츠는 백만 헤르츠를 나타내므로 1메가헤르츠의 파동은 1초에 백만 번 진동하는 파동이다.

**모델** model  실제 상황을 단순하게 나타내기 위해 마음속에서, 때로는 종이와 연필, 컴퓨터를 이용하여 만들어낸 구조로 과학자들이 어떤 상황에서 일어나는 일을 이해하기 위해 사용한다.

**문명** civilization  문명을 정의하는 것은 매우 복잡한 일이지만 외계 문명을 찾아내려는 프로젝트인 SETI에서 말하는 문명은 적어도 우리 인간과 같은 정도의 통신 능력을 가지고 있어서 우리와 통신이 가능한 존재를 말한다.

**물질대사** metabolism  생명체는 외부로부터 물질(음식물)을 섭취해서 그 속에 들어 있는 에너지와 물질을 이용하여 살아간다. 이렇게 음식물을 섭취하고 그것을 이용하여 살아가는 동안에 일어나고 있는 모든 화학변화를 물질대사라고 한다. 물질대사의 크기는 물질대사와 관계된 에너지의 양을 이용하여 나타낸다. 물질대사가 큰 생명체는 생명을 유지하기 위해 더 많은 에너지를 필요로 한다.

**미행성** planetesimal  우주 공간에 퍼져 있던 먼지 구름 속에서 먼지와 기체들이 모여 별을 형성하고 그 주위에 있던 먼지와 기체들은 행성을 형성한다. 기체와 먼지들이 모여 지름 10미터 정도의 미행성이 형성되는 과정에 대해서는 아직 잘 이해하지 못하고 있지만 미행성들로부터 행성이 형성되는 과정에 대해서는 잘 이해하고 있다. 행성들은 미행성들의 충돌에 의한 합체 과정을 통해 만들어진다. 이 과정에서 초기에 만들어진 미행성들의 많은 일부는 아예 먼 우주 공간으로 날아가기도 했다.

**바이러스** virus 다른 생물체의 세포 안에서만 증식이 가능한 핵산과 단백질의 복합체.

**반물질** antimatter  입자와 질량은 같으면서 반대 부호의 전하를 가지는 반입자들로 만들어진 물질. 반물질이 보통의 물질과 만나면 소멸하여 에너지로 변한다. 반양성자와 반전자(양전자)를 이용한 반수소를 합성하려는 시도가 성공을 거두기는 했지만 대량의 반물질을 이용한 실험을 해본 적이 없기 때문에 반물질이 어떤 성질을 가지는지에 대해서는 아직 잘 이해하지 못하고 있다.

**반입자** antiparticle  보통의 입자들과 같은 질량을 가지지만 전하의 부호는 다른 입자. 큰 에너지를 가지는 감마선은 입자와 반입자를 생성할 수 있다. 반대로 입자와 반입자는 쌍소멸하여 감마선으로 변한다. 전자의 반입자인 양전자가 발견된 후로 여러 가지 입자의 반입자들이 발견되어 반입자도 물질과 같이 우주를 이루는 기본 요소라는 것을 알게 되었다. 감마선이 물질로 변할 때는 입자와 반입자가 함께 만들어지기 때문에 쌍생성이라고 하고 소멸할 때도 쌍으로 소멸하기 때문에 쌍소멸이라고 한다.

**방사성 붕괴** radioactive decay  양성자와 중성자로 이루어진 원자핵은 일정한 비율의 양성자와 중성자를 포함하고 있을 때 안정한 원자핵이 된다. 안정한 원자핵과 아주 다른 원자핵은 만들어지지도 않고 만들어져도 곧 분열하여 안정한 원자핵으로 바뀐다. 그러나 안정한 원자핵과 비슷한 비율의 양성자와 중성자를 가지고 있는 원자핵은 오랜 시간을 두고 천천히 붕괴해간다. 이런 원소를 천연 방사성원소라고 하는데 방사성원소가 붕괴하여 처음 양의 반이 남기까지 걸리는 시간을 반감기라고 한다.

**백색왜성** white dwarf  인도 출신의 미국 천문학자 찬드라세카(Chandrasekhar)의 계산에 따르면 태양 질량의 1.4배 이하의 질량을 가지는 별은 적색거성 단계에서 초신성 폭발을 경험하지 않고 서서히 식어가게 된다. 이런 별의 내부에서는 탄소 원자핵과 전자가 좁은 공간에 밀집되어 있어서 물의 밀도의 백만 배나 되는 밀도를 가지게 된다. 태양 질량의 1.4배 되는 질량을 가진 별이 이 상태로 응축하면 직경이 1만 킬로미터 정도 될 것이다. 이런 별들을 백색왜성이라고 한다.

**변이** mutation  어떤 영향으로 생물체가 가지고 있는 유전정보가 변하고 이렇게 변화된 유전정보가 자손에게 전달되는 것을 변이라고 한다. 개체 안에서 일어나는 작은 변이들이 쌓이면 전혀 다른 생명체로 변해갈 수도 있다.

**별** star  자체 인력에 의해 한 곳에 밀집된 기체와 먼지가 높은 온도와 압력에 의해 핵융합 반응을 일으켜서 전체 질량을 높은 온도로 유지하고 밝게 빛나는 천체.

**별자리** constellation  지구에서 볼 때 하늘에 보이는 별들의 그룹으로 동물, 행성, 과학기자재, 신화에 나오는 주인공의 이름을 따라 이름이 지어졌고, 드물게 별들의 배열 모양을 따라 이름이 지어지기도 했다. 하늘에는 88개의 별자리가 있다.

**보이저 우주선** Voyager spacecraft  1977년 9월에 발사된 보이저 1호와 1977년 8월에 발사된 보이저 2호는 목성, 토성, 천왕성, 해왕성에 접근하여 많은 자료와 사진을 지구에 송신함으로써 이들 거대 행성에 대하여 많은 것을 새로 알게 해주었다. 토성을 지난 후 보이저 1호는 우주의 항해자가 되기 위해 우주로 뛰어들었지만, 보이저 2호는 토성을 지난 후에도 1989년까지 천왕성과 해왕성의 자료를 수집하여 지구에 보내왔다. 보이저 우주선들은 목성, 토성, 천왕성, 그리고 해왕성의 자세한 사진은 물론 48개나 되는 이들의 위성, 이들을 둘러싸고 있는 고리, 자기장, 대기의 움직임에 대한 많은 자료를 지구로 전송하였다.

**복사선** radiation  전자기파 복사선의 줄임말.

**복제** replication  DNA를 이루고 있는 꼬인 사슬이 두 갈래로 갈라지고 이 두 갈래의 사슬이 각각 똑같은 유전정보를 지닌 사슬을 만들어내는 과정.

**부정형 은하** irregular galaxy  나선은하도 아니고 타원은하도 아닌 일정한 형태가 없는 은하.

**분리의 시기** decoupling  우주의 역사에서 광자의 에너지가 원자와 상호 작용하기에는 너무 작아져서 원자들이 광자들의 영향에서 벗어나 스스로 존재할 수 있게 된 시기. 이 시기 전에는 가시광선의 광자들이 전자와 상호 작용하여 양성자와 전자가 결합하여 원자를 형성하는 것을 방해했기 때문에 양성자와 전자가 떨어져 플라스마 상태를 유지하고 있었다. 따라서 가시광선이 자유롭게 공간을 날아다닐 수가 없었다. 그러나 가시광선의 에너지가 양성자와 결합해 원자를 만든 전자와 상호 작용할 수 없을 정도로 작아지자 원자는 광자의 간섭에서 벗어나 스스로 존재할 수 있게 되었고, 우주는 가시광선으로 볼 때 투명한 우주가 되었다.

**분자** molecule  두 개 이상의 원자가 결합하여 화학적으로 안정한 상태를 만들고 있는 것.

**분해능** resolution  카메라, 망원경, 현미경과 같은 광학기기가 빛을 분석해낼 수 있는 능력. 망원경의 분해능은 큰 반사경이나 렌즈를 사용하면 향상된다. 지상에 설치된 망원경의 분해능은 공기의 영향으로 감소된다.

**블랙홀** black hole  인력이 매우 강해서 빛을 포함한 모든 것이 빠져나올 수 없는 천체로 중심으로부터 물체의 탈출이 불가능한 지점까지의 거리를 블랙홀 반경이라고 한다.

**블랙홀 반경** black hole radius  태양 질량의 M 배 질량을 가지는 천체의 블랙홀 반경은 3M 킬로미터이다. 이것을 사건의 지평선이라고도 한다.

**사건의 지평선** event horizon  블랙홀 반지름을 이르는 시적인 이름. 블랙홀의 중심으로부터 다시는 돌아올 수 없는 지점까지의 거리. 이 점을 지나 블랙홀 속으로 들어가면 아무것도 밖으로 나올 수 없다. 사건의 지평선은 블랙홀의 가장자리로 간주된다.

**산소** oxygen  원자핵에 8개의 양성자를 가지고 있는 원소로 산소의 동위원소들은 7, 8, 9, 10, 11, 12개의 중성자를 포함하고 있다. 대부분의 산소 원자들은 8개의 중성자를 가지고 있다.

**산화** oxidation  물질이 산소와 결합하는 것. 금속이 공기에 노출되면 공기 속의 산소와 결합하여 산화된다.

**상대성 이론** theory of relativity  아인슈타인의 특수상대성 이론과 일반상대성 이론을 일반적으로 이르는 말.

**생명** life  스스로 재생산과 진화가 가능한 물질.

**생명체가 살 수 있는 지역** habitable zone  별 주위의 일정한 공간으로 별의 열에 의해 액체 상태의 용매가 존재할 수 있는 지역이다. 별을 둘러싸고 있는 구형의 공간으로서 안쪽 경계와 바깥쪽 경계가 있다. 지구는 태양계의 생명 지역에 형성되었지만 금성은 생명 구역의 안쪽에 화성은 생명 지역의 바깥쪽에 형성되었다.

**섭씨온도** Celsius temperature  스웨덴의 천문학자 안데르스 셀시우스가 1742년에 제안한 온도로 물이 어는 온도는 $0°C$이고, 물이 끓는 온도는 $100°C$이다.

**성간구름** interstellar cloud   별 사이의 공간 중에서 평균보다 기체와 먼지의 밀도가 높은 지역으로 지름은 몇 광년이나 되고 밀도는 1세제곱센티미터 당 수십 개의 원자에서 수백만 개의 분자까지 다양하다. 성간구름은 별이 형성되는 지역이다.

**성간기체** interstellar gas   은하 내의 별과 별 사이의 공간을 성간 공간이라고 하는데 이 공간에는 많은 양의 기체와 먼지가 분포해 있다. 성간 공간에 흩어져 있는 기체를 성간기체라고 한다.

**성간먼지** interstellar dust   수백만 개의 원자들로 이루어진 우주 먼지는 적색거성의 표면에서 공간으로 방출된 것이 대부분이다. 이 먼지는 성간구름 속에 프함되어 있다가 별이나 행성에 참여하여 수소와 헬륨보다 원자량이 큰 원소를 많이 포함하고 있는 별과 행성을 탄생시킨다. 지구도 우주 먼지를 많이 포함하고 있던 성간구름 속에서 형성되었다.

**성단** star cluster   같은 시기에 같은 장소에서 형성된 별들이 서로 잡아당기는 인력에 의해 수십억 년 동안 그룹을 유지하고 있는 것. 은하 형성 초기에 은하와 함께 만들어진 구상성단과 은하 내의 성간구름에서 동시에 만들어진 별들로 이루어진 산개성단이 있다. 주로 나이가 많은 붉은 별을 포함하고 있는 구상성단은 수천만 개의 별로 이루어졌으며 우리 은하에는 현재 2백 개 정도가 있다. 젊고 푸른 별을 많이 포함하고 있는 산개성단은 수천에서 수만 개의 별들로 이루어져 있다.

**성운** nebula   기체와 먼지 입자들이 높은 밀도로 분포해 있는 것. 대개는 성운에서 탄생한 젊고 밝은 별의 빛을 받아 밝게 빛난다.

**세균** Bacteria   지구상에 살고 있는 생명체의 세 영역 중 하나로 유전물질을 가지고 있는, 잘 정의된 핵을 가지고 있지 않은 단세포생물.

**소마젤란은하** Small Magellanic Cloud   우리 은하의 위성 은하 중 작은 은하.

**소행성** asteroid   암석 혹은 암석과 금속으로 이루어진 천체로 화성과 목성 사이에서 태양을 돌고 있고, 크기는 지름이 백 미터인 것에서부터 천 킬로미터인 것까지 다양하다. 소행성과 여러모로 비슷하지만 크기가 훨씬 작은 것을 운석이라고 한다.

**수소** hydrogen   가장 가볍고 우주에 가장 풍부한 원소로 원자핵에 하나의 양성자를 가지고 있고 동위원소는 0, 1, 2개의 중성자를 가지고 있다. 중성자 하나를 가지고 있는 수소의 동위원소를 중수소, 중성자를 두 개 가지고 있는 수소의 동위원소를 삼중수소라고 한다. 수소와 중수소는 안정한 동위원소지만 삼중수소는 불안정한 동위원소이다.

**스펙트럼** spectrum   빛을 진동수 또는 파장별로 분리해놓은 것. 때로는 각각의 파장을 가지는 광자의 수를 그래프로 나타낸 것.

**승화** sublimation   고체가 액체 상태를 거치지 않고 기체로 변하거나 기체가 액체 상태를 거치지 않고 고체로 변하는 것. 지구의 온도와 대기압 아래에서는 이산화탄소 기체가 드라이아이스로 변하고 드라이아이스가 이산화탄소 기체로 변하여 승화한다. 그러나 대기압이 지구 대기압의 백분의 1밖에 안 되는 화성에서는 얼음도 물 상태를 거치지 않고 수증기로 변하여 승화한다.

**시공간** space-time   공간을 이루는 3차원과 함께 시간도 하나의 차원으로 취급하는 수학적인 공간. 특수상대성 이론에서는 자연이 시공간에서 가장 잘 기술될 수 있다는 것을 보여주었다. 시공간에서는 모든 사건에 3차원 공간에서의 위치와 함께 시간도 주어져야 한다. 수학적으로 볼 때 공간과 시간의 구별은 아무 의미가 없다.

**식** eclipse   하나의 천체가 다른 천체를 전부 또는 부분적으로 가리는 현상. 관측자가 볼 때 하나의 천체가 다른 천체 뒤에 올 때 일어난다. 달이 태양을 가리는 것을 일식, 지구가 태양 빛을 가려 달이 어둡게 보이는 것을 월식이라고 한다. 이외에도 달이 다른 별들을 가리는 성식도 있고 달이 행성을 가리는 행성식도 있다.

**아미노산** amino acid   작은 분자의 한 종류로 13개에서 27개 사이의 탄소, 질소, 수소, 산소 원자로 구성되어 있으며 길게 연결되어 단백질 분자를 이룬다. 자연에는 20가지의 아미노산이 있으며 이 20가지의 아미노산이 결합하는 방법에 따라 수없이 많은 종류의 단백질이 합성된다. DNA 속에 포함되어 있는 유전정보는 대부분 특성 단백질을 합성하는 아미노산의 결합 순서이다.

**안드로메다은하** Andromeda galaxy   우리 은하에서 약 240만 광년 떨어져 있는 나선은하로 우리 은하가 속해 있는 국부 은하군에서 가장 큰 은하이다. M31 또는 NGC 224라는 목록번호로 불리기도 하는 안드로메다은하는 7개의 나선을 가진 나선은하로 약 3천억 개의 별을 포함하고 있다. 안드로메다은하에서는 매년 수십 개의 신성이 관측되며, 수백 개의 산개성단과 약 백 개의 구상성단도 관측되었

다. 이 은하는 초속 275킬로미터의 속도로 우리 은하에 접근하고 있다. 안드로메
다은하는 M 32 또는 NGC 221이라고 불리는 타원은하와 NGC 205라고 불리는
타원은하를 위성은하로 가지고 있다.

**암흑물질** dark matter  알려지지 않은 형태의 물질로 우주에 있는 모든 물질과 인력
으로 상호 작용한다. 그러나 전자기파를 내거나 흡수하지 않으며, 보통의 물질과
인력이 아닌 다른 어떤 방법으로도 상호 작용하지 않는다. 암흑물질의 존재는 은
하단 내의 은하들의 운동이나 은하에 분포해 있는 별들의 운동을 관찰하여 알게
되었다. 은하나 별들이 관측 가능한 물질만으로는 설명할 수 없는 운동을 하고
있었기 때문에 암흑물질이 존재한다는 것을 알게 되었다. 최근에는 은하단이나
은하에 의한 중력렌즈 현상을 관측하여 암흑물질이 존재한다는 것을 확인할 수
있었다.

**암흑에너지** dark energy  보이지도 않고 직접 관측하는 것도 불가능한 에너지로 공간
을 팽창하도록 한다. 암흑에너지의 양은 우주상수의 값에 따라 달라진다. 오랫동
안 우주는 최초의 대폭발 이후 팽창 속도가 느려지는 감속 팽창을 하고 있을 것
이라고 생각했다. 그러나 최근의 관측 결과에서 우주는 팽창 속도가 빨라지는 가
속 팽창을 하고 있다는 것이 밝혀졌다. 우주가 가속 팽창을 하도록 공간이 제공
하는 에너지가 암흑에너지이다. 그러나 암흑에너지가 어떤 형태의 에너지인지에
대해서는 아직 잘 모르고 있다.

**약한 핵력** weak force  네 가지 기본적인 힘의 하나로 $10^{-13}$센티미터 이내에서만 작
용한다. 어떤 종류의 기본 입자들이 다른 입자로 바뀌는 데 관계하는 힘이다. 최
근의 연구에서는 약한 핵력과 전자기력이 같은 전자기-약력의 다른 면이라는 것
이 밝혀졌다.

**양성자** proton  모든 원자의 원자핵에서 발견되는 기본 입자로 양전하를 띠고 있으
며, 핵 속에 들어 있는 양성자의 수가 원자의 종류를 결정한다. 예를 들어 하나의
양성자를 가지고 있는 원소는 수소이고, 두 개의 양성자를 가지고 있으면 헬륨이
며, 92개의 양성자를 가지고 있는 원소는 우라늄이다.

**양자역학** quantum mechanics  독일의 물리학자 막스 플랑크는 물체에서 나오는 전
자기파의 에너지는 연속적인 양이 아니라 어떤 최소값의 정수배가 되는 불연속

적인 양으로 나온다는 것을 밝혀냈다. 에너지가 가지는 이러한 불연속성은 특정
한 경계조건 아래에서 모든 물리량이 가지는 보편적인 성질이다. 양자물리학에
서는 양자화되어 있는 불연속적인 물리량을 파동함수를 이용하여 다루고 그 결
과를 확률적으로 해석한다. 양자물리학은 물리량의 최소 단위가 중요한 역할을
하는 원자보다 작은 세계에서 일어나는 현상을 이해하고 기술하는 데 대성공을
거두어 현대 과학의 발전을 견인해왔다.

**에너지** energy   일을 할 수 있는 능력. 물리학에서는 역학적 에너지를 힘과 이 힘으
로 움직인 거리의 곱으로 정의한다. 에너지에는 역학적 에너지 외에도 전기 에너
지, 열 에너지, 핵 에너지, 화학 에너지 등 여러 가지 형태의 에너지가 존재하며
물체의 질량도 에너지로 변할 수 있기 때문에 에너지로 환산하여 나타내기도 한
다. 에너지 보존 법칙에 의해 모든 형태의 에너지를 합한 우주의 총에너지는 항
상 일정해야 한다.

**에우로파** Europa   목성의 4대 위성 중 목성에 두번째로 가까이 있는 위성으로 얼어
붙은 표면 아래에 액체로 된 바다를 가지고 있을 것이라고 추정되고 있다. 목성
으로부터 약 67만 킬로미터 되는 궤도에서 목성을 돌고 있는 에우로파의 반지름
은 달보다 조금 작은 약 1,569킬로미터이다.

**엑스선** X-ray   자외선과 감마선 사이의 파장과 진동수를 가지는 전자기파. 독일의 물
리학자 뢴트겐이 발견하였다. 엑스선은 파장이 짧아 투과력이 좋지만 원자를 쉽
게 이온화시킬 수 있는 큰 에너지를 가지고 있어 생물체에게는 위험한 전자기파
이다. 따라서 꼭 필요한 경우를 제외하고는 엑스선에 노출되지 않도록 주의해야
한다.

**역학** mechanics   힘과 운동의 관계를 연구하는 물리학의 한 분야. 천체에 적용한 것을
천체역학이라고 한다. 역학에는 뉴턴의 운동 방정식을 바탕으로 하는 고전역학과
아인슈타인이 제시한 상대론, 그리고 1920년대 성립된 양자물리학을 바탕으로
하는 양자역학이 있다. 열현상과 관계된 역학을 열역학이라고 부르기도 한다.

**열 에너지** thermal energy   물체(고체, 액체, 기체)를 이루는 원자나 분자의 진동 운
동 에너지. 물질을 이루는 원자나 분자는 정지해 있는 것이 아니라 빠르게 운동
하고 있다. 물체를 이루는 입자들의 이런 무작위한 운동을 열운동이라고 한다.

입자들의 열운동에 의한 에너지를 모두 합한 것이 열 에너지이다. 물체를 이루는 입자들이 모두 같은 방향으로 움직이면 물체의 위치가 변하게 되고, 이런 경우에 물체가 가지는 에너지는 운동 에너지라고 한다.

**열핵융합** thermonuclear fusion  플러스 전하를 가진 원자핵이 합쳐서 큰 원자핵으로 변하게 하기 위해서는 전기적인 반발력을 이기고 원자핵을 구성하고 있는 입자들(양성자, 중성자) 사이에 강한 핵력이 작용할 수 있는 거리까지 접근시켜야 한다. 그러기 위해서는 원자핵이 빠르게 운동하도록 해야 하는데 열 에너지를 이용하여 원자핵을 필요한 속도까지 높여 핵융합 반응이 일어나게 하는 것을 열핵융합 반응이라고 한다. 별 내부에서나 원자핵에서는 모두 열핵융합 반응에 의해 핵융합 반응이 일어나고 있다. 따라서 단순히 핵융합이라고 해도 그것은 열핵융합을 뜻한다.

**염색체** chromosome  하나의 DNA 분자와 그 분자와 관계된 단백질. 염색체에 포함되어 있는 유전정보는 세포복제를 통해 전달된다.

**오르트 구름** Oort cloud  네덜란드의 천문학자로 라이덴 대학 교수와 라이던 천문대 대장을 지냈던 얀 오르트가 처음 제안한 것으로, 지구 궤도 반지름보다 수천 배에서 수만 배 되는 곳에 태양계를 이루고 남은 수많은 물질이 태양을 도는 구름을 형성하고 있는데 여기서 혜성이 만들어진다는 것이다. 혜성은 태양에 가까이 접근할 때마다 많은 양의 질량을 공간에 뿌리기 때문에 질량이 줄어들어 그 수명은 수백만 년을 넘을 수 없다. 태양계의 나이가 46억 년이 넘는 오늘날에도 혜성이 계속 발견되는 것은 이곳에서 혜성이 계속 만들어지고 있기 때문이다.

**오존** ozone($O_3$)  세 개의 산소 원자로 이루어진 분자. 지구 대기의 상층부에서 오존은 자외선으로부터 지구를 보호하고 있다.

**온도** temperature  물체를 이루고 열운동을 하는 입자들은 모두 다른 크기의 운동 에너지를 가지고 있다. 절대온도는 물체를 이루는 입자들의 열운동에 의한 평균 운동 에너지를 나타낸다. 따라서 절대온도가 두 배가 되면 입자들의 운동 에너지도 두 배가 된다. 질량이 큰 입자나 작은 입자나 같은 온도에서는 모두 같은 크기의 평균 운동 에너지를 가진다. 따라서 같은 온도에서 같은 운동 에너지를 가지기 위해서는 질량이 작은 입자일수록 빠르게 운동하고 질량이 큰 입자는 천천히 운동해야 한다.

**온실효과** greenhouse effect　행성의 대기를 이루고 있는 기체 분자들은 파장이 짧은 가시광선은 잘 흡수하지 않지만 파장이 긴 적외선은 잘 흡수한다. 태양은 온도가 높은 물체이므로 파장이 짧은 가시광선을 주로 내고 이런 전자기파는 대기층을 통과해 행성 표면에 쉽게 도달하여 표면을 이루고 있는 물질에 흡수되어 행성 표면의 온도를 올라가게 한다. 행성 표면은 온도가 낮아 파장이 긴 적외선을 내는데 적외선은 대기층에 흡수되어 대기층의 온도를 높인다. 적외선을 잘 흡수하는 이산화탄소와 수증기가 대기 속에 많이 포함되어 있으면 이런 현상이 더욱 뚜렷하게 나타나 행성 전체의 온도가 올라가게 된다. 이런 현상은 온실의 유리에 의해서도 일어나기 때문에 온실효과라고 부르게 되었다.

**외계 행성** exosolar planet(extrasolar planet)　태양이 아닌 다른 별을 돌고 있는 행성. 1990년대 이전에는 외계 행성의 존재가 확실하지 않았다. 그러나 1990년대에 태양에서 비교적 가까운 곳에 있는 별에서 백 개가 넘는 외계 행성이 발견되었고, 성운 속에서 형성중에 있는 별 주위에서도 행성을 형성할 것이라고 믿어지는 원행성면이 발견되어 태양이 아닌 다른 별도 그 별을 돌고 있는 행성을 가지는 것이 보편적인 현상이라는 것을 알게 되었다.

**용매** solvent　다른 물질을 용해시킬 수 있는 액체. 물은 가장 좋은 용매로 많은 종류의 물질을 용해시킬 수 있다. 그러나 유기물은 아세톤과 같은 유기용매에 잘 녹는다. 용매에 녹아 들어가는 물질을 용질이라고 하는데 용매에 용질이 녹아 있는 것을 용액이라고 한다. 용액 속에서는 원자와 분자들이 자유롭게 떠다닐 수 있어 분자와 원자들 사이의 상호 작용으로 활발한 화학반응이 일어날 수 있다.

**우주** cosmos　존재하는 모든 것을 우주라고 한다. 따라서 우주는 하나밖에 없다. 영어로 universe라고도 하는데 이 단어에는 하나뿐인 세상이라는 뜻이 담겨 있다. 그러나 우주학자들 중에는 우리 우주 밖에 또 다른 우주가 존재할 수 있다고 가정하고 그렇게 여러 개의 우주로 이루어진 것을 다중우주(multiverse)라고 부르기도 한다.

**우주배경복사** cosmic background radiation, CBR　우주 최초의 대폭발 때에는 우주의 모든 물질이 에너지 형태로 존재했다. 큰 에너지를 가지는 광자는 물질을 만들었지만 물질은 곧 소멸하여 다시 광자가 되는 일이 되풀이되었다. 그러나 우주가 팽창함에 따라 우주의 온도가 내려가 광자의 에너지가 작아지자 광자는 더 이상 물질을 만들어낼 수 없게 되었다. 광자와 물질 사이의 교환이 끝난 후에는 광자는 그대로 광자로 물질은 그대로 물질로 남아 현재의 우주를 만들어내게 되었다. 광자와 물질의 변환이 정지된 시기에 우주에 남아 있던 광자들은 아직도 우주 전체에 골고루 퍼져 있는데 이제는 온도가 낮아져 절대온도 2.73K의 복사선이 되었다. 우주배경복사는 우주 초기에 대한 여러 가지 정보를 가지고 있는 중요한 우주 고고학적 유물로 취급되고 있다.

**우주상수** cosmological constant  아인슈타인이 우주의 행동을 기술하기 위해 그의 방정식에 처음 도입한 상수. 후에 우주가 정상상태에 있는 것이 아니라 팽창하고 있다는 것이 밝혀져 우주상수가 필요 없는 것으로 판명되기도 했다. 하지만 최근의 관측에서는 우주가 점점 더 빠른 속도로 가속되고 있다는 것이 밝혀져 우주상수가 다시 필요하게 되었다. 이 힘의 원인은 공간이 포함하고 있는 암흑에너지라고 부르는 에너지 때문인 것으로 추정되고 있다.

**우주학** cosmology  우주 전체의 구조와 진화 과정을 연구하는 학문.

**우주학자** cosmologist  천체물리학자 중에서 우주의 기원과 우주 전체의 구조에 대하여 연구하는 학자.

**운동 에너지** kinetic energy  운동하는 물체가 가지고 있는 에너지. 질량에다 속도의 제곱을 곱한 값의 반이 이 물체가 가지고 있는 운동 에너지이다. 따라서 같은 속력으로 움직일 때는 트럭과 같이 질량이 큰 물체가 자전거와 같이 질량이 작은 물체보다 더 큰 운동 에너지를 갖는다.

**운석** meteorite, meteoroid  공기층을 뚫고 지구 표면에 도달한 천체, 또는 행성 사이의 공간에 떠돌아다니는 소행성보다 작은 천체들로 보통 암석, 금속, 암석과 금속의 혼합물로 이루어졌다. 이들은 태양계가 형성되고 남은 부스러기이거나 태양계 내의 천체들의 충돌로 만들어진 조각들이다. 영어로는 우주 공간에 떠돌아다니는 운석을 meteoroid, 대기층을 뚫고 지상에 도달한 것을 meteorite라고 구별한다.

**원소** element  원자핵 속에 들어 있는 양성자의 수로 구별되는 물질의 기본 요소. 우주의 모든 물질은 가장 작은 원소인 수소(원자핵 속에 하나의 양성자를 가지고 있다)로부터 우라늄(원자핵 속에 92개의 양성자를 가지고 있다)까지 92가지의 원소로 구성되어 있다. 우라늄보다 무거운 원소들은 실험실에서 만들어졌다.

**원시대기** primitive atmosphere  행성 형성 초기의 대기. 지구 형성 초기의 대기는 현재와 전혀 다른 성분을 가지고 있어 대기 속에 산소가 거의 없었다. 지질학자들은 지질학적 조사를 통해 30억 년 전쯤에 지구 대기에 산소가 나타나기 시작했다는 것을 알아냈다. 산소를 가지고 있지 않았던 원시대기는 생명체 형성에 좋은 환경을 제공했다. 그러나 대기 속에 산소가 나타난 이후에는 모든 것이 산화되어 생명체 형성을 방해하게 되었을 것이다.

**원시성** protostar  별은 우주 공간에 흩어져 있는 기체와 먼지 구름 속에서 형성된다. 많은 질량을 가지고 있는 기체와 먼지 구름의 어떤 부분이 다른 부분보다 밀도가 높아지면 인력에 의해 이곳으로 다른 물질들이 끌려오게 된다. 그러기 위해서는 입자들의 운동 에너지가 충분히 작아지도록 온도가 낮아야 한다. 초기에는 인력이 약하기 때문에 온도가 높아 운동 에너지가 크면 운동 에너지에 의한 반발 때문에 별이 형성되지 않는다. 이처럼 기체와 먼지 구름 속에서 인력에 의해 물질을 모아 별을 형성하는 과정에 있는 천체를 원시성이라고 한다.

**원시세균** Archaea  생명체의 세 영역 중 하나로 지구 생명체 중에서 가장 오래된 생명체이다. 모든 원시세균은 하나의 세포로 되어 있는 원핵생물로 높은 온도(섭씨 50~70°C)에서 번성했던 것으로 밝혀지고 있다.

**원시행성** protoplanet  형성되고 있는 별 주변에서는 행성 형성도 진행되는데 행성의 마지막 단계에 있는 천체를 원시행성이라고 한다.

**원시행성 원반** protoplanetary disk  형성 과정에 있는 별을 둘러싸고 있는 먼지와 기체로 이루어진 원반으로 이곳에서 행성이 형성된다.

**원자** atom  전기적으로 중성인 가장 작은 입자로 양성자와 중성자로 이루어진 원자핵과 원자핵 주위를 돌고 있는 전자로 구성되어 있다. 보통의 원자에서는 양성자의 수와 전자의 수가 같아 전기적으로 중성이지만 이온에서는 전자의 수가 양성자의 수보다 많거나 적다. 원자핵 주위를 돌고 있는 전자의 배열이 원자의 화학적 성질을 결정한다.

**원핵생물** prokaryote  막으로 둘러싸인 잘 구획된 핵을 가지고 있지 않은 단세포생물로 원시세균과 세균 영역에 속하는 생물들이 여기에 속한다. 원시세균과 세균은 이들 안에서 일어나는 화학반응과 이들이 생성하는 물질이 전혀 다르기 때문에 초기 진화 단계에서 분리되어 별도의 진화 과정을 겪었을 것으로 추정된다.

**위도** latitude  지구의 적도(0도)로부터 북극(북위 90도)까지, 그리고 남극(남위 90도)까지의 위치를 각도로 나타낸 것.

**위성** satellite  더 큰 천체를 돌고 있는 작은 천체. 정확하게 말하면 위성이 모성을 돌고 있는 것이 아니라 두 천체는 공통의 질량 중심을 중심으로 서로 돌고 있다. 그러나 질량 중심으로부터의 거리, 즉 공전 궤도 반지름이 질량에 반비례하기 때문에 질량이 훨씬 작은 위성이 훨씬 더 큰 궤도를 돌고 있어서 모성은 정지해 있고 위성만 움직이는 것처럼 관측되는 경우가 많다.

**유기물** organic  탄소를 기본으로 하여 이루어진 화합물. 탄소는 다양한 화합물을 만들 수 있는 원자 구조를 가지고 있다. 따라서 탄소를 기본으로 하는 화합물의 종류는 다른 원소를 기본으로 하는 모든 화합물의 종류보다 많다. 탄소화합물이 가지는 이러한 다양성은 유기물이 생명체를 이루는 기본 물질이 될 수 있는 첫번째 조건을 만족시키며, 분자 내 원자 사이의 결합력이 적당해 여러 가지 화학반응을 용이하게 할 수 있게 함으로써 생명체를 이루는 물질로서의 또 다른 조건을 만족시킨다. 따라서 유기물은 지구 생명체를 이루는 기본 물질이 되었다.

**유성** meteor  지구는 태양 주위의 궤도를 따라 초속 약 30킬로미터의 속도로 태양을 공전하고 있다. 따라서 지구 공전 궤도 위에 흩어져 있는 운석이 지구를 만나면 이 운석은 초속 30킬로미터의 속도로 지구 대기와 충돌하게 된다. 이러한 충돌 때에는 공기와의 마찰로 작은 운석은 모두 타버리게 되는데 이때 순간적으로 밝은 빛이 하늘을 가로질러 달리는 것처럼 보이는 것이 유성이다.

**유성우** meteor shower  지구가 태양을 공전하면서 운석이 많은 지역을 지나갈 때 하늘의 특정한 점으로부터 많은 수의 유성이 쏟아지는 것처럼 보이는 현상. 지구는 태양을 중심으로 공전하고 있으므로 일 년 동안 계속 운동하는 방향이 변화게 된다. 지구가 사자자리를 향해 달리고 있는 계절에 유성우가 나타나면 유성들이 모두 사자자리에서 쏟아지는 것처럼 보인다. 이렇게 유성이 한 점에서 나타나는 것처럼 보이는 점을 복사점이라고 한다. 유성우는 복사점이 위치한 별자리 이름을 따라 사자자리 유성우, 페르세우스자리 유성우 등으로 불린다.

**유전정보** genetic code   DNA와 RNA 분자는 염기를 포함하는 뉴클레오티드라는 단위가 연속적으로 이어져 만들어진다. 하나의 뉴클레오티드 속에는 네 가지 염기 중에서 하나의 염기가 들어 있다. 이 염기의 배열 순서가 디지털 신호로 저장되어 있는 것이 유전정보이다.

**은하** galaxy   수많은 별들의 무리. 수백만 개에서 수천억 개에 이르는 별들이 상호간의 인력 작용으로 모여서 무리를 만들고 있으며 대개는 많은 양의 기체와 먼지 구름도 포함하고 있다. 은하는 타원으로 보이는 넓은 공간에 별들이 분포해 있는 타원은하와 나선 팔을 가지고 있는 나선은하, 일정한 모양이 없는 부정형 은하 등으로 나뉜다. 태양계가 속해 있는 우리 은하는 나선은하이다.

**은하단** cluster of galaxies   작게는 수백만 개에서 많게는 수천억 개의 별들로 이루어진 은하들은 다시 수십 개에서 수천 개가 모여 집단을 형성하고 있다. 이런 은하들의 집단을 은하단이라고 한다. 우리 은하는 지름 약 3백만 광년의 공간에 수십 개의 은하가 모여 있는 국부 은하군이라고 부르는 은하 집단에 속해 있다. 은하단을 이루는 은하들은 인력에 의해 묶여 있으며 공통의 질량 중심을 중심으로 운동하고 있다. 은하단에는 우리가 관측할 수 있는 은하와 기체와 먼지 외에도 많은 양의 암흑물질이 포함되어 있다.

**은하수** Milky Way   우리 은하를 영어로는 Milky Way galaxy라고 하는데 여기에는 태양계도 포함된다. 지구에서 보면 우리 은하의 별들은 하늘을 가로지르는 희뿌연 띠처럼 보인다. 우리나라에서는 하늘에 보이는 이 띠를 은하수라고 부르는데 은하수는 하늘에 보이는 이 띠를 나타낼 뿐 우리 은하를 지칭하는 고유명사로 쓰이지는 않고 있다. 따라서 많은 문헌에서 Milky Way는 그냥 우리 은하 또는 은하라고 번역되고 있다. 우리 은하에는 약 3천억 개의 별들과 많은 양의 기체와 먼지 구름, 그리고 암흑물질이 포함되어 있다.

**이산화탄소** carbon dioxide   하나의 탄소 원자와 두 개의 산소 원자로 이루어진 분자($CO_2$). 탄소를 기본으로 하고 있는 유기물이 연소하면 이산화탄소와 물이 만들어진다. 이산화탄소는 매우 안정한 분자이기 때문에 이 자체로 인체나 다른 생명

21. 천문학자들이 IC 443이라고 부르는 이 팽창하는 기체는 태양계에서 약 5천 광년 떨어진 곳에 있는 초신성 잔해이다. 초신성 폭발은 하와이에 있는 마우나 케아 천문대의 캐나다-프랑스-하와이 망원경이 이 사진을 찍기 3만 년 전쯤에 있었다.

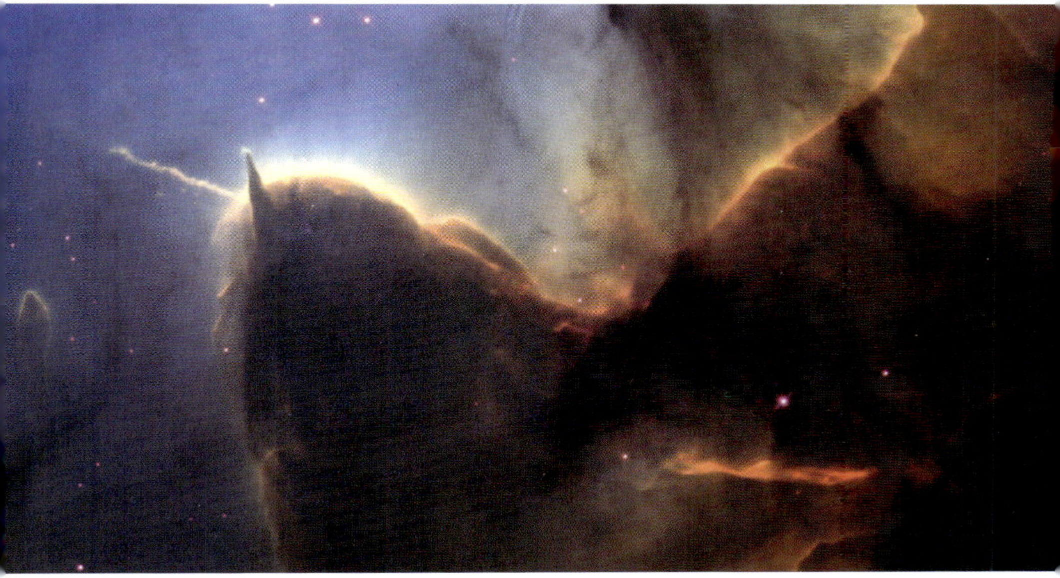

22. 태양계로부터 약 5천 광년 떨어진 곳에 있는 삼렬성운(Trifid nebula)의 이 기체 구름 사진은 허블 우주망원경으로 찍은 것이다. 부근에 있는 온도가 높고 젊은 별의 빛이 밀도가 높은 기체 기둥 주변의 밀도가 낮은 기체들을 밀어내 기체 기둥이 그 모습을 드러내고 있다.

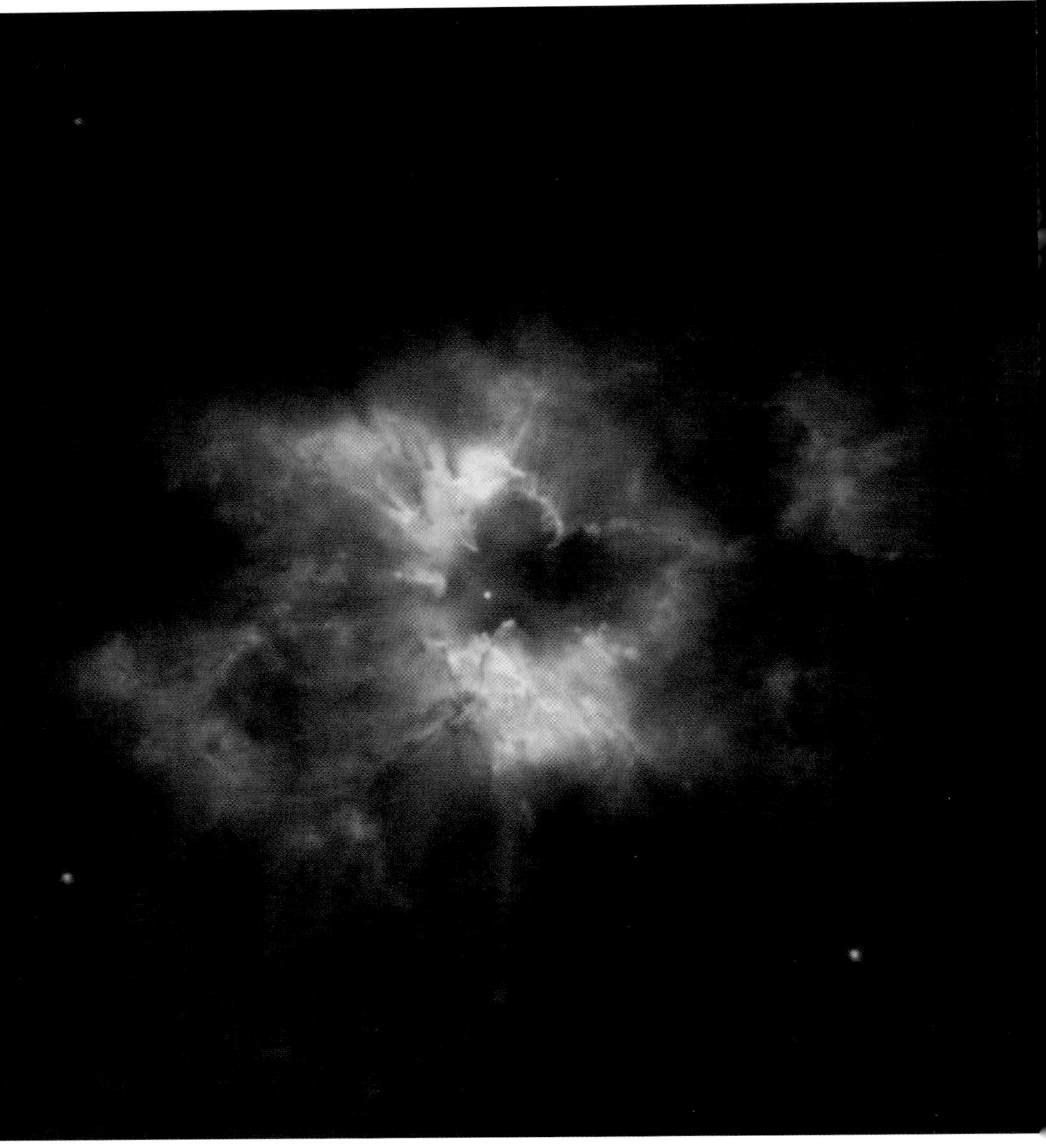

23. NGC 2440이라고 불리는 이 성운은 연료를 다 소모해버린, 그러나 아직 뜨거운 별을 둘러싸고 있다. 백색왜성은 허블 우주망원경으로 찍은 이 사진의 중앙 부분에 흰 점으로 보인다. 태양계로부터 3천5백 광년 정도 떨어져 있는 이 성운은 오래지 않아 우주 공간으로 흩어지고 백색왜성만이 홀로 식어가 차츰 희미해질 것이다.

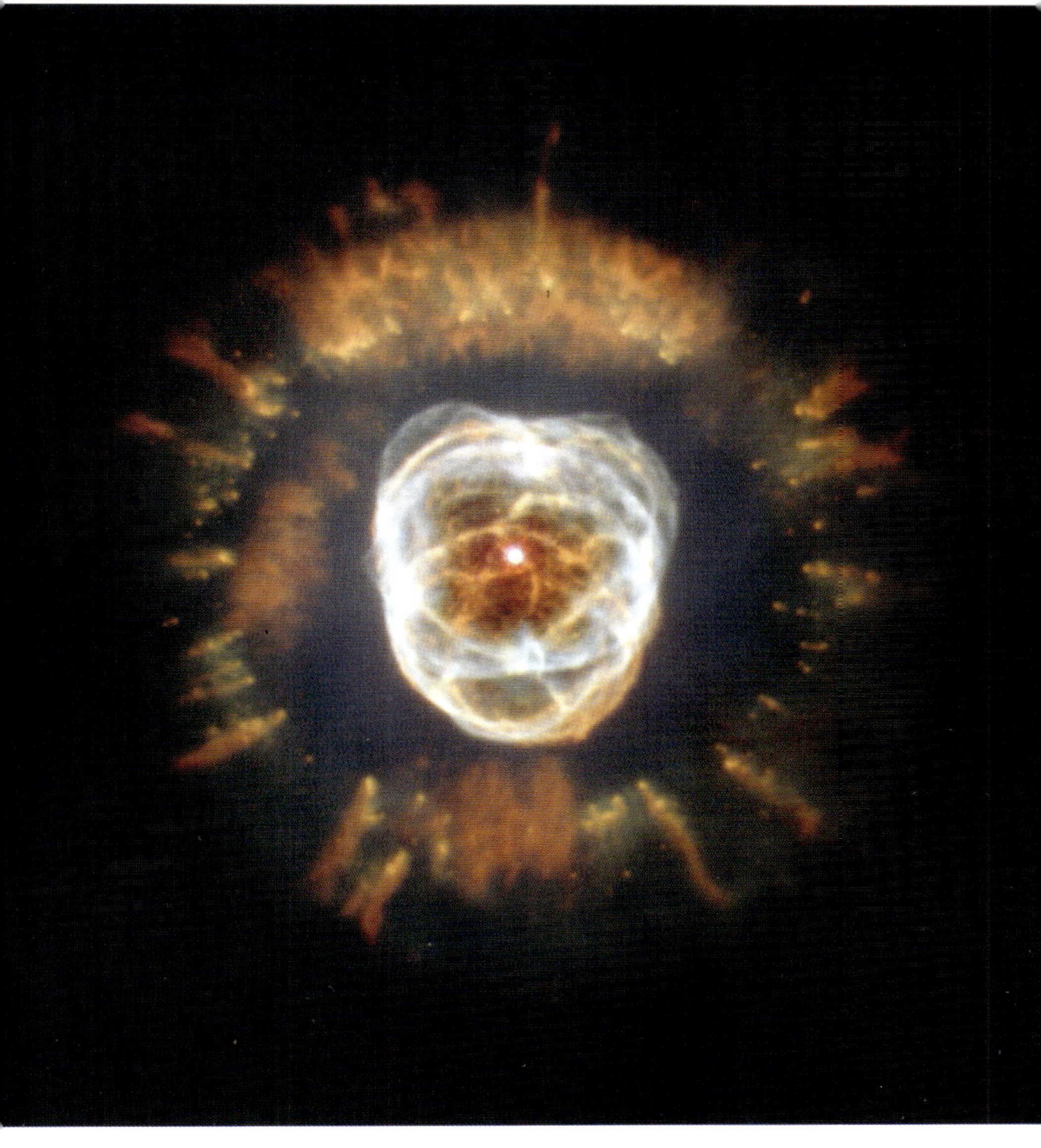

24. 윌리엄 허셜이 1787년에 발견한 이 아름다운 천체는 파카와 털모자를 쓴 것처럼 보이는 모습 때문에 에스키 모성운이라고 불린다. 태양계로부터 3천 광년 정도 되는 곳에 있는 이 성운은 늙은 별에서 방출된 기체로 이루어졌으며 크게 팽창하여 가시광선보다는 적외선을 강하게 내는 중심별에서 나오는 빛을 받아 빛나고 있다. 작은 망원경으로 보면 마치 행성처럼 보이기 대문에 허셜과 마찬가지로 현대 천문학자들도 이런 성운을 행성상 성운이라고 부른다. 허블 우주망원경으로 찍은 이 사진은 중심 별로부터 팽창한 기체의 모습을 자세히 보여주어 그런 혼동을 없애주고 있다.

25. 하와이에 있는 마우나 케아 천문대의 캐나다-프랑스-하와이 망원경이 찍은 이 사진에는 우리 은하에 있는 별이 형성되고 있는 지역의 한가운데에 차갑고 밀도가 높은 기체 구름이 별빛을 차단하여 말머리성운(Horsehead nebula)을 만들어내고 있는 것이 잘 나타나 있다. 태양계로부터 약 천5백 광년 떨어져 있는 이 성운은 차가운 성간먼지로 이루어진 더 큰 구름의 일부이다. 말머리성운 아래쪽에도 검은 구름이 보인다.

26. 아마추어 천문학자 릭 스코트(Rick Scott)가 2003년에 찍은 이 광각 사진에는 매년 8월 지구가 더 많은 우주 부스러기들과 부딪혀 만들어내는 페르세우스 유성우 때 나타난 유성이 지나간 자리가 길게 보인다. 초속 몇 킬로미터의 속도로 지구의 대기권으로 들어온 입자들은 전부 또는 일부가 공기와의 마찰로 증발해버린다. 이 사진에는 지상으로부터 약 64킬로미터 상공에 있는 유성까지의 거리보다 1조 배의 다시 1천만 배나 되는 곳에 있는 안드로메다은하(중앙 왼쪽)가 보인다.

27. 허블 우주망원경으로 찍은 이 사진에는 태양계에서 두번째로 큰 행성인 토성의 아름다운 테가 잘 나타나 있다. 목성, 천왕성, 해왕성의 테들과 마찬가지로 토성의 테도 행성을 돌고 있는 수많은 작은 입자들로 이루어져 있다.

28. 토성의 가장 큰 위성인 타이탄은 주로 질소 분자로 이루어진 짙은 대기층을 가지고 있다. 타이탄의 대기층에는 연기 입자들이 많이 포함되어 있어 표면을 관측하는 것은 불가능하다(위의 사진은 1981년 보이저 2호가 찍은 것이다). 그러나 적외선으로 찍은 사진에는(아래쪽 사진은 하와이에 있는 마우나 케아 천문대의 캐나다-프랑스-하와이 망원경으로 찍은 것이다) 표면의 구조가 어느 정도 보이고 있다. 표면은 액체 연못, 바위, 또는 얼어붙은 탄화수소로 덮여 있을 것으로 추정된다.

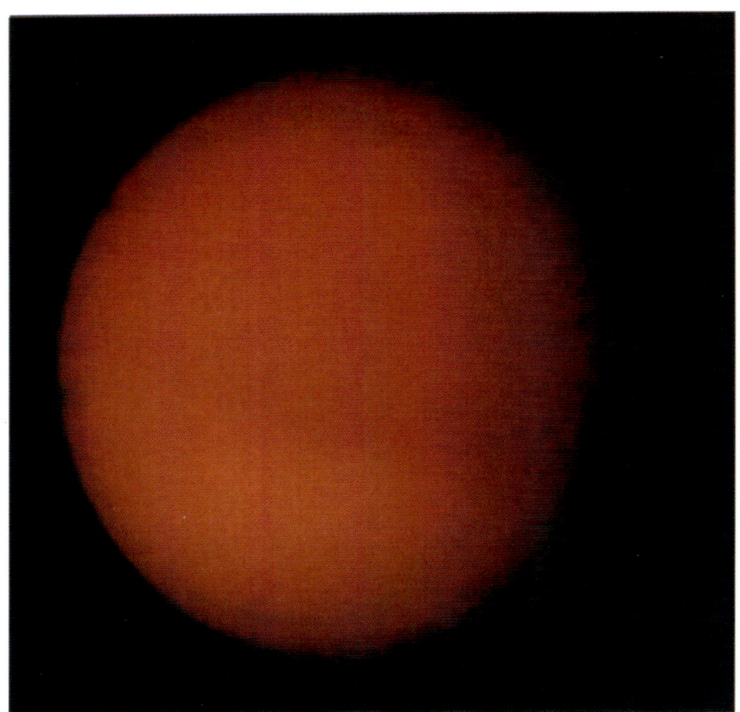

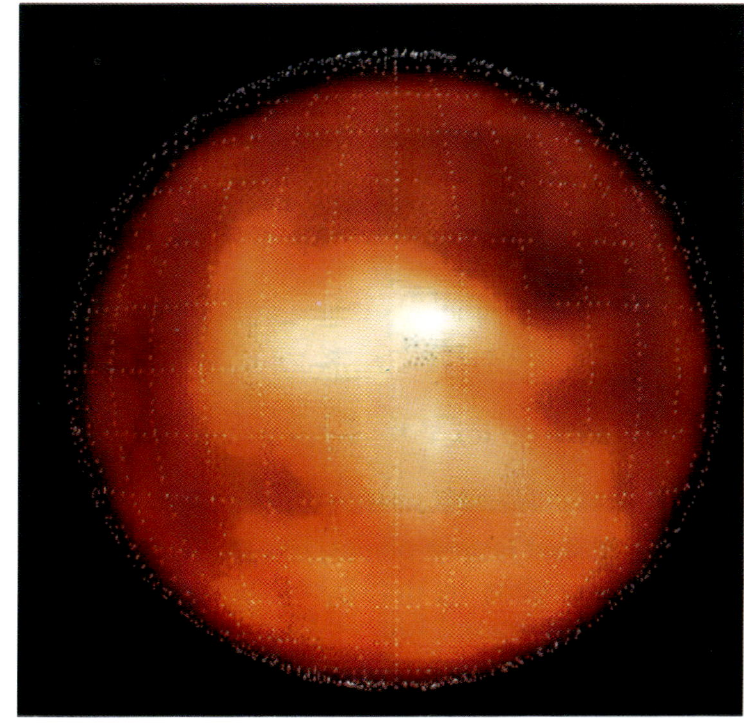

29. 2004년 토성에 도착하는 것을 목표로 토성으로 향하고 있는 카시니 탐사우주선이 2000년 12월 목성을 지나가면서 찍은 목성 사진이다. 목성은 고체로 된 핵이 수만 킬로미터의 기체층에 둘러싸여 있는 행성이다. 주로 수소, 탄소, 질소, 산소로 구성된 목성의 기체는 목성의 빠른 자전 때문에 소용돌이치면서 여러 가지 무늬를 만들어낸다. 이 사진에 나타난 가장 작은 모양도 지름이 64킬로미터 정도는 된다.

30. 목성의 4대 위성 중 하나인 에우로 파의 크기는 달의 크기와 아주 비슷하다. 그러나 에우로파의 표면은 길게 뻗은 직선들이 많이 보이는데(위쪽 사진) 이들은 표면을 덮고 있는 얼음의 균열 때문에 생긴 것으로 보인다. 보이저 우주선이 찍은 이 위성의 근접 사진(아래쪽 사진)은 560킬로미터 거리에서 찍은 것이다. 이 사진에는 얼음 언덕과 곧게 뻗은 검은 개천이 충돌 크레이터로 보이는 검은 부분과 함께 보인다. 에우로파 표면을 덮고 있는 두께가 0.8킬로미터나 되는 얼음 층 밑에는 커다란 액체의 바다가 있어 생명체를 가지고 있을지도 모른다고 생각하는 사람들이 많다.

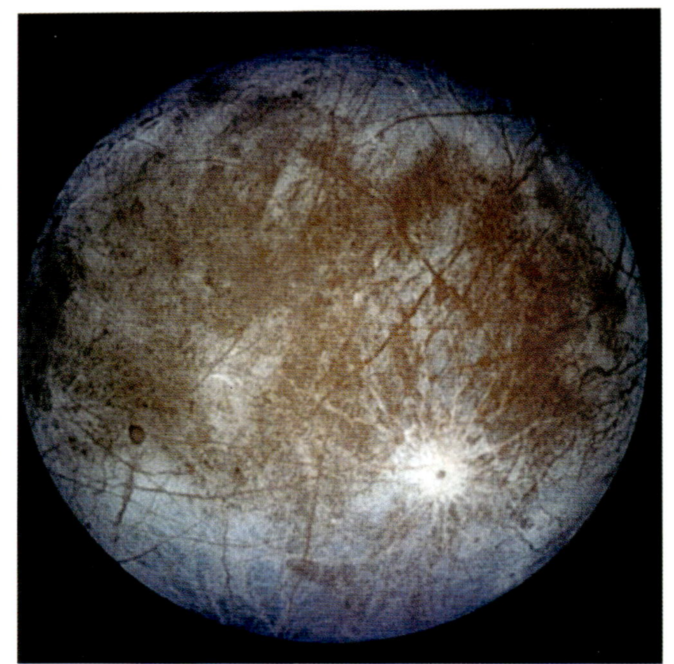

31. 1990년대 초에 금성 궤도를 돌고 있던 마젤란 탐사위성이 금성의 두꺼운 구름층을 통과할 수 있는 전파를 이용하여 이 금성 표면 지도를 작성했다. 이 사진에는 많은 대규모의 충돌 크레이터들이 보이고 금성의 고원지대는 밝은 색으로 나타나 있다.

32. 1971년 아폴로 15호의 우주인들이 처음으로 월면차를 이용하여 달의 언덕에서 달의 기원에 대한 단서를 찾그 있다.

33. 아마추어 천문학자인 후안 카를로스 카사도(Juan Carlos Casado)가 찍은 이 사진에는 2003년 10월에 태양 표면에 나타났던 지구 크기보다 더 큰 여러 개의 흑점들이 잘 보이고 있다. 태양을 따라 돌고 있는 이 흑점은 한 달 정도 걸려 다시 돌아왔는데 대개 이 정도의 시간이 흐른 후에는 흑점이 사라진다. 흑점 부분은 상대적으로 낮은 온도(태양 표면의 온도가 10,000°F인 데 비해 흑점 부분은 8,000°F이다) 때문에 검게 보인다. 이 부분의 온도가 낮게 되는 것은 때로 태양 표면의 분출을 만들어내기도 하는 자기장 때문으로 보인다. 태양 표면에서의 분출은 많은 전하를 띤 입자의 흐름을 만들어내 지구에서의 통신에 장애를 주기도 하고 우주인들의 건강에 영향을 주기도 한다.

34. 2003년 화성이 지구에 접근했을 때 허블 우주망원경으로 찍은 이 사진의 아래쪽에는 남극을 덮고 있는 얼음(주로 이산화탄소가 언 드라이아이스)이 보인다. 오른쪽 아래에는 커다란 원형의 지형이 보이는데 이것은 헬라스 충돌 분지이다. 엷은 색으로 나타난 화성의 고원지대에서는 작은 충돌 크레이터들이 보인다. 검게 보이는 부분은 화성의 저지대이다.

35. 2004년 1월 스피릿 로버가 찍은 이 화성 표면 사진에는 몇 킬로미터 떨어진 곳에 있는 화성의 언덕이 보이고 있다. 미국 항공우주국에서는 이 언덕에 2003년 2월 1일 컬럼비아 우주왕복선 사고로 죽은 일곱 명의 우주인들의 이름을 붙였다. 1976년에 바이킹 탐사선이 착륙했던 두 지점과 마찬가지로 2004년에 스피릿과 오퍼튜니티가 착륙한 지점도 생명의 흔적은 찾아볼 수 없는 바위가 널려 있는 평야였다.

36. 스피릿 로버 아주 가까운 곳을 찍은 근접 사진에는 지구의 물밑에서 흔히 볼 수 있는 것과 같이 고대의 암반 위에 새로 만들어진 암석들이 섞여 있다. 붉은색으로 보이는 것은 암석과 흙 속에 들어 있는 산화철(녹) 때문이다.

37. 캘리포니아 대학 로스앤젤레스 캠퍼스(UCLA)의 생물학 교수인 켄 닐슨(Ken Nealson)과 필자 중 한 사람인 타이슨(오른쪽)이 PBS NOVA 특집 방송 〈오리진〉의 촬영 현장인 캘리포니아 주에 있는 '죽음의 계곡'에 서 있다. 지형적으로 어려운 환경에 살고 있는 미생물의 전문가인 닐슨은 이렇게 뜨겁고 메마른 혹독한 환경도 강렬한 태양 빛을 피해 바위틈이나 바위 밑에 살고 있는 박테리아에게는 좋은 생태계가 될 수 있다는 것을 잘 알고 있다. 죽음의 계곡의 붉은 색깔은 화성 표면의 색깔과 비슷하다.

38. 지구의 불행한 날. 우주 미술가 돈 데이비스(Don Davis)의 이 그림에 나타난 6천5백만 년 전에 있었던 지구와 소행성의 충돌은 공룡은 물론 작은 상자보다 큰 모든 육상생물을 포함하여 육상동물의 70퍼센트를 멸종시켰다. 공룡의 멸종으로 공간이 생긴 생태계는 나무 위를 기어다니던 작은 포유동물들—공룡의 먹잇감에 지나지 않았던—이 오늘날 볼 수 있는 다양한 형태의 동물로 진화하는 것을 가능하게 했다.

39. 태평양의 후안 드 푸카(Juan de Fuca) 산맥에서 출토한 이 '검은 흡연자(black smoker)' 바위는 현재 뉴욕에 있는 미국 자연사박물관의 지구 홀에 전시되어 있다. 대양의 중앙 산맥에서는 바닷물이 지각의 틈을 따라 흐르면서 고온으로 가열되는데 이때 많은 광물이 물에 녹게 된다. 이 물이 다시 바닷물 속으로 나오면 온도가 내려가면서 광물질이 석출되어 굴뚝과 같은 모양의 암석이 형성된다. 구멍이 숭숭 뚫린 이 암석의 구조와 위치에 따른 화학성분과 온도의 변화는 태양 빛과는 관계없이 지열과 화학반응에 의한 열에 의해서만 살아가는 생명체들의 생태계를 만들 수 있다. 지구에서 발견된 이 새로운 형태의 생명체들은 우주에서 생명체를 발견할 가능성이 있는 장소의 수를 훨씬 넓혔다.

40. SETI(외계 지능 탐사) 연구소의 세스 쇼스탁(Seth Shostak) 박사와 필자 중 한 사람인 타이슨(왼쪽)이 푸에르토리코에 있는 아레시보 전파망원경에서 〈오리진〉 촬영 도중 잠시 포즈를 취하고 있다. 쇼스탁은 세계에서 가장 큰 이 망원경을 이용하여 먼 곳에 있는 지능을 가진 외계 생명체가 보내고 있을지도 모르는 신호를 '듣고' 있다. 아레시보 망원경은 자연적인 석회암 골짜기에 만들어졌다. 쇼스탁과 타이슨은 수많은 선들과 접시들로 이루어진 상상 속의 세계와 같은 이곳에서 걷고 이야기하면서 촬영했다.

체에게 해로운 것은 아니다. 그러나 대기 속에 포함되어 있는 이산화탄소는 온실 효과를 나타내어 대기의 온도를 올라가게 할 수 있다. 대기 속 이산화탄소의 양이 증가하는 것을 막기 위해 여러 가지 조치를 취하는 것은 이 때문이다.

**이심률** eccentricity　타원의 납작한 정도를 나타내는 수로 두 초점 사이의 거리와 주축의 길이의 비이다.

**이온** ion　하나 이상의 전자를 잃거나 얻어서 전하를 띠게 된 원자. 원자 속에는 플러스 전하를 띤 양성자와 마이너스 전하를 띤 전자가 같은 수만큼 들어 있다. 그러나 원자핵 주위를 돌고 있는 전자는 마찰 등에 의해 원자에서 떨어져나가 다른 원자와 결합할 수 있다. 이때 전자를 잃은 원자는 플러스 전하를 띠는 양이온이 되고 전자를 얻은 원자는 마이너스 전하를 띠는 음이온이 된다.

**이온화** ionization　하나 이상의 전자를 잃거나 얻어서 원자가 전하를 띠는 이온이 되는 과정. 원자의 전자 배열에 따라 전자를 잃거나 얻는 경향도 다르고 그대 필요한 에너지도 달라진다. 원자에서 전자를 떼어내 이온으로 만드는 데 필요한 에너지를 이온화 에너지라고 한다.

**이중나선** double helix　여러 개의 뉴클레오티드가 연결되어 만들어지는 DNA 분자는 나란히 연결된 두 가닥으로 이루어져 있는데 이 두 가닥의 뉴클레오티드 사슬은 마치 비틀어진 사다리처럼 꼬여 있다. 이러한 DNA 분자의 구조를 이중나선 구조라고 부른다.

**인력** gravitational force　자연에 존재하는 네 가지 힘 중 하나로 항상 인력으로 작용하며 두 물체 사이에 작용하는 힘의 크기는 두 물체의 질량의 곱에 비례하고 두 물체 사이의 거리 제곱에 반비례한다. 인력 이론은 뉴턴이 1687년에 발표한『자연철학의 수학적 원리』에서 처음으로 제기되어 뉴턴 역학의 중요한 내용의 하나가 되었다. 우주의 모든 물체에는 인력이 작용하고 있다는 뜻에서 그리고 인력 이론이 우주 어느 곳에서나 성립하는 보편적인 원리라는 뜻에서 인력 법칙을 만유인력 법칙(Universal Law of Gravity)이라고 부르기도 하고 인력을 만유인력이라고 부르기도 한다.

**일반상대성 이론** general theory of relativity　1915년에 아인슈타인이 제안한 이론으로 특수상대성 이론을 가속되고 있는 물체에까지 확장한 이론이다. 일반상대성 이론은 뉴턴 역학의 인력 이론으로는 설명할 수 없는 실험 결과를 설명하는 데 성공한 현대의 인력 이론이다. 일반상대성 이론의 기초가 되는 '동등성의 원리'는 만약 우리가 우주선 안에 있다면 우리가 가속되고 있는지 아니면 우리가 같은 중력 가속도를 가지는 중력장 안에 있는지 구별할 수 있는 방법은 없다는 것이다. 이러한 간단한 원리로부터 인력을 새롭게 이해할 수 있게 되었다. 아인슈타인에 따르면 인력은 전통적인 의미의 힘이 아니라 질량 주위 공간의 곡률이다. 가까이 있는 물체의 운동은 물체의 속도와 공간의 곡률에 의해 결정된다. 이러한 일반상대성 이론은 중력장의 모든 알려진 현상을 설명할 수 있을 뿐만 아니라 직관적으로는 이해할 수 없는 여러 가지 현상을 예측할 수 있게 해주었다. 예를 들면 아인슈타인은 일반상대성 이론을 이용하여 강한 중력장은 빛을 굽어가게 할 수 있다고 예측하였고 그러한 예측은 태양의 가장자리를 지나는 별빛(개기일식 때 관측한)의 관측을 통해 사실로 판명되었다. 일반상대성 이론의 가장 거대한 응용은 팽창하고 있는 우주 공간이 우주 안에 있는 모든 은하들의 인력에 의해 휘어 있다는 것이다. 입자물리학에서는 중력을 전달해주는 입자인 '중력자'의 존재를 예측하고 있지만 아직 실험을 통해 확인되지는 않았다.

**자연선택** natural selection   생물체는 자신과는 조금씩 다른 특성을 가지는 자손을 생산한다. 특성이 다른 여러 개체 중에서 어떤 개체가 살아남아 자손을 남길 것인가를 결정하는 것은 자연환경이다. 환경에 좀더 잘 적응할 수 있는 특성을 가진 개체는 살아남아 자손을 남길 확률이 크고 그렇지 못한 개체는 살아남아 자손을 남길 확률이 작다. 적자생존에 의한 자연선택이 새로운 종으로 변화해가는 원동력이 된다는 것이 자연선택설이다. 다윈이 1859년에 발표한 『종의 기원』에서 처음으로 주장하였다.

**자외선** ultraviolet   파장이나 진동수가 가시광선과 엑스선 사이에 있는 전자기파. 자외선은 가시광선보다 큰 에너지를 가지고 있어 생물체가 자외선에 과다 노출되면 생물체 내에서 여러 가지 예상치 못한 화학 작용이 일어날 수 있다.

**자전** rotation   자신의 축을 중심으로 회전하는 것. 예를 들면 지구는 23시간 56분 주기로 자전하고 있다.

**자체 인력** self-gravitation   물체의 한 부분이 다른 부분에 작용하는 인력. 천체가 포

함하고 있는 질량이 너무 크면 자체 인력을 견디지 못하고 붕괴할 수 있다. 중성
자별을 만들어내는 초신성 폭발은 철 원자핵을 많이 포함하고 있는 별의 핵이 자
체 인력을 견디지 못해 붕괴하면서 일어나는 현상이다.

**적색거성** red giant star　주계열성 과정을 거쳐 다음 단계의 진화 과정에 있는 별로
중심부는 수축하고 외곽층은 팽창한다. 중심 부분의 수축은 핵융합 반응을 발화
시키고 별을 밝게 만들어 에너지를 외곽에 축적하여 외곽층이 팽창하도록 한다.

**적색편이** red shift　도플러 효과에 의해 빛이 진동수가 작은 쪽으로, 즉 파장이 긴 쪽
으로 편향되는 현상. 광원이나 관측자의 운동에 의해 둘 사이에 거리가 멀어지고
있으면 관측자는 광원에서 오는 스펙트럼을 원래의 진동수보다 작은 값으로 관
측하게 된다. 진동수가 작아지면 파장은 길어지므로 가시광선의 스펙트럼은 파
장이 긴 붉은색 쪽으로 이동한 것처럼 보이기 때문에 적색편이라고 부른다.

**적외선** infrared　가시광선보다 파장이 길고 진동수가 큰 전자기파로 물체를 이루고
있는 원자나 분자와 상호 작용하여 원자나 분자의 운동을 활발하게 하기에 적당
한 에너지를 가지고 있다. 적외선이 가지는 이런 성질을 적외선의 열작용이라고
한다. 우리 주위에 있는 모든 물체도 적외선을 내고 있다. 이때 적외선의 파장은
물체의 온도에 따라 달라진다.

**전자** electron　마이너스 전하를 가지는 기본 입자 중 하나로 원자 내에서는 원자핵
주위를 돌고 있다.

**전자기력** electromagnetic force　전하를 가진 물체 사이에 작용하는 힘으로 자연에 존
재하는 네 가지 기본적인 힘 중 하나이며 거리 제곱에 반비례해서 작아진다. 최근
의 연구 결과에 따르면 전자기력과 약한 핵력은 같은 전자기-약력의 다른 면이다.

**전자기 복사** electromagnetic radiation　절대온도 0도가 아닌 물체 속에서는 물체를
이루는 입자들이 열운동을 하게 되고 이러한 열운동에 의해 전자기파를 내게 된
다. 이때 물체는 온도에 따라 다른 파장의 전자기파를 낸다. 물체가 내는 모든 전
자기파 에너지를 전자기 복사라고 한다.

**전자기-약력** electro-weak force　전자기력과 약한 핵력이 통일된 형태의 힘. 낮은 에
너지에서는 두 힘이 서로 다른 양상으로 나타나지만 우주 초기와 같은 높은 에너
지 상태에서는 통일되어 있었다.

**전파** radio  파장이 가장 길고 진동수가 가장 작아서 가장 작은 에너지를 가지는 전자기파를 전파라고 한다. 전파는 주로 방송이나 통신용으로 사용되는데 파장에 따라 장파, 중파, 단파로 나뉜다. 단파는 다시 파장에 따라 초단파, 극초단파 등으로 나뉘기도 한다. 초단파, 극초단파라는 이름은 전파 중에서 파장이 가장 짧은 전파라는 뜻으로 사용되는 것으로 이름과는 달리 이들의 파장은 적외선보다 길다.

**전하** electric charge  기본 입자들의 고유한 성질 중 하나로 입자의 전하는 양, 음, 0일 수 있다. 다른 종류의 전하는 서로 잡아당기고 같은 종류의 전하는 서로 미는데 이런 힘을 전기력이라고 한다.

**절대온도** absolute temperature  물이 어는 온도를 273.16K로 하고 끓는 온도를 373.16K로 하는 온도. 켈빈 온도라고도 한다. 절대온도 0K는 이론적으로 가장 낮은 온도이다. 절대온도는 물질을 이루는 입자들의 평균 운동 에너지를 측정한 값이다. 따라서 절대온도에 일정한 상수를 곱하면 입자들의 평균 에너지가 된다. 절대온도가 2배가 되면 입자들의 운동 에너지도 2배가 된다.

**제임스 웹 우주망원경** James Webb Space Telescope, JWST  2010년에 대기권 밖에서 작동할 수 있도록 준비중인 우주망원경으로 허블 망원경보다 커다란 반사경과 정밀한 장비를 가지게 될 것이다.

**조석** tide  부근에 있는 천체의 인력 작용으로 한쪽이 불룩하게 늘어나는 것. 부근에 있는 천체로부터의 거리가 달라서 인력이 모든 부분에 똑같이 미치지 않기 때문에 일어난다. 지구의 바다에 조석 현상이 생기는 것은 달의 인력 때문이다. 물과 같은 액체로 이루어진 바다에서는 조석 현상이 뚜렷하게 나타나서 쉽게 관측할 수 있지만 육지에 나타나는 조석 현상은 그 크기가 작아 쉽게 관측할 수 없다. 그러나 목성의 위성 이오는 질량이 큰 목성에 가까이 있어 목성에 의한 커다란 조석력으로 인해 이오의 내부에 많은 열이 발생하여 활발한 화산 활동이 나타난다.

**종** species  생물의 분류 체계에서 가장 하위에 있는 분류. 여러 가지 해부학적 특징이 비슷하고 상호 교배가 가능한 생물들은 같은 종으로 분류된다.

**중력렌즈** gravitational lens  렌즈가 빛을 모으거나(볼록렌즈) 흩어지게 하여(오목렌즈) 상을 만들 수 있는 것은 빛이 유리를 통과할 때 휘어가는 성질이 있기 때문이다. 이와 마찬가지로 빛이 휘어가도록 하기에 충분히 강한 중력장을 가지고 있는 물체는 렌즈처럼 작용하여 빛을 모을 수 있다. 여러 개의 은하로 이루어진 은하단이나 큰 은하가 그 뒤에 있는 은하에서 오는 빛을 모아 상을 만드는 중력렌즈 현상이 많이 관측되었다.

**중성미자** neutrino   전하와 질량을 가지고 있지 않은 기본 입자들 중 하나로 약한 상호 작용이 일어날 때 생성된다. 방사성원소의 베타 붕괴 때에는 중성자가 붕괴하여 전자와 양성자가 만들어지는데 이때 나오는 전자의 에너지를 조사한 페르미는 전하를 가지지 않는 제3의 입자도 생성되어야 한다는 것을 알게 되었다. 그후 실험을 통해 페르미가 예측한 중성미자가 발견되었다.

**중성자** neutron   원자핵을 이루는 기본 입자로 전하를 가지고 있지 않다. 따라서 전기적인 인력이나 척력은 작용하지 않지만 강한 핵력은 작용한다. 중성자가 양성자와 함께 원자핵을 이룰 수 있는 것은 강한 핵력에 의한 인력 때문이다.

**중성자별** neutron star   초신성 폭발 후 남은 작은 천체(지름이 32킬로미터 이하)로 대부분의 구성 물질이 중성자이며 밀도가 아주 커서 큰 배 2천 척이 1세제곱센티미터 속에 들어 있는 것과 같은 밀도이다.

**진동수** frequency   1초 동안 파동이 지나가는 수. 한 파동의 길이를 파장이라고 한다. 진동수와 한 파장의 길이를 곱하면 파동의 속력이 된다. 빛도 파동의 일종이어서 파동과 진동수를 가진다. 그런데 진공 속에서 빛의 속도는 진동수나 파장에 관계없이 항상 일정하다. 따라서 진동수와 파장은 반비례 관계에 있다. 진동수가 큰 빛은 파장이 작고 진동수가 작은 빛은 파장이 길다.

**진핵생물** eukaryote   핵막으로 둘러싸인 핵을 가지고 있는 생물로 하나의 세포로 이루어진 단세포생물에서부터 수많은 세포로 이루어진 고등생물에 이르기까지 다양하다. 진핵생물은 원생생물, 식물, 동물, 균류의 네 그룹으로 나눌 수 있다. 일부의 세균과 원생생물, 그리고 대부분의 식물은 광합성을 통하여 빛 에너지를 화학 에너지로 전환한다. 진핵생물의 세포가 원핵생물의 세포와 다른 가장 큰 특징은 세포가 여러 개의 구획으로 나누어져 있다는 것이다. 진핵생물의 세포는 세포 골격, 핵막으로 둘러싸인 핵, 미토콘드리아, 골지체 같은 소기관을 가지고 있다. 인간을 비롯해 우리 주변에서 관찰할 수 있는 대부분의 생물은 진핵생물이다.

**질량** mass   물질의 양을 나타내는 것. 무게는 천체에 의해 물체에 작용하는 인력이므로 질량과 같지 않다. 지구 표면에서 무게는 질량에 지구의 인력에 의한 중력 가속도를 곱한 값이다. 지구의 한 지점에서 중력 가속도는 같으므로 무게는 질량에 비례한다. 따라서 대개는 무게를 측정하여 간접적으로 질량을 측정한다.

**질량 에너지** energy of mass  아인슈타인의 특수상대성 이론에 의해 질량이 얼마만큼의 에너지에 해당하는지 계산할 수 있게 되었다. 마찬가지로 에너지가 질량으로 변하면 얼마의 질량을 만들어낼 수 있는지도 알 수 있다. 에너지와 질량 사이의 변환식에 의해 질량을 에너지로 환산한 값을 질량 에너지라고 한다.

**질소** nitrogen  원자핵에 7개의 양성자를 가지고 있는 원소로 질소의 동위원소들은 6, 7, 8, 9 또는 10개의 중성자를 갖는다. 대부분의 질소 원자핵은 7개의 중성자를 가지고 있다.

**천문학자** astronomer  우주를 연구하는 과학자. 주로 천체의 스펙트럼을 관측하기 이전에 우주를 연구하는 과학자를 가리킨다. 넓은 의미의 천문학자는 우주를 연구하는 모든 과학자를 지칭한다. 그러나 우주학자, 천체물리학자, 천체생물학자, 우주공학자 등 우주와 관계된 연구 분야가 다양해진 현대에 와서는 천체를 관측하여 천체들의 운동을 연구하던 이전 세기의 학자들만을 천문학자라고 부르기도 한다.

**천체물리학자** astrophysicist  물리학의 모든 법칙을 이용하여 우주를 연구하는 과학자를 지칭하는 말로 현대에 와서는 천문학자라는 말 대신에 천체를 연구하는 학자들을 널리 일컫는 말이 되었다. 특히 스펙트럼 분석을 통해 천체를 연구하게 되면서부터 천체물리학자라는 말이 보편적으로 사용되기 시작했다.

**청색편이** blue shift  도플러 효과에 의해 빛이 진동수가 큰 쪽으로, 즉 파장이 작은 쪽으로 편향되는 현상. 광원이나 관측자의 운동에 의해 둘 사이의 거리가 가까워지면 관측자는 광원에서 오는 스펙트럼을 원래의 진동수보다 큰 값으로 관측하게 된다. 진동수가 커지면 파장은 짧아지므로 가시광선의 스펙트럼은 파장이 짧은 푸른빛 쪽으로 이동한 것처럼 보이기 때문에 청색편이라고 부른다. 그러나 청색보다 파장이 더 짧은 자외선은 청색편이에 의해 오히려 청색에서 멀어진다.

**초거대 블랙홀** supermassive black hole  태양 질량의 수백만 배가 넘는 질량을 가지는 블랙홀. 블랙홀에는 일생의 마지막 단계에 있는 질량이 큰 별이 붕괴하여 만들어지는 블랙홀과 은하의 핵에 숨어 있는 블랙홀이 있다. 이 중에 은하의 중심에 숨어 있는 블랙홀은 질량이 태양 질량의 수백만 배나 되는 거대한 블랙홀로 은하의 형성에도 중요한 역할을 하였을 것으로 믿어지고 있다.

**초기 특이점** initial singularity   한 점에 많은 질량이 모여 있어 밀도가 무한히 높은 곳을 특이점이라고 한다. 블랙홀의 중심부가 그런 예이다. 그런데 우주도 최초에 밀도가 아주 높았던 한 점으로부터 시작되었다. 우주가 시작된 이 점을 초기 특이점이라고 한다.

**초신성** supernova   여러 단계의 핵융합 반응을 거치면 별 내부에는 더 이상 핵융합을 할 수 없는 철의 원자핵이 쌓이게 된다. 철의 원자핵이 별의 질량에 의한 압력을 견뎌낼 수 없으면 별의 핵이 중성자별로 바뀌는 대폭발을 하게 된다. 폭발하는 동안에는 몇 주일 동안 엄청난 에너지를 내놓아 전체 은하보다 더 밝아진다. 이런 폭발을 초신성 폭발이라고 한다.

**촉매** catalyst   화학반응에서 반응 물질 이외의 것으로 그것 자체는 반응 전후에 양적으로나 질적으로 조금도 변하지 않으면서 반응 속도만 빠르게 또는 느리게 하는 물질. 예를 들어 질소와 수소의 혼합 기체를 높은 압력에서 가열하여 암모니아를 만들 때 이 기체 혼합물을 산화철을 주성분으로 하는 고체와 접촉시키면 반응 속도가 빨라져 반응이 용이하게 된다. 그러나 산화철에는 아무런 변화도 없다. 이때 산화철은 촉매로 작용한 것이다.

**카시니-호이겐스 우주선** Cassini-Huygens spacecraft   1997년 10월 15일 미국 플로리다 우주기지에서 발사되어 7년 동안 35억 킬로미터의 비행 끝에 2004년 7월 1일에 토성 궤도에 진입한 우주탐사선. 카시니-호이겐스 우주선은 2004년 12월 24일 토성의 최대 위성인 타이탄을 탐사할 호이겐스를 분리하고 2005년 1월 15일(한국 시간) 타이탄에 성공적으로 착륙시켜 많은 관측 자료를 보내왔다. 호이겐스는 낙하산으로 2시간 30분 동안 타이탄 표면으로 낙하하면서 타이탄 표면의 사진을 촬영하고 각종 관측장비로 타이탄의 대기를 분석하였다. 호이겐스가 타이탄으로 낙하하면서 8킬로미터 상공에서 찍어 전송한 사진에는 가파른 지형에 액체가 흐른 강바닥 같은 지형이 해안선처럼 보이는 곳으로 이어진 모습이 나타나 있었다. 호이겐스의 착륙 지점을 찍은 또 다른 사진에는 높은 지대와 홍수로 쓸려나간 듯이 보이는 낮은 평원, 그리고 해안선 같은 지형이 나타나 있었다. 호이겐스가 타이탄 표면에 착륙한 뒤 찍은 사진에는 젖은 모래로 이루어진 강바닥 같은 표면에 검은 바위들이 점점이 박혀 있는 모습이 나타나 있다. 과학자들은 호이겐스가 보내온 350여 장의 사진과 각종 자료를 정밀 분석하여 지구로부터 15억 킬로미터 떨어져 있는 타이탄의 신비를 벗기게 될 것이다. 카시니―호이겐스 우주선은 앞으로 4년 동안 토성 궤도에 머물면서 토성과 토성의 위성들에 관한 관측 자료를 보내올 것이다.

**카이퍼 벨트** Kuiper Belt   태양으로부터 40AU(명왕성의 평균 궤도 반지름) 되는 곳에서부터 수백 AU 되는 곳에서 태양을 돌고 있는 물질들로 태양계 형성 초기의 원시행성 원반에 있던 물질 조각들이다. 명왕성은 카이퍼 벨트에 있는 천체 중 가장 큰 천체이다.

**퀘이사** quaser : quasi-stellar radio source   1960년에 천체에서 오는 전파를 관측하던 천문학자들은 강한 전파를 발생시키는 천체를 발견하고 퀘이사라고 불렀다. 1963년 캘리포니아 공과대학의 슈미트(M. Schmidt) 교수는 이 천체가 내는 스펙트럼이 수소의 스펙트럼으로 우리가 상상한 것보다 훨씬 큰 적색편이를 보이고 있다는 것을 밝혀냈다. 적색편이를 이용한 계산 결과에 따르면, 처음 발견된 3C273 퀘이사의 후퇴 속도는 빛의 속도의 15퍼센트였고, 뒤에 발견된 3C48 퀘이사는 빛의 속도의 30퍼센트나 되었다. 그후 수백 개의 퀘이사가 발견되었는데 그 중 가장 큰 적색편이를 나타내는 OH471 퀘이사의 속도는 빛의 속도의 90퍼센트나 되는 것으로 계산되었다. 후에 과학자들은 퀘이사가 활발하게 활동하는 거대한 블랙홀을 가진 은하의 핵이라는 것을 알아냈다.

**타원** ellipse   초점이라고 부르는 두 점으로부터 거리의 합이 같은 점들로 이루어진 폐쇄된 곡선.

**타원은하** elliptical galaxy   별들이 타원체 형태로 공간에 분포되어 있는 은하로 성간 물질을 거의 포함하고 있지 않으며 이 은하의 모습을 평면에 투영하면 타원 모양이 나타난다. 타원은하는 중심으로부터 가장자리로 가면서 점차 어두워진다. 타원은하의 전체 질량은 태양 질량의 수십만 배에서부터 1조 배가 넘는 것까지 다양하다.

**탄소** carbon   원자핵에 6개의 양성자를 가지고 있는 원자. 탄소의 동위원소들은 6,

7, 8개의 중성자를 가지고 있다. 탄소는 다른 원소와 다양한 분자를 형성할 뿐만 아니라 탄소화합물들은 그 결합력이 적당해 생명 현상을 유지하는 데 필요한 여러 가지 화학반응이 원활하게 일어날 수 있다. 탄소 원자의 이런 특성 때문에 탄소화합물은 생물체를 이루는 기본 물질이 되었다.

**탄수화물** carbohydrate 탄수화물은 탄소, 수소, 산소의 세 가지 원소로 이루어진 화합물로 주로 식물체 안에서 만들어지며, 동물의 주요한 영양소의 하나이다. 탄수화물은 인간이 필요로 하는 에너지의 가장 많은 부분을 공급하는 에너지원으로 에너지를 제공하는 이외에 혈당 유지, 단백질 절약 작용, 장내 운동성과 같은 주요한 기능도 하고 있다.

**탈출 속도** escape velocity 천체의 인력을 이기고 천체로부터 영원히 멀어질 수 있는 최소한의 속도. 지구에서 공을 위로 던지면 공은 중력의 작용으로 위로 올라가면서 속도가 줄어들다가 다시 땅으로 떨어진다. 지구의 중력은 지구 중심에서부터의 거리가 증가함에 따라 작아진다. 따라서 공을 아주 큰 속도로 던져 올리면 지구의 중력권을 벗어나 우주로 날아갈 수도 있다. 이렇게 천체를 탈출하는 데 필요한 최소한의 속도를 탈출 속도라고 하는데 탈출 속도는 천체의 질량과 반지름에 의해 달라진다. 지구에서의 탈출 속도는 초속 약 11.3킬로미터이고 지구보다 질량이나 반지름이 작은 화성에서의 탈출 속도는 초속 약 5.1킬로미터이다.

**태양계** solar system 태양과 태양을 돌고 있는 행성, 위성, 소행성, 유성, 혜성, 기체, 먼지들을 한꺼번에 가리키는 말.

**태양풍** solar wind 태양에서 방출되는 에너지는 대부분 가시광선 영역의 복사 에너지로 방출되지만 극히 일부의 에너지는 가시광선보다 큰 에너지를 가지는 자외선 및 태양풍이라 불리는 하전 입자의 흐름으로 방출된다. 태양풍은 매우 희박한 태양의 최상층 대기인 코로나가 고온으로 말미암아 팽창하여 코로나를 이루고 있던 입자들이 외부 공간으로 방출된 것이다.

**특수상대성 이론** special theory of relativity 아인슈타인이 1905년에 제안한 특수상대성 이론은 공간과 시간 그리고 운동의 개념을 바꾸어놓았다. 이 이론은 두 가지 기초 위에 성립되었다. (1) 빛의 속도는 광원이나 관측자의 속도와 관계없이 항상 일정하다. (2) 정지해 있거나 등속도로 움직이고 있는 관성계에서 모든 물리법칙은 같은 형태로 성립한다. 이 이론은 후에 가속하는 좌표계에까지 확장되어 일반상대성 이론이 되었다. 아인슈타인이 제시한 두 가지 원리는 모든 관측자에게 사실이라는 것이 밝혀졌다. 아인슈타인은 상대성 이론을 이용하여 우리의 직관에 반하는 여러 가지 사실을 논리적으로 증명했다. 이 중에는 다음과 같은 것들이 포함된다. ● 완전히 일치하는 동시적인 사건은 없다. 한 관측자에게 동시적이라고 관측되는 사건은 다른 장소에 있는 관측자에게는 동시가 아니다. ● 빠르게 운동하는 물체의 시간은 천천히 간다. ● 빠르게 운동하면 질량이 증가한다. 따라서 속도가 빨라질수록 우주선 엔진의 효율은 떨어진다. ● 빠르게 달리면 달릴수록 우주선은 짧아진다. 모든 물체는 운동하는 방향과 같은 방향의 길이가 짧아진다. ● 빛의 속도에서는 시간이 정지되고, 길이는 0이 되며, 질량은 무한대가 된다. 아인슈타인은 따라서 누구도 빛의 속도로 달릴 수 없다고 했다. 아인슈타인의 이런 이론적 예측은 실험을 통해 모두 맞다는 것이 증명되었다. 좋은 예가 반감기를 가지고 붕괴하는 방사성원소의 붕괴이다. 방사성 동위원소가 붕괴하여 처음 양의 반만 남는 데 걸리는 시간이 반감기이다. 입자가 빛의 속도와 비교할 수 있을 정도로 빠른 속도로 달리면 (입자가속기 속에서) 입자의 반감기가 상대성 이론이 예측했던 것만큼 길어졌다. 속도가 빨라질수록 입자들을 가속하기가 더욱 어려워지는 것은 속도 증가에 따라 입자의 질량이 증가했기 때문이다.

**파장** wavelength   파동에서 마루와 마루 사이의 거리, 즉 한 파동의 길이를 파장이라고 한다.

**판구조론** plate tectonics   지각은 여러 개의 판으로 이루어져 있는데 이 판들은 각각 고유한 방향으로 움직이고 있다. 따라서 판의 경계면에서는 판들이 다가와 충돌하기도 하고 멀어지기도 한다. 판이 다가와 충돌하는 경계면에서는 높은 습곡 산맥이 만들어지고, 멀어지는 경계면에서는 해구가 형성된다. 판의 경계면을 따라 활발한 활동을 하는 화산들이 분포해 있고, 지진이 자주 발생한다.

**팬스퍼미아** panspermia   생명체가 우주의 한 지역으로부터 다른 지역으로 이동한다는 이론. 팬스퍼미아 이론에서는 태양계 내의 한 행성에서 다른 행성으로의 생명체의 이동은 물론 한 은하에서 다른 은하로의 이동도 가능하다고 주장한다. 생명체의 우주 기원설이라고도 한다.

**펄사** pulsar　중성자별은 빠르게 회전하면서 짧은 주기의 전파를 발생시킨다. 처음에는 이것이 중성자별인 줄 몰랐기 때문에 펄사라고 불렀다. 펄사는 1967년에 휴이시와 벨이 전파망원경이 수집한 자료를 조사하는 과정에서 처음 발견하였다.

**핵** nucleus　핵이라는 이름으로 불리는 것에는 여러 가지가 있다. (1) 양성자와 중성자로 이루어진 원자의 중심 부분은 원자핵이라고 부른다. (2) 세포 속에 유전정보를 가지고 있는 물질이 들어 있는 막으로 둘러싸인 부분은 세포의 핵이다. (3) 거대한 블랙홀이 자리잡고 있을 것으로 생각되는 은하의 중심 부분은 은하의 핵이다. (4) 고온 고압 아래에서 핵융합 반응이 일어나고 있는 별의 중심 부분은 별의 핵이다. (5) 목성, 토성, 천왕성, 해왕성과 같이 기체로 이루어진 행성의 중심 부분에 암석으로 구성되어 밀도가 높은 부분은 행성의 핵이다.

**핵분열** fission　커다란 원자핵이 두 개 이상의 작은 원자핵으로 분리되는 것. 철의 원자핵보다 큰 원자핵이 분열하면 에너지가 나온다. 핵분열(원자핵분열이라고도 한다)은 원자력 발전소의 에너지원이다. 원자핵을 이루는 핵자(양성자와 중성자)들의 평균 결합 에너지는 26개의 양성자와 30개의 중성자를 가지고 있는 철의 원자핵이 가장 크고 이보다 핵자의 수가 적거나 많으면 결합력이 약해진다. 철의 원자핵보다 작은 원자핵은 융합을 통해 그리고 철의 원자핵보다 큰 원자핵은 분열을 통해 더 안정한 원자핵으로 변환되면서 에너지를 방출할 수 있다.

**핵산** nucleic acid　DNA 분자와 RNA 분자를 통틀어 핵산이라고 한다.

**핵융합** fusion　작은 원자핵이 융합하여 큰 원자핵을 만드는 것. 철 원자핵보다 작은 원자핵이 융합하면 더 안정한 원자핵이 만들어지면서 에너지가 나온다. 핵융합 반응은 수소폭탄과 모든 별의 에너지원이다. 같은 전하를 가진 원자핵이 접근하여 핵융합을 하기 위해서는 원자핵이 강한 전기적 반발력을 이길 수 있는 커다란 운동 에너지를 가져야 하는데 이 에너지는 대개 고온의 열 에너지로부터 얻어진다. 따라서 핵융합 반응을 열핵융합이라고도 한다.

**행성** planet　별을 돌고 있는 천체로 별이 아닌 천체. 크기가 명왕성보다 큰 것을 행성이라고 하고 이보다 작은 것들은 소행성이라고 분류한다.

**허블 법칙** Hubble's law　현재 우주가 팽창하는 것을 나타내는 법칙으로 은하의 후퇴 속도는 은하까지의 거리에다 상수를 곱한 것과 같다는 법칙이다. 허블은 은하에서 오는 빛의 스펙트럼을 분석하여 은하가 우리 은하로부터 멀어지고 있다는 것을 발견하였다. 은하가 멀어질 때는 은하에서 오는 빛의 스펙트럼이 적색편이를 나타내게 되는데 적색편이의 정도, 즉 멀어지는 속도가 은하까지의 거리에 비례한다는 것을 알게 되었다. 따라서 은하 스펙트럼의 적색편이 정도로부터 이 은하까지의 거리를 계산할 수 있게 되었다.

**허블 상수** Hubble's constant　은하까지의 거리와 은하의 후퇴 속도 사이의 비례상수로 허블 법칙에 들어 있는 상수. 허블 상수를 정확히 구하기 위해서는 후퇴하는 천체의 시선 속도와 거리를 정확히 측정해야 한다. 하지만 정확한 측정을 하는 데는 여러 가지 복잡한 문제가 있다. 허블 상수 측정을 어렵게 하는 요인들은 아주 많지만 그 중 중요한 것들은 다음과 같다. 우리 은하는 회전하므로 태양은 은하 중심에 대해 초속 약 215킬로미터의 접선 속도를 갖는다. 이것은 먼 곳에 있는 은하에서 오는 스펙트럼의 적색 및 청색편이에 계통적 오차를 줄 수 있으므로 관측된 적색편이에 이 영향을 보정해야 한다. 적색편이는 먼 천체로부터 오는 빛의 진동수 분포를 왜곡시킬 수가 있다. 그래서 가시광선과 청색광 영역의 강도가 근거리에서 오는 빛보다 크게 나타난다는 것을 간과해서는 안 된다.

**허블 우주망원경** Hubble Space Telescope　허블 우주망원경은 가시광선, 적외선, 자외선 영역의 관측을 목적으로 1990년 4월 24일 우주왕복선 디스커버리 호에 의해 지상으로부터 5백 킬로미터 되는 궤도 위에 올려진 천체망원경이다. 미국의 천문학자 허블의 이름을 따서 명명된 이 망원경은 미국 항공우주국과 유럽 우주국이 공동으로 지구 대기에 의한 방해를 받지 않고 천체를 관측할 수 있도록 고안된 우주망원경이다. 허블 우주망원경의 무게는 11.3톤이며 주반사경의 지름은 2.5미터, 경통의 길이는 약 13미터이다. 이 우주망원경은 어두운 천체 관측용 분광기, 고속측광기, 어두운 천체 관측용 사진기, 광역행성 사진기 등을 장착하고 있으며 고성능 반사경을 가지고 있다. 지상에 설치되어 있는 다른 망원경들에 비하면 해상도는 10~30배가 되며 감도는 50~100배 정도로 뛰어난 성능을 지니고 있다. 1993년에는 우주왕복선 엔데버 호의 승무원들이 우주 수리를 통해 허블 망원경의 결함을 고치고 보완하였다.

**헤르츠** hertz　진동수의 단위로 1초에 한 번 진동하는 것을 1헤르츠라고 한다.

**헤일로** halo   은하의 가장 바깥쪽을 둘러싸고 있는 지역. 우리 은하를 둘러싸고 있는 헤일로는 크기가 약 15만 광년 이상인 타원체로 그 경계가 분명하지 않다. 헤일로에는 구상성단과 약간의 오래된 별들이 포함돼 있고, 일부 구상성단은 대마젤란은하보다 먼 약 23만 광년 떨어진 곳까지 분포해 있다. 구상성단은 은하 중심에 대해 구형으로 분포하고 있으며, 은하 중심 방향에 집중돼 있다. 헤일로에는 구상성단이나 별들과 함께 암흑물질이 포함되어 있을 것으로 추정되며, 암흑물질을 제외한 헤일로의 질량은 은하 전체 질량의 약 2퍼센트 정도이다.

**헬륨** helium   두번째로 가벼운 원소로 우주에 두번째로 풍부하게 분포하는 원소이다. 원자핵에 두 개의 양성자와 두 개의 중성자를 가지고 있다. 별은 수소 원자핵(양성자)을 헬륨 원자핵으로 변환하며 에너지를 공급받고 있다.

**혜성** comet   혜성은 핵과 코마, 그리고 꼬리로 형성되어 있다. 핵은 운석 돌질과 수소, 탄소, 질소, 산소의 화합물로 이루어진 얼음과 먼지 입자가 뭉친 덩어리로 이루어져 있으며, 핵을 둘러싸고 있는 코마는 혜성이 태양에 접근함에 따라 핵의 온도가 높아져서 핵에서 증발된, 수증기, 메탄, 암모니아의 기체로 이루어져 있다. 코마의 지름은 십만 킬로미터나 되는 것으로 알려졌다.

**호열성 생물** extremophile   물이 끓을 정도의 높은 온도에서 번성하는 생물.

**화석** fossil   고대 생물이 남긴 것 또는 흔적.

**화씨온도** Fahrenheit temperature   독일 출신의 물리학자 가브리엘 다니엘 파렌하이트가 1724년에 제안한 온도로 물은 $32°F$에서 얼고 $212°F$에서 끓는다.

**효소** enzyme   분자들이 특정한 방법으로 반응하는 장소를 제공하여 촉매르 작용하는 단백질이나 RNA 분자로 특정한 화학 작용의 비율을 증가시킨다.

인간이 우주의 기원을, 그리고 생명의 기원을 찾아내는 일이 과연 가능할까? 그 동안 우주와 생명의 기원을 다룬 많은 글과 책을 읽었지만 마음속 한구석에 웅크리고 있는 이런 의문을 말끔히 씻어내지 못하고 있었다. 출판사에서 보내온 『오리진』을 처음 대했을 때도 귀에 익은 노래를 또 다른 가수가 리메이크한 것일 거라는 생각에 큰 기대를 하지 않았다. 내 예상은 그리 틀리지 않았다. 『오리진』은 역시 이미 많이 들어오던 노래를 다시 시작하고 있었다. 그런데 다른 무엇이 있었다. 가수의 음성이 전혀 새로웠고 창법이 달랐다. 이 책 속에 완전히 빠져드는 데는 불과 한 시간도 걸리지 않았다. 이 책을 번역하기 시작해서 1차 번역 원고를 탈고할 때까지 다른 일을 할 수 없었음은 물론 다른 생각도 할 수 없었다.

『오리진』은 우주가 어떻게 시작되어 현재에 이르게 되었는지를 다루고 있다. 어쩌면 허황되게 들릴지도 모르는 우주의 기원 이야기에 공감하게 되는 것은 우주론과 천문학이 이 문제를 어떻게 다루어왔고 무엇을 이루어냈는지를 어느 정도 떨어진 거리에서 폭넓게 지켜보아온 저자가 그 동안 학계에 제시되었던 객관적 증거들을 조목조목 제시해주기 때문일 것이다. 140억 년 전에 우주가 시작된 후 각 단계마다 우주에서 벌어졌던 일들이 하나의 과학적 가설이 아니라 실제 우리 우주에 있었던 역사적 사실이라는 확신을 가지게 되는 것도 이 때문일 것이다. 『오리진』을 번역하는 동안 내가 이 책을 통해 느꼈던 감동과 즐거움을 이 책을 읽을 독자들에게도 전해주어야 하겠다는 생각을 여러 번 했었지만 그 일을 제대로 해냈는지는 이제 독자들이 판단해줄 것이다.

번역되어 나올 『오리진』을 읽으면서 만족스럽게 생각하지 않을지도 모르는 독자들에게 변명하는 기분으로 번역하면서 느꼈거나 어려웠던 점을 몇 가지 나열해보려고 한다. 우주 이야기를 다룰 때 가장 어려운 것이 수의 문제이다. 천체물리학에서 등장하는 수는 말 그대로 천문학적인 수여서 그 크기가 우리의 상상을 초월한다. 따라서 수에 따르는 오차 역시 우리의 상상을 초월한다. 오차가 이렇게 큰 것은 다루는 수가 큰 때문이기도 하지만 우리가 아직 정확한 값을 모른 채 어림값을 이야기하고 있기 때문이기도 하다. 따라서 같은 이야기를 하면서도 조금씩 다른 수가 사용되기도 한다. 예를 들면 우주 초기에 만들어진 반물질과 물질의 비를 어느 곳에서는 1억 대 1억 1개라고 하고 어느 곳에서는 10억 대 10억 1개라고 이야기하고 있다. 이것은 원본이 서로 다른 시기에 작성되어 잡지에 수록되었던 원고를 모아 편집하였기 때문에 생겨난 차이이다. 1억이나 10억이 모두 어림값이어서 수 자체에 큰 의미를 두지 않았기 때문에 이런 차이가 생겼을 것이다. 이런 경우 큰 오류로 보이지 않았기 때문에 원본의 내용을 수정하지 않고 그대로 번역하였다. 이런 예는 다른 몇 곳에도 있었다.

과학책을 번역할 때 늘 부딪히는 용어의 문제는 『오리진』을 번역하는 동안에도 그대로 겪어야 했다. 다른 분야에서도 그렇겠지만 물리학 분야에서는 아직 용어가 통일되어 있지 않아 번역할 때는 어떤 용어를 사용해야 하는가 하는 어려움을 항상 겪는다. 특히 이 책과 같이 아직 일반적으로 잘 알려지지 않은 내용을 다루는 경우에는 더욱 그렇다. 강의실에서 일상적으로 사용하는 용어마저 공식 용어(용어집에 등록되어 있는)가 아니라고 다른 용어를 사용해달라는 출판사의 요구를 받았을 때는 당황하지 않을 수 없었다. 하지만 이런 어려움도 용어를 통일해가는 과정에서 우리 모두가 겪어야 할 어려움으로 생각하고 가능하면 용어집에 있는 용어를 사용하려고 노력하였다.

원서가 이미 일반 독자들을 충분히 의식하면서 가능하면 쉽게 쓰도록 노력한 책이기 때문에 원서의 내용을 제대로 번역만 해도 이 책은 모두가 이해할 수 있는 우주 이야기가 될 것이라고 생각했다. 그러나 번역된 원고에는 쉽게 이해가 되지 않을지도 모른다는 염려를 하게 하는 부분이 많이 있었다. 이런 염려를 덜기 위해 하단에 주석을 달아놓았다. 하지만 주석을 달고 보니 새로운 걱정거리가 두 가지나 더 생겼다. 하나는 간결하고 명확하게 씌어진 책에 주석을 달아 책을 오히려 지저분하게 만든 것이 아닌가 하는 걱정이고, 또 다른 하나는 이런 간단간단한 주석이 독자들에게 실제로 무슨 도움이 될까 하는 걱정이다. 하나는 원저자가 기분 나쁘게 생각하지 않을까 하는 걱정이고, 하나는 독자들이 불만스러워하지 않을까 하는 걱정이다.

책의 말미에 있는 용어 해설은 원본의 내용을 보강하여 좀더 자세히 설명해보려고 시도한 것이다. 그러나 한정된 지면에 많은 용어를 다루다보니 용어를 자세히 설명하는 데 한계가 있었다. 따라서 이것 역시 처음의 의도와는 달리 지면을 어지럽히는 데 그치고 만 것이 아닌가 하는 아쉬움이 남는다.

그러나 이러한 아쉬움에도 불구하고 이 책을 세상에 내놓을 수 있는 것은 이 책의 원본이 내게 주었던 감동이 어느 정도 독자들에게 전달될 것으로 확신하기 때문이다. 독자들은 행간에서 원저자가 전달하려는 내용을 읽어내고 우주와 생명체의 기원에 대한 이야기가 가져다주는 신비감과 즐거움을 충분히 즐길 수 있을 것이라고 믿는다.

참고문헌

Adams, Fred, and Greg Laughlin. *The Five Ages of the Universe:Inside the Physics of Eternity*. New York:Free Press, 1999.

Barrow, John. *The Constants of Nature:From Alpha to Omega—The Numbers That Encode the Deepest Secrets of the Universe*. New York:Knopf, 2003.

__________. *The Book of Nothing:Vacuums, Voids, and the Latest Ideas About the Origins of the Universe*. New York:Pantheon Books, 2001.

Barrow, John, and Frank Tipler. *The Anthropic Cosmological Principle*. Oxford:Oxford University Press, 1986.

Bryson, Bill. *A Short History of Nearly Everything*. New York:Broadway Books, 2003.

Danielson, Dennis Richard. *The Book of the Cosmos*. Cambridge, MA:Perseus, 2001.

Goldsmith, Donald. *Connecting with the Cosmos:Nine Ways to Experience the Majesty and Mystery of the Universe*. Naperville, IL:Sourcebooks, 2002.

__________. *The Hunt for Life on Mars*. New Yokr:Dutton, 1997.

__________. *Nemesis:The Death-Star and Other Theories of Mass Extinction*. New York:Walker Books, 1985.

__________. *Worlds Unnumbered:The Search for Extrasolar Planets*. Sausalito, CA:University Science Books, 1997.

__________. *The Runaway Universe:The Race to Find the Future of the Cosmos*. Cambridge, MA:Perseus, 2000.

Gott, J. Richard. *Time Travel in Einstein's Universe:The Physical Possibilities of Travel Through Time*. Boston:Houghton Mifflin, 2001.

Greene, Brian. *The Elegant Universe*. New York:W. W. Norton & Co., 2000.

__________. *The Fabric of the Cosmos:Space, Time, and the Texture of Reality*. New Yokr:Knopf, 2003.

Grinspoon, David. *Lonely Planets:The Natural Philosophy of Alien Life*. New

York:Harper Collins, 2003.

Guth, Alan. *The Inflationary Universe.* Cambridge, MA:Perseus, 1997.

Haack, Susan. *Defending Science—Within Reason.* Amherst, NY:Prometheus, 2003.

Harrison, Edward. *Cosmology:The Science of the Universe,* 2nd ed. Cambridge:Cambridge University Press, 1999.

Kirshner, Robert. *The Extravagant Universe:Exploding Stars, Dark Energy, and the Accelerating Cosmos.* Princeton, NJ:Princeton University Press, 2002.

Knoll, Andrew. *Life on a Young Planet:The First Three Billion Years of Evolution on Earth.* Princeton, NJ:Princeton University Press, 2003.

Lemonick, Michael. *Echo of the Big Bang.* Princeton, MJ:Princeton University Press, 1997.

Rees, Martin. *Before the Beginning:Our Universe and Others.* Cambridge, MA:Perseus, 1997,

__________. *Just Six Numbers:The Deep Forces That Shape the Universe.* New York:Basic Books, 1999.

__________. *Our Cosmic Habitat.* New York:Orion, 2002.

Seife, Charles. *Alpha and Omega:The Search for the Beginning and End of the Universe.* New York:Viking, 2003.

Tyson, Neil deGrasse. *Just Visting This Planet:Merlin Answers More Questions About Everything Under the Sun, Moon and Stars.* New York:Main Street Books, 1998.

__________. *Merlin's Tour of the Universe:A Skywatcher's Guide to Everything from Mars and Quasars to Comets, Planets, Blue Moons and Werewolves.* New York:Main Street Books, 1997.

__________. *The Sky Is Not the Limit:Adventures of an Urban Astrophysicist.* New York:Doubleday & Co., 2000.

__________. *Universe Down to Earth.* New York:Columbia University Press, 1994.

__________. Robert Irion, and Charles Tsun-Chu Liu. *One Universe: At Home in the Cosmos.* Washington, DC:Joseph Henry Press, 2000.

사진 출처

## 약어 풀이

AURA : Association for Univesity Research in Astronomy

CFHT : Canada, France, Hawaii Telescope

ESA : European Space Agency

ESO : European Southern Observatory

NASA : National Aeronautics and Space Administration

NOAO : National Optical Astronomical Observatories

NSF : National Science Foundation

USNO : United States Naval Observatory


1. WMAP Science Team, NASA

2. S. Beckwith and the Hubble Ultra Deep Field Working Group, ESA, NASA

3. Andrew Fruchter et al., NASA

4. N. Benitez, T. Broadhurst, H. Ford, M. Clampin, G. Hartig, and G. Illingworth, ESA, NASA

5. A. Siemiginowska, J. Bechtold, et al., NASA

6. O. Lopez-Cruz et al., AURA, NOAO, NSF

7. Jean-Charles Cuillandre, CFHT

8. Arne Henden, USNO

9. European Southern Observatory

10. Hubble Heritage Team, A. Riess, NASA

11. High-Z Supernova Search Team, NASA

12. Diane Zeiders and Adam Block, NOAO, AURA, NSF

13. P. Anders et al., ESA, NASA

14. Robert Gendler; www.robertgendlerastropics.com

15. Hubble Heritage Team, NASA

16. AURA/NOAO/NSF

17. M. Heydari-Malayeri (Paris Observatory) et al., ESA, NASA

18., 19. Atlas Image obtained as part of the Two Micron All Sky Survey, a joint project of the UMass and the IPAC/Caltech, funded by the NASA and the NSF.

20. Jean-Charles Cuillandre, CFHT

21. Jean-Charles Cuillandre, CFHT

22. J. Hester (Arizona State Univ.) et al., NASA

23. H. Bond and R. Ciardullo, NASA

24. Andrew Fruchter (Space Telescope Science Institute) et al., NASA

25. Jean-Charles Cuillandre, CFHT

26. Rick Scott; members.cox.net/rmscott

27. R. G. French, J. Cuzzi, L. Dones, and J. Lissauer, Hubble Heritage Team, NASA

28. (a) *Voyager 2*, NASA; (b) Athena Coustenis et al., CFHT

29. *Cassini* Imaging Team, NASA

30. (a) and (b) *Galileo* Project, NASA

31. *Magellan* Project, Jet Propulsion Laboratory, NASA

32. Buzz Aldrin, NASA

33. Juan Carlos Casado; www.skylook.net

34. J. Bell, M. Wolff, et al., NASA

35. *Spirit* rover, NASA/Jet Propulsion Laboratory/Cornell

36. *Spirit* rover, NASA/Jet Propulsion Laboratory/Cornell

37. Sandra Haller, Unicorn Projects, Inc.

38. Don Davis, NASA

39. Neil deGrasse Tyson, American Museum of Natural History

40. Sandra Haller, Unicorn Projects, Inc.

오리진 : 140억 년의 우주 진화

초판 1쇄 발행일 ｜ 2005년 6월 3일
초판 2쇄 발행일 ｜ 2005년 9월 23일

발행처 ｜ 지호출판사
발행인 ｜ 장인용
출판등록 ｜ 1995년 1월 4일
등록번호 ｜ 제10-1087호
주소 ｜ 서울시 마포구 서교동 410-7 1층 121-840
전화 ｜ 02-325-5170
팩시밀리 ｜ 02-325-5177
이메일 ｜ chihopub@yahoo.co.kr

표지 디자인 ｜ 오필민
본문 디자인 ｜ 이미연
편집 ｜ 김철식·김인경
마케팅 ｜ 전형세

종이 ｜ 대림지업
인쇄 ｜ 대원인쇄
라미네이팅 ｜ 영민사
제본 ｜ 경문제책

ISBN 89-5909-005-0

KB254094

나는 이럴 때 어떻게 대처해야 하는가?
# 最强 對處力 최강 대처력

最强 對處力

# 최강 대처력

| 강준린 편저 |

씽크북

# 당신은
# 어떤 표정을
# 짓나요?

아침에 면도를 하고 거울 속에 비친 자신의 말끔한 얼굴을 보면 '음, 좋아' 하고 생각하게 될 겁니다. 면도는 비즈니스맨의 의식과도 같은 것이기 때문에 면도에서 하루가 시작되는 것입니다.

그것은 '자, 오늘도 열심히 하자' 고 자신에게 용기를 주는 방법이며 직장인들이나 사업 상대에게 '보여주는 얼굴' 을 만드는 일이기도 합니다.

여성의 화장에 대해서도 마찬가지입니다. 이렇게 해서 완성된 얼굴은 각자 나름대로의 좋은 얼굴입니다.

그리고 면도를 할 때 얼굴의 피부에 눈에 보이지 않는 작은 상처가 많이 생기지만 그런 상처는 미용상으로 마이너스가 되지는 않습니다. 그렇따면 면도로 생긴 얼굴의 상처 같은 것은 굳이 언급하지 않아도 되는 일이겠죠.

여기서 강조하고 싶은 점은 깨끗하게 보이는 피부에 눈에 보이지 않는 상처가 있다는 것입니다. 그리고 이것이 비즈니스맨의 내면과 외면과 같다는 것입니다. 즉, 비즈니스맨의 보여주는 얼굴에는 어디에도 고민이나 숨김을 찾을 수 없지만 거기에는 겉에서는 보이지 않는 것들이 억제되어 숨어 있다는 것입니다.

하지만 보통 이런 것을 누구도 생각하지 않습니다. 그리고 이런 것을 생각하지 않아도 되는 상황이라면 굳이 알려고 하지 않아도 되겠지요. 그러나 일을 하다보면 '망쳤다!', '곤란하군, 어쩌지', '어째서 이런 일이……' 같은 상황에 반드시 부딪치게 됩니다.

다시 말하면 생각하지도 못한 곳에서 넘어질 뻔하거나 넘어져 버리게 되는 것입니다. 그리고 다시 일어나는 것이 참으로 힘듭니다.

넘어졌을 때 다시 일어나는 건 가능한 일이며 그러길 바라지만 그것은 애기처럼 쉬운 일은 아닙니다. 돌부리에 걸리더라도 될 수 있으면 넘어져 구르지 않는 편이 좋지 않을까요.

이 책에는 여러분들이 직장에서 어려움에 처하거나 곤란을 겪을 때 어떻게 하면 좋을지. 그에 대한 해결 방법과 힌트가 있습니다.

일이 순조롭지 못하다고 느끼는 사람, 의욕이 생기지 않는 사람, 아이디어가 떠오르지 않는 사람, 상사나 부하 관계가 원만하지 못한 사람, 사내 연애나 왕따로 고민하고 있는 사람, 회사를 그만두고 싶은 사람……등, 직장에서 생길 수 있는 여러 가지 문제를 해결할 때 참고가 되리라 생각합니다.

여러분의 미래에 희망과 행복이 함께 하시길…….

## 최강 대처력 1  일에 돌파구가 안 보일 때



## 최강 대처력 2  실패로 답답할 때

최강 대처력 1
일에
돌파구가
안 보일 때

# 이겨야
# 할 말이 있다

축구 선수나 야구 선수도 지는 시합은 더 지친다고 한다.
그것은 씨름 선수나 마라톤 선수도 마찬가지이다.

비즈니스맨도 판매가 성공하거나 계약이 성립되면 그때까지의 피곤함이 어딘가로 다 날아가 버린다.

성과가 크면 클수록 그에 쏟아 부은 시간과 에너지도 큰 법이지만 그런 것들도 단숨에 사라져 버리는 것이다.

일이라는 것은 결과가 좋으면 재미있어지는 법이다.
그리고 재미있어지면 일도 순조롭게 진행된다.

필자는 항상 '이기는 버릇을 들여라' 라고 말하고 있고 그런 책도 쓰고 있다.

이기는 리듬을 타게 되면 이기려 하지 않아도 이기게 되기 때문이다.

지는 데에는 여러 가지 원인이 있겠지만 이기기 위해서 긴장을 더 하게 되는 것도 그 원인 중에 하나라고 할 수 있다.

그렇기 때문에 '우선 1승'을 해서 긴장을 풀면 부담감도 사라져서 평소의 실력을 충분히 발휘할 수 있게 된다.

승부는 상대를 이기는 것이 아니라 자신을 이기는 것이기 때문이다.

물론 압도적인 실력 차이 때문에 지는 일도 있다.

그러나 실력에 큰 차이가 있다 하더라도 이기는 리듬을 타고 있다면 승리가 제 발로 찾아온다.

즉, 이기고 있을 때에는 상대의 방법이나 세상의 동향이 확실하게 보이기 때문이다.

그것도 이기고 있다는 여유가 안겨주는 것이다.

일도 좋은 결과를 내면 흥미롭게도 생각이나 기획이 적중하게 된다.

'운이 좋은 사람에게 붙어라'라는 말을 가끔 듣게 되는데 운이 좋은 사람이란 앞을 내다볼 줄 아는 사람이기도 하다.

결국 모든 일은 잘 풀리면 재미있고 재미있으면 잘 풀린다.

따라서 난관에 처했을 때에는 업무에서 하나라도 성과를 올려야 한다.

그러면 자신감도 생기고 주위의 평가도 바뀐다.

발언력도 커져서 활력도 생길 것이다.

# 의욕이 없을 때는
# 이력서를 써라

회사에 들어갈 당시에는 모르는 것 투성이지만 일을 하다보면 새롭게 발견하는 것도 많아지게 된다.

매일 여러 가지 일들을 배우게 된다.

'어제의 나' 와 '오늘의 나' 사이에 성장의 차이가 느껴지기도 한다.

그러나 일정 시간이 지나면 '지금 위치에서의 주어진 일은 어떤 것이든 잘 해내지만 이런 일로는 더 이상의 능력이 요구되는 일도 없고 스스로도 새로운 것이 없다' 고 생각하게 된다.

그러다 보면 나태해진다.

그래서 습관적으로 매일 출근은 하지만 일에 충실하지 못하게 된다.

결국 일에 몰두하지 못하고 재미도 없게 된다.

마음속으로는 어떻게든 해보겠다고 다짐을 해보지만 이를 해결할 명안이 쉽게 떠오르지 않는다.

일 이외의 것에서 충실감을 얻기 위해 스포츠나 취미를 가져보는 것도 하나의 해결법이 될 것이다.

그러나 필자는 자신의 이력서를 써보는 방법을 제안하고 싶다.

평상시에는 지금까지 자신이 어떤 식으로 살아 왔는지를 의식적으로 생각해 보는 일이 없었지만 이력서를 써보면 자연히 자신이 걸어온 길이 보이게 된다.


예를 들면, 지금의 회사에 취직이 결정되었을 때의 '해냈다!'라는 기분이나 진취적이었던 자세를 떠올린다면 매너리즘에 빠지거나 우월감에 휩싸여 있는 현재를 반성하게 될 것이다.

또한 회사에 입사한 뒤의 배속이나 인사이동이 있을 때마다 느끼고 만났던 것들을 구체적으로 되짚어 보면 활력이 넘쳤던 자신을 발견하게 될 것이다.

그러면 근래의 자신이 조금 해이해져 있다는 것도 느끼게 될 것이다.

이런 것들을 통해 현재의 생활을 지탱해주고 있는 회사에 근무하고 있다는 점을 다시 한 번 진지하게 생각하게 되고 똑바로 대응하고자 하는 마음도 들 것이다.


그렇게 되면 내일부터는 지금까지보다 더 밝은 얼굴로 출근할 수 있을 것이다.

자신의 개인 역사를 적어본다는 마음으로 이력서를 써보길 바란다.

# 화를 내서 얻는 것은
# 아무 것도 없다

게임에서 지게 되면 '젠장'이라는 마음이 들어 고기 집에서 폭식을 하거나 술집에서 폭음을 하게 되기도 한다.

그러나 그렇게 함으로써 가벼워진 지갑이 더 가벼워진다.

사람은 화를 내서 좋을 게 하나도 없다.

일이 생각대로 풀리지 않는다고 술을 마시거나 도박에 손을 댄다면 상처가 난 자리는 점점 더 커진다.

술을 마신 다음날 숙취로 인해 머리가 멍한 상태로는 신속하게 일을 처리해 낼 수가 없다.

또한 술집을 드나들면서 음식을 떨어뜨리거나 음료수를 흘려서 생긴 얼룩을 알아차리지 못한 채 얼룩이 묻은 양복을 입고 출근하기도 한다.

그런 일은 상사나 동료, 비즈니스 상대에게 좋지 않은 인상을 주게 된다. 칠칠치 못해서 믿을 수 없는 녀석으로 보이게 될 수도 있다.

상사에게 주의를 받아서 기분이 안 좋다고 동료와 함께 술자리에 가서 큰 목소리로 상사의 험담을 하고 있을 때 그 상사도 같은 술집에 와 있었을 경우도 있다.

또 함께 술을 마시고 있을 때는 '그래 맞아' 라거나 '그런 점이 상사의 잘못된 점이야' 라고 얘기하던 동료가 상사와 단둘이 있는 자리가 되면 '××는 ○○ 과장에 대해서 몹쓸 사람이라고 얘기하던데요' 라고 고자질을 할지도 모른다.

사람은 눈앞에 있는 상대의 기분을 맞추는 동물인 것이다.

도박도 처음 한동안은 기분전환 정도겠지만 점점 깊이 빠지게 된다.

돈을 잃게 되면 화가 나게 마련이고 화를 내기 때문에 다시 지게 되는 것이 도박의 특성이다.

그렇게 도박을 반복하는 동안 빚은 점점 불어나게 된다.

잃은 돈을 한번에 되찾으려 하기 때문이다. 결국 또다시 새로운 큰 상처를 입게 된다.

술이나 도박이 아니더라도 욱하는 마음으로 '어차피 난 뭘 해도 인정받지 못해!' 라는 심정을 말이나 태도로 표현하거나 주어진 업무를 건성으로 하는 것도 그 사람의 입장을 더 나쁜 쪽으로 몰고 간다는 것을 염두에 두길 바란다.

# 인생이란 불공평을
# 살아가는 것이다

세상에는 알코올을 받아들이지 못하는 체질의 사람처럼 보통 사람과는 조금 다른 사람들이 있다.

이런 사람들은 아무래도 '사교성이 부족한 사람'이 되기 쉽다.

회사 안에서나 동료들 사이에서뿐만 아니라 거래처와의 관계에도 영향을 미치게 된다.

요즘 젊은이들 사이에서 상사와 한 잔 하러 가는 일이나 접대 비즈니스가 적어졌다고 해도 술을 마시는 기회나 골프를 함께 치러 가는 것들이 서로의 커뮤니케이션을 돕는 방법 중의 하나임에는 변함이 없다.

비즈니스의 세계라는 것은 상사의 취미가 낚시라면 낚시를 취미로 하는 부하가 생기는 그런 세계이다.

거래처의 담당자가 등산을 좋아하면 자신도 산악회에 나가기도 한다.

필자는 이런 일들을 무조건 반대할 생각은 없다.

이런 일들이 계기가 되어서 새로운 세계를 알게 되기도 하고 그만큼 자신의 세계를 넓힐 수도 있는 것이기 때문이다.

그러나 앞에서 얘기했듯이 건강 문제로 보통 사람들처럼 교제를 하고 싶어도 하지 못하는 사람이 있다.

본인에게 의지가 없는 것도 아닌데 하지 못하는 것은 안쓰러운 일이다.

그러나 그런 점을 결국엔 인정할 수밖에 없다.

당연한 얘기겠지만 그런 사람은 일이 재미있을 리가 없기 때문이다.

입사 후에 내내 건강했던 몸이 큰 병을 앓게 되어서 '한직' 으로 밀려나는 사람도 마찬가지의 경우이다.

'병만 없었더라도 출세 코스를 달렸을 텐데……' 라는 아쉬움이 있는 이상 현재의 직장이 즐거울 리가 없다.

생각해 보면 세상은 불공평하다.

레이스에 참가하기 이전과는 조건이 틀려진 것이다.

그런 생각으로 주위를 둘러보면 그런 종류의 불공평이 여기저기에 있다는 것을 느끼게 될 것이다.

세상엔 불공평뿐이라고 얘기해도 좋을 정도다.

그렇다.

인생이란 이 불공평을 살아가는 일이다.

그렇게 생각한 순간부터 여러분의 새로운 출발이 시작된다.

여러분은 여러분에게 주어진 인생을 살아갈 수밖에 없기 때문에…….

# 세상엔
# 내 편도 있다

신변에 여러 가지 문제를 안고 있다고 일을 소홀히 하는 사람들이 있다.
그런다고 해결되는 것도 아닌데 말이다.


예를 들면, 가족 중에 환자가 있다거나 곁에서 돌봐드려야 하는 부모가
있어서 그 쪽 일에 마음이나 에너지를 빼앗겨 버리는 것이다.
그러다 보니 반드시 처리해야 하는 일을 기일 안에 하지 못한다거나 아
무 것도 하지 않고 멍하니 책상 앞에 앉아 있게 된다.
이런 상태로는 일에 부담을 느껴 즐거움을 느낄 수 없다.


그럴 때에는 잠자코 있지 말고 사정을 확실하게 얘기해야 한다.
일 관계의 것과 개인적인 사정은 엄연히 구분해야 하지만 같은 직장에서
근무하고 있다면 서로 감싸줄 수 있는 부분은 도와주는 것이 바람직하다.
그런 사정에 처해 있다는 것을 알게 되면 대부분의 사람들이 도와 줄

것이다.

　신세나 동정의 눈길을 받고 싶지 않다는 자존심을 세워 주위의 의혹을 사게 되면 오히려 더 신세나 동정의 눈길을 받게 된다.
　필자가 알고 있는 직장인 중에 다른 사람이 휴가를 모아서 쓰고자 할 때는 적극적으로 그것을 도와주는 사람이 있다.
　'이렇게 바쁠 때 해외여행이나 하다니……'라고 빈정대거나 질투를 하는 일은 결과적으로 자신의 권리나 자유를 속박하는 일이 되기 때문이라고 한다.

　직장에는 숨어 있는 협력자와 정의파가 꽤 많다.
　다른 사람에게 신세를 져야 할 때는 신세를 지면되는 것이다.
　협력이 필요한 사람이 나타나면 자신도 협력을 하면 되는 것이다.
　우리 직장은 아직 이런 정도의 일은 통용되는 곳이다.

　단, 업무에 열의를 가지고 임하지 못하는 원인이 연애라거나 빚 때문이라면 주위의 협력이 적어진다.
　그런 이유들은 사적인 문제를 직장까지 끌어들이는 것밖에 되지 못한다.

　그런 사람들은 될 수 있는 한 신속하게 신변을 정리해서 평소처럼 일에 열중해야 한다.
　무책임한 일만 저지르고 있으면 누구도 상대를 해주지 않아 회사를 그만둘 수밖에 없게 된다.

# 인사이동이
# 마음에 들지 않을 때는
# 이렇게 하자

일반적으로 채용된 후에 부서 배치가 결정된다.

그래서 입사 때 희망 부서를 '기획부' 라고 제시한다 해도 정해진 부서가 영업부가 되기도 한다.

또 경리에서 총무, 홍보에서 영업소라는 식의 인사이동이나 전근이 있기도 하다.

이렇게 그다지 하고 싶지 않은 일을 맡게 되거나 익숙하지 못한 부서에 배속되게 되면 그만큼 의욕이 줄어들게 된다.

실제로 해직시키고 싶은 사람을 지금까지 일했던 부서와 전혀 다른 부서로 의도적으로 배속시키는 정리 해고 방법도 있다.

예를 들면, 연구직이었던 사람을 창고관리라든지 배송 담당으로 보내는 것이다.

자금을 관리하는 자리에서 수금하는 자리로 배속을 시켰다는 애기를 들은 적도 있다.

그리고 회사에서도 대금을 회수하기 힘들다고 생각하는 거래처를 맡겨서 그 사람을 그만두게 만드는 경우도 있기 때문에 원치 않는 부서에서 일하다 보면 당연히 즐거울 리가 없다.

그럴 때 두 가지의 해결책을 생각해 볼 수가 있다.

첫 번째는 일이 마음에 들지 않더라도 일단은 열심히 해보는 방법이다.

그러다 보면 자기 분야가 아니라고 생각했던 부분이 선입관에 의한 것이었음을 느끼게 되고 결국엔 일이 재미있고 즐거워지는 경우도 많다.

음식을 먹어 보지도 않고 싫어하는 것과 마찬가지일 것이다.

젊었을 때의 지식이나 경험은 아주 적다.

지금까지 살아온 작은 세계의 울타리 속에서 '이것이 나에게 맞는다', '이걸 하고 싶다' 라고 말하고 있는 것뿐이다.

따라서 마음에 들지 않는 인사이동이 사람을 더 크게 만들어 주는 경우도 이상한 일은 아니다.

다른 한 가지 방법은 참으면서 다음 인사이동을 기다리는 방법이다.

이 방법은 다음 이동에서 자신에게 맞는 부서로 배속된다는 보증은 없지만 업무 이외의 시간을 자신이 하고 싶은 일을 위해 사용할 수 있다.

그리고 거기에서 얻는 충족감에 덕분에 직장에서도 평상심(平常心)을 유지할 수 있게 된다.

어느 방법을 택할 것인지는 당신에게 달려 있다.

# 칭찬하기
# 게임을 하자

대부분의 일들은 제대로 처리하는 것이 당연하고 실수를 하면 질책을 당하는 법이다.

상사라는 이름이 붙은 사람들은 칭찬보다 질책을 하거나 화를 내는 쪽을 더 잘한다.

그런 일들이 부하를 위축시키고 좋은 아이디어가 떠오르지 못하게 하는 원인이 되기도 하지만 그런 것에 신경을 쓰는 상사는 아주 드물다.

대체로 회사 안에서 조금 잘나간다고 하는 상사는 왜 그런지 모두들 성질이 급하다.

자리에 앉아서도 손끝으로 책상 위를 톡톡 두드리고 있거나 발로 책상 밑바닥을 툭툭 울리고 있다.

상사들은 그들 나름대로의 명분이 있기 때문에 '너무 게을러!', '머리를 더 쓰란 말이야!' 하고 말한다.

하지만 '무엇 무엇을 해라!' 라는 말만 할 뿐 그것이 어디에 필요한 작업인지도 설명하지 않기 때문에 어떤 식으로 일을 처리해야 할지 모르겠다고 이야기하는 부하들이 있다.

예를 들면, 문서 한 장을 쓰는 데도 '이것은 사보에 싣는 원고다' 고 말해 주면 사보는 어떻게 쓰는지 물어 본다면 난처해진다.

'보면 알잖아' 라고 말해봤자 부하는 '알고 있는 건 본인뿐이라는 것을 모르고 있군' 이라고 생각한다.

어느 직장이든 이처럼 자신이 알고 있는 것은 다른 사람도 알고 있다고 착각하고 있는 상사가 많은 것이 사실이다.

이렇게 마음이 언짢아질 때는 동료들을 불러서 서로의 장점을 칭찬해 주는 게임을 해보자.

'과장은 센스가 없다고 질책을 했지만 그 넥타이는 센스가 있는 걸', '자네 안경이 더 센스가 좋아' 라는 식으로 무엇이든 상대방에 대해 서로 칭찬하는 것이다.

더 이상 칭찬할 말이 없어지면 '상냥하다', '역시 ○○(상대의 출신지) 사람은 멋있어' 같은 말도 상관없다.

바보 같은 짓처럼 보이겠지만 필자가 회사에 근무했을 때 꽤 효과가 있었다.

# 자기 투자는 돈이 없을 때
# 하는 것이다

평범한 수준의 급료라고 해도 젊은 직장인의 급료는 그리 많지 않다.

그렇기 때문에 급료가 보통 수준 보다 더 적거나 하면 언제나 '돈이 없어!' 라고 울상을 짓게 된다.


지금 하고 있는 일이 어느 정도 보람이 있다 해도 급료가 적다면 즐겁지 않을 것이다.

앞으로 급료가 오른다는 확실한 보증이 있다면 참고 일을 할 수도 있겠지만 임금이 더 이상 연공 서열순이 아닌 시대이기 때문에 인생 설계도 예전의 샐러리맨과 같을 수 없다.

이런 상황을 헤쳐 나가기 위해서는 어떻게 해야 할까?

필자는 '돈이 없을 때야말로 자기 투자를 해야 한다' 라고 생각한다.

다시 말하면 자기 투자를 하게 되면 돈이 들지 않게 되는 것이다.

이상하게 들릴지 모르겠지만 이것은 사실이다.

자격을 취득하거나 적합한 기술을 익히거나 하기 위해서는 그 나름대로 돈이 든다.

그러나 그로 인해 지금까지와 같은 자유시간이 없어지게 되므로 술을 마시러 간다거나 놀러가는 시간이 없어지게 되는 것이다.

즉, 그런 돈을 쓰지 않게 되는 것이다.

빠져나가는 돈을 살펴보면 잘 알겠지만 교제비나 잡비 등이 꽤 될 것이다.

그리고 교제비의 대부분은 먹고 마시는 데에 드는 돈이고 잡비도 시간이 없었다면 쓰지 않았을 돈으로, 불필요하게 사용된 돈들일 것이다.

예전에 남녀의 급료에 큰 차이가 있었던 시절에 '여자들은 어떻게 적은 급료로 꽃꽂이나 다도 모임의 수강료를 낼 돈이 있는 거지?' 하고 궁금하게 생각했던 적이 있었는데 '불필요한 낭비'를 하지 않게 되기 때문에 꽃꽂이나 다도를 배울 수 있었던 것이라고 말할 수 있다.

남자들은 그 시간에 동료들과 한 잔하거나 애인에게 한턱을 내거나 하기 때문에 돈이 없었던 것이다.

그렇다.

돈이 없을 때야말로 자기 투자를 해야 한다.

그 결과로 자격이나 기술을 익혀 전직이나 독립을 할 수 있게 된다면 일석이조가 아닐까.

# 나를 위한 것이
# 너무 많지는 않는가

많은 여성들이 직장에 진출하기 시작했을 때의 이야기이다.

여성을 받아들이게 된 직장에서 남자들이 의아해 하는 것들이 있었다.

그것은 '자신의 장점을 살리는 일을 하고 싶다' 거나 '자신의 능력을 키울 수 있는 직업을 가지고 싶다' 는 여성들의 말이었다.

당시의 샐러리맨들은 회사에서 일을 한다는 것은 회사의 목적을 달성하기 위해서이다고 믿었다.

그런데 자신의 장점을 살리겠다는 여자들의 말은 남자들에게 거부감을 주었다.

남자들에게 일이란 생활을 유지하기 위한 수단이며 그러기 위해서는 먼저 회사의 업적을 올려야만 한다는 것이 상식이었던 것이다.

밥을 굶는 시대는 아니었지만 먹고살기 위해서는 열심히 일을 해야 하는 시대였던 것이다.

일에 대해 이러쿵저러쿵 말하기 전에 자신이나 가족을 위해서 남자들은 일을 했던 것이다.

적어도 그렇게 생각하고 있었다.

그렇기 때문에 '뭐가 자신을 키워 가는 직장이야!', '고생도 모르는 주제에……' 같은 불만이 나오게 된 것이다.

그러나 요즘은 남자도 여자도 취직할 때 자신의 능력을 살리는 일을 선택하거나 일로써 자신의 능력을 키우고 싶다는 말을 해도 전혀 거부감이 없다.

물론 요즘에도 취직은 자기실현을 위한 수단만은 아니다.

그러나 그만큼 풍요로운 사회가 되었다는 얘기일 것이다.


단, 그렇게 되면 새로운 고민도 생기게 된다.

'자기실현이란 무엇일까', '지금, 나는 자신의 능력을 살리는 일을 하고 있는 것일까' 라는 의문이다.

그리고 결국엔 '나는 무엇일까' 라는 생각을 하게 된다.

즉, 일에 대해서 고민을 하게 되는 것은 나를 찾는 일에 빠져들어 일 그 자체의 의미를 잊고 있기 때문이라는 것이다.

어느 목수는 '내가 이 일을 천직이라고 생각하게 된 것은 내가 이 일을 계속해 왔기 때문이다.' 라고 말했다.

다시 말해 아무리 정보를 수집해 봤자 거기에는 자신의 능력을 살리는 일도 천직이라 부를 수 있는 그 어떤 것도 발견할 수 없다는 애기이다.

자기 자신도, 천직도 일에 열중했을 때 비로소 그 속에서 보여지는 것이기 때문이다.

# 고민을 주위에
# 이야기하라

세상은 IT 혁명이다, 넷 비즈니스다, e커머스, SNS 같은 단어들이 쏟아지고 있지만 일 그 자체나 직장은 조금도 변하지 않았다고 생각하는 사람도 많은 것 같다.

물론 지금의 사무실에는 책상 위에 종이들만 산처럼 쌓여 있는 것은 아니다.

그러나 신축 인텔리젠트 빌딩에 들어가 봐도, 전자기기가 널려 있어도 거기에서 일하고 있는 것은 옛날과 똑같은 사람이다.

결국 비즈니스맨이나 여성 사원들이 고민하고 있는 것은 여전히 직장의 인간관계이다.

일이 순조롭지 못하거나 인간관계가 부드럽지 못해 어렵다고 말하는 사람도 많이 있다.

그러나 인간관계가 순조롭지 못해서 고민하고 있는 사람은 이것이 자기 자신만의 문제라고 생각하기 쉽다.

고민이 심각하거나 그 문제에 깊이 관여되어 있는 사람일수록 그런 경향이 있다.

그리고 성실한 사람일수록 '내가 못난 것은 아닐까'라고 자신을 자책하게 된다.

그러다가 자승자박 상태가 되어 건강상에 문제가 생기기도 한다.

그렇게 되기 전에 잠깐 멈춰서 주위를 둘러보길 바란다.

그런 문제를 안고 있는 것은 당신만이 아니다.

물론 이미 알고 있겠지만 그것을 머릿속으로만 이해할 것이 아니라 좀 더 큰 것으로 이해하길 바라는 것이다.

굳이 말하자면 인간 존재의 문제라고 할까?

고령자의 간호에 지쳐 있는 사람이라도 그것이 자기 혼자뿐이 아니라는 사실로 위안을 얻는다.

인간은 다른 사람이 자기와 똑같다거나 같은 사람이 있다는 사실에서 위안을 얻는 동물이다.


그렇기 때문에 직장에서의 인간관계에 대한 고민을 사이가 좋은 친구에게 얘기해 보기를 바란다.

그렇게 해보면 당신이 안고 있는 문제 이상의 구체적인 애기도 나올지 모른다.

그러다 보면 자신의 고민에 대해서 좀 더 거리를 두고 바라볼 수 있게 될 것이다.

문제를 혼자서 끌어안고 있는 것이 제일은 아닌 것이다.

# 단순 작업과
# 어떻게 타협해야 하는가

신은 여자에게는 출산이라는 고통을, 남자에게는 노동이라는 고통을 주었다는 말이 있다.

즉, 노동은 기본적으로 고통을 수반하는 일이다.

여담이지만 최근 여성들이 아이를 낳지 않으려는 것이 여자도 노동이라는 고통에 참여하게 되었기 때문은 아닐까.

남자와 마찬가지로 노동이라는 고통을 짐지고 있는 이상 출산이라는 고통을 더하고 싶지 않다고나 할까?

그것은 남녀 불평등이기 때문에 그런 게 아닌가 싶다.

어쨌든 노동이란 즐거운 것은 아니다.

그럼에도 우리나라 사람들은 그런 부분을 어떻게든 즐거운 것으로 만들 수 없을까 고민하지만 미국 사람이나 유럽 사람들은 노동이란 고통을

수반하는 것이라고 단정짓고 될 수 있는 한 빨리 현역을 은퇴해서 제2의
인생을 즐기고자 한다.

'해피 리타이어먼트!(행복한 퇴직)' 이라고 말하며 건배를 하는 것은 겉
으로 보이기 위한 것만은 아니다.


그들은 제2의 인생을 기대를 가지고 기다리지만 한국 사람은 근면해
서인지 일을 좋아해서인지 아니면 가치관이 하나뿐인 건지…….


어쨌든 일은 솔직히 말해서 '즐겁다' 는 것과는 거리가 멀다.
그러나 그럼에도 일에 종사하고 있는 사람은 그 일을 계속해야만 한다.
인간은 자유인 것 같지만 그리 쉽게 자유로워질 수 없다.


그렇다면 단순 작업과 어떻게 친해질 것인가가 문제인데 방법은 두 가
지가 있다.
그것은 (1)작업 환경 개선 (2)능숙한 기분 전환이다.
(1)에 대해서는 음(晉), 색채, 공기, 작업 자세, 근무시간 등, 심리학이
나 인간 공학에 준한 개선으로 직장 관리자에게 적극적으로 요구할 필요
가 있다.
(2)는 온타임(on time)과 오프타임(off time)을 의식적으로 구별하는 것
이다.
'노동 속에 기쁨을!' 도 좋지만 거기에는 한계가 있기 때문에 고통의 시
간과 즐거움의 시간을 확실하게 나누어서 즐거움의 시간에 인간을 부활
시키고자 하는 것이다.

# 완벽주의는
# 없다

인간에게는 두 가지 타입이 있는데, 즉 무슨 일이 생기면 그 원인이 자신에게 있다고 생각하는 사람과 다른 곳에 있다고 생각하는 사람이 있다.

세상으로부터 좋은 평가를 받는 일이나 명예라고 생각하는 일의 원인은 자신에게 있고 세상으로부터 규탄을 받거나 웃음거리가 될 때의 원인은 다른 곳에 있다고 말하는 사람도 있다.

그러고 보니 '성공은 자신이, 실패는 부하가' 라고 말하는 상사의 얘기를 여러 기업의 사람들에게서 들은 적이 있다.

물론 샐러리맨의 세계가 아니더라도 자기에게만 유리한 논리로 유리한 일만을 늘어놓으며 세상을 살아가고 있는 사람은 매우 많다.

그런 사람들의 전형은 군국주의 시대에는 군국주의자, 공산주의 시대에는 공산주의자, 민주주의 시대에는 민주주의자가 되어 언제나 '나는 옳다' 라고 말하는 사람이다.

그러나 반대로 항상 자성적인 사람도 있다.

그런 사람은 자신의 책임이 아닌 일까지도 자기 책임처럼 생각하고 자신을 책망한다.

마조히스트는 아니지만 기질적인 면과도 관계가 있는 듯하다.

같은 프로젝트에 소속된 사람이 실수를 하면 '그때 내가 이렇게 했더라면 그 사람은 이런 실수를 하지 않았을 텐데', '내 도움이 부족했던 건 아닐까' 라는 식으로 내 안으로 자꾸 원인을 파고든다.

이런 사람은 일종의 완벽주의자이기도 해서 자신이 한 일이 무난하게 완성되더라도 '이렇게 했다면 좀 더 나았을 텐데……' 라며 좀처럼 만족하지 못하는 것이다.

또한 '하필이면 내가 없을 때……' 라는 것도 이런 타입인 사람의 전형적인 반응이다.

극단적으로 말하면 '난 안 돼' 라고 마음속 어딘가에서 생각하고 있는 것이다.

제3자에게는 어딜 봐도 모자란 사람으로는 보이지 않지만 언제나 안절부절못하고 있다.

금세 얼굴이 달아오르기도 한다.

사랑을 두려워하기도 한다.


이런 사람에게는 인간이란 원래부터 그렇게 대단한 동물이 아니라고 말해 주고 싶다.

일도 직장도 청탁병탄(淸濁倂呑. 큰 도량으로 어떤 사람이나 받아들인다는 의미)으로 제 구실을 한다는 것을 이해하길 바란다.

# 자신에게 있는
# 회복력을 믿자

우리 사장은 일이 취미라서 골치 아프다며 투덜거리는 비즈니스맨을 가끔 만나게 된다.

그런 사장은 사원이 휴가를 받아서 여행을 가는 것만으로도 열심히 일하지 않는 사람이라고 생각한다고 한다.

그래서 '사장 생각대로 한다면 영업 선전 같은 건 전혀 할 수가 없잖아요' 라며 나와 친분이 있는 남자도 투덜거렸다.

그런데 같은 회사의 다른 사람에게 얘기를 들어보니 그 남자는 원래 여행이 취미여서 여행을 일처럼 하고 있는 사람이라고 한다.

세상에는 참 다양한 사람들이 많아서 연구직 같은 일을 하는 사람들 중에 일이 취미라는 사람을 비교적 많이 볼 수 있다.

이런 사람들은 '일이 재미없다' 가 아닌 '일을 못하는 것이 재미없다' 인 것이다.

때문에 친척의 결혼식이나 관계 회사의 파티 등에 참석해야 하는 일이 괴롭다.

그리고 병이 나거나 하면 일을 하지 못하기 때문에 안절부절 못해서 가족을 곤란하게 하기도 한다.

이런 타입은 일이 취미임과 동시에 취미가 일이 된 경우이다.

취미가 일이 되면 수입이나 지위 같은 것은 나중 문제이다.

그것도 하나의 팔리시이긴 하지만 그런 삶의 방식을 원하는 사람은 가능한 한 얽매이는 것이나 사람과의 관계를 가지지 않는 편이 편할 것이다.

그렇게 하면 주위의 방해를 받지 않을 수 있기 때문이다.


그러나 사장이 일을 취미로 하고 있는 회사의 사원은 어딘가 불편하게 느껴진다.

그래서 일이 재미없어지게 되는 것이다.

그러나 그런 사장에게 구심력이 있는 이유는 회사가 그 나름의 업적을 올리고 있기 때문이다.


일반적으로 샐러리맨이라는 것은 사장이 어떻든, 중간 관리직이 어떻든 생활이 보장되는 한 일이 즐겁지 않더라도 회사를 그만두지 않는 법이다

일이 즐겁지 않을 때에는 상사의 험담이나 동료와 대화, 연인과 데이트, 자녀와 유원지에 가거나 하는 일로 기분 전환을 한다.


'일이 즐거움이라면 인생은 낙원이다.

일이 의무라면 인생은 지옥이다' 라는 말은 진실이긴 하지만 낙담하기 전에 좀 더 자신 속에 내재되어 있는 회복력을 믿어야 한다.

최강 대처력 2
실패로
답답할 때

# 한 번 실패는
# 또 하나의 교훈이다

머리로는 이해를 해도 실제로 해보면 좀처럼 잘 되지 않는 법이다.

실패란 이론이나 계획으로는 '할 수 있다!'고 생각했던 것이 실제로는 잘 되지 않았을 때를 말하기도 한다.

그렇다면 실패란 귀중한 체험이다.

왜냐하면 그 실패를 통해서 이론이나 계획과 현실의 차이, 해결해야만 하는 문제를 구체적으로 알 수 있기 때문이다.

다시 말해서 실패를 통해서 문제점을 알게 되는 것이기 때문에 실패로 인해 그만큼 빈틈이 없어지게 되는 것이다.

많은 사람들이 실패라는 현실을 앞에 두고 실패에 의한 마이너스를 감당해야 하지만 결국 실패가 그 사람에게 마이너스만이 되는 것은 아니다.

생각해 보면 우리들이 각자 '이렇게 하는 편이 좋다' 고 생각하거나 그렇게 믿고 있는 것은 개인적인 실패를 교훈으로 하여 배운 것이라고 말해도 좋을 정도이다.

가령 과식이나 과음을 피하게 되는 것은 과식이나 과음을 했을 때 토하거나 복통을 일으키거나 숙취로 괴로웠던 경험을 그 후의 생활에 반영하게 되었기 때문이다.

비즈니스에서 될 수 있는 한 결정권이 있는 사람과 접촉해야 한다는 지혜도 결정권이 없는 사람과 많이 접촉을 해본 후에야 얻을 수 있다.

이쪽의 선전에 상대가 '잘 알겠습니다' 라고 말하는 것은 '당신이 한 애기는 잘 알겠다' 는 뜻이라는 것을 이해할 수 있는 것도 '잘 알았다' 고 말했는데도 상대가 구입을 하지 않은 경험이 있었기 때문이다.

우리들은 한 번 실패할 때 하나를 배운다.
실패의 피해는 될 수 있는 한 적어야겠지만 실패 그 자체는 내일을 향한 교훈이다.

# 작은 실패를
# 마음에 두지 마라

회의에 늦어서 모두가 모여 있는 가운데에서 알람시계를 맞춰 놓지 않았기 때문에 지각했다고 말해서 상사에게 주의를 받거나 모두에게 웃음거리가 되는 일이 있다.

그러면 회의에 지각했다는 일보다 모두 앞에서 주의를 받았다거나 웃음거리가 되었다는 것이 그 사람 마음속에는 오래도록 남아 있게 된다.

성실한 사람이나 대범하지 못한 사람일수록 그런 일이 상처가 되기 쉽다.

그래서 필요 이상으로 주위 시선을 신경 쓰고 언제나 안절부절못하거나 소극적인 태도를 취하게 된다.

사회생활을 하다 보면 자신의 실패가 주위에 파급되고 그 반응이 자신에게 돌아오는 경우가 있다.

그래서 '실패했다, 어쩌지!'라는 생각 속에는 실패의 결과, 즉 자신에게 돌아올 반응에 어떻게 대응해야 하는지, 그 결과를 어떻게 받아들여야 좋을지 하는 것이 더 큰 비중을 차지하게 된다.

물론 실패한 것에 대해 자책이나 책임이라는 것을 전혀 느끼지 말아야 한다는 것은 아니다.

그러나 문제는 그런 것보다 주위 사람들의 반응 쪽에 더 신경이 쓰이는 것이다.

실패를 숨기려 하는 것도 주위의 반응이나 마이너스 평가를 두려워하는 마음이 강하기 때문이다.

그런 점에서 '사람에게 주의를 줄 때는 다른 사람이 없는 곳에서, 칭찬을 할 때는 모두 앞에서'라는 것이 일반적인 법칙이다.

대부분의 경우 주위 사람들의 반응은 그 자리에서 끝나는 것이고 본인이 전전긍긍하며 고민할 정도의 것은 아니다.

자신이 신경을 쓴다고 타인도 늘 나를 신경 쓰고 있는 것은 아닌 것이다.

누구에게나 가장 관심이 있는 대상은 자기 자신이다.

그렇기 때문에 작은 실패나 그 결과를 언제까지나 마음에 두지 않기를 바란다.

사람들의 관심이란 항상 눈앞에 있는 것에 있기 때문에 그때 그 자리에서만 살아 있는 것이다.

# 사과해야 할 때는
# 주저없이하라

어떤 일이든, 어느 때든 실패나 실수를 했을 때에는 사과를 해야 한다.

그것도 시간을 두지 말고 즉시 해야 한다.

누구에게나 사과를 하는 일은 마음이 무거운 일이며 그리 보기 좋은 모습은 아니기 때문에 가능하면 피하고 싶은 법이다.

때문에 사과를 해야 한다고 생각하면서도 될 수 있는 한 뒤로 미루려한다.

그러나 사과를 주저하거나 나중으로 미루면 미룰수록 상대의 감정을 좋지 않게 할뿐이다.

'어째서 사과하지 않는 거야!', '무례한 녀석이야!' 같은 말을 듣게 된다.

그렇게 되면 사과가 늦어진 일까지 덧붙여 사과해야 하는 경우가 생긴다.

사과를 해야 하는 쪽도 그런 것을 알고 있기 때문에 시간이 지나면 지날수록 마음이 무거워진다.

그럴 때마다 '그때 바로 사과를 했으면 좋았을 텐데'라고 생각하게 되지만 이미 엎질러진 물이다.

그런 생각들로 인해 더욱 부담감만 더해진다.


마음속으로는 '사과해야 하는데', '어떻게 하지, 어떻게 하지' 하고 망설이는 동안에 상대방의 화는 점점 커진다.

물론 그런 것은 알고 있지만 시간이 지나면 지날수록 상대의 문턱은 높아져서 쉽게 넘지 못하고 주저하게 된다.

이제 와서 좋은 방법 같은 것이 있을 리가 없다.


일의 내용에 따라 다르긴 하지만 즉시 '미안합니다'나 '면목없습니다'라고 사과 받으면 상대나 주위 사람들도 이해하기 마련이다.

쉽게 설명하면 붐비는 길에서 우연히 다른 사람의 발을 밟았을 떠 즉시 '미안합니다'라고 사과한다면 상대도 이해하고 받아들인다.


직장에서의 실수도, 지불 날짜까지 돈을 지불하지 못했을 때에도 시간을 두지 말고 사과하거나 사정을 설명해라.

그러면 그 이후에도 여러분은 비즈니스 파트너로서의 지위를 지킬 수 있다.

어쨌든 반드시 사과를 해야 할 때는 즉시 사과하는 것이 가장 좋다.

# 다른 사람에게 도움을 구하기 전에 먼저 생각하라

모르는 것이 있으면 먼저 스스로 찾는 것이 지금까지 사람들의 사고방식이며 삶의 방식이었다.

그렇기 때문에 '이 단어는 무슨 뜻입니까?' 라고 선배에게 질문을 하면 '사전 찾아봤어?' 라는 말을 듣게 된다.

그러나 요즘은 모르는 것이 있으면 먼저 다른 사람에게 묻는 경향이 강해지고 있다.

젊은이들 사이에서 친구란 데이터베이스로써의 역할을 기대할 수 있는 사람이기도 하다.

이런 스피드 시대에는 실전에서도 모르는 것을 스스로 찾는 것보다 그것에 대해 해박한 지식을 가지고 있는 사람에게 물어 보는 편이 이해하기 쉽게 가르쳐 주기 때문에 더 신속 정확하기도 하다.

이런 일에도 시대의 변화를 느끼게 된다.

그러나 실패를 했을 때에는 어떻게 해야 좋을지를 먼저 스스로 생각해야 한다.

'어떻게 해야 할까……?' 라고 다른 사람에게 묻는다고 해도 그것이 다른 사람에게 물어도 되는 문제인지 아닌지를 일단은 스스로 생각하고 판단해야 하기 때문이다.

그 결과 다른 사람에게 상담을 해도 좋다고 판단되면 적극적으로 의견을 물어 본다.

'백지장도 맞들면 낫다' 는 속담처럼 혼자서는 모르는 일이라도 두 사람, 세 사람, 여러 사람에게 상담을 해보면 거기에서 좋은 아이디어가 나온다.

그리고 다른 사람에게 상담을 하거나 의견을 구한다고 하더라도 그대로 똑같이 해야 한다는 것은 아니다.

자기 혼자서는 생각하지 못했던 시점이나 부분들을 참고하면서 마지막에는 스스로 판단하여 결단을 내리면 되는 것이다.

결과가 상담하기 이전에 자기 혼자서 생각했던 것과 똑같더라도 괜찮다.

사람에게는 자기 스스로 생각해야 하는 문제가 있긴 하지만 그런 문제를 많이 가지면 가질수록 정신 건강이 나빠져서 스트레스가 쉽게 쌓이게 된다.

그러므로 정신 건강을 생각해서라도 선후책(先後策)에 대해 상담할 수 있는 것은 상담하는 것이 좋다.

상담을 하는 동안 자기 자신도 침착함을 되찾게 될 것이다.

# 너무 강한 의욕은
# 금물이다

의욕이 넘치는 비즈니스맨일수록 승진을 하게 되면 자신의 색깔을 내고 싶어하는 법이다.

지금까지 상사의 업무 방식에 비판적이었기 때문에 '나라면 그런 방법은 쓰지 않아' 라거나 '나라면 그런 기획은 세우지 않아' 같은 생각들을 해왔기 때문이다.

새 기준을 세움으로써 자신의 존재를 어필하고 싶다는 마음도 있다.

모 회사에서는 달력을 만드는 부서의 책임자가 바뀔 때마다 새로운 발상이나 소재, 디자인의 달력으로 바뀐다고 한다.

매년 달력을 받아 보는 사람의 입장에서는 '왜 이렇게 바뀐 거지? 작년달력이 참 좋았는데' 라고 생각하게 되지만 여러 가지 사정을 들어보면 받아 보는 쪽의 사정보다는 만드는 쪽의 사정이 더 우선시되는 것 같다.

달력 하나도 기본 컨셉이 바뀌면 지금까지의 제작 스텝이나 업자도 바뀌게 된다.

새로운 기준을 내세운다는 것은 새로운 인맥을 만드는 일이기도 하기 때문에 그런 것도 달력을 바꾸는 취지 중에 하나가 되기도 한다.

그러나 이런 식의 새 기준은 대부분의 경우 성공하지 못한다.

달력을 예로 든다면 이전 달력에 친숙한 사람들은 '예전 쪽이 더 좋았는데……' 라는 생각을 하게 된다.

사람은 보수적이 되기 쉬운 면이 있기 때문에 눈에 익숙한 쪽에 그렇지 못한 쪽보다 좋다는 평가를 내리게 된다.

또한 새롭게 바뀌었다는 점을 너무 강조하다 보면 의욕은 넘치지만 능력이 따라 주지 못하는 경우가 생기기 쉽기 때문에 아무래도 작품의 완성도가 낮아지게 된다.

일반적으로도 이것도 바꾸고 저것도 바꾸다 보면 부하나 거래처도 갈피를 잡지 못하게 되어 지금까지 조직에 있었던 구심력이 약해지는 경우도 있다.

이런 경우에도 사람이란 보수적이 되기 때문에 '도저히 따라 갈 수가 없다' 는 불평도 생기게 된다.

요즘 같이 변화의 속도가 빠른 시대에는 그 속도를 따라가기 위해서 어제와 똑같은 일을 해서도 안 되겠지만 너무 강한 자부심이나 자기 어필은 실패의 원인이 될 것이다.

# 패닉 상태에 빠지지 않기 위해서는 이렇게 하라

'큰일이다, 실패야' 같은 경우에는 누구나 동요를 하게 된다.

실패가 크면 클수록 해야 할 일이 산더미처럼 쌓였는데 어떻게 해야 좋을지 몰라 당황하게 된다.

그러나 거기서 패닉 상태에 빠지면 사태는 더욱더 나쁜 쪽으로 향할 뿐이다.

무엇보다도 패닉 상태에 빠지는 일만은 피해야 한다.

그렇다면 어떻게 해야 할까.

실패한 내용이나 상황에 따라 다르지만 우선은 냉정을 되찾아야 한다.

돌발사고의 경우에는 자신의 얼굴을 손바닥으로 두드린다거나 크게 심호흡을 해본다.

필자가 어렸을 때 유행하던 주문(呪文) 중에 두근거리거나 긴장을 했을 때 평상심을 지키기 위한 방법으로 침을 손가락에 묻혀 미간이나 코에 바르는 것이 있었다.

과학적인 것은 아니지만 그런 행동들에 의해 침착함을 되찾곤 했었다.

그리고 혼자 있는 것도 하나의 방법이다.

우리들은 다른 사람들 앞에서 넘어지거나 하면 아픈 것을 참으면서 우선 주위를 둘러보게 된다.

그것은 사람들의 시선을 의식하기 때문이지만 그런 상태에서는 좀처럼 침착함을 되찾을 수 없다.

그렇기 때문에 침착하고 냉정한 상태를 되찾기 위해서는 호기심에 가득 찬 주위의 시선으로부터 벗어나서 혼자가 되는 것이 좋다.

즉, 실패를 한 사람이 침착해지기 위해서 가장 좋은 장소는 다른 사람들의 시선이 없고 홀로 있을 수 있는 곳이다.

깊이 생각해야 할 필요가 있을 때에도 혼자 있도록 하자.

그런 뒤에 가능한 한 냉정히 해야 할 일을 하는 수밖에 없다.

또한 평상시에 위기관리에 신경을 쓰는 것도 가장 좋은 방법이다.

하지만 일어날 리가 없는 일이 일어나고, 있어서는 안 되는 일이 생기는 것이 현실이다.

그런 때 패닉 상태에 빠지지 않기 위해서는 평소부터 자신의 일이나 입장을 넓은 시각으로 보거나 위치를 매기는 일에 신경을 쓰는 것이 중요하다.

그렇게 함으로써 돌발적인 사건에 어떤 의미가 있는지, 사건에 어떻게 위치를 부여해야 좋을지 판단할 수 있게 된다.

그런 습관들은 일상에서도 주위 사람들에게 자신의 일을 부드럽게 이해시킬 수 있는 방법이기도 하다.

어쨌든 '패닉 상태에 빠지지 말아라!' 는 실패했을 때의 키워드이다.

# 거울은
# 가장 약한 곳부터
# 깨진다

예상도 하지 못했던 일이 일어나서 '큰일이다! 어떻게 하지' 라고 당황하는 일도 있지만 '큰일이다!' 라고 생각하면서도 '아아, 역시' 라고 마음속 한편으로 납득할 때도 있다.

실패를 하고 그것을 납득한다는 것도 이상하지만 '만약 잘 안 되는 경우가 생긴다면 이것 이외에는 없다' 라고 생각했던 부분이 원인이 되어 실패를 했다는 것을 알게 되면 '그렇군. 역시……' 가 되는 것이다.

가령 강의 뚝이 '무너진다면 여기겠지' 라고 사전에 예상할 수 있는 지점이 있다.

그러나 '여기가 무너질 정도의 범람하지는 안겠지' 라면서 그대로 놔두면 폭우로 그 부분이 무너져 버리게 된다.

육상 경기의 릴레이에서도 감독이 '괜찮을 거라고 생각은 하지만 만약 진다면 저 주자가 뛸 때일 거야'라는 곳이 역시 문제를 일으키는 것이다.

감독의 머릿속에는 '아무래도 컨디션이 안 좋은 것 같으니 다른 선수로 바꿀까'라는 생각이 있어도 '실적이 있으니까'라거나 '저 선수에게는 마지막 시즌이니까'라는 이유로 그 선수를 교체하지는 않는다.

직장에서도 '이 일을 A에게 맡겨도 괜찮을까?'라고 생각하면서도 그 사람 외에 한가한 사람이 없다는 이유로 그 일을 A에게 시키면 '역시 실패군'이라는 결과가 되기 쉽다.

'라이벌인 Y와 Z를 같은 프로젝트에 참가시키면 서로 자기주장만을 고집해서 프로젝트팀의 단결력이 깨지는 것이 아닐까'라는 염려가 있어도 사운을 건 프로젝트이기 때문에 라는 이유로 일 자체는 잘 해내는 Y와 Z를 함께 시켰더니 '역시……'라는 경우도 있다

결과가 좋으면 괜찮다고 하겠지만 위험하다고 생각되는 부분은 다시 한 번 생각해 보는 것이 좋다.

'거울은 가장 약한 곳부터 깨진다'는 말처럼 평균이 80점이라도 40점인 부분이 있으면 조직 전체의 힘은 40점이 되어 버린다.
40점인데도 80점이라고 생각하고 있다가 실패라는 결과를 맞이하지 않도록 주의하길 바란다.

# 다른 사람을
# 탓하지 마라

'거품 경제만 꺼지지 않았더라면……' 이라는 생각을 가지고 있는 사람이 많을 것이다.

불량 채권 때문에 회사가 도산하고 아무리 시간이 지나도 경기가 좋아지지 않기 때문이다.

4억, 5억이나 들여서 산 집이 2억밖에 나가지 않는데도 할부금은 집을 산 당시에 책정한 그대로여서 그것이 짐이 된 사람도 드물지 않다.

'망했다, 실패했다' 라는 생각이 당연히 클 것이다.

그와 동시에 '어째서 이렇게 될 것을 아무도 가르쳐 주지 않았던 거야' 라고 지식인이나 매스컴을 탓하는 기분도 들 것이다.

왜냐하면 경제평론가도 부동산 중개인도, 증권회사도, 모두가 '계속 계속' 이라고 부추기고 그런 풍조에 조금이라도 의문을 갖는 사람은 돈을 벌지 못하는 사람, 시대에 뒤쳐진 사람이라고 간주했기 때문이다.

매입한 땅을 담보로 돈을 빌리고 그 돈으로 다시 땅을 사고 또 다시 그 땅을 담보로 돈을 빌리고 하는 적극 경영으로 실패를 한 경영자 중에서도 '그 당시 거품 경제가 꺼질 것이라고 말한 경제 관계자는 없었다' 라며 경영책임에 관해서 자신만이 지탄을 받는 것은 이상하다는 생각을 가지고 있는 사람도 있는 것이다.

그래서 경제에 문외한인 보통 사람들을 원망하고 싶어하는 기분은 잘 안다.

하지만 모든 것은 자업자득이다.

적어도 그런 자각이 없다면 또 다시 세상의 풍조에 실려서 나중이 되어서야 후회하는 일이 생긴다.

아무리 괴롭고 힘들어도 자신이 한 일의 결과는 자신이 받아들이는 수밖에 없는 것이다.

누구도 도와주지 않는다.

그것을 견뎌내야 비로소 실패를 자신의 인생에 교훈으로 삼을 수 있다.

자신의 업무상의 실패도 그 원인을 다른 곳에서 찾는 일이 가능하다.

'저 녀석이 그런 짓을 했기 때문에 내가 실패를 한 거야' 일지도 모른다.

그러나 이유야 어떻든 실패를 한 것은 자신이다.

자신의 실패는 자신의 책임이라는 자각을 가지지 않는다면 믿음직한 자신이 될 수 없다.


실패를 다른 사람의 탓으로 돌리고 있는 한, 또 다시 다른 사람 때문에 실패를 하게 될 것이기 때문이다.

# 자신의 실패와
# 회사의 실패(1)

비즈니스맨이 하는 실패의 유형에는 다음의 두 가지 경우를 들 수 있다.

(1) 주어진 일에 대한 개인의 실패

(2) 자신이 속한 부서나 회사의 실패

(1)의 경우 실패는 당사자의 부주의나 실수에 의한 것이다.

따라서 그 책임은 실패를 한 개인에게 있다.

따라서 사과를 해야 할 필요가 있는 경우에는 개인으로서 사과를 하게 된다.

그것은 자업자득이기도 하다.

이후에는 실패가 없도록 주의를 하는 수밖에 없다.

그러나 (2)의 경우에는 문제가 조금 복잡해진다.

예를 들어, 회사의 자금 회전이 좋지 않아서 지불해야 할 돈을 기일까지 내지 못한 경우를 생각해 보자.

그런 때에는 경리 담당자나 창구가 되는 담당자가 상대 쪽에 사정을 설명하거나 사과를 해야 한다.

그러나 그것은 사과를 하는 사람 개인이 실패를 직접적으로 범한 것이 아니기 때문에 그 개인에게 직접적인 책임이 있는 것은 아니다.

같은 회사에 속한 사원으로서의 대외적인 책임이다.


실패를 비판하거나 그 책임을 묻는 쪽의 사람들도 그런 사정은 알고 있다.

그렇기 때문에 얘기가 복잡해지면 '사장 나오라고 그래!' 같은 일이 생긴다.

그러나 당장은 담당자나 창구를 통하는 수밖에 없다.


사회로부터 '공해 기업' 이라고 불리는 회사를 예로 들어봐도 더외적인 절충에 해당하는 총무부의 사람에게 공해의 직접적인 원인이 있는 것이 아니며 책임이 있는 것도 아니다.


그럼에도 항의의 화살을 맞는 수밖에 없는 것이다.

그것이 그 사람이 속한 회사에서의 역할이라고 말한다면 그런 점이 비즈니스맨의 힘든 부분이다.


이런 상황을 만났을 때에는 어떻게 해야 할까.

# 자신의 실패와
# 회사의 실패(2)

지금까지 회사에서 상황이 나빠지거나 불미스러운 일이 생기면 직접적인 담당자나 그 팀의 책임자가 자살을 하는 일이 종종 있었다.

그런 일들은 지금까지도 사라지지 않고 있다.

그 결과 사정을 알고 있는 사람이 사망했다는 이유로 뒤에 남겨진 사람은 알면서도 모르는 척 넘기게 되어 해명을 해야 하는 사건의 전모나 책임의 소재도 애매한 채로 남겨지기도 한다.

'일어나서는 안 될 일이 일어나 버려서……', '진심으로 유감스럽게 생각합니다.' '두 번 다시 이런 일이 발생하지 않도록 대책 강구에 만전을 기하겠습니다' 같은 말들을 늘어놓지만 또 다시 반복된다.

즉, 기업 쪽에서 그다지 반성이 없다는 얘기이다.

비슷한 문제들은 어느 회사에나 있는 것이지만 문제가 오픈되었을 때는 운이 나빴다는 식의 인식이 만연하기도 한다.

사원 쪽에도 회사와의 일체감이 있기 때문에 자신을 희생해서 회사를 살리자는 낡은 체질이 아직도 남아 있다.

아마도 자신의 신조를 겉으로 나타내기보다 회사의 신조를 우선하는 것이 근무라고 많은 사람들이 마음 한편으로 생각하고 있기 때문일 것이다.

그러나 자신의 신조와 회사의 방침 차이에 직면해서 '어느 쪽을 택해야 할까'라고 심각하게 고민해야 되는 순간이 그리 자주 생기는 것은 아니다.

또한 그런 것들은 성인의 판단이라거나 임기응변이라는 것들로 메울 수 있는 범위의 일들이 많다.

그럼에도 반드시 회사의 방침을 우선해야 하는 입장이 되는 사람이 생기는 법이고 그런 사람들은 마지막까지 회사를 위해 애쓴다.

그것은 떠밀려진 결과이기도 하지만 그 사람의 미학이기도 하다.

그러나 시대는 점점 변하고 있다.

잠자코 회사를 좇는 것이 아닌, 내부 개혁을 건의하거나 내부 고발에 의해 회사의 실패를 추궁하고자 하는 움직임도 활발하다.

그런 형태로 자신의 회사에 대한 책임을 자진해서 묻는 사람들도 많이 나타나게 되었다. 그것은 지금까지의 상황이 너무 심한 것이기 때문이기도 하다.

# 다른 사람과
# 적당한 거리를 두어라

직장에서도, 대외적인 비즈니스에서도 사람과 거리를 두는 방법은 어려운 법이다.

각각의 레벨에 맞춰 너무 가까워도, 너무 멀어도 좋지 않다.

'호저의 딜레마'라는 말을 들어본 적이 있을지 모른다.

호저란 아시아나 아프리카산 동물로 크기는 토끼 정도이다.

몸 전체에 딱딱한 바늘이 있다.

이 호저란 동물이 서로의 몸을 붙여서 추위를 이기려고 가까이 다가가면 상대방의 바늘 때문에 상처를 입게 된다.

그러나 떨어져 있으면 추위를 견딜 수가 없다.

그런 때에는 이 딜레마를 극복해서 아프지도 춥지도 않은 거리를 찾아야 한다.

그와 마찬가지로 사람끼리의 경우에도 적당한 거리를 찾고 유지하는 일이란 참으로 어려운 일이다.

가령 같은 직장의 사람을 K씨라고 부를 것인지, K군이라고 부를 것인지도 문제이다.

도중에 입사해서 같은 부서에 배속된 남자가 다른 동료에게는 친근하게 대하지만 자신에게는 왠지 거리를 두는 것 같아 동료에게 물으니 호칭을 잘못 썼기 때문이라고 지적을 받았다고 한다.

그 이후에는 조심을 했더니 좋은 관계가 되었다는 얘기를 들은 적이 있다.


또 다른 예는 어떤 남자가 입사했을 당시 회사의 여사원에게 A군으로 불려도 별로 위화감이 없었다고 한다.

그런데 한참 후 그 여사원이 고등학교 졸업으로 18살에 회사에 취직했다는 얘기를 들은 순간 '어째서 A군이라고 불려야 하는 거야!' 라는 생각이 들었다고 한다.

그녀는 입사로는 2년 선배이지만 1년 재수를 해서 4년제 대학을 나온 그 남자 쪽이 3살 연상이었기 때문이다.


회사 안에서 지위가 역전되었을 때 어떤 호칭을 써야 하는지, 거래처의 과장이 학교 후배라면 어떻게 불러야 하는지에 대해 생각하지 않으면 낭패를 볼 수 있다.

시대의 경향으로 볼 때 누구에게나 S님, S씨를 붙이는 것이 가장 무난할 듯하다.

# 능숙하게 다른 사람과
# 거리를 두는 6가지 법칙

인간관계란 사람과의 거리를 어떻게 두는지에 달렸다는 얘기는 이미 앞에서도 했다. 독자들 중에서도 거리를 두는 방법에 실수를 해서 낭패를 본 적이 있는 사람도 많을 것이다.

그렇다면 다음 사항들을 참고로 해보자.

**(1) 밝은 얼굴로 인사를 하자.**

'안녕하십니까' 라고 인사를 해도 어두운 얼굴로 대답도 하지 않는 사람을 누가 좋아할 것인가.

**(2) 말하기보다 잘 듣는 사람이 되자.**

입이 하나이고 귀가 두 개인 것은 '말하는 것의 두 배를 들어라' 는 의미이다. 이쪽이 얘기하는 것보다 상대의 얘기를 잘 들어주면 인간관계가 더 좋아지는 것이다.

(3) 상대에 대한 호의를 적극적으로 표현하자.

기쁘면 '매우 기쁘다', 감사하다면 '정말 감사합니다' 하고 솔직하게 자신의 마음을 표현해야 한다. 아무리 상대에게 호의를 가지고 있다 하더라도 그것을 표현하지 않는다면 상대도 알 수가 없다.


사람이란 자신에게 호의를 표현하는 사람을 좋아하기 마련이다. 그래서 나의 실수로 상대가 화를 내는 것은 실수를 하기 이전에 상대가 나에 대한 좋은 감정을 갖고 있지 않았기 때문이기도 하다.


(4) 다른 사람이 기피하는 얘기는 하지 않는다.

누구에게나 결점이나 컴플렉스는 있는 법이다.

키가 작은 사람에게 키에 대한 얘기를 하거나 목의 주름에 신경을 쓰는 사람에게 '나이를 먹으면 어떻게 될까' 같은 것들을 화제로 삼지 않아야 한다. 학력 같은 것도 집요하게 묻지 말아야 한다.


(5) 상대에게로 공을 돌리자.

뭐든지 자신이 맡으려 하거나 자신이 주역이 되는 것이 아니라 상대에게도 공을 돌릴 수 있도록 대응해야 한다.

사람이란 자신을 추켜세워 주는 사람을 소중히 한다.


(6) 말에 믿음이 가는 사람이 되자.

신뢰를 할 수 있는 사람은 그 사람의 말을 믿을 수 있는 사람이다.

입에 담은 말은 반드시 실행하고 할 수 없는 말은 입에 담지 말아야 한다.

최강 대처력 3
자신감이
떨어질 때

# 가벼운 여행을
# 떠나자

실연을 하면 사람은 여행을 떠난다.

앞으로 어떻게 살면 좋을까

여행을 하면서 생각해 보고자 하는 것이다.

이런 예에서도 알 수 있듯이 여행은 다시 활력을 찾는데 도움이 된다.

그렇기 때문에 의욕이 나지 않을 때는 여행을 떠나보자.

그렇다고 반드시 대단한 여행을 할 필요는 없다.

작은 여행이라도 좋다.

가령 노선버스의 출발지부터 종착지까지 타보는 것도 상관없다.

매일 출근하는 곳과는 반대 방향으로 같은 시간에 타서 내린 마을을 느긋하게 걸어보는 작은 여행도 있다.

단, 이런 경우의 작은 여행에는 한 가지 조건이 있다.
그것은 지금까지 가보지 않았던 곳을 가야 한다는 것이다.


여행은 기분 전환이 된다.
의욕이 생기지 않는 것은 기분 전환이 되지 않았기 때문이기도 하다.
여행을 떠나서 크게 기분을 바꾸면 되는 것이다.


또한 사람들의 생활을 피부로 직접 느낄 수 있다는 것도 여행의 좋은
점이다.
그러기 위해서는 자신의 눈높이로 대상을 보아야 한다.
걷는다는 행동 속에는 그런 의미도 포함되어 있다.
교통수단도 전철보다는 버스, 특급보다는 완행이 좋다는 것도 그런 의
미가 있다.


작은 여행을 떠나서 사람들의 생활을 피부로 느끼면 그 사람들의 대비
되는 면으로 자신은 어떻게 하면 좋을지를 생각할 수 있다.
그리고 '언제까지고 이렇게 주저앉아 있어서는 안 된다' 라는 마음이
들 것이다.


복잡한 거리 속에 매몰되어 있는 자신을 작은 여행 속에서 재발견할 수
있을 것이다.

# 성과를 눈에
# 보이도록 하라

"손님의 즐거움은 무엇입니까?"

"즐거움? 이렇게 일을 마친 뒤 한 잔하러 오는 거지. 그럼 주인장은?"

"저 말입니까? 제 즐거움은 매일 은행 저금통장을 보는 것입니다."

이건 어느 술집의 한 장면인데 저금통장을 보면서 미소를 짓는 것은 지금까지의 노력의 결과가 거기에 적혀 있기 때문이다.

그리고 이 저금통장의 숫자를 좀 더 크게 하고 싶어지는 것이다.

그런 마음이 들면 '좋아, 해보자' 라는 적극적인 기분이 된다.

이런 예를 봐도 알 수 있듯이 자신이 해 온 일의 성과가 눈에 보이는 형태가 되면 사람은 그 위에 더욱 무언가를 더하고자 하는 마음이 드는 법이다.

이런 얘기를 하면 '저금통장에 기입된 금액이 점점 불어나는 사람은 좋겠지만 점점 줄고 있는 사람은 어떻게 되는 거지?' 라는 질문을 할 것이다.

확실히 이 세상에는 저금통장에 기입된 숫자가 늘어나고 있는 사람들만 있는 것은 아니다.

따라서 그런 질문이 나오는 것은 아주 당연한 일이다.

그러나 저금통장의 숫자가 점점 줄고 있다는 것을 확실히 알게 되면 '이대로는 안 되겠군' 이라는 생각에 '어떻게든 해봐야 겠어……' 라고 생각하게 될 것이다.

그렇게 되면 '의욕이 생기지 않아' 라는 말을 하고 있을 시간이 아니라는 것을 느끼게 될 것이다.

이런 점에서 비록 마이너스의 것이라도 성과를 확실하게 눈으로 확인하는 것은 의미 있는 일이다.

들어오는 돈보다 나가는 돈이 더 많아도 멍하니 하루하루를 보내고 있을 수 있는 것은 그 실적을 눈에 보이는 형태로 인식하지 않기 때문이다.

그러나 그 실적을 확실히 눈앞에 내밀게 되면 멍하니 지내고 있을 처지가 아니라는 것을 느낄 수 있을 것이다. 위기의식을 일깨우는 행동력이 생긴다.

플러스 방향이든 마이너스 방향이든 눈에 보이는 형태로 현 상태를 파악하면 그것이 어떠한 행동으로 이어지는 것이다.

즉, 동기가 발생하는 것이다.


일상생활의 곳곳에서 시험해 보면 좋을 것이다.

# 계획한 일을
# 다른 사람에게 얘기하자

'원고를 3일까지 완성하겠습니다' 라고 약속해 버리면 그 전날에 오랜만에 만난 친구와 과음을 했더라도 감기로 몸이 좋지 않더라도 놀고 있을 수 없게 된다.

약속을 지키지 않으면 '저 사람이 하는 말은 믿을 수가 없어' 같은 경우가 생겨서 '거짓말쟁이' 가 되어 버리기 때문이다.

그렇게 되면 누구도 상대를 해주지 않게 될 수도 있다.

그렇기 때문에 약속을 한 일은 어떤 일이 있어도 약속대로 해야 한다.

이런 점을 인식하게 되면 자신의 나약함을 극복할 수 있다.

'이것을 해야 하는데……' 라고 자기 혼자만 생각하고 있다면 '하지만 지금은 바쁘니까……' 라거나 '하지만 왠지 컨디션이 좋지 않아서……' 라는 마음이 들어서 좀처럼 일을 실행할 수가 없다.

　그러나 '이번엔 XX를 할 거다' 라는 것을 일단 입 밖으로 내게 되면 언제까지고 그것을 하지 않을 수 없다.

　입에 담은 말을 실행하지 않으면 앞에 말했듯이 '저 사람의 말은 믿을 수가 없다' 라는 말을 듣게 되어서 그 사람의 인물 평가가 거기서 결정되어 버리기 때문이다.

　그렇기 때문에 자신의 말로 자신을 속박함으로써 행동으로 옮겨야 하는 상황으로 몰고 갈 수 있게 된다.

　책상 위의 자료더미를 정리해야 하는데 하기 싫을 때가 누구에게나 있는 일이지만 그럴 때는 먼저 주위 사람들에게 'X일까지 하겠습니다' 라고 공언해 버리자.

　그렇게 하면 지금까지처럼 놀고 있을 수만은 없어지게 될 것이다.

　생각해 보면 비즈니스가 순조롭게 진행되고 있는 것은 납기나 지불 날짜가 정해져 있어서 모두가 그것을 지키고 있기 때문이다.

　그리고 좀처럼 의욕이 나지 않는 경우는 비즈니스의 납기나 지불 날짜에 해당하는 것이 없기 때문이기도 하다.

　'하고자 생각하는 일을 다른 사람에게 얘기한다' 는 것은 좋은 결과를 가져오는 일일 것이다.

# 방의
# 구조를 바꾸자

가구나 TV의 위치를 바꾸는 것만으로도 방의 분위기가 변한다.

방의 분위기가 변하면 그곳에 살고 있는 사람의 기분도 새로워져서 적극적으로 무언가를 해보고자 하는 마음이 든다.


'이 방은 어떻게 해봐도 별로 변할 게 없어' 라며 아무 것도 하지 않은 채 뒹굴고 있기 때문에 언제까지고 야무지지 못하게 행동하는 것이다.

어쨌든 우선 해보길 바란다.

같은 방에서, 같은 분위기 속에서 계속 살고 있으면 그곳엔 매너리즘의 둥지가 되어 버린다.

매너리즘의 둥지는 그 나름대로 지내기 편한 곳이기 때문에 그곳에서 살게 되면 변화를 기피하게 된다.

미지근한 목욕물에 몸을 담그고 있는 것과 마찬가지로 나가려고 생각해도 좀처럼 나갈 수가 없게 되어 버린다.

인간은 원래 보수적인 동물이기 때문에 어떤 일이든 그 상태로 지낼 수 있다면 그대로 유지하고자 하는 경향이 있다.

의욕이 생기지 않는 상태가 계속되고 있는 것은 현 상태에 변화를 주고 싶지 않다는 마음이 어딘가에 있기 때문이며 동시에 변화가 없는 현 상태의 그것을 허락하고 있기 때문이기도 하다.

그런 관계를 어딘가부터 끊어버리지 않으면 새로운 방향으로 가고자 하는 행동력은 생기지 않는다.

주저하고 여유를 부리고 있는 것은 매너리즘의 둥지에 둘러싸여 있기 때문이기도 하다.

그렇다면 우선 어디든 상관없으니 한 곳을 바꿔보자.

TV의 위치를 방의 오른쪽 구석에서 왼쪽으로 옮기면 책상이나 의자의 위치도 바꾸는 편이 좋다고 생각하게 될 것이다.

가로로 있던 테이블을 세로로 두면 벽에 걸어 두었던 사진이나 그림의 위치도 바꾸고 싶어진다.

그러는 동안 '이런 방이라도 꽤 변하는 군' 이라고 스스로도 놀라게 된다.

주위의 환경이 바뀌고 바뀐 그 환경에서 자극을 받으면 사람은 활동적으로 변하게 된다.

지금까지 게을렀던 기분이 사라지고 '좋아, 저걸 해보자' 라는 기분이 들 것이다.

# 눈으로 본 것이
# 전부는 아니다

학생 때 아르바이트를 하는 사람들이 많아지고 있다.

젊었을 때부터 실제 사회에 접하게 되는 것이다.

그러다 보면 취직하기 전에 회사나 샐러리맨이라는 것이 어떤 것인지를 다 안 것 같은 기분이 든다.

'회사 같은 곳에 취직할 생각 없어' 라는 어떤 대학생은 패스트푸드 가게에서 아르바이트를 하면서 봐 온 것들이 있기 때문이라고 한다.

즉, 경영자의 얼굴만 보고 있는 점장과 점장의 얼굴만 바라보고 있는 스태프들과 함께 일을 하다보니 아르바이트가 낫다고 느끼게 되고 그러다 보니 요즘 젊은이들은 아르바이트를 선호하고 있다고 한다.

물론 아르바이트를 희망하는 사람은 제각각 나름대로의 이유가 있을 테지만 그 전제로 정규직을 갖지 않아도 먹고 살 수 있다는 현실이 있다.

또한 정규직을 가져도 그다지 좋은 점도 없을 것 같다는 이유 때문에 일할 필요가 있을 때만 일을 한다는 얘기이다.

이런 생각을 가진 사람은 회사에 취직하게 되어도 주어진 일만 요령 있게 해내는 사원이 된다.

그래서 직장의 선배들이 요즘 젊은이들은 주어진 일밖에 하지 않아 라고 불평을 하는 일이 생기게 되는 것이다.

젊은이들뿐만 아니라 벤처기업, 기업가, IT 혁명 같은 단어의 뒤편에서 '뭘 해봤자 어차피 특별한 게 있는 것도 아닌데' 라는 뉘앙스가 사회 전반에 퍼지고 있다.

그것이 사회의 폐색(閉塞) 상태라고 불리고 있는 상태이다. '의욕이 생기지 않는다' 라는 것도 이런 시대의 하나의 증상이라고 할 수 있다.

그러나 일이라는 것은 패스트푸드 가게에서 아르바이트를 하는 것이 전부는 아니다.

다시 말해서 '눈으로 본 것이 전부는 아니다' 라는 얘기이다. 안 좋은 예나 특별한 것도 없어 보이는 일들의 예만 가지고 미리부터 자기 자신을 폄하하지 않기 바란다.

그런 자세를 버리는 일이 의욕이 나지 않는 자신을 개조하는 첫 걸음이 될 것이다.

# 할 수 없는 것은
# 하기 싫은 것의
# 다른 표현일 뿐이다

할 수 없는 이유만을 늘어놓고 있으면 아무 것도 하지 못한다.

예를 들어, '영어를 할 줄 알았으면 좋겠다' 라고 생각하는 사람이 있다고 하자.

그러나 다음 순간 '하지만 배우러 갈 시간이 없는 걸', '하지만 돈이 없는 걸', '하지만 이 나이로는', '하지만 재능이 없으니까', '하지만 건강이 좋지 않으니까' 라는 말만을 한다면 결국 아무 것도 하지 않은 채로 끝나 버리게 된다.

언제나 주저하거나 푸념을 늘어놓거나 '난 안 돼' 같은 생각만을 하고 있는 사람은 이처럼 '할 수 없는 이유' 만을 늘어놓고 '뭘 해도 어차피 안 돼' 라는 결론을 내고 있기 때문이다.

‘인간은 하려고만 하면 무엇이든 할 수가 있다’는 말이 다 맞는 건 아니지만 ‘할 수 없다고 생각하면 그 일은 실현되지 않는다’고 말하고 싶다.

그런 시점으로 주위를 돌아보면 ‘~이기 때문에 할 수 없다’는 건 ‘하기 싫다’는 것을 정당화하기 위한 구실인 경우가 많다는 것을 느낄 수 있다.

즉, ‘하지만 배우러 갈 시간이 없다’ 같은 말들은 ‘영어를 할 줄 알면 좋겠다’는 생각이 그만큼 절실하지 않다는 얘기이다.

그러나 할 수 없는 이유를 생각하지 않는다면 일단은 ‘TV나 라디오의 영어 강좌를 보거나 들어보자’라는 마음이 들 것이다.

마찬가지로 비즈니스를 할 때도 ‘나에게는 인맥이 없으니까’, ‘나에게는 학력이 없으니까’, ‘난 사교적이지 못하니까’, ‘난 용모가 좋지 못하니까’ 등, 일이 순조롭게 진행되지 못할 이유만을 늘어놓고 있으면 언제까지나 불만족스러운 상황에서 벗어날 수 없다.

인맥이 없다면 인맥을 만들면 해결된다는 생각을 가지길 바란다.
그리고 ‘그래, 인맥을 만들자’는 생각을 가지게 되었다면 지금까지 받았던 명함 중에서 가능성이 있을 것 같은 사람을 뽑거나 친척 관계, 학교 관계, 지연 관계 등에 부탁을 하자.

어떤가, 벌써 의욕이 생기지 않는가.

# 무리한 스케줄은
# 세우지 마라

누구나 '숙취로 머리가 아프다' 같은 상태로는 의욕이 나지 않는다.

출근을 해도 일을 하기보다 '빨리 점심시간이 되었으면' 이라는 생각을 하게 된다.

과식으로 속이 안 좋아도, 늦게까지 놀다가 수면 부족이 되어도, 몸이 나른해서 일에 대한 의욕 같은 건 생기지 않는다.

이런 예를 봐도 알 수 있듯이 의욕이 나지 않는 원인에는 몸의 상태가 나빠서인 경우가 있다.

당신에게도 그런 경험이 있을 것이다.

그렇다면 생활 리듬이 망가지지 않도록 하는 것이 중요하다.

그렇다고 해서 비즈니스맨은 인생의 즐거움을 포기하라고 말할 생각은 없다.

폭넓게 하고 싶은 일을 하면 되는 것이다.

단지 그 때문에 무리한 스케줄을 세워서는 안 된다.

스쿠버다이빙이든, 등산이든, 금요일 밤에 떠나서 일요일 아침에 돌아오는 스케줄은 지치게 되어 적극적으로 일에 열중하기 힘들게 한다

다시 말해서 무리를 하게 되면 그것이 짐이 되어 자신의 활력을 잃어버리게 된다.

'그런 건 알지만 시간이 없기 때문에' 라고 물을지 모르지만 필자는 '유급 휴가 등을 제대로 챙기고 있는가' 라고 되묻고 싶다.

그런 것들을 유용하게 활용하면 상당히 여유 있는 스케줄을 세울 수 있을 것이다.

'휴일 전까지 일을 끝내두자' 라고 생각하면 오히려 집중력도 높아지고 효율도 좋아질 것이다.

그렇기 때문에 주장할 권리는 주장해야 한다.

자신의 능력을 오버한다고 생각되는 일을 맡아서 야근을 하는 것도 피로가 쌓임과 동시에 의욕을 잃게 하는 것이다.

결국엔 아무 것도 하고 싶지 않게 되어 버릴 것이다.

그런 상황이 되어버리기 전에 'NO' 라고 말할 줄도 알아야 한다.

그것이 결과적으로는 동료에게도, 상사에게도, 회사에게도 폐를 끼치지 않는 일이기도 한 것이다.

# 의욕이 나지 않을 때는
# 아무 것도 하지 않는다

피곤하면 하루 종일 잠을 자는 경우도 있다.

사건이나 사고에 휘말려서 체력의 한계까지 쓰게 되면 일주일 정도는 시체처럼 잠만 자는 경우도 있을 것이다.

그러나 어떤 경우든 건강을 찾으려면 계속 잠만 자고 있을 수는 없다.

몸 상태가 원래대로 돌아오면 이번엔 반대로 계속 잠만 자는 일이 고통이 되기도 한다.

결국 사람이란 언제나 똑같은 상황을 강요당하면 그 상황을 유지하는 것이 고통스럽게 되기 마련이다.


'자는 것만큼 편한 것은 없다' 는 말처럼 확실히 자고 있으면 편하다.

그러나 계속 가만히 있어야 하거나 자면서 몸을 비틀어도 안 되는 상황이 되면 일어나서 일을 하고 싶어지는 법이다.

보통 의욕이 나지 않을 때에는 어떻게든 해야 한다고 조바심을 내게 되지만 반대로 아무 것도 하지 않는다는 방법도 있다.

물론 이 방법도 어떻게든 해야 한다고 고민한 끝에 취하는 방법임에는 틀림없다.


앞서 얘기한 것처럼 '그렇게 잠만 자고 있으면 안 된다' 는 말을 듣게 되는 경우에는 좀 더 자고 싶다는 생각이 들기 마련이지만 계속 자고 있으라고 강요당하면 이번엔 일어나고 싶어지는 법이다.

결국 빈둥거리는 사람은 빈둥거리게 놔두면 아무 것도 하면 안 된다는 그 상태를 참지 못하게 되어 스스로 뭔가를 하고자 하게 된다.


이런 원리를 스스로에게 적용해서 활용해 보는 것은 어떨까.

이것은 일종의 '역치료법' 이라고 하는데 결과적으로 자기 스스로 의욕이 생겨날 것이다.

이런 방법은 적극성이 없는 부하를 다루는 방법으로써도 효과를 발휘한다.

모두가 바쁘게 움직일 때에도 그 부하에게만은 일을 주지 않고 놔두면 그 부하는 배겨내지 못하게 되어 '뭔가 할 일 없습니까?' 같은 말을 하게 되는 것이다.

옛말에도 있듯이 '일이 없는 것이 가장 힘든 일' 이다.


즉, 자기가 스스로에게 일부러 일을 시키지 않음으로써 '일을 하고 싶다' 라는 적극적인 마음을 높여 가는 것이다.

# 청소를
# 하자

누워서 TV를 보면서 문득 카펫 위로 눈을 돌려보면 거기에 머리카락이 떨어져 있거나 실밥 같은 것이 있기도 하다.

그것을 손가락으로 집어서 버리려 하면 그 앞에도 머리카락이…… 그래서 그 머리카락을 주우면 또 그 앞에 머리카락이 있는 경우도 흔하다.

사람이 살고 있는 곳은 의외로 더럽혀져 있는 법이다.

결국엔 '어쩔 수 없군, 그럼 청소기라도 돌릴까' 라고 생각하게 된다.

방을 청소하는 건 귀찮은 일이기도 하지만 일단 시작하게 되면 점점 더 열심히 하게 된다.

깨끗해지면 기분도 좋아지고 일단 시작하면 여기도, 저기도 하는 식으로 청소하고 싶은 곳이 자꾸 생기게 된다.

인간의 심리는 한 곳을 깨끗하게 하면 다른 곳도 깨끗하게 하고 싶어지는 것이다.

이렇게 아무리 작은 목표라도 눈앞에 목표가 생기면 사람은 그 목표에 집중하게 된다.

그리고 한 번 몸을 움직이기 시작하면 억지가 아닌 스스로 움직이게 되고 몸을 움직인 결과 기분도 상쾌해진다.

그렇게 되면 의욕이 나지 않을 때와는 다르게 기분도 밝아지고 사고방식도 능동적이 되는 것이다.

그렇기 때문에 기분이 좋지 않을 때는 청소를 해보길 권한다.

세차든, 구두닦기든, 화장실 청소든, 정원 손질이든 하면 한만큼 성과가 눈에 보이게 된다.

대청소를 하고 새해를 맞이하면 기분도 새로워지는 것처럼 주위가 깨끗해지면 기분도 새로워진다.

세차를 한 차를 운전하면 기분도 상쾌해지고 깨끗이 닦은 구두를 신으면 발걸음도 가벼워진다. 주위가 깨끗해지면 가족의 기분도 좋아져서 분위기가 밝아진다.

청소의 효과를 충분히 활용해 보길 바란다.

# 좋아하는 일,
# 잘하는 일부터 시작하자

기분이 내키지 않는다, 의욕이 생기지 않는다는 사람의 얘기를 들어보면 최근 그 사람의 신변에 좋은 일이 없었다는 것이 원인이 되었다는 것을 알 수 있다.

사람은 누구나 신변에 좋은 일이 생기면 활기가 생겨서 얼굴색도 좋아지지만 좋은 일, 즐거운 일이 없으면 점점 기분도 가라앉아 버리게 된다.
평범한 나날이 쌓이다 보면 평범한 하루하루에 갇혀버리게 된다.

그렇게 되면 무엇인가를 하고자 하는 의욕도 동기도 어딘가로 사라져 버린다. 때문에 무엇인가를 하고자 하는 사람은 주위에 활기를 불어넣어 그 활기와 함께 시작하는 것이 좋다.
그렇게 한다면 문득 정신을 차려 보았을 때 이미 활발하게 움직이기 시작한 자신을 볼 수 있을 것이다.

그러기 위한 첫 걸음으로써 자신이 좋아하는 일, 잘하는 일을 해보기를 권한다. 왜냐하면 자신이 좋아하는 일, 잘하는 일을 하면 좋은 결과가 생기기 때문이다. 좋은 결과에는 감동이 있다. 사람이 모여드는 요소가 있다. 자신도 자신감을 되찾게 된다.

가령 볼링을 잘한다면 볼링을 치러 가자. '스트라이크!'를 치면 '해냈다!'는 기분이 든다. 그러면 지금까지 가라앉아 있었던 기분도 활기를 되찾게 된다. 주위에는 동료나 동호인들도 가득 있고 볼링장이라는 공간이 자신을 해방시켜준다.

그림을 잘 그린다면 캔버스를 향해보자. 그렇게 하면 누구에게도 신경 쓰는 일없이 거기에 자기를 표현할 수 있다. 당연히 기분도 좋아지고 다른 사람에게 칭찬을 들으면 그것이 격려가 된다.

그렇게 되면 움직임도 활발해지고 주위의 침체되었던 공기도 어느 새인가 활기를 띄게 된다. 주위가 활기차지고 유쾌해지면 언제까지고 이것도 아니다, 저것도 아니다 같은 주저함이 사라지고 자신감을 가지고 행동할 수 있게 될 것이다.

좋아하는 일, 잘하는 일은 결단과 비약을 위한 디딤돌이 되어 줄 것이다.

# 친구나 연인과
# 대화를 하자

의욕이 나지 않는 원인에는 자신이 무엇을 해야 좋을지를 자기 스스로가 확실히 알지 못하기 때문인 경우도 많다.

그런 상태일 때에는 얘기를 나누는 것을 권한다. 상대는 친한 친구이거나 연인이 좋을 것이다.

그런 상대라면 체면을 차릴 필요가 없어서 서로의 생각이나 고민을 편하게 얘기할 수 있기 때문이다.

그렇게 얘기를 나누는 동안에 자기 혼자일 때는 깨닫지 못했던 일의 해결책을 찾게 된다.

누구에게나 있는 경험이겠지만 자기 혼자일 때는 제대로 표현할 적당한 말이 떠오르지 않아도 대화를 나누는 동안 그 말이 갑자기 떠오르기도 한다.

그러는 동안 '그래 맞아, 이것을 하면 되는구나' 라는 것을 깨닫게 되어 갑자기 시야가 열리게 된다.

또한 상대의 '그걸 하면 되잖아' 라는 말이 힌트나 암시가 되어 자신이 무엇을 해야 할지를 확실히 알게 되는 일도 있을 것이다.

인간은 사회적인 동물이기 때문에 자기도 모르는 사이에 주위를 신경 쓰거나 자신을 꾸미게 된다.

그렇게 되면 자신을 규제하는 힘이 강해져서 자유로운 발상이나 행동을 하기가 힘들어진다.

이것도 안 된다, 그것도 하면 안 된다는 식으로 자기 규제가 앞서다보면 적극적으로 무언가를 하고자 하는 마음이 생기지 않고 무엇을 해야 할지도 모르게 되어 버리는 것이다.

그럴 때 개방적인 상태에서 애기를 나누다보면 자신 속에 갇혀있던 욕망이나 소원이 밖으로 표출될 것이다.

그리고 그것이야말로 자신이 정말로 하고 싶은 일인 것이다. 그리고 '그래, 바로 이거야!' 라고 생각하게 될 것이다.

어쨌든 친구나 연인과의 대화로 자신을 규제하고 있던 것을 털어 내버리는 것은 어떨까.

# 앞날이 뻔하다면
# 앞으로 어떻게 해야 할까

어떤 사람이든 회사에서 근무하다 보면 회사 안에서의 자신의 앞길을 알게 된다.

'이대로 이 회사에 있어 봤자 사장이나 임원이 될 수 있는 것도 아니고 굉장한 급료를 받게 될 수 있는 것도 아니고……' 같은 생각을 하게 된다.

그렇게 되면 지금까지처럼 열심히 일을 하는 일은 없어지게 된다.

지금까지 경험으로 일은 무리 없이 해내지만 그런 나날이 계속되다 보면 점점 의욕이 사라지게 된다.

그리고 적당히 한다 해도 어느 정도의 일은 해낸다는 상태 속으로 빠져 버리기 때문에 더욱 더 무기력해진다.

회사에서의 앞날이 뻔하다면 앞으로 어떻게 해야 할까. 어떤 결정을 내리면 될까?

(1) 그대로 계속 다닌다.

(2) 그대로 계속 근무하지만 다른 곳에서 삶의 즐거움을 찾는다.

(3) 회사 안에서 자신이 전력투구할 수 있는 부서로 이동을 신청한다.

(4) 다른 회사로 옮기거나 전업을 한다.

(5) 직업에서 벗어나서 유유자적한 생활을 보낸다.


종신 채용을 기대할 수 없는 시대이긴 하지만 근무할 수 있는 만큼 현재의 회사에서 일을 할 수 있는 상황이라면 (1), (2)가 가능하다.

또한 이런 경우가 제일 많을 것이다. 일에는 열중하지 못해도 취미나 자원봉사 활동에 의욕을 낼 수 있다면 그것도 나름대로 좋은 방법이다.


(3)은 현실 문제로 볼 때 상당히 어려울 것이다.

회사 내에서 그런 일이 쉽지 않기 때문에 많은 사원들이 '앞이 뻔하다'고 느끼는 것이기 때문이다.

단, (3)의 경우에 전혀 가능성이 없는 것도 아니다.

특히 회사가 새로운 분야로 진출하려고 할 때에는 생각해 볼 수도 있는 일이다.


(4)나 (5)는 그 나름대로의 결단이 필요하고 그만큼의 의욕과 돈이 없으면 할 수 없는 일이다.

결국 현실성이 가장 높은 것은 (2)의 경우가 될 것 같다.

# 일을 미루고만 싶을 때

# 자기 스스로 목을 죄고 있는 것은 아닌가

사람이 너무 좋다고 해야 할지 기가 약하다고 해야 할지 스스로는 처음부터 무리라는 것을 알고 있으면서도 다른 사람의 부탁을 거절하지 못하는 사람이 있다.

'지금은 시간이 없는데요……' 라거나 '바빠서 그건 좀 무리겠는데요' 라고까지 말해도 '그래도 좀 어떻게……' 라고 말을 하면 단호하게 '할 수 없습니다' 라고 말하기가 힘들다.

그 결과 꼭 해야 하는 일을 안고 있으면서 그 위에 다른 일까지 맡아버려서 더욱더 바빠진다.

물론 'NO' 라고 강하게 말할 수 없는 이유는 약한 마음이나 너무 착한 것만은 아닐 것이다.

예를 들면, 그 사람이 아무리 바빠도 그 사람 이외에 그 일을 해낼 수 있는 사람이 없는 경우도 있다.

사무실에도 2대6대2의 법칙이라는 것이 있다. 정말로 일을 잘 하는 사람이 2할, 거의 도움이 되지 않는 사람이 2할, 나머지 6할은 그냥 보통인 사람들이다.

회사의 인원 감소나 사원의 전직 등에 의해 결과적으로 부서에 필요한 사람을 충분히 배치할 수 없게 될 때 특정 인물에게 일이 몰리는 것이 현실이기도 하다.

그러나 단순히 기가 약하다거나 사람이 착하다는 이유만으로 어려운 일이 주어지는 사람이 있는 것도 사실이다.

그런 경우에는 일의 내용이나 배분을 생각하기보다 일을 부탁하기 쉬운 사람에게 부탁하는 상사에게도 문제가 있는 것이다.

그렇게 되면 전체의 사무가 순조롭게 진행되지 못하기 때문에 곤란한 일이 생기기도 하지만 어느 직장에서나 많든 적든 간에 이런 현실이 있다.

결국 직접적인 담당자가 아닌 그 상사나 조직까지 목을 죄게 되는 일이 생기기도 한다.

그렇기 때문에 그런 상사에게는 ‘NO’라고 말하는 것이 상사를 위한 것이기도 하고 동시에 전체를 위한 일이기도 하며 자기 자신을 위한 일이기도 하다.

　기가 약한 사람의 좋은 점은 인간적으로는 호감을 갖게 하지만 순조롭게 일을 진행하는 데에는 마이너스 작용을 한다는 것을 서로 자각하고 행동해야 한다.

# 버리지 못하고,
# 이미 버려 버렸거나
# 버려야할 때

책상 위가 자료나 프린트를 한 원고들로 가득 차 있는지.

방 전체가 어질러져 있는 것은 아닌지.

사용이 끝난 책이나 자료, 우편물 등이 원래 있어야 할 자리로 돌아갔는지.

사무실이나 개인의 서재에서 '어, 어디에 있지?' 라거나 '메모를 여기에 뒀었는데……' 라거나 '안경, 안경이 어디로 갔지?' 라고 말하면서 책이나 자료들을 헤치며 여기저기에서 찾고 있는 동안 어질러진 방이나 책상 위에 놓아두었던 메모는 더욱 찾기 힘들어진다.

어디에 무엇이 있는지 전혀 알 수 없게 되어 버린다.

컴퓨터 시대가 되었지만 시간의 흐름과 함께 주변은 여러 가지 물건들이 쌓여 있다.

그런데도 정리를 하지 못하는 이유는 좀처럼 물건을 버리지 못하기 때문이다.

　방이 어질러져서 화가 난 부인에게 '일 년 동안 한 번도 읽지 않는 책 같은 건 필요 없잖아요?' 라는 말을 집에서 듣는 비즈니스맨도 있을 것이다.
　그럼에도 일에 관계된 책이나 자료가 가까이에 있음으로 얻어지는 안심 때문에 책이나 자료들을 버리지 못한다.

　그런 성향은 직업병이라고도 말할 수 있는데, 물건을 찾는 데 시간이 걸려서 본래의 일은 제대로 하지 못한다면 능률이 오르지 않는 것뿐만 아니라 안절부절못하는 상태가 계속될 것이다.

　이런 때 과감하게 버려보는 건 어떨까?

　'에잇' 하고 버려도 지금까지 그것 때문에 곤란해졌던 일은 없었다.
　'최고의 정리법은 버리는 것이다' 라는 말은 훌륭한 명언이다.

　가지고 있다 보면 언젠가는 도움이 될 것이라는 중장년층의 사고방식은 물건이 귀했던 시절의 것이다.

# 시작은 즐겁게 할 수 있는 일부터 하라

반드시 처리해야 하는 일이지만 어디서부터 손을 대야 좋을 지 모를 정도로 일이 산더미처럼 쌓여 있을 때는 우선 즐겁게 할 수 있는 일부터 시작하는 것이 좋다.

예를 들면, 기획을 생각하는 편이 계산을 하는 것 보다 재미있다면 기획을 생각하면 된다.

기획을 생각하는 일이 책상 앞에 똑바로 앉아서 하지 않아도 되는 일이기 때문에 하기 편하다면 그것을 먼저 하면 된다.

일반적으로 반드시 지켜야 하는 일의 순서에는 다음과 같은 것들이 있다.

(1) 완성해야 하는 기한이 빠른 것부터 손을 댄다.

(2) 자신 이외에 같은 일을 맡고 있는 관계자가 많은 것부터 착수한다.

다시 말해서 일이란 맡은 순서대로 하는 것이 아니라 주어진 기한의 순서대로 처리해 가는 것이며 기한이 같은 일이라면 관계 부서가 많은 것부터 손을 대는 것이 바람직하다.

이런 얘기는 새삼스럽게 언급하지 않아도 다들 알고 있는 사항이면서도 실제로는 제대로 지키는 사람이 의외로 적다.


'뭐하고 있는 거야, 벌써 기한이 지났잖아' 라고 부하를 질책하는 상사를 자주 볼 수 있다.


그래서 자신이 즐겁다고 느끼는 일, 흥미가 있는 일부터 시작한다는 것은 일반적으로 볼 때는 그다지 추천하고 싶지 않은 일이다.

그러나 산더미 같은 일들을 눈앞에 두고 앞이 막막하게 느껴질 때에는 우선 자신에게 자신감을 붙이는 일이 필요하다.


가령 많은 편지를 써야할 때에는 우선 내용을 쓰기 쉬운 사람의 것부터 쓰면 된다.

잘 아는 상대에게 쓰는 편지라면 한 글자 한 글자를 어떻게 써야 할지 고민할 필요가 없기 때문에 쉽게 써내려 갈 수 있을 것이다.

그렇게 한다면 다음 편지도 그 흐름에 힘입어 써내려 갈 수 있는 것이다.

그렇게 한 번 흐름을 탄 후에는 일의 순서라는 원칙에 가까운 형태로 일을 처리해 간다면 일이 궤도에 오를 것이다.

결국에는 어차피 다 해야 하는 일들이기 때문에 하기 쉬운 것, 즐거운 것부터 시작해서 그 흐름을 활용하길 바란다.

# 몸의 컨디션을
# 조절한 뒤에 하라

바빠서 화장실을 참아가면서까지 일을 하는 사람이 있는데 그런 사람은 본받지 않는 편이 좋다.

허리가 반쯤 일어선 채로 일을 해봤자 집중력이 생길 리 없다.

집중력이 없기 때문에 좋은 아이디어도 떠오르지 않고 결단도 내리지 못한다.

그런데도 '이걸 끝낸 뒤에……'라며 화장실을 참는다.

참을성의 한계도 점점 가까워질 뿐이다.

이처럼 마음과 몸이 불안정한 상태로는 결과가 좋을 리 없다.

'일단 이 일을 끝낸 후에……' 라는 마음만 앞서고 실제로는 일이 잘 진행되지 않기 때문에 안절부절못하게 되고 결국엔 모든 일이 마이너스 방향으로 회전하기 시작한다.

이런 상황이 몸과 마음에 또 다시 안 좋은 영향을 끼치게 된다.

반드시 해야 하는 일이 많으면 많을수록 먼저 생리적인 요구를 만족시키자.

이것이 산처럼 쌓인 일을 처리해 가는 방법이다.

그렇기 때문에 점심 식사를 거르는 일 같은 것도 좋지 않다.

오후가 되면 일단은 식사를 하자.

일에 빠져서 배가 고픈 것도 잊고 있었다면 상관없지만 배속에서 천둥이 치고 배가 고프다고 생각을 하면서 일을 계속하는 것도 화장실을 참는 것과 마찬가지로 찬성할 수 없다.

일이라는 것은 단위 시간당 일의 양이나 질도 생각해야 하는 것이다.

일을 쫓아가는 것이 아닌 일에 쫓기고 있는 사람은 이 점을 잊고 있거나 미처 알지 못한 사람이다.

그리고 생리적인 요구를 무엇보다도 우선해야 하는 것은 살아가는 데 대원칙이다.

거래처에 방문할 때도 화장실을 참고 차에 타지 말고 화장실에 다녀온 뒤에 출발하도록 하자.

언제 교통 정체에 걸릴지 모른다.

어쨌든 무엇보다도 몸의 컨디션을 조절한 뒤에 쌓여 있는 일들과 싸우기를 바란다.

# 나중 일은
# 나중에 하라

'이것도 해야 하는데', '저것도 해야 하는데'라고 해야 할 일들을 하나하나 세고 있다가는 끝이 없다.

인생의 달인들은 입을 모아서 '나중 일은 나중에'라고 말하며 생각해 봤자 소용없는 일은 생각하지 않는다.

그것은 나중 일은 미리부터 생각하게 되면 현재의 자신이 붕 떠버려서 될 대로 되라는 식이 되어 버리는 것을 염려하기 때문이다.

인간이란 우선 현재를 충실히 해야 한다. 그리고 인간의 이상은 그 충실한 현재를 쌓아 올려 가는 것이다.

그렇기 때문에 인생의 달인들은 나중 일에 정신을 빼앗겨서 현재를 소홀히 하는 잘못을 피하고자 하는 것이다.

일도 마찬가지이다.

이것 다음은 저것, 저것 다음은 이거라는 식으로 순서를 생각하는 것은 필요한 일이지만 먼 나중의 일에 신경을 쓰다가 눈앞의 일을 소홀히 하게 되면 무엇을 해도 성취감을 얻을 수 없다.

현대인의 결점은 다른 사람보다 앞으로 나아가고자 하는 욕구가 강하다는 것이다.
그런 욕구를 자제하기 위해서는 현재에 집중해야 한다.

고사리나 버섯을 캐는 것도 앞으로 달려가듯이 산을 넘어서는 정말로 좋은 고사리나 버섯을 캐지 못한다. 명인들은 눈앞에 집중을 한다.

미래를 예상하는 것도 필요하지만 미래는 부딪쳐 보지 않으던 모르는 부분이 많은 법이다.
그렇기 때문에 미래 예상이란 맞추기가 어렵다.

결국 하나하나 착실히 해 나가는 수밖에 없다. 그것은 일의 양과는 상관없다.
중심을 잃고 대강대강 일을 해서 결국엔 그 일을 다시 수정하게 되면 다시 일이 하나 늘어나게 된다는 것을 염두에 두기 바란다.

# 일의
# 리듬을 타자

긴 거리를 달릴 때는 호흡법을 '마시고, 마시고, 내뱉고, 내뱉고' 같은
식으로 하면 힘이 덜 들게 된다.

그것은 그 호흡법에 의해 몸 전체가 리듬을 타기 때문이다.

일상적으로 하고 있는 '마시고, 내뱉고'도 하나의 리듬이긴 하지만 그
것을 의식적으로 하지 않으면 리듬을 타지는 못한다.

호흡에 리듬이 있다는 것과 그 리듬을 느끼면서 행동하는 것 사이에는
큰 차이가 있다.

길거리에 흐르고 있는 음악도 그 리듬과 자기가 걷는 리듬이나 기분의
리듬을 일치시키는 사람은 다른 사람이 보아도 경쾌하게 보이거나 느껴

진다.

그러나 음악의 리듬에 아무런 동조도 하지 않는 사람은 그 사람 자신도 그렇지만 주위에서 보아도 리드미컬하게 보이지 않는다.

리듬을 타면 몸도 마음도 가벼워진다는 것을 기억하고 좀처럼 정리가 되지 않는 일을 계속 할 때 여러 가지 형태의 리듬을 이용해 보자.

일의 내용에 따라 다르긴 하지만 CD를 들으면서나 노래를 흥얼거리면서 일을 해도 효과가 있다.

공동 작업을 하고 있을 때는 일의 진행 정도에 맞춰서 서로 소리를 냄으로써 '이제 남은 것은 XX뿐' 이라는 것을 확인하고 '좀 더 힘내자' 라는 마음을 갖게 하는 것도 가능하다.

휴식 시간을 갖는 것도 리듬의 하나이다.

그 타이밍은 정해진 시간만이 아니라 일이 어느 정도 단락이 지어졌을 때라는 설정을 하는 것도 상당히 도움이 된다.

또한 목표가 달성되었을 때는 그것을 크게 축하해 주는 이벤트를 기획하는 것도 바람직하다.

# 거꾸로
# 보자

다다익선이라는 말이 있다.

다다익선이란 많으면 많을수록 좋다는 의미이다.

A씨가 어렸을 때 일이 너무 많아 싫증을 내고 있을 때 아버지가 해주신 말이란다.

아버지는 일이 많으면 많을수록 '좋아, 해내고 만다' 라며 일에 돌진하는 인간이어야 한다고 하셨다.

이 정도의 일을 해내지 못한다면 앞으로 어른이 되어서 세상을 살아가는 것도 해내지 못한다는 것이다.

그러나 그런 말을 들어도 좀처럼 '네' 라고 납득하기 힘들다. 될 수 있으면 누구나 하고 싶지 않은 일은 하기 싫은 법이다.

어렸을 때는 놀고 싶은 법이고 샐러리맨은 같은 급료라면 편하게 하루

하루를 살고 싶은 법이다.

산더미 같은 일을 눈앞에 두고 있으면 그 일을 끝내기 위해서 좀 더 많은 인원을 요구하거나 기한을 연장하고 싶어진다.

물론 그건 그 나름대로 정당한 요구이다.
요즘엔 강제적으로 사람을 속박하거나 일을 시키는 것을 하지 못한다.
그러나 약간 시점을 바꿔보는 것도 필요하다.

산처럼 쌓인 일에 쫓기고 있는 자신을 운이 없다거나 불행하다고만 생각할 것이 아니라 세상에는 일을 하고 싶어도 일을 하지 못하는 사람도 있다는 것을 알기 바란다.
정리 해고 대상이 되거나 회사가 도산해서 일을 하고 싶어도 일할 직장이 없는 사람이 매우 많다.

실감이 나지 않는 사람은 고용 시장에 가 보길 바란다.
그럼 현재의 자신이 얼마나 행복한지 알 수 있을 것이다. 산더미 같은 일에 쫓기게 된 것은 주어진 일의 내용이나 양, 일 처리 방식에 대한 불평불만이 많았기 때문이다.

그런 전제 사항을 시점을 바꿔서 '일이 있다는 것에 감사하자'라고 생각하게 되면 '좋아, 힘내자'라는 적극적인 마음이 될 것이다.

# 혼자 일을 떠맡고 있는 것은 아닌지 생각해 보라

당신은 무엇이든 자기 스스로 하려고 하는가?

모든 것을 자기 스스로 하려고 하다 보면 일은 점점 늘게 된다.
해도 해도 끝이 나지 않는다.
그건 당연한 일이다.

일을 능숙하게 해내는 사람은 다양한 사람을 현명하게 사용한다.

하지만 어느 직장에나 일을 혼자서 끌어안고 있는 사람이 있다.
그런 사람은 '바쁘다, 바쁘다'는 말이 입버릇이고 다른 사람이 곁에 오면 '이것도 해야 하는데', '아, 저것도 해야 하는데'라며 해야 하는 일들 때문에 자신은 바쁘다는 티를 낸다.
다른 회사 사람들에게는 자기 혼자서 회사의 일을 다 짊어지고 있는 것처럼 얘기하기도 한다.

우리들은 주로 이런 타입의 사람을 험담의 대상으로 삼는다.
그러나 어쩌면 자신도 자기가 험담의 대상으로 삼고 있는 사람과 같은
일을 하고 있을지도 모른다.

그런 타입의 사람을 비판할 때에는 '그 사람이 일을 떠안고 있기 때문
에 이 프로젝트가 순조롭게 진행되지 못하는 거야' 라는 전제를 내세우
기 때문에 그 사람의 모든 행동을 이 전제하에서 보게 된다.
그러나 자신의 일이 되면 누구나 자신은 정당하다고 믿기 때문에 자기
를 반성해 보려는 생각은 좀처럼 하지 않는다.
즉, 다른 사람의 얼굴은 잘 보이지만 자신의 얼굴은 보이지 않는 것이다.

여러분은 지금 해야 할 일이 산더미라고 생각하고 있을 것이다.
그것을 어떻게 처리해야 할지라는 생각으로 머릿속이 꽉 차 있을 것이다.

그러나 반드시 끝내야 한다고 생각하고 있는 일들은 정말로 자신이 해
야만 하는 일일까?

다시 한 번 검토해 보면 K씨와의 회의는 다른 스태프에게 맡기는 것이
가능하고 출장도 자신이 가지 않아도 상관없을 것이다.
이렇게 유연하게 생각을 해보면 자신이 운명처럼 짊어지고 있던 많은
일들로부터 해방될 수 있을 것이다.

# 기한을 정할 때는
# 여유있게 하라

조금도 진전이 없는 일들로 인해서 스트레스를 받는 원인 중에는 예정된 일을 기한까지 끝내야만 한다는 일종의 강박 관념이 있기 때문이다.

그렇다면 그 기한을 뒤로 미루면 되지 않는가.

물론 상대가 있는 경우에는 기한을 연장할 수 있도록 협의를 통해서 합의를 해야 한다.

일의 내용에 따라 다르지만 당초의 약속 기한이 반드시 촉박한 것이 아닌 경우도 많다.

가령 출판사의 원고 마감일 같은 경우에는 처음부터 상당한 여유를 가지는 것이다.

왜냐하면 "10일까지 원고를 쓰겠다"고 말해 놓고도 그 날까지 쓰지 않는 사람이 너무 많기 때문이다.

경험상으로 약속한 날까지 원고를 전해 주지 않는 사람이 많으면 주문하는 쪽에서도 처음부터 여유 기간을 염두에 둘 수밖에 없다.

그렇게 하면 부탁을 받는 쪽도 그 기한이 여유를 염두에 둔 것이라는 것을 알고 있기 때문에 그 기일을 잘 지키지 않게 되어 버린다. 최근에는 이런 경우들이 많이 사라지긴 했지만 옛날에는 "오늘이 마감일입니다"라는 전화를 받은 뒤부터 원고를 쓰기 시작하는 작가들도 많았다.

다른 사람이 관계되어 있는 일은 기계가 하는 일과는 달라서 아무래도 어긋나는 일이 생기기 쉽다.

그렇다고 기한을 연장하는 일이 불가능한 것은 아니다.

기한을 연장할 수 있게 되면 그만큼 시간의 여유가 생기는 것이기 때문에 그 사이에 다른 일을 처리할 수도 있게 된다.

그렇게 되면 쫓기듯이 일을 처리하지 않아도 될 것이다.

단, 그럴 때에는 가능한 한 빨리 상대 쪽에 연락을 해야 한다.

기한이 촉박해졌을 때 연락을 하는 것은 상대방도 곤란하고 기일 연장의 가능성도 낮아지게 되기 때문이다.

그리고 또 한 가지 얘기해 둘 것은 한 번 약속한 기한을 연장하는 일은 두 번 다시 없도록 약속 기한을 정할 때 처음부터 여유를 두길 바란다.

# 산더미처럼 쌓인 일
# 어떻게 받아들일까

"누구나 눈앞의 일을 가능한 한 빨리 끝내고자 생각하는 것은 아니다"고 말을 하면 "뭐?" 하며 이상하다는 얼굴을 하는 사람도 있다.

샐러리맨적인 상식으로는 일은 끊임없이 주어지는 것이고 주어진 일은 지체 없이 처리해야 한다고 생각하고 있다.

아마 할 일이 산처럼 쌓였는데 정리가 안 된다는 생각에 초조함이나 위기감을 안고 있는 이유는 '좀 더 신속하게 했어야 하는 일들을 쌓아 놓고 말았다' 는 자책감 같은 것이 있기 때문이다.

그것은 이대로 상사나 주위 사람들의 자신에 대한 평가가 낮아지는 것이 아닐까 하는 걱정으로 이어진다.

성실한 사람일수록 또한 건실한 사람일수록 '일이 쌓여 버렸다' 고 받아들이는 것이 아니라 '일을 쌓아 버렸다' 고 생각하는 것이다.

그렇기 때문에 산더미처럼 쌓인 일을 해야 하는 것이 큰 압박감이 되어 쫓아오는 것이다.

제삼자의 눈으로 보면 '그렇게 초조해 할 것 없잖아' 라고 생각하는 일에 대해서도 필사적으로 되어 버리는 것이다.

그런 그들의 언동은 될 수 있는 한 빨리 끝내야 한다는 쫓기는 샐러리맨의 심리와 정반대라고 할 수 있다.

그러나 프리랜서나 아르바이트를 하는 사람들은 또 다르다.

모 유명 만화가로부터 직접 들은 이야기인데 그 만화가가 아직 자신의 만화가 팔리지 않았던 시절에 신상조사를 하는 회사에서 앙케트 정리를 하는 아르바이트를 했을 때 가지고 있던 주관이 산처럼 쌓인 일을 될 수 있는 한 무너뜨리지 않도록 하는 것이었다고 한다.

다시 말해서 서둘러 일을 하면 맡은 일이 금세 끝나 버리기 때문에 다시 실업 상태가 되어 버리는 것이다.

그렇기 때문에 일이 쌓이면 쌓일수록 마음이 편했다고 한다. 일이 반영구적인 사람과 그렇지 않은 사람에게는 같은 산이라도 다르게 보이는 것이다.

샐러리맨으로서 산처럼 쌓인 일을 초조함의 대상이 아니라 일종의 안정제로 바꿀 수 있는 의식 혁명은 역시 무리인가 보다.

최강 대처력 5
아이디어가
답보상태일
때

# 창조적 집단 사고법
# 브레인스토밍

좋은 아이디어가 필요할 때에는 브레인스토밍(brainstorming)을 해보자.

브레인스토밍이란 몇 명의 사람을 모아서 각자가 생각나는 대로 아이디어를 내는 일을 말한다.

'이러면 좋을 것 같은데', '이런 방법은 어떨까' 하며 의견을 말해 보는 방식이다.

이때에는 딱딱한 규칙 같은 것은 전혀 없다.

가령 각자가 앉은자리나 아이디어를 내는 순서를 처음부터 정해 두지 않는다.

그 자리에 모인 사람들이 시끌시끌하고 와글와글 떠들면서 제 마음대로 각자의 아이디어를 내도록 하는 것이다.

그렇지 않으면 릴랙스(relax)가 되지 않기 때문에 두뇌도 유연해지지 못하게 된다.

경직된 두뇌에는 습관이나 전례(前例) 같은 것이 가득 차 있기 때문에 그런 머리에서 자유로운 발상이 나올 리가 없다.

그래서 자리에 앉는 자세도 어떻게 앉든 그것을 제지하는 일은 하지 않는 편이 좋다.


그렇게 형식에 얽매이는 것 자체가 지금까지와는 다른 아이디어를 탄생시키는 것을 방해하는 것이다.

그렇게 각자가 내놓은 아이디어에 대해 그 자리에서 하나하나 비판하지 않는 것도 브레인스토밍의 진행 방법이다.


누군가가 "XX회사의 스태프에게 상담해 보면 어떨까" 라는 아이디어를 내놓았을 때 "그런 일이 가능할 리가 없잖아. 그 회사는 우리와 라이벌이야"와 같은 말을 하면 안 되는 것이다.

애초에 그런 상식을 뛰어넘기 위해서 브레인스토밍을 하는 것이기 때문이다.

다시 말해서 브레인스토밍이란 실현할 수 있고 없고와 상관없이 가능한 한 많은 아이디어의 일람표를 만들어 보는 것이다.

그렇기 때문에 허무맹랑한 얘기를 해도 상관없다.

그 아이디어가 오히려 계기가 되어 '그거 재미있겠다', '그렇게 하자'라고 결정되는 일도 있기 때문이다.

어쨌든 처음에는 어떤 아이디어가 있는지를 모두가 얘기해 보는 것이 좋다.

참가 인원은 수 명 정도가 모이는 것이 효율적이지만 두 명도 상관없다.

# 세상의 변화를
# 잘 읽어야 한다

경제가 거품일 때에는 주식이나 땅을 너도나도 사고 싶어 안달이었다. 거품 경제 이전이나 물건이 부족했던 시절에도 마찬가지로 물건을 사고 싶어하는 사람이 대부분이었다.

하지만 거품 경제가 끝나고 나서부터 주위에는 물건을 팔고 싶어하는 사람만이 존재한다.

모두가 지갑을 굳게 닫고 적극적으로 무언가를 사지 않으려고 애를 쓰고 있다.

이러한 배경에는 일단 부족한 물건이 없는 세상이 되어 버렸다는 현실과 좀 더 가격이 떨어지면 사려는 속셈이 작용하고 있다.

이제는 무언가를 판다는 것이 매우 힘든 일이 되었다.

물건이 부족하던 시대에는 팔릴 만한 상품을 개발하고 만들기만 하면 모두 팔려 나갔다.

그러나 점점 상품의 질을 문제삼는 시대로 변화하고 있는 실정이다.

지금까지 상품 생산에 요구되는 아이디어는 기업이 주도했었다.

그러나 상품의 품질 차이가 거의 없어지면서 그 상품을 사용하는 사람들이 상품의 편리함을 문제삼기 시작했다.

또한 각자 마음에 드는 상품을 선택하는 시대가 되었다.

더욱이 그 상품을 사용함으로써 얻어지는 플러스 알파를 기대하며 물건을 구입한다. 이것은 각 개인의 가치관에 준한 자기 만족이라고 말할 수 있기 때문에 모든 사람이 공통으로 원하는 상품의 수는 점점 줄게 된다.

이런 현상을 한마디로 말하면 소품종 대량 생산의 시대에서 다품종 소량 생산의 시대로 변했다고 말한다.

이 부분에서 CS(고객 만족)라는 말이 생기고 그것이 기업의 전략으로 변해간다.

그렇다면 앞으로는 아이디어도 생산자에게만 맡겨서는 불충분한 시대가 되었다고 말할 수 있다.

예전에는 강의 상류에서부터의 발상으로도 족했지만 앞으로는 강의 하류에서부터의 발상이 아니면 고객을 만족시키기 어렵다.

좋은 아이디어가 없다든지 좋은 아이디어라고 생각했지만 결과적으로는 실패했다는 것은 이런 세상의 변화를 읽지 못하거나 무시했기 때문이다.

좋은 물건은 팔린다는 신념을 가지고 있어도 파는 이의 생각과 사는 이의 생각이 다르다면 좋은 아이디어가 통용될 리 만무하다.

# 1,000원 숍은
# 사고를 유연하게 한다

1,000원 숍에 가보면 생각보다 상품이 너무 많아서 놀라지 않을 수 없다. 주방 용품이나 잡화, 원예 용품, 공구, 문구, 전구, 모자, 속옷, 넥타이 등이 진열되어 있다.

상품들 사이를 지나다 보면 상식이라고 생각하던 부분이 현실과는 많이 다르다는 것을 느낄 수 있다.

예를 들어, 어째서 이런 넥타이가 1,000원인지 이해되지 않을 때가 있다.

하지만 이것이 현실임에는 틀림없다.

이것은 지금까지 생각하던 현실이 자신만의 착각이라는 뜻일 것이고 현실을 알지도 못하면서 아이디어를 내봤자 소용없다는 것을 의미하는 것이다.

물론 1,000원 숍에 가면 시대 변화를 모두 읽을 수 있다는 뜻은 아니다. 더욱이 아무리 행동반경을 넓힌다고 해도 모든 것을 이해할 수 있다는 뜻 또한 아니다.

그러나 1,000원 숍은 생활에 밀접하게 가까이 있고 시대의 흐름을 느낄 수 있는 곳이다.

적어도 지금까지의 상식을 바꾸어 줄 것임에는 틀림없다.

그리고 이 모자가 어째서 1,000원인지를 생각하는 것은 모자를 1.000원에 파는 아이디어를 생각하는 것으로 이어진다.

그런 점에서부터 어떻게 하면 1,000원이 아니라 900원이나 880원으로 팔 수 있을까라는 힌트를 생각하게 해줄 것이다.


훌륭한 아이디어를 만들어내는 비결은 무엇인가를 생각하기 전에 '그것은 무리다' 라고 단정해 버리면 안 된다.

하지만 많은 사람들이 '넥타이를 1,000원에 팔다니 말도 안 돼' 라고 생각한다.  그러나 1,000원 숍에 가보면 말도 안 되는 일이 현실에서는 존재하고 있다.


그렇다면 '내가 생각했던 일도 할 수 있지 않을까' 라는 마음이 들지 않을까.

1,000원 숍 안을 걸으면서 눈에 들어오는 상품 하나하나를 자신이 실현하고 싶은 일과 연관지으면서 바라보고 있는 동안에 "그렇지!" 라고 외치며 아이디어가 생각날 수도 있을 것이다.

어쨌든 1,000원 숍을 구경하면 머릿속이 맑아지며 기분도 상쾌해지고 가끔 아이디어가 떠오르기도 한다.

# 환경을 바꾸면
# 능력이 깨어난다

사람의 성격은 두 가지로 분류해서 '저 사람은 내향적이다' 라거나 '저 사람은 외향적이다' 라고 말한다.

하지만 내향적인 사람이라도 상황에 따라서는 외향적으로 바뀌는 경우가 있고 보다 내향적이 되는 경우도 있다.

마찬가지로 외향적인 사람도 내향적이 되거나 보다 외향적이 된다.

그렇게 생각하면 같은 사람이 언제나 같은 발상이나 행동을 하는 것은 아니다고 할 수 있다.

한 가지 예를 들어 여행을 하면서 주위가 산으로 둘러싸인 장소에서 머물며 그 풍경 속에 잠기게 되면 점점 자성(自省)적으로 되어간다.

하지만 탁트인 바닷가에 서 있으면 기분까지 개방적으로 변해간다.

같은 호텔에 머물러도 시야가 열려 있는 최상층에서 식사를 할 때와 지하에 있는 바에서 식사를 할 때의 자신은 많이 달라진다.

이런 예에서 알 수 있듯이 장소를 바꾸는 것만으로 생각과 행동은 차이가 난다.

따라서 아무리 생각해도 아이디어가 떠오르지 않을 때에는 장소를 바꾸어보는 것도 괜찮다.

비즈니스 접대의 경우에도 서먹서먹해지면 "이차를 갈까요" 라고 말하며 장소를 바꾸는 것도 이런 의미에서 하는 행동이다.

이렇게 하면 기분을 새롭게 바꿀 수 있기 때문이다.

어쨌든 좋은 아이디어가 떠오르지 않으면 자리에서 일어나 복도를 걷는 것만으로도 기분을 바꿀 수 있다.

회사에서 벗어나거나 카페에서 커피를 마시면 더욱 두뇌 회전이 자유로워진다.

그렇기 때문에 회의를 공원에서 하거나 경치가 좋은 언덕에서 하는 것도 아이디어를 만드는 좋은 방법이다.

리더의 입장에 있는 사람들에게서 좋은 아이디어가 나오지 않는 것은 자신의 능력이 모자란 탓만이 아니라는 것도 알아주길 바란다.

# 출퇴근길을
# 바꾸는 것만으로도
# 생각이 바뀐다

출근할 때 집에서 버스를 타고 전철역까지 가는 사람은 버스를 타지 말고 걸어가도록 해보자.

걷기에는 너무 먼 사람은 자전거를 타고 가는 것도 하나의 방법이다.

또한 조금 돌아가더라도 여러 코스를 만들어서 가 보도록 하자.

이렇게 함으로써 지금까지 느끼지 못한 것을 느끼게 되고 기분 전환도 할 수 있다.

역까지 가는 동안 세탁소가 여러 군데 있고 와이셔츠를 세탁하는데 드는 가격이 가게마다 다르다는 것도 알 수 있다.

그런 점을 알게 되면 어째서 차이가 나는지를 생각하게 된다.

출근하는 길에 있는 가게의 가격과 가게에서 조금 떨어진 가게의 가격이 차이가 있다는 것을 살펴보고 그 차이에 흥미를 느낄 수도 있게 된다.

또한 걸을 때, 자전거를 탈 때, 버스를 탈 때의 시선은 높이가 다르기 때문에 지금까지 안 보였던 것을 발견할 수도 있다.

게다가 이동에 걸리는 시간이 길수록 눈에 들어오는 풍경을 확실하게 볼 수 있다.

마찬가지로 장거리 이동의 경우 비행기나 열차를 이용하는 것이 편하지만 비행기나 열차를 이용하는 사람은 그렇지 않은 사람과 보는 것이 다르다.

다시 말해서 요즘처럼 가장 빠른 방법으로 이동하기를 원하는 현대인들은 생활의 진면목에서 점점 멀어지고 있다고 말할 수 있다.

좋은 아이디어는 극단적으로 말해서 사람들의 생활 속에 존재하거나 원하는 것을 충족시키는 것이다.

그러나 머릿속이 관념적이고 추상적인 것으로 가득 차 있는 사람은 좋은 아이디어를 만들기 어렵다.

아무리 노력해도 좋은 아이디어가 나오지 않을 때에는 천천히 걸어보는 것은 어떨까.

천천히 걸어서 출근할 수 있는 여유가 생긴다면 지금까지와는 다른 발상의 아이디어가 무궁무진해질 수 있을 것이다.

# 삼상의
# 법칙

무엇인가를 생각하거나 문장을 쓸 때 좋은 아이디어가 떠오르거나 생각이 잘 정리되는 곳이 세 군데 있다고 한다.

말(馬) 안장 위, 베개 위, 화장실 위인데 이것을 삼상(三上)의 법칙이라고 한다.

다시 말해서 말 안장 위에 있을 때, 이부자리에 누워 있을 때, 화장실에 앉아 있을 때를 말한다.

말 안장에 앉아 있을 때를 현대적인 해석으로 풀면 자동차나 전철을 타고 있을 때라고 생각하면 될 것이다.

그렇다면 어째서 그와 같은 장소에서 생각을 하면 좋은 결과가 나오는 것일까.

그것은 집중해서 하나를 생각할 수 있기 때문이다.

전철이나 버스 안에는 주변에 많은 사람이 있지만 모두 모르는 사람들뿐이다.

그렇기 때문에 특별히 주변에 신경을 쓸 필요가 없다.

군중 속의 고독이라는 말이 있듯이 많은 사람들 사이에 둘러싸여 있지만 그 사람들은 자신과 관계없는 사람들이다.

심리적으로 혼자 있는 것과 같은 상황이라고 할 수 있다. 그런 장소에서는 주변과 상관없이 생각에 집중할 수 있다.


혼자서 자동차를 운전하고 있어도 혼자이기 때문에 이런저런 아이디어를 생각하기에 적합하다.

침실에 누워 있을 때도 여러 가지 아이디어가 떠오른다.

그렇기 때문에 떠오른 아이디어를 잊어버리지 않기 위해 침대 머리맡에 메모지를 두는 것도 좋은 생각이다.

이렇게 하는 이유는 누구에게도 방해받지 않고 한 가지를 여러 방면에서 생각할 수 있기 때문이다.

화장실에서는 누구에게도 방해받지 않아도 되고 갑자기 사람이 들어오는 경우도 없다.

그래서 느긋한 마음으로 생각할 시간을 즐길 수 있다.

매일 아침 화장실에서 신문을 읽는 사람이 있는데 자기만의 공간에서 천천히 신문을 읽을 수 있기 때문이라고 한다.

화장실이 가장 집중해서 생각할 수 있는 장소에 적합하다는 의미일 것이다.

아이디어가 잘 떠오르지 않을 경우에는 이 삼상(三上)의 법칙을 활용해보자.

# 평상시의 트레이닝이
# 특별한 것을 만든다

문제를 해결하기 위한 좋은 아이디어를 생각해 내라는 지시를 받았다고 해서 갑자기 좋은 아이디어가 생각나는 것은 아니다.

처음부터 좋은 아이디어를 내보라고 하는 것은 그런 요구를 하는 사람도 명안이 없기 때문이다.

자신에게 그럴싸한 명안이 없기 때문에 다른 사람에게 요구하거나 부탁하는 것이다.

그렇기 때문에 좋은 아이디어가 생각나지 않아도 그렇게 비관할 문제는 아니다.

선배나 상사는 "뭐 하는 거야. 뭔가 좋은 아이디어 없어" 라고 말할지도 모르지만 그런 자신도 아무런 아이디어가 없으니까 주눅들 필요는 없다.

주눅들어서 기가 죽으면 자유로운 발상을 못하게 될 수도 있기 때문이다.

선배나 상사는 이런 점도 생각하지 않으면 안 된다.

아이디어에 관한 것만이 아니라 부하직원을 주눅들게 할 만한 행동이나 발언을 하는 상사는 상사로서 유능하다고 말하기 어렵다.

그것은 접어두고 아이디어도 평소의 트레이닝에 의해 보다 생각하기 쉬워진다. 여러분도 평소 트레이닝에 힘을 써보도록 하자.

예를 들어, '어떻게 하면 출근할 때 전철의 콩나물시루 같은 상황을 없앨 수 있을까' 라는 문제를 해결한다고 가정하면 '노선을 더 만든다', '시간차 출근을 만든다', '직장 근처로 이사를 한다', '운전수가 된다', '샐러리맨을 없앤다' 등을 생각해 볼 수 있을 것이다.

현실성이 있는지 없는지는 둘째 치고 이런 트레이닝을 계속 하다 보면 김밥집에서 "판매 단가를 높이기 위해서는 어떻게 하면 좋을까" 라는 질문을 받았을 때 지금까지는 '보통, 중(中), 상(上)' 으로 나누었던 메뉴를 앞으로는 '보통, 중(中), 상(上), 고급' 으로 하라는 어드바이스를 할 수 있다.

그렇게 하면 지금까지 중(中)을 주문하던 고객이 상(上)을 주문하게 되지 않을까 생각한다.

# 떡은
# 떡집에 맡겨라

사람에게는 각각 잘하는 분야가 있다.

따라서 회사나 자신이 그다지 잘하지 못하는 분야는 그 분야를 잘하거나 전문으로 하는 곳에 맡기는 것도 하나의 아이디어라고 할 수 있다.

예를 들면, 음악가가 정원에 창고를 만들려고 할 때 익숙하지 못한 솜씨로 자신이 직접 만들어서 실패를 하기보다는 목공소에 맡기는 편이 보다 나을 것이다.

음악가는 그 시간에 연주회를 열거나 제자를 가르쳐서 목공소에 줄 대금을 버는 편이 나을 것이다.

필자가 아는 친구 중 광고 대리점에서 근무하는 사람이 있는데 그 친구가 언제나 하는 말은 "모든 것을 혼자 해결하려고 하지 마"이다. "세상에는 각각의 전문가가 있으니까 그 사람에게 부탁하면 돼"라고 말한다.

하지만 그의 부하직원들은 그다지 다른 사람에게 부탁하지 않고 무엇이든 스스로 해결하려고 한다고 한다.

여성의 심리나 행동에 밝지도 못하면서 여성들을 위한 이벤트를 자신의 지식이나 지혜만으로 기획하거나 광고 문구도 혼자서 작성하려고 한다.

그는 "혼자서 아무리 생각해도 좋은 아이디어는 안 나온다는 것을 알고 있을 테니까 다른 사람에게 부탁해야 하는데 그렇게 안 하니까 일이 제대로 진행이 안 되잖아" 라고 언제나 화를 낸다.

야채 가게에서 생선을 사려고 하거나 생선 가게에서 토마토를 사려고 한다면 확실히 무리가 있다.

떡은 떡집에 맡겨야 한다.

적재적소의 전문가를 잘 활용하는 것도 일을 제대로 하기 위한 좋은 아이디어 중의 하나라고 말할 수 있다.

다시 말해서 어떤 일에 대해 좋은 아이디어가 떠오르지 않는다면 자신이 코디네이터가 되고, 연출가가 되고, 의뢰인이 되어 일에 필요한 아이디어를 끌어내면 된다.

누구에게 무엇을 부탁할지의 아이디어가 어떤 판단 기준이 되기도 하는 것이다.

무엇이든 자신이 직접 아이디어를 만들지 않아도 된다는 것이다.

# 잘 때도 깨어 있을 때도
# 생각을 멈추지 마라

아이디어가 갑자기 떠오른다는 말을 들어본 적이 있을 것이다.
또한 자신이 그런 경험을 한 사람도 있을 것이다.

"갑자기라기 보다는 아무 생각도 안 하고 있었는데 생각이 나더군. 정말 이상했어" 라고 자신의 경험을 얘기하는 사람도 있다.

확실히 아이디어는 멍하니 있을 때 떠오르기도 한다.
하지만 좋은 아이디어가 떠오르지 않을 때는 멍하니 있으면 된다고 말할 수는 없다.
단지 멍하게 있는 것만으로는 시간이 아무리 지나도 좋은 아이디어가 떠오르지 않기 때문이다.
하지만 아무 생각도 하지 않거나 멍하게 있을 때 "이거야!" 하는 아이디어가 떠오르는 것은 왜일까.

그것은 그때까지 '어떻게 하면 좋을가', 'ㅇㅇ에게 물어볼까', '이런 아이디어로는 안 되겠지'라는 식으로 한 가지 문제에 대해서 깊이 고민했기 때문이다.

삼상(三上)의 법칙을 활용해서 생각해 내는 것도 이런 과정이 있기 때문이다.

다시 말해 잠재의식 속에서 아이디어를 찾고 있었기 때문에 찾그 있던 것이 갑자기 떠올랐다고 할 수 있다.


뉴턴은 사과가 떨어지는 것을 보고 만유인력의 법칙을 발견했그, 아르키메데스는 욕탕에서 아르키메데스의 법칙을 발견했다고 하는데 그것은 그렇게 되기까지 긴 시간 동안의 연구와 고뇌가 있었기 때문이다.

보통 사람은 사과가 떨어지는 것을 보거나 욕조의 물이 넘치는 것을 보더라도 단지 그것만으로 끝나 버리는 것이다.


따라서 좋은 아이디어를 만드는 비법은 어떤 테마에 대해서 생각하고 또 생각하는 것이다.

잘 때도 깨어 있을 때도 그 테마를 생각해서 자신의 잠재의식까지 도달하는 것을 말한다.

그렇게 하면 어느 순간 갑자기 떠오르는 무언가가 있을 것이다. 자신은 아무런 생각도 하지 않는다고 생각하고 있을 때 머리를 스치고 지나가는 것이 있다.


어쨌든 일단 생각하고 또 생각해 보자.

최강 대처력 6
상사와
자주
부딪힐 때

# 권위 실추시대와
# 권한에 대하여

IT 시대가 되면서 누구나 같은 정보를 얻을 수 있게 되었다.

이것은 사장도 부장도 신입사원도 같은 정보를 소유하는 것이 가능해졌다는 뜻이다.

전에는 사장이 가지고 있는 정보량과 부장이 가지고 있는 정보량에는 커다란 차이가 있었다.

물론 부장과 신입사원 사이에도 커다란 정보량의 차이가 있었다.

그리고 그 정보량의 차이가 선견지명, 발상, 기획, 판단의 차이로 나타났고 '역시 사장이야' 라든지 '역시 부장이야' 라는 식으로 인정받았다.

물론 현재에도 지위나 역할에 따라서 얻을 수 없는 정보는 있다.

그러나 지위나 역할에 관계없이 얻어지는 정보는 어떻게 활용하는가에 따라서 많은 부분이 커버된다.

그렇게 되면 '역시 사장이야' 라고 하기보다는 '누구든지 그런 결론을 내리겠지' 라는 식이 되어 버리는 것이다.

그것뿐만이 아니라 '지금 그런 사업을 해도 성공하기 어렵지' 라고 판단하며 데이터를 첨부해서 반론할 가능성도 있다.

중요한 것은 누구나 보통 사람이 되어 버린 것이다.

그렇게 되면 사장이라든지 부장이라는 권위를 인정받지 못하기 되어 버린다.

더욱이 위대한 사람들의 실체가 명확해지면서 사회적 위치와 그 사람의 인간적인 면모가 같을 수 없다는 것이 만인 앞에 밝혀지게 된다.

생각해 보면 이런 점도 정보화 사회로 변화되면서 일어나는 사건이라고 할 수 있다.

어쨌든 상사라고 불리는 사람들에게는 전과 같은 권위가 적어졌다.

그런데도 아직 이런 점을 알지 못하는 사람들이 많다.

권한보다 먼저 권위가 앞선다고 생각해도 그렇게 받아들이지 않는 사람이 늘어가고 있는 것이다.

그것은 상사를 상사로 생각하지 않는 사람들의 출현이다.

조직의 중심이 되는 사람들은 이런 현상에 대한 인식이 없으면 조직을 제대로 운영할 수 없다.

부하직원이 자신을 따르지 않는 것은 부하직원에게 원인이 있는 것이 아니다.

# 상사에게
# 불만 없는 사람은 없다

"그 분은 사람은 좋은데 결단력이 없어" 라는 식으로 상사를 이야기하는 부하가 있다.

어떻게 할지 계속 고민만 하다가 끝에 가서 결정을 내리기 때문에 언제나 우리를 정신 못 차리게 하기 때문이다.

그리고 부하들은 "어째서 좀 더 빨리 결단을 못 내리는 걸까" 라고 수군거린다.

또 다른 사람은 "그 사람은 누군가에게 무언가를 부탁할 때만 싱글거린다"고 상사를 말하기도 한다.

"왠지 그 사람은 속보이는 행동을 하니까 그런 점이 정말 마음에 안 들어. 그 사람의 얼굴만 봐도 기분이 안 좋아져" 라고 말하는 사람도 있고, 그래서 상사가 싱글 벙글거리는 얼굴로 가까이 오면 일부러 전화하는 척하거나 화장실로 도망가는 사람도 있다.

게다가 "내가 제안했을 때는 퉁명스러워하다가 내가 제안했던 것과 같은 내용의 사업이 추진되기에 알아봤더니 같은 것을 상무가 제안했기 때문이더군" 하며 불평을 하는 사람도 있다.

"그 사람은 무엇을 할까가 아니라 누가 말했나를 먼저 생각하니까 정말 마음에 안 들어" 라고 한마디 덧붙인다.

그리고 이런 불평들은 점심시간이나 휴식시간에 주요 화제가 된다.
그럴 때 그들은 "우리 상사만은 정말 안 돼" 라고 말한다.

하지만 현실에서 상사에게 불만이 없는 사원은 아무도 없다.

처음부터 비즈니스맨은 상사를 선택할 수 없다.
인사이동을 할 때마다 누군가의 밑에서 일해야 한다. 하물며 애인이나 반려자에게도 불만이 있는 것이 보통인데 자신이 선택하지도 않은 상대에게 불만을 가지는 것은 너무나 당연한 일이다.

때문에 직장생활이라는 것은 불만 없는 상사와 함께 일하는 것이 아니라 불만이 있어도 그 상사와 함께 일하는 것이라는 점을 전제로 해야 한다.
그렇게 하면 자신이 납득할 수 있는 회사생활이 될 것이다.

비즈니스맨의 일에는 이런 상사들과 어떻게 호흡을 맞춰서 나갈 것인가 하는 점도 포함되어 있는 것이다.

# 맡긴 이상
# 참견하지 마라

일을 맡겼으면서 도중에 참견하는 상사가 있다.

상사의 입장에서는 일단 맡겼지만 제대로 하는지 걱정되거나 부하직원이 하는 것에 대해 위험해 보여서 그냥 볼 수가 없다는 생각에서 일 것이다.

그러나 맡은 사람의 입장에서는 참견을 환영할 수 없다.

부탁한다는 말을 들었을 때 자신감을 갖지 못하고 '과연 내가 할 수 있을까' 하는 불안을 느끼면서도 일단 해보자는 각오를 다졌을 것이다.

그런데 "안 돼, 안 돼. 그렇게 하면…"이라는 말을 바로 들으면 '그렇다면 처음부터 이것은 이렇게, 저것은 저렇게 라고 말했으면 되잖아' 라는 마음이 들 것이다.

게다가 일을 하는 방법은 다양한 법이다.

예를 들면, 식사를 하려고 젓가락을 왼손으로 잡으려고 할 때 "안 돼. 젓가락은 오른손으로 잡아야지" 라는 말을 들었다면 왼손잡이인 사람은 상대방의 말에 '뭐라구?' 라고 생각한다.

그리고 "저는 왼손잡이인데요" 라고 말을 하고 '그런 것도 모르면서 쓸데없는 참견하지 말아요!' 라는 생각을 하게 된다.

이런 일은 상사와 부하직원이라는 관계에서만 일어나는 것은 아니다.

부적절한 지시를 해서 아르바이트하는 사원에게 "저희 방법이 더 빠른데요" 하며 오히려 한 방 먹는 사원도 있을 것이다.

'의심스러우면 피해가고 필요하면 의심하지 마라' 라는 말이 있다.

이 말의 뜻은 '맡길 수 없다고 생각되면 맡기지 말고 맡길 수 있다고 생각돼서 맡겼으면 신용하라' 라는 뜻이다.

의심을 품고 있으면서 서로의 신뢰 관계가 만들어질 리는 없기 때문이다.

따라서 선의나 노파심 때문이라고 해도 도중에 끼어들거나 하면 좋은 결과를 얻을 수 없다.

또한 이런 식이라면 부하직원은 자립하기 어려워질 것이다.

서로가 이런 점을 알고 있는 것만으로도 상사와 부하직원의 관계는 호전될 것이다.

# 무능한 상사야말로
# 좋은 상사이다

상사를 무능하다고 말하는 사람이 있다.

그런 사람은 "상사가 무능하니까 일이 잘 안 풀려" 라든가 "무능한 상사와 있으니까 출세하기 어려워" 라고 말한다.

틀림없이 무능한 상사는 있다. 그리고 상사가 무능하다고 생각하는 사람도 있는 것처럼 상사가 무능한 만큼 부하직원을 곤경에 빠뜨리거나 손해를 끼치는 일도 있다.

그러나 무능하기 때문에 이득을 보는 일도 있다.

상사는 자신이 선택할 수 없다는 것과 직장생활은 상사와 어떻게 지낼 것인가라는 점이라고 이미 앞에서 말했는데 만약 상사가 무능하다면 그 무능한 상사와 어떻게 잘 지낼 것인가를 생각할 수밖에 없다.

이런 말을 하면 "정말 그래!" 라고 말하며 언제나 상사가 무능하다고 말하던 사람이 이렇게 주장할지도 모른다.

"상사가 무능해서 나는 상사의 무능함을 안주로 해서 술을 마시지" 라고 말이다.

하지만 조금 다른 식으로 생각해 보도록 하자.

예를 들어, '상사가 무능하니까 내가 무능해도 그런 대로 통용된다' 라든지 '상사가 무능하니까 직장을 바꿀 준비를 하면서 일을 해도 눈치도 못 채는군' 하는 식으로 생각해 보자.

그렇다면 등골이 오싹해질 수도 있다.

왜냐하면 '상사가 유능했다면 무능한 내가 버틸 수 있을까' 라든지 '상사가 유능했다면 직장을 바꿀 생각에 일이 손에 잡히지 않았을 테고 그 때문에 회사를 그만두라는 말을 들었을 거야' 라는 뜻으로도 생각할 수 있기 때문이다.

그러면 무능한 상사에게 감사하는 마음이 생길지도 모른다.

지금까지 무능해서 안 된다고 생각해서 좋은 관계를 유지하지 못했던 상사와 부하직원도 '무능해서 고맙습니다' 라고 생각한다면 새로운 우호 관계가 생길 것이다.

이런 식으로 생각할 수 있다면 여러분은 비즈니스맨 중의 한 명이라고 말할 수 있을 것이다.

# 잘 풀리지 않는 일과
# 공존하는 지혜

상사든, 동료든, 부하직원이든지 간에 지금까지 서로 알고 지내던 사람과 비교하면 도중에 입사한 사람과 친해지기는 어렵다.

그것은 상대를 잘 모르기 때문이다. 좀 더 구체적으로 말하면 어디서 무엇을 하던 사람인지 모르기 때문에 경계할 수밖에 없다고 말할 수 있다.

이것은 모르는 상대에 대해 동물이 표현하는 반응과 같은 것이다.

평생직장이 없어진 시대에 회사를 옮기는 것을 두려워하는 것은 이런 이유 때문일 것이다.

다른 회사에 가면 인간관계를 처음부터 하나씩 만들어야 한다.

솔직히 이런 일은 무척 괴로운 일이라고 말할 수 있다.

우리가 인사이동에 긴장하는 것도 자신이나 누군가가 출세하는가 못하는가 하는 이유 때문만은 아니다.

누구나 지금까지와는 다른 사람과의 만남을 두려워하고 있기 때문이다. 인사이동의 계절이 오면 모두가 불안해하는 것도 이 때문이다.

게다가 인사이동으로 온 사람이든 도중에 입사한 사람이든 그 사람이 들어옴으로 인해서 직장에서의 자신의 지위나 입장이 바뀌게 된다.

좋은 쪽으로 바뀐다면 문제될 것이 없지만 나빠질 수도 있다.

어떤 회사에 근무하는 30대 남성에게서 "헤드헌팅 같은 건 귀찮아" 라는 말을 들은 적이 있는데 이유는 유능한 녀석이 들어오면 자신의 위치가 위험하기 때문이라고 한다.

경쟁 사회에서는 이런 논리가 통용되지 않지만 근무하고 있는 사람의 입장이 되면 같은 생각을 가지고 있는 사람이 많을 것이다.

경쟁 심리는 상사나 동료, 부하직원 사이에도 존재하기 때문에 각각의 관계를 미묘하게 만들기도 한다.

그러나 이런 점 때문에 일어나는 문제는 좋은 것이 좋은 것이라는 식으로 해결되지 않는다.

모든 것을 이렇게 하다 보면 된다는 시원한 해결방법이 있는 것도 아니다. 그럴 때에는 어쩔 수 없는 일과 공존하는 수밖에 없다.

그것은 병을 고치는 것이 아니라 병과 공존한다는 생각을 가지는 것과 비슷하다.

# 직접 칭찬하기보다는
# 보이지 않는 곳에서 칭찬하라

장사로 돈을 버는 비법은 일단 상대에게 이익을 남겨주는 것이라고 한다. 그렇게 하면 '저 사람과 같이 장사를 하면 돈을 버는구나' 라고 생각하기 때문에 보다 많은 정보를 모아오거나 새로운 기회를 만들어 오기도 한다.

좋은 쇼핑을 했다고 생각하면 고객은 반드시 다시 물건을 사러 온다.

마찬가지로 상대방과 좋은 관계를 유지하고 싶다면 일단 상대를 좋게 해주어야 한다.

'모두 나쁜 놈이라고 해도 내게 잘해 주는 사람은 좋은 사람이다' 라는 말이 있는데 누구나 자신에게 잘해 주는 사람을 좋게 생각한다.

이와는 반대로 '당신이 미움을 받는 것은 당신이 상대방을 싫어하기 때문이다' 라는 말이 있다.

싫은 녀석이라고 생각하면서 만나면 상대방도 싫은 녀석이라고 생각할 것이라는 뜻이다.

그래서 좋은 관계를 유지하고 싶은 상대에게는 호의를 표시하거나 그 사람의 좋은 점을 칭찬하는 것이다.

그때 필요한 것이 적극적인 의사표시이다. 아무리 호의적이라고 하더라도 그것을 표현하지 않으면 상대방은 알 수가 없다.

쑥스러워하지 말고 상대방을 기쁘게 해주어야 한다.

그러나 이런 것은 접어두고 여기서는 좀 더 고도의 전술을 배워보자.

그 방법은 좋은 관계를 유지하고 싶은 A가 있다면 친하게 지내는 B에게 A를 칭찬하는 방법이다.

물론 자신이 얼마나 A에게 호의를 가지고 있는가 라는 점을 얘기해도 괜찮다.

그렇게 하면 B에게서 A에게 전해질 것이다.

누구나 칭찬을 받거나 상대방에게 호의를 느끼면 기뻐하는데 직접적이라면 상술이라고 생각하기도 한다.

그러나 "그 사람이 당신을 칭찬하던데" 라는 말을 들으면 그런 것은 그다지 의심 없이 믿게 된다.

상대방이 상사든 부하직원이든 좋은 관계를 유지하고 싶다면 이 방법을 활용해 보자. 틀림없이 잘 될 것이다

# 펜네임이나
# 라디오네임을 가져라

신경 쓰이는 일이 있으면 마음이 편하지가 않다.

회사에서 상사나 부하직원과 무언가가 잘 풀리질 않을 때에는 마음이 무거워진다.

그것은 상대방이나 주변 상황 때문에 자신이 생각하는 것을 솔직하게 표현하지 못하기 때문이다.

이럴 때 그 해결 방법으로써 펜네임이나 라디오네임을 가져 보는 것은 어떨까.

물론 신문이나 잡지, 라디오 등에 투고하기 위해서이다.

투고되거나 방송된 것에 의해서 얻어지는 상금이나 상품이 목적이 아니다.

물론 받을 수 있다면 받아야 하지만 말이다.

그렇다면 무엇 때문에 이렇게 하는가. 자기표현을 위해서이다.

자기표현을 하기 위해서 펜네임이나 라디오네임을 사용하는 것은 익명으로 발언하는 것과 같은 효과를 얻을 수 있기 때문이다.

회사에서 자신을 자유롭게 표현하지 못하는 이유는 누구에게나 회사에서의 얼굴이 있고 그 얼굴로는 말하지 못하는 것이나 할 수 없는 일이 있기 때문이다.

만약 회사의 얼굴로 그렇게 했다고 하면 주변과의 인간관계가 무너지거나 트러블이 일어날 가능성이 있지 않을까.

그렇기 때문에 회사에서는 말하고 싶은 것이나 하고 싶은 일을 참을 수밖에 없다.

하지만 만약 자신이 투명 인간이고 누구에게도 보이지 않는 존재라면 무엇을 말하든지 무엇을 하든지 그 결과가 자신에게 돌아올 일은 없다.

익명에서는 그것과 같은 효과를 기대할 수 있다.

회사에서는 하지 못했던 말을 회사 밖에서 발산하는 방법도 있지만 그 장소에서 사회적인 파장이 일게 된다면 본인의 이름까지 회사로 전해질 것이다.

그리고 그 일로 인해서 회사에서의 입장이 안 좋아질 것이다.

하지만 펜네임이나 라디오네임이 있다면 자신을 자유롭게 표현할 수 있을 것이다.

그것이 인쇄되거나 전파를 타는 것은 자신이 인정을 받았다는 뜻이다.

옛말에 '생각한 것을 말하지 않으면 배가 불러오는 듯한 기분이 든다'라는 말이 있다.

인터넷에 빠지는 것도 그와 마찬가지로 익명으로 발신할 수 있기 때문이 아닐까.

# 커뮤니케이션을
# 잘 할 수 있는 방법

"회사에서 옆에 앉은 사람이 무엇을 하는지 잘 모르겠다" 라는 말을 자주 듣는다. 모두가 전화로 이야기하고 있을 때는 듣지 않으려고 해도 누구와 말하는지 어떤 용건인지 대강 알 수는 있었지만 말이다.

지금은 무엇이든 이메일로 소통하는 시대가 되었기 때문에 옆에 있는 사람에게 어떤 이메일이 왔는지 알 수가 없다.

열심히 컴퓨터 앞에 앉아는 있어도 일을 하는지 안 하는지 조차 알 수 없다.

동창회 명부를 만들거나, 쇼핑을 즐기거나, 친구와 농담을 하고 있어도 열심히 일을 하는 것처럼 보인다.

그래서 직장에서도 개개인이 이탈되고 상호간의 커뮤니케이션이 제대로 이루어질 수 없는 것이다.

커뮤니케이션이라는 것은 하고 싶을 때만 말을 한다고 되는 일이 아니다.

용건이 끝났다고 모든 것이 끝난 것은 아니다.
그런 식으로 지내다 보면 서로의 인간적인 접촉은 없어진다.
그것이 상사나 동료, 부하직원과의 관계가 제대로 이루어지지 않는 원인이 되기도 한다.

회사는 일을 하는 곳이지만 조직내외의 커뮤니케이션이 제대로 이루어지지 않으면 일을 할 수가 없다.
때문에 일 속에는 커뮤니케이션을 잘하는 것도 포함되어 있다고 생각해야 한다.

어쨌든 일 때문에 사람과 만나도 자세한 것은 나중에 이메일로 보내겠다고 한다면 인간적인 대화가 어려워지는 인간이 되어 버릴 것이다.
그러고 보면 휴대폰으로 계속해서 대화를 나누어도 그것은 대화라기보다는 서로의 독백이라고 하는 편이 어울리는 경우가 많을 것이다.

지금의 직장에서는 얼굴을 마주하고 대화나 잡담을 나누는 기회가 적어짐으로써 서로의 커뮤니케이션이 이루어지지 못하는 면도 있다.
이럴 때에 농담이나 유머를 해보는 것도 직장에서의 스트레스 해결에 도움이 되지 않을까.

# 사람이라고
# 다 같은 생각을
# 하는 것은 아니다

상사가 "한잔할까" 라고 말을 하자 젊은 사원이 "잔업 수당은 나오나요?" 라는 질문을 했다는 얘기가 있다.

이런 얘기를 들으면 중년 이상의 사람들은 "그래서 요즘 젊은 것들은…" 이라고 반응을 한다.

그러나 함께 술을 마시기 싫은 사람과 술을 마셔야 한다면 그 대가를 받는 것은 당연하다고 생각하는 사람에게는 당연한 요구인 것이다.

예전에 필자도 회사 회식에 참석하라는 지시를 받으면서 음식이 있는 장소에서의 일은 잔업 수당이 안 나온다는 설명에 무슨 소리냐고 생각한 적이 있다.

그렇기 때문에 상사가 술을 마시러 가자고 했을 때 "잔업 수당은 나오나요?" 라고 질문한 젊은 사원이 이상하게 생각되지 않는다.

요즘에는 실제로 잔업 수당을 받는지 어떤지는 둘째치고 회식은 회사일이니까 고객 접대를 하는 사원에게 잔업 수당을 지급하는 것이 당연하다는 말에 이의를 제기할 사람은 없을 것이다.

하지만 얼마 전까지만 해도 회사의 행사는 무보수로 참가하는 것이야말로 당연한 사원의 의무였다.


다시 말해서 시대는 변했고 가치관도 변했다.

그리고 이 세상에는 다양한 가치관이나 행동 양식이 있다. 그것과는 상관없이 자신을 주장하고 있다.

물론 그렇게 자신을 주장하는 것은 좋지만 자신만이 옳다고 생각한다면 곤란하다.

요즘 젊은이는 너무 모른다고 생각하는 것과 마찬가지로 젊은이가 자신이 알고 있는 것을 모른다는 뜻일 테지만, 그 사람은 젊은이는 알고 있는 것을 자신은 모르고 있다는 것을 아직 모르고 있다.

민주주의나 평등사상에 의한 영향도 있어서 인간은 모두 똑 같다고 생각하기 쉽다.

그렇기 때문에 자신과 다른 사람은 이상하다고 생각하기 쉽다.

하지만 잔업 수당 한 가지만 두고 보더라도 사람에 따라서 생각은 여러 가지이다.

직장에서도 이런 점을 이해한다면 상대방을 일방적으로 공격하는 일은 없을 것이다.

또한 상대방에 대한 여유도 생기고 지금보다 더 좋은 인간관계를 만들 수 있을 것이다.

# 일은 제대로
# 하고 있는가

누구에게나 취향이 있다.

마음이 맞는 사람과 맞지 않는 사람도 있고 상대방과 생리적으로 맞지 않는 사람도 있다.

이러한 점이 직장의 인간관계가 잘 이루어지지 않는다는 이유로 들 수 있을 것이다. 이런 것은 아무도 부정할 수 없다.

그러나 또 하나 직장의 인간관계를 좌우하는 문제가 있다.

그것은 서로가 일을 잘하고 있는가 하는 점이다.

우리들은 인간관계가 제대로 이루어지지 않는 원인을 상대방에게서 찾으려고 하거나 환경 탓을 하려고 한다.

하지만 자신에게 문제가 있는 것은 아닌지 생각해 보아야 한다.

여러분은 주변 사람들에게 '저 사람에게 맡기면 괜찮아' 라고 여겨지고 있는가.

아니면 '저 사람에게 맡겨도 되지만 저 사람이 제대로 할 수 있을까' 라고 여겨지고 있는가. 만약 전자라면 직장에서의 인간관계는 꽤 좋은 편일 것이다.

하지만 후자라면 인간관계가 제대로 이루어지지 않은 상태일 것이다.

그것은 누구나 일을 제대로 하지 않는 사람과 함께 일하고 싶어 하지 않기 때문이다.

그런데도 조직에서 겉도는 것은 모두가 협조적이지 않기 때문이라고 불만이나 불평을 늘어놓지만 아무도 들어주지 않는다.

이것이 사무실에 있어서의 기본이다.

따라서 기분 좋게 일하고 싶다면 제대로 일을 해야 한다.

그렇게 하면 인간관계도 좋아지고 "이것을 부탁드립니다" 라는 말을 듣거나 "이 일을 함께 하자" 라는 식이 된다.

그 결과 모든 것이 플러스 방향으로 전환된다.

세상에는 여러 종류의 인간관계가 있지만 직장에서의 인간관계는 비즈니스를 사이에 두는 인간과 인간의 관계라는 것을 잊지 않도록 하자.

상사와 부하가 좋은 인간관계를 맺지 못하는 원인이 일 때문만은 아니지만 서로가 일을 제대로 하지 못할 경우에는 예외 없이 인간관계가 나빠진다.

# 언제나 현재를
# 기준으로 삼아라

옛말에 '지나가는 것은 시간이 갈수록 빨라진다' 라는 말이 있다.

의미는 아무리 친했던 사람도 죽어 버리면 시간이 갈수록 잊혀진다거나 살아 있다고 해도 서로 멀리 떨어져 있으면 점점 안 찾게 되고 잊혀진다는 뜻이다.

회사의 상사와 부하직원이라는 관계도 회사에 근무할 때뿐이다.

회사를 그만 둔 사람 중에는 지금까지 오던 연락이 안 온다고 비관하면서 화가 섞인 어조로 말하는 사람을 볼 수 있는데 이것은 어쩔 수 없는 일이다.

지금까지 연락이 왔던 것은 서로의 이해관계가 있었기 때문이다.

하지만 퇴직해 버리면 이익관계는 사라진다.

인간은 이해관계가 없는 사람과는 사귀지 않는 동물이다.

회사를 그만두고 나서도 회사를 다닐 때처럼 인간관계에 대해 생각에 잠기거나 이것저것 걱정하는 사람이 있는데 그렇게 신경쓸 필요가 없다.

그렇게까지 하지 않아도 모임에 참석하지 않으면 누군가가 험담을 하지 않을까 걱정하거나 참석하면 회사에 있었을 때 사이가 안 좋았던 사람과 마주칠지도 모른다는 식으로 걱정하는 사람이 꽤 있다.

하지만 그런 일로 언제까지나 걱정할 필요는 없다.

사람과 사람 사이에는 여러 가지 일이 있지만 긍정적으로 살아가기 위해서는 언제나 현재를 기준으로 해야 한다.
현재의 자신을 생각해서 모임에 참석하는 편이 플러스가 된다면 참석하면 되는 것이고 그럴 필요가 없다면 참석하지 않으면 되는 것이다.

단지 참석하는 편이 좋다고 판단돼서 참석한 경우에는 싫어하는 사람과 어떻게든 잘 지내려고 노력하는 것도 중요하다.
그런 자세는 회사를 다닐 때도 마찬가지이다.

왜냐하면 그렇게 하는 편이 자신의 이익을 지킬 수 있기 때문이다.

최강 대처력 7
사내 연애나
왕따로
힘들 때

# 남자와 여자가
# 같이 있는 직장이 좋다

일이 바쁘거나 아무리 열심히 일해도 좋은 결과를 얻지 못하면 괜히 짜증이 나거나 신경질적이 된다.

이것은 개인뿐만이 아니라 집단의 경우라 해도 마찬가지이다.

그렇게 되면 평소에는 아무렇지도 않았던 일로 상사가 부하직원에게 화를 내거나 동료 간의 다툼으로 번지기도 한다.

이것은 집단 따돌림의 발단으로 바뀌기도 한다.

"○○사와의 상담은 잘 끝났겠지?"

"그게, 아직…"

"어, 아직? 무슨 소릴 하는 거야. 꾸물거리지 마!"

이런 식으로 대화가 부드럽지 못하게 된다.

이것은 그 사람 안에 쌓여 있는 스트레스가 밖으로 표출된 점도 있다고 할 수 있다.

말하자면 그만큼 정신 상태가 불안정하다는 얘기이다.

또한 꾸중을 들은 쪽도 같은 상태이기 때문에 항상 듣던 말이라도 화가 치밀며 '누가 꾸물거린다는 거야!' 라는 생각을 하게 된다.

그리고 그 말을 직접 하지는 않더라도 얼굴색은 변할 것이다.

그러면 "뭐야. 왜 그런 얼굴을 하는 거야!" 라는 식이 될 것이다.

꾸물거린다는 말을 꺼낸 쪽은 '제대로 일을 안 한 것은 너잖아' 라는 생각에 화가 날 테고 잘못은 상대방에게 있다면 자신의 입장을 주장한다. 하지만 꾸물거린다는 말을 들은 쪽은 그렇게까지 말할 필요는 없다고 생각하며 반발한다.

그리고 '이 사람은 언제나 이러니까' 라고 상대방에 대해서 불쾌감을 느낄 것이다.

단지 여러 가지 관점에서 관찰해 보면 이런 사건은 남자들만 있거나 여자들만 있는 직장에서 일어나기 쉽다.

왜냐하면 남자나 여자나 이성이 있는 곳에서는 자신을 좋게 보이려는 습성이 있기 때문이다.

이것은 무의식적인 것으로 본능이라고도 말한다.

그렇기 때문에 남자들만 있는 직장, 여자들만 있는 직장을 만들지 않는 편이 다툼이나 집단 따돌림을 없애는 한 가지 방법이다.

또한 남자들만의 직장에 여자를, 여자들만의 직장에 남자를 진출시킴으로써 직장의 남녀평등도 도모할 수 있게 된다.

# 독재 경영자는
# 가까이 하지 마라

개인 회사나 가족 단위의 회사 사장은 아무래도 독재화되기 쉽다.

주식회사의 형식을 취하고 있어도 사장의 사고방식 속에는 자신의 회사라는 의식이 강하기 때문이다

어떤 조직이라도 마찬가지겠지만 그런 회사에서는 특히 사장에게 잘 보이지 않으면 출세할 수 없다.

그래서 많은 사람들이 예스맨이 되고 아부를 떨게 된다.

하지만 그런 사람을 조금 장기적으로 관찰하면 그렇게 해서 사장에게 가까이 다가갔다고 항상 좋은 결과만을 가져오는 것은 아니다.

틀림없이 사장의 마음에 든 사람들은 처음에는 환영받고 다른 사람보다 출세도 빠르다.

일반적으로 말해서 상사에게 괴롭힘을 받는 대상이 되는 사람은 꼬리를 살랑살랑 흔드는 사원보다 그렇지 않은 사원이다.

그래서 이런 식으로 사장에게 가까이 가는 것이 괴롭힘의 예방이 된다.

하지만 독재 경영식의 사장은 마음이 쉽게 변하는 편이라고 할 수 있다.

좋을 때는 좋지만 나쁠 때는 갑자기 차가워진다.
그렇게 되면 손바닥 뒤집듯이 그 사람은 괴롭힘의 대상이 되어 버린다.
주변 사람과의 트러블은 감정이 원인이 되기 때문에 이유도 없이 뒤에서 괴롭힘을 받는 대상이 된다.
그렇게 되면 힘에서 크게 밀리는 사람은 상대방이 원하는 대로 끌려 다닐 수밖에 없다. 이럴 때의 괴롭힘은 일반 사원이 받는 괴롭힘의 몇 배나 힘든 일이다.

독재 경영식 회사에서는 사장에게 가까이 간 사람은 모두 쫓겨났다는 것을 알고 있어도 자신만은 다른 사람과 다르다고 믿고 싶어하고 결국에는 자신도 초라한 말로를 걷게 된다.

따라서 그런 회사에 근무하는 사람은 오히려 사장에게 가까이 가지 않는 것이 괴롭힘도 안 당하고 살아남을 수 있는 방법이다.
샐러리맨에게도 여러 가지 선택이 있다는 것을 잊지 말도록 하자.

# 목소리를 높일 수 있는
# 용기를 가져라

아이들은 반항하지 않는 동물을 괴롭힌다.

그것은 압도적으로 우위에 서 있는 자신을 확인하기 위한 행위이기도 하다.

그래서 잠자리의 날개를 뜯거나 개구리를 밟아서 죽이기도 한다.

그렇게 얼마든지 괴롭혀도 동물들은 반항하지 못한다는 것을 알고 있기 때문이다.

이런 일은 상대가 인간이라고 해도 마찬가지이다.

상대가 약하거나 반항하지 않으면 더욱 괴롭힌다.

물론 그런 짓을 하는 것은 아이들만은 아니다. 어른의 세계에서도 자주 볼 수 있다.

약한 자는 괴롭히지 말라는 말은 처음부터 이긴다는 것을 알고 있고 그 사람을 상대할 때를 말하며 그 결과는 자기 확인 이외에 아무 것도 아니라는 것을 알고 있는 사람의 말이다.

하지만 자기에게 자신이 없는 사람일수록 이길 수 있는 사람을 상대로 해서 이겼다고 확인하고 자신이 없는 스스로를 안심시키려고 한다.

이런 점들을 인식하고 부당하게 생각하는 점이나 자신이 싫어하는 일을 당했을 때에 이것은 부당하다 라거나 이런 것은 싫다고 의사표현을 할 필요가 있다.

이것이 괴롭힘을 안 당하기 위한 가장 효과적인 방법이다.

많은 괴롭힘을 당한 희생자에게 공통적으로 발견되는 것은 언제나 조용히 혼자서 참는다는 것이다.

알고는 있지만 그렇게 못하니까 라고 고민하는 마음을 이해하지 못하는 것은 아니지만 자신의 의사 표현을 하지 않는 한 괴롭힘은 끝나지 않는다.

직장에서도 자신이 없는 상사일수록 상사의 권위를 내세우면서 무리한 요구를 한다.

예를 들어, 유급 휴가를 쓰려고 하면 쉬지 말라는 식으로 말한다.

그런 행동을 하는 이유는 부하직원이 원하는 대로 두면 자신의 관리능력이 의심받지 않을까 하는 소심함 때문이고 무능한 중간 관리직에서 자주 찾아볼 수 있다.


그들에게 그런 점이 부당하다는 것을 이쪽에서 어필하지 않으면 부당한 요구를 상사의 권한이라고 착각한다.

그런 비겁한 상사의 괴롭힘을 가만히 참을 필요는 없다.

# 사람은 한 번 좌절할 때마다
# 어른이 된다

모두의 태도가 왠지 전과는 달라진 것을 느낄 때가 있다.

주변 사람에게 물어보면 그렇지 않다고는 말하지만 이때에도 왠지 자신과 거리를 두려는 듯한 느낌을 받을 때가 있다.

그래서 더욱 여기저기를 알아보는 동안 자신이 과장이나 부장과 사이가 안 좋다는 소문이 언제부터인가 떠돌고 있다는 것을 알게 된다.

모든 사람이 왠지 다른 사람 대하듯 하는 것은 그런 정보에 모두 민감해져 있기 때문이다.

직장에서는 누구나 상사의 기분을 살피게 되기 때문이다.

그런 소문이 아무런 근거가 없다고 해도 일단은 '배나무 밑에서 갓 고쳐 쓰지 말고 오이 밭에서 신발 끈 매지 마라' 라는 식이다.

회사를 다니면 이런 상황에 부딪히는 경우가 있다.


그래서 동료가 상사에게 괴롭힘을 당해도 그런 일은 없었다는 듯이 내색하지 않는 것이 샐러리맨의 처세술이다.

아니 그것은 샐러리맨뿐만이 아니라 이 세상 모든 것에 적용된다.

그리고 될 수 있으면 연관되지 말자는 것이 현실이다.


그것은 어떤 의미에서는 불행한 일이다.

하지만 그런 체험을 겪고 나면 나중에 인생에 있어서 많은 참고가 될 것이다.

사람은 이렇게 좌절할 때마다 조금씩 성장해 간다.


"사내 연애가 왜 나쁜데?" 라고 질문하면 누구나 "아니, 나쁘지 않아" 라고 대답하지만 주변에 사내 연애 커플이 있으면 그다지 호의적이지 않은 소문이 흐르거나 비난하는 목소리가 나오기도 한다.


이렇게 하나씩 인간학은 습득된다.

그렇게 생각하면 주변에서 왠지 차갑게 대했던 경험도 나중에는 활용하게 될 수도 있다.

사람은 아무런 상처 없이 일생을 보낼 수는 없고 고난이 사람을 빛나게 한다는 말처럼 그렇게 된다.

괴로운 만큼 사람의 스케일도 그만큼 커지는 것이다.

# 힘들 때일수록
# 룰을 지켜라

칠판에 귀사 시간을 세 시라고 적고 외근을 나가서 세 시에 돌아오니까 상사가 "두 시에 돌아온다고 써놓고 지금까지 어디서 뭐 한 거야!" 라는 꾸중을 들었다는 얘기를 들은 적이 있다.

귀사 시간을 칠판에 세 시라고 적고 나간 본인은 어리둥절해 하며 칠판을 보니 확실히 두 시라고 적혀 있었다고 한다.

하지만 그 글자를 보는 순간 '앗! 또 당했다' 라고 생각했다고 한다.
그 얘기는 자신이 세 시라고 쓴 글자가 두 시라고 고쳐져 있는 것을 바로 알 수 있었다는 것이다.

누군지는 모르지만 칠판 글씨를 조작한 사람이 있었다.

그리고 그 사람은 자신이 상사에게 혼나는 것을 웃으면서 보고 있을 게 틀림없다는 것이다.

이런 얘기를 들으면 사내에서의 괴롭힘은 그 방법도 여러 가지가 있다는 것을 알 수 있다.

괴롭히는 방법으로 자주 듣는 말에는 "안녕하세요" 라고 인사를 해도 모르는 척하거나, 책상 위에 올려 둔 책이 버려져 있거나, 갑작스러운 회의가 있는 것을 자신만 모르고 있는 일 등이다.

이런 일을 당하면 '왜일까?' 라고 생각하고 점점 기분이 나빠진다.
그렇게 되면 회사로 향하는 발걸음이 무거워지고 집을 나서는 시간이 늦어져서 지각하는 일이 많아진다.
그리고 지각 때문에 주의를 자주 받게 되고 "저 친구는 안 돼" 라는 얘기를 듣게 된다.

따라서 주변에서 무언가 이상하다고 느끼거나 괴롭힘을 당할 때는 절대로 규칙을 지켜야 한다.
괴롭힘의 이유에는 자신에게 책임이 없는 경우가 많지만 규칙을 지키지 않으면 그것은 누구나 따돌리는 이유가 된다.

그렇기 때문에 괴롭힘을 당할 때는 회사의 규칙을 엄수하도록 한다.

# 때로는 샌드백 역할도
# 해야 한다

'일이 잘되지 않는 것은 모두 ○○때문이다' 라는 식으로 하면 집단에 결속력이 생기거나 집단이 안정되기도 한다.

구체적으로는 누군가의 탓이나 나쁜 사람을 만들어서 잘 안 될 때에 모든 것을 그 탓으로 하는 것이다.

그렇게 함으로써 그 집단에 속한 사람들은 잘못한 일이 없고 언제나 정당한 사람으로 남을 수 있기 때문이다.

안 좋은 상황이 일어나면 "우리들은 할 일을 했는데 잘 안 된 것은 모두 ○○탓이야" 라고 함으로써 자신들의 책임을 다른 곳으로 전가할 수 있다.

이런 부분은 인간의 혐오스러운 점이지만 이것도 사실임을 인정해야 한다.

역사상 A 종교나 B 종교 간의 전쟁이나 C 민족과 D 민족의 전쟁에도 이런 부분은 있었고 학교에서의 집단 괴롭힘에도 비슷한 점을 찾아볼 수 있다.

회사도 하나의 집단이기 때문에 가끔 나쁜 사람을 만들려고 한다.

특히 매출이 늘지 않거나 월급이 줄어드는 등의 불만이 있을 때 그 사람 때문이라고 특정한 사람을 만들어서 불평불만을 늘어놓는다.

그렇다고 해도 나쁜 사람이 되는 쪽은 괴로울 수밖에 없다.

자신과 전혀 관계없는 것까지 자신 때문이라는 상황이 되어 버리기 때문이다.

그래서 괴롭혀서는 안 된다.

하지만 필자 선배 중에는 일부러 샌드백이 되어 괴롭힘의 역할을 맡는 사람도 있다.

그것은 조직 안에 있어서 자신의 역할이라고 생각하기 때문이다.

그래서 본인은 의외로 태연하다. 그것은 '괴롭힘을 당하고 있다' 가 아니라 '괴롭힘을 당해 주고 있다' 고 생각하기 때문이다.

이런 일은 누구나 할 수 있는 일은 아니지만 그런 사고방식도 있다는 것을 알아두길 바란다.

# 화제를 바꿀 수 있는
# 재능과 감각을 지녀라

신문이나 잡지를 펼치면 여러 종류의 기사를 볼 수 있다.

커다란 활자로 많은 자리를 차지하는 것일수록 사회적인 파장도 크지만 아무리 작은 자리를 차지하는 기사라도 하나하나가 당사자에게는 어떤 사건보다 중요한 문제이다.

텔레비전을 보거나 라디오를 듣더라도 마찬가지이다.
계속해서 사건이 보도되고 듣는 사람들은 주의를 기울인다.

하지만 그렇게 보도된 사건은 결국 언젠가는 잊혀진다.
옛말에 '소문도 75일만 지나면 잊혀진다' 라는 말이 있는데 현재처럼 많은 종류의 복잡한 정보가 끝없이 쏟아지는 시대에는 하루만 지나면 잊혀진다.

어제 신문의 헤드라인이 무엇이었는지 기억하는 사람은 적다.

따라서 신경을 쓰던 소문도 시간이 경과하면 당연히 잊혀질 것이다.

"다른 사람 일은 쉽게 말할 수 있지"라고 말하면 사실 그런 부분도 있지만 여러분은 입사해서 지금까지 들었던 소문 중에서 지금도 흥미를 느끼는 소문은 얼마나 되는가.

사실 대부분의 소문은 이미 잊혀지지 않았을까.

'그건 그렇지만…'이라고 생각은 하지만 아직도 안심이 안 되는 사람은 다른 사람들이 관심을 보일만한 새로운 뉴스를 만들어서 흘려보자. 정보 사회에 사는 사람들은 정보를 먹고 살아가는 부분이 있다.
그리고 언제나 새로운 뉴스를 원하는 성향이 있기 때문에 새로운 뉴스에는 민감하게 반응한다. 그와 동시에 어제 돌던 뉴스는 버릴 것이다.

신문의 헤드라인이 될 만한 사건이 일어나지 않으면 다른 사건이 헤드라인이 되는 것처럼 그 반대의 발상으로 자신의 소문이 싫다면 다른 뉴스를 제공하면 된다는 것도 금방 이해가 될 것이다.

이와 같이 뉴스를 바꿔쳐 버리는 재능을 갖도록 하자.

# 소문조차도 나지 못하는 사람은 출세하지 못한다

괴롭힘을 당해서 기운이 빠진 사람을 보고 있으면 더 괴롭히고 싶어지는 게 괴롭히는 사람들의 심리이다.

그렇게 하는 이유는 자신이 괴롭혀서 나타나는 효과를 더욱 강하게 함으로써 자신의 힘과 존재감을 나타내려는 자기만족 때문이다.

그래서 괴롭힘의 효과가 확실하게 나타나는 상대를 앞에 두고 "더 해, 더 해!" 라고 외치는 것이다.

이런 괴롭힘뿐만이 아니라 자신의 약점이 드러나면 그 약점을 공격당하는 일은 세상에 얼마든지 있다.

권투에서 응원하는 선수가 상대를 공격하면 팬은 "더 때려!" 라고 함성을 지른다.

그러면서 "지금 상대방은 턱이 약해! 거기를 때려!" 라든지 "거기가 상대의 약점이다! 때려!" 라고 말한다.

반대로 주먹으로 맞아도 아무렇지 않은 얼굴로 서 있다면 다른 곳을 공격하려고 할 것이다.

그렇기 때문에 좋지 않은 소문이 돌거나 괴롭힘을 당하면 그런 것은 아무렇지도 않다는 식의 자세를 취해야 한다.

그런 와중에 자신을 탐색하면서 여러 가지로 자신의 흉을 보는 사람이 있다고 말하면서 가까이 다가오는 사람도 있을 것이다.
하지만 그럴 때에도 동요하는 기색을 보여서는 안 된다.

"내 소문이 돈다면 반갑지요. 소문도 돌지 않는 사람은 출세도 못한다고 하잖아요" 라는 식으로 가볍게 받아치는 정도로 끝내도록 하자.

이런 말이 있다. '끝이라고 생각할 때야말로 진짜 끝이다.'

힘들 때일수록 언제나 당당하게 대처하지 않으면 안 된다.

# 봐도 못 본 척 하는 것은
# 구세대의 룰이다

'그 녀석은 일은 팽개치고 경마장에 갔다' 라는 식의 소문이 돈 적이
있다.

그럴 때 누구나 '어떻게 그런 것까지 알았을까' 라고 생각한다.
'틀림없이 나는 근무 시간 중에 경마장에 갔지만 누가 그것을 봤을까'
라는 뜻이다.

그리고 '아, 그렇구나' 라고 눈치채는 경우가 있다.

'소문을 흘린 건 Y구나' 라고 알게 된다.

그렇게 알 수 있었던 것은 경마장에서 Y의 모습을 봤기 때문이다.
하지만 그때 필자는 '못 본 척하자' 고 생각하고 일부러 말을 걸지 않았

고 그것이 규칙이라고 생각했다.

하지만 Y는 경마장에서 동료를 보는 순간 '저 친구가 경마장에 간 것을 소문내야지'라고 생각하며 그래야만 자신이 경마장에 갔었던 일이 소문나지 않을 것이라고 계산했다.

'공격은 최대의 방어'라는 말처럼 자신에게 안 좋은 소문이 퍼지지 않도록 하기 위해서는 다른 사람과 같은 얘기를 흘리는 작전을 편 것이다.

이런 일은 흔한 일이다.

'K와 S가 같이 호텔로 들어가더라'라는 식의 소문이 퍼지는 경우가 있는데 그것은 소문을 퍼뜨린 발신원이 같은 호텔에 있었기 때문이다.
물론 그런 소문을 흘린 사람은 '그들이 들어가는 것을 자신이 봤다'라고는 말하지 않고 들어가는 것을 본 사람에게 들었다'라는 식으로 말할 것이다.
그것은 어쨌든 잘한 일이든 잘못한 일이든 같은 일을 했지만 상대방에게 선제 공격을 받지 않기 위해서는 상대방을 공범자로 만들어야 한다.
다시 말해서 못 본 척하는 것이 아니라 "웬일이야"라는 식으로 말을 거는 것이다.
그러면 앞으로는 상대방도 일방적인 소문은 흘릴 수 없게 된다.

못 본 척하는 것은 이제는 옛날의 룰일 뿐이다.

# 마음의 피곤함을
# 몸의 피곤함으로 바꿔라

인간은 무책임하게 재미있는 얘기를 좋아한다.


무슨 뜻인가 하면 소문이 날 만한 소재나 남의 잘못은 누구라고 할 것 없이 흥미를 느끼기 때문이다.

게다가 그런 소문에 이것저것 살을 덧붙이기도 한다.

그래서 장본인이 자신의 소문을 듣고는 "어? 어떻게 그런 식으로 소문이 낫지?" 하는 경우가 많다.


"I씨가 경리과의 O씨에게 차였대"였던 얘기가 "O양은 한 남자에게 만족을 못한대" 라든지, "I씨는 엄청난 바람둥이로 O양뿐만 아니라 S양에게도, T양에게도 집적거리다가 그걸 O양에게 들켜서 차였대" 라는 식으로 말도 안 되게 퍼져 나간다.

자신과는 관계없는 얘기라고 생각해도 그런 얘기를 들으면 장본인은 기분이 상할 수밖에 없다.

"쓸데없는 말에 신경쓰지마" 라든가 "걱정하지마" 라고 어드바이스를 할 수 있지만 이런 케이스는 본인이 훌훌 털어 버릴 필요가 있다.

이런 소문 때문에 힘들어하는 사람이 소문에서 빠져 나오려면 어떻게 하면 좋을까.

이럴 때는 소문의 세계에서 멀어지는 것이 제일 좋다.
다시 말해서 의식적으로 회사와는 관계없는 친구와 술을 마시거나 놀면 된다.
적어도 그런 소문이 돌 때는 회사와의 관계없는 곳에서 자신을 추슬러야 정신적인 안정을 취할 수 있다.

또한 수영이나 조깅, 등산 등을 함으로써 기분을 풀고 다른 일에 집중해 보도록 하자. 게다가 몸이 피곤하면 잠도 잘 잘 수 있다.
이렇게 하면 걱정하는 시간도 줄어들 것이다.

일반적으로 마음의 피곤은 몸의 피곤으로 바꿈으로써 마음을 편안히 할 수 있다고 한다.

꼭 한번 해보도록 하자.

# 성희롱 대책을
# 알아보자

성희롱이라는 것은 성적인 괴롭힘이라고 하는데 그 구체적인 예로는 다음과 같은 것들을 말한다.

(1) 인사이동에서 좋은 조건을 제시하며 추근댄다.

(2) 업무상의 지시 등으로 개인적인 접촉을 노린다.

(3) 식사나 데이트를 억지로 요구한다.

(4) 가슴이나 다리를 계속 쳐다본다.

(5) 직장에서 야한 사진을 본다.

다시 말할 필요도 없이 이와 비슷한 행위를 당하는 쪽은 "그만두세요"라고 말하는 것이 당연하다.

따라서 일반적으로 성희롱이라고 말할 수 있는 것이 존재한다는 것은 사실이다.

하지만 같은 행위라도 어떤 사람은 성희롱이라고 생각하고 어떤 사람은 그렇지 않다고 생각할 수도 있는 것이다.

이 부분이 문제의 가장 어려운 곳이다.

왜냐하면 어떤 사람이 성적인 의미 없이 말한 것이 성희롱이 되어 버릴 수도 있기 때문이다.

예를 들어, "아직 결혼 안 해?" 라는 말에 어느 부분이 성희롱에 걸리는지 모르는 사람이 많기 때문이다.

어쨌든 상식적으로 생각해서 성희롱을 하지 않으려면 같은 사무실의 직원이라고 해도 그다지 마음이 맞지 않는 이성과는 같이 있어서는 안 된다. 왜냐하면 좋아하는 사람에 대한 허용 범위보다 그렇지 않은 사람에 대한 허용 범위는 많이 줄어들기 때문이다.

상대가 싫은 사람과 둘만 있게 되는 경우 같이 있기 싫은 압박감을 느끼는 사람도 있을 것이다.

그렇게 되면 그 사람의 존재 자체가 그렇게 느끼는 사람에게 있어서는 성희롱이기 때문이다.

이와 같은 성희롱 문제는 정답이 없는데 어쨌든 이성과 같이 있는 경우에는 언제나 상대와 조금 떨어진 곳에 있도록 하자.

또한 앉아 있는 경우라면 테이블을 사이에 두고 앉도록 하자.

긴 의자에 같이 앉지 않도록 하면 자연스럽게 물리적인 성희롱은 하지 않을 수 있다.

# 정색을 해보는 것도
# 재미있다

텔레비전의 리포터가 연애나 이혼한 연예인에게 질문하는 장면을 보면 그들의 질문에 연애를 하거나 이혼을 하는 것은 보통 사람과는 다른 사람이 하는 것이라는 전제가 깔려 있는 것처럼 느껴진다.

"○○씨와는 어떤 관계입니까?' 라든지 "어젯밤 ○○씨의 아파트에 묵었습니까?" 등으로 이성과의 관계를 밝히려고 하는데 이성과의 관계는 누구나 가지고 있는 것이고 그 중에는 일부러 밝히고 싶지 않은 것도 있다.

연애하는 것이 잘못됐다는 말투로 질문하는 리포터에게 연예인이 "당신은 연애하지 않나요?' 라든지 "당신은 여자(남자)의 아파트에 묵은 적이 없나요?" 라고 질문해 보면 재미있을 것이라고 생각해 보았다.

"사내 연애를 한다고? 정말 대단한데" 라든지 "그 사람과 그 사람은 어

떤 식으로 사귈까” 라고 떠드는 사람들에게 “당신은 연애해 본 적 없나
요?” 라든지 “모두 하는 일이지 않아요” 라고 물어 보고 상대의 반응을
지켜보는 것도 재미있지 않을까.

업무상의 실수 때문에 소문이 떠돈다면 “당신은 한 번도 실수한 적이
없습니까?” 라고 상대방에게 정면으로 물어보면 어떨까.

업무상의 실수는 누구나 하니까 자신도 괜찮다는 것은 아니다

하지만 나쁜 소문이 떠돌거나 괴롭힘을 당하고 있을 때 “당신도 실수
를 한 적이 있잖아요” 라고 되물어 보면 누구나 속으로는 켕기는 것이 있
을 것이다.

회사 어디를 가나 “당신은 영업팀의 ○○씨에게 차였다며” 라고 수군
거린다고 회사에 가기 싫어진다면 가슴을 활짝 펴고 “당신은 실연한 적
없나요?” 라고 말하며 밝은 얼굴로 당당해지자.

하늘은 스스로를 돕는 자를 돕는다.

최강 대처력 8
회사가
싫어질 때

# 독립하더라도
# 보너스까지 벌 수 있는가

'아무리 노력해도 보너스까지 벌 수는 없다.'

이것은 회사를 그만두고 독립한 어떤 남자의 이야기이다.

일반적으로 샐러리맨이 지금까지와 같은 생활을 유지하기 위해서는 연봉 두 배의 수입이 없으면 안 된다고 한다.

아니 세 배가 아니면 안 된다는 사람도 있다.

왜 이런 식의 계산이 나오는가에 대해서 설명하면 회사에서 근무할 때는 교통비나 접대비, 교제비 등은 대부분 회사 부담이었지만 독립하면 그 모든 것이 자기 부담이 되기 때문이다.

건강 보험료도 지금까지는 회사와 나눠서 부담하던 것을 전액 자기가 부담하게 된다.

이런 식으로 생각해 보면 그밖에도 회사에서 도움을 받는 것이 점점 늘어가고 눈에 보이지 않게 회사의 은혜를 입었다는 것을 알 수 있다.

더욱이 독립해서 크게 변하는 것은 세금이나 건강진단에 드는 비용도 자신이 내야 한다는 것이다.

샐러리맨일 때는 받은 월급이 모두 자신의 것이었다.

세금이나 원천징수는 회사의 경리부에서 알아서 계산해서 냈기 때문이다.

이 부분에 있어서는 다른 의견도 많을 테지만 여기서는 그런 사실에 의해서 월급쟁이에서 개인사업주가 되면 손에 있는 돈의 의미가 달라진다는 것을 문제삼고 싶다.

독립하려는 사람은 반드시 이런 점에 대해서 다시 한 번 생각해 보길 바란다.

따라서 '지금 매월 버는 만큼은 벌 수 있다'는 인식은 다시 한 번 생각해 볼 필요가 있다.

서두에 어떤 남자가 했던 말처럼 샐러리맨의 생활은 매월 월급만이 아닌 보너스가 있음으로써 유지될 수 있기 때문이다.

여러분은 독립하더라도 보너스까지 벌 수 있는가.

# 일 년의 삼분의 일은
# 휴일이다

어떤 여성에게 "월요일이 없는 달력은 없을까" 라는 말을 들은 적이 있다. 실제로 샐러리맨들은 월요일 아침 출근을 특히 힘들어한다.

될 수 있다면 매일이 일요일이라면 얼마나 좋을까 생각하게 된다.

샐러리맨은 자신의 생활을 회사에 속박 당했다는 의식이 강하고 기본적으로 회사에 자유를 빼앗겼기 때문에 아무 것도 할 수 없다고 생각한다. 전직이라든지 독립을 생각하는 요소는 많지만 그 중 가장 많은 것은 자신의 자유를 되찾고 싶다는 것이 이유이다.

하지만 샐러리맨은 정말로 자신의 시간이 없을까.

샐러리맨은 자신이 생각하는 만큼 시간에 속박되어 있지 않았다고 생각한다.

일 년은 365일이지만 토요일, 일요일이 약 104일이다.

또한 공휴일은 15일 정도이다. 이것만 계산해도 119일이다.

게다가 연말연시의 휴일이나 여름휴가를 일주일이라고 하면 130일 정도가 된다.

다시 말해서 일 년의 삼분의 일은 휴일이다.

3일에 하루가 휴일이라고 해도 좋을 것이다.


물론 샐러리맨이 안고 있는 회사에 대한 속박감은 물리적인 것뿐만은 아니다.

하지만 이렇게 숫자를 늘어놓으면 샐러리맨이라는 근무형태는 의외로 여유가 있다는 것을 알 수 있다.


'우리 회사는 5일 근무제가 아니다' 라든지, '여름휴가가 없다' 라든지, '휴일에도 출근해서 쉬지를 못해' 라고 말하는 사람이 있고 여름휴가가 3주일이나 되는 케이스도 있다.

하지만 여기서 얘기하고 싶은 것은 하나의 예를 들은 것뿐이다.


전직을 생각할 때는 이런 사실을 생각해 보는 것도 중요하다.

문제는 그런 물리적인 것이 아니라 좀 더 심리적인 것이라고 한다면 심리적인 것은 심리적인 것으로써의 타개책을 찾아보면 된다.

# 현실을 이상이나
# 주어진 이미지와
# 비교하지 마라

서울은 벌써 열대가 되어 버린 게 아닐까 하는 말을 들었던 어느 날 상사에서 근무하는 친구와 만나 서로 "덥다! 더워!"를 연발하고 있었다.

"이 정도로 덥다면 정말 참기 어려운데 얼마 전의 서울은 시원하다고 말하는 사람을 만났어. 무슨 소리를 하는 건지. 난 지방에 있다가 돌아온 지 얼마 안 되어서 더 덥게 느끼고 있었거든."

"서울이 시원하다고?"

"그래. 시원하데."

"뭘 하는 사람이야?"

"태국인 르포라이터인데 방글라데시에 40일 정도 가 있었는데 매일 카레만 먹었데."

같은 온도나 습도에도 그 절대치가 문제되는 경우와 그것을 무엇과 비교하는가에 따라 상대적 감상이 문제되는 경우가 있다.


상대적 감상에 따라서 어떤 것을 대할 때 사람에 따라 결론이 전혀 다르다.

그것은 여기에 나온 예로도 잘 이해할 수 있다.

서울의 온도나 습도를 지방과 비교하는 사람과 방글라데시와 비교하는 큰 차이를 보인다.

따라서 A는 덥다고 하고, B는 시원하다고 얘기하는 것이다.


회사를 그만두고 싶다는 것은 나름대로의 이유가 있을 테지만 현재의 회사에서 근무하고 있는 것을 무엇과 비교한다는 말인가?


필자는 전직하지 말라고 하거나 독립하지 말라고 하는 것은 아니다.

하지만 전직의 시대, 벤처기업의 시대라는 말에 현혹되지 말라고 하는 말이다.

전에 회사를 그만두고 프리랜서로써 일하는 것이 잠깐 유행했었는데 지금은 많이들 후회하고 있다.


현실을 이상이나 만들어진 이미지와 비교하는 바보 같은 짓은 피하도록 하자.

# 회사를 그만두고 싶은
# 이유는 무엇인가

비즈니스맨이 회사를 그만두고 싶다고 생각하게 되는 이유에는 어떤 것들이 있는지 정리해 보자.

(1) 인간관계가 좋지 않다.

(2) 지금 직장에서는 자신의 능력을 발휘할 수 없다.

(3) 수입이 적어서 생활이 불안정하다.

(4) 자유로운 시간이 적다.

(5) 회사에 장래성이 없다.

(6) 전직의 권유가 있다.

그밖에 여러 가지 이유가 있을 것이다.

전직하려면 그 이유를 확실하게 해야 한다.

"그냥…" 이라는 식으로는 직장을 바꿔도 항상 마음을 진정시키지 못하고 또다시 전직하게 될 것이다.

전직이 많으면 많을수록 그 사람의 능력을 나타낸다고는 하지만 확실한 의지를 가지고 전직하는 사람에게 해당되는 말이고 단순히 전직만 하는 사람과는 관계없는 말로 그런 사람은 사회적인 신용을 잃어버리게 될 수 있다.

회사를 그만두는 이유를 명확하게 하는 것은 다음에 어떤 회사를 선택할 것인가로 이어지기 때문에 그런 의미로도 상당히 중요하다.

그럴 때 머릿속으로만 이것저것 생각하거나 이것도 문제, 저것도 문제라고 하나 둘 세어 보는 것 말고 종이에 회사를 그만 두고 싶은 이유를 구체적으로 적어보자.

물론 워드나 컴퓨터를 사용해도 상관없다.

어쨌든 생각나는 것들을 문장화시켜 보는 것이다.

처음에는 머릿속에 들어 있는 내용이나 평소의 마음이 잘 써지지 않을 것이라고 생각하지만 천천히 문장화해 가는 과정 속에서 생각도 차츰 정리된다.

그렇게 문장화된 것을 앞에 놓고 있으면 앞으로 어떻게 해야 할 것인지가 보이기 시작한다.

꼭 해보도록 하자.

# 초심을
# 돌아보자

회사를 그만두고 싶다면 그 회사에 처음 입사했을 때로 돌아가서 당시의 일을 생각해 보는 것도 좋다.

만약 현재의 직장이 학교를 졸업해서 처음의 직장이었다면 최종적으로 졸업했던 그 학교를 찾아가 보는 것도 좋다.

그렇게 하면 어떤 마음으로 어떤 생각을 가지고 학교를 졸업하고 취직을 했는지 생각날 것이다.
그리고 자신의 처음 마음이 어떤 것이었는지 확인할 수 있다.

물론 앞으로 전직하려는 곳이나 그 동기가 초심(初心)이 아니면 안 된다는 뜻은 전혀 아니다.

세월이 흐르고 세상이 변하는 것처럼 사람도 변한다. 사회의 가치관도 변한다.

그리고 그런 것들을 받아들이지 않으면 매일의 생활을 하기 어렵다.

하지만 그렇기 때문에 오히려 첫 마음 자세로 돌아가서 지금까지의 자취를 스스로 확인해 보아야 한다.

그렇게 하면 지금부터의 자신의 삶에 대한 방식이 보일 것이다.

앞으로 전직을 하든 안 하든 지금부터 살아갈 길을 확인함으로써 삶에 대한 자신감을 만들 수 있다.

그런 의미로 고향이 있는 사람은 고향을 방문해 보는 것도 괜찮다.

또한 회사가 휴일일 때에 아무도 없는 회사를 가서 그 주변을 천천히 걸어 보는 것도 좋겠다.

그렇다고 감정적이 될 필요는 없지만 자신의 장래를 생각하는 자료로 자신의 과거를 뒤돌아보는 것은 어떨까.

당신의 초심(初心)은 어떤 것이었는가.

# 이제 더 이상 회사는
# 활용할 수 없는가

주식 시장에 상장되어 있는 기업의 간부와 얘기할 때 필자가 "앞으로는 사원이 회사를 이용하는 시대입니다" 라고 말하자 "이용하는 시대가 아니라 활용하는 시대입니다" 라는 말을 들었다.

맞다고 생각했다. 앞으로는 사원이 회사를 활용하는 시대이다.

그렇게 말해도 그것은 일방적인 것이 아니라 회사가 사원을 활용하는 시대이기도 하다.

정리해고라는 것은 회사가 활용할 수 없다고 생각한 사원을 자르는 것이다

연공서열이나 종신 고용을 기대할 수 없게 됨과 동시에 유명한 대기업의 부도가 흔한 시대가 되자 회사와 사원의 관계도 변했다.

젊은 사람에게는 '회사에 뼈를 묻자' 라는 식의 발상이 사라졌다. 애사 정신도 없어지고 있다.

세상에는 벤처기업이라든가 전직의 시대라는 말이 넘치고 샐러리맨의 편한 장사의 시대는 벌써 끝났다.

사실 이런 현상이나 말은 지금 이 시대의 경향을 나타내고 있지만 각각의 레벨에 있어서는 시대의 파도에 의한 매스컴이 떠드는 정도까지는 아니다.

다시 말해 전직하지 않는 사람의 수가 전직하는 사람의 수보다 많고 실제로 헤드헌터에게 권유를 받는 사람도 소수일 뿐이다.

시대의 커다란 경향과 현실은 그 순간에 있어서 항상 같을 수는 없다.

다른 예를 들면 미혼의 시대라고 해도 실제로는 결혼하는 사람이 압도적으로 많지 않은가.

그렇기 때문에 전직의 시대가 유행이라고 해도 전직하지 않으면 안 되는 것은 아니다.

단지 어쩔 수 없는 경우를 위해서 될 수 있는 한 회사를 활용하고 인맥을 만드는 등의 준비할 필요가 있다.

회사에서도 그런 노력을 하는 사원은 활용할 가치가 있을 것이다.

회사를 그만두고 싶을 때는 더 이상 회사의 활용방법은 없을까 하고 이것저것 생각해 보는 것도 좋은 방법이다.

# 그만두고 싶다는
# 말버릇을 가진 사람

"이런 저물어 가는 업계의 망해 가는 회사에 있으면 뭘 해."

"이 회사는 어차피 M&A되는 회사니까 앞으로의 위치가 보장될 리 없잖아."

"이 회사는 가족 회사에다 사장이 마음대로 하니까 모두들 마음이 떠났어. 이런 회사에 언제까지고 있어봤자 아니야"

이런 식으로 말하며 "나는 그만두려고 생각해" 라고 말하는 사람이 있다.

하지만 내일이라도 그만둘 듯이 말한 사람이 다음에 만났을 때도 같은 회사에 있는 경우도 있다.

세상은 '싫으면 그만두면 되지' 라는 식으로 되어 있지 않다는 것을 알고 있지만 이런 사람들이 있으면 '대체 어떻게 된 거야?' 라는 생각이 든다.

혹시 요즘같이 불경기인 시대인데 자기 회사만 잘 된다고 말하면 상대방이 싫어할까봐서 없는 애기를 하는지도 모른다는 추측까지 하게 된다.

세상은 복잡하니까 세상을 많이 살아본 사람은 "좋아, 좋아" 라그 말하지 않고 "나빠, 나빠" 라고 동정을 사는 듯한 말을 하면서 내심으로는 웃고 있는 일도 있다. 장사꾼은 손해 본다고 말하면서도 실제로는 많이 버는 경우도 있으니까 말이다.

그래서 '그런 식인가' 라고 생각하게 된다.

어쨌든 그만둔다 라든지 그만두는 편이 좋다고 말하면서 전혀 그만두지 않는 사람들에게 공통적인 것이 있는데 현실은 그만그만하다는 것이다.

다시 말해서 거짓말은 아니지만 사실은 참을 만한 것이라는 것이다.
인간관계에서도 월급 같은 것도 좋지는 않지만 어디를 가든 비약적인 조건으로 좋아지는 레벨은 아니다.

말하자면 구름 긴 뒤 가끔 맑음과 같은 상태로 걱정할 필요는 없다.

# 자리를 바꿔야만 하는 직업

아이돌이라고 불리는 사람들은 10대일 때는 열광적으로 사랑을 받다가 20대가 되면 더 이상의 스타일로는 인기를 끌 수 없게 된다.

경륜선수 중에는 60대인 사람도 있지만 스포츠 선수도 40대에 활약하는 사람은 드물어진다.

스포츠는 20대가 활약하는 무대이다.

말하자면 어느 나이 이상이 되면 현재와 같은 업계에 머무르지 못하는 업종도 있다.

그런 직업을 가진 사람은 어떤 의미에서 업종을 바꿔야만 한다.

A는 편집 작가나 편집장을 양성하는 에디터 스쿨에서 정기적으로 강의를 했는데 "30대일 때 이게 전문이라고 말할 수 있는 것을 갖자" 라고

말했었다고 한다.

편집 작가든 편집프로덕션이든 20대의 사람에게는 나름대로 일이 있지만 30대 이후에는 그것도 꽤 어려워진다.

그 이유는 기본적으로 젊고 쓰기 편한 사람이 좋고 월급이 낮은 사람이 좋기 때문이다.

따라서 그런 현실을 통과하기 위해서 항상 말하는 것이 각각의 전문가가 되라는 것이다.
다시 말해서 전문이라고 말할 수 있는 것도 없이 나이를 먹어 버리면 자신이 놓인 입장이나 지위가 앞서 버리기 때문이다.

그렇기 때문에 "당신들은 지금 자신에게는 능력이 있으니까 주문이 들어온다고 생각할지 모르지만 젊고 싸기 때문에 주문이 들어온다는 것도 잊어서는 안 된다" 라는 독한 애기를 하게 된다.

일반적인 애기지만 전직하려는 이유가 이대로는 장래성이 없다는 것이라면 빨리 전직하도록 하자.

이와 같은 관점에서 과거의 자신의 삶을 되돌아봄으로써 그 결과를 다음의 업종에서 활용할 수 있게 된다.

# 위선도
# 정도의 문제이다

"불황으로 취직자리가 없어도 학교 선생님만은 하지 않으려고 생각해"
라고 말하는 남자가 있다.

그 이유는 위선자가 되지 않기 위해서라는 것이다.

초등학교나 중학교 선생은 교육자이기 때문에 자신은 거짓말을 해도
아이들에게는 거짓말을 해서는 안 된다고 가르쳐야 한다는 것이다.

그 남자는 그런 것을 참을 수 없기 때문이라고 했다.

오해가 없도록 구체적으로 설명을 하면 거짓말은 선생만이 하는 것이
아니라 누구나 하는 것이다.

이 세계에서 최고의 거짓말쟁이는 "나는 거짓말을 했던 적이 없다" 라
고 말하는 사람이다.

어쨌든 그 남자는 대학의 교수로서 지식을 가르치는 것은 좋지만 인간

들 가르치는 것은 할 수 없다고 한다.

상식적으로는 '거짓말을 가르치는 것이 아니니까 괜찮잖아' 라는 발상 자체가 말이 안 된다고 생각한다.

'교수라면 좋지만 선생님은 싫다' 라는 것이 말장난 같기 때문이다.

하지만 그 말에 들어 있는 심리가 이해되지 않는 것은 아니다.


일상 속에서 우리들은 '고객 제일' 이라든지 '고객은 왕이다' 등의 말에 대해서 깊이 생각해 보는 일이 드물지만 잘 생각해 보면 장사는 돈을 벌기 위해서 하는 것이기 때문에 진정한 '고객 제일' 이라든지 '고객은 왕이다' 등은 말이 안 된다.


어떤 직종에 종사해도 이런 것을 느끼는 일은 꼭 있다.

그럴 때 고심 끝에 그만두자 라는 사람도 있을 것이다.

그렇게 되면 영업을 위한 웃음도 정중한 말투도 위선적으로 보일 것이다.


'그래서 그만두었다' 라는 사람에게 말할 수 있는 것은 모든 것은 정도의 문제라는 것뿐이다.


인간은 살기 위해서 다른 생물의 생명을 필요로 한다.

그것과 마찬가지로 자신이 살기 위해서 자신의 삶을 가장 중요하게 생각한다.

그리고 상호 조절의 수단으로 위선적인 면도 있다는 것을 인정하면 어떨까.

# 파트너와
# 의논은 했는가

회사를 그만두고 싶다는 말을 파트너인 부인이나 남편에게 해 보았는가. 만약 다니는 것도, 그만두는 것도, 나니까 내 마음대로 라고 생각하고 있다면 그것은 잘못된 것이다.

틀림없이 다니는 것은 여러분이지만 여러분이 출근하는 데는 많은 사람들의 협력이 있었다.

예를 들어, 아침 식사를 만들거나 빨래를 해주는 전업 주부인 아내가 있었기 때문에 쾌적한 출근을 할 수 있었다.

맞벌이 부부의 경우도 그런 전제가 있는 공동생활이다. 따라서 일방적으로 회사를 그만두면 가정생활은 어떻게 될까.

지금은 괜찮아도 앞으로는 어떻게 할지를 상의하지 않으면 안 된다. 그 결과 서로 부담을 나누고 한 명이 그만두면 다른 한 명은 회사를 계속 다녀서 안정된 수입을 확보하는 식으로 합의해야 한다.

그렇지만 자신만의 판단이나 결단으로 행동해 버린다면 상대방의 입장은 어떻게 되겠는가.

결정의 과정에 참여되지 않은 사람에게 그후의 생활에서 적극적인 협력을 구하는 것은 어렵다.


회사에서도 자신들이 참가해서 결정한 것에 대한 입장과 위에서 결정한 것에 대한 입장이 각각 다르다.

언제나 상의하달(上意下達)로는 제대로 된 일을 하기 어렵고 참여하는 태도도 다르다.

참여도가 다르면 달성을 위한 노력도 부족할 것이다.

앞으로도 파트너가 협력해 주길 바란다면 혼자서 고민하거나 혼자서 결단하려고 하지 말고 파트너와 의논하도록 하자.


부인이 "당신이 원하는 대로 해도 좋아요. 당신을 믿으니까…' 라고 말해 주었다는 얘기를 들은 적이 있는데 그것은 남편이 부인에게 의논한 결과이다.

그런 대답을 한 부인도 아무런 의논 없이 회사를 그만두거나 전직을 했다면 다른 대답을 했을 것이다.

의논의 상대는 파트너에게 한정되는 것은 아니다.

각각의 입장이나 환경에 따라서 각각 의논할 사람이 있을 것이다. 그들은 가족이나 직장에서 신세를 진 사람, 선배, 친구 등이 될 것이다.

사람이란 혼자서 살아갈 수 없는 동물이고 그것은 여러분도 마찬가지이다.

# 전직 전과 전직 후의
# 현실은 어떤가

S씨 친구 중에 낚싯대 회사에서 정밀 기계의 회사로 전직한 친구가 있다.

하지만 그 후에 그 친구를 만났을 때 전직을 한 것은 잘못한 일이라고 후회를 했었다.

30대인 그 친구는 전직을 했을 당시에 출근도 편하고 사무실도 넓어졌다며 좋아했었는데 무엇 때문에 그렇게 되었을까.

그는 자기 집 마련을 원했기 때문에 젊은 나이에 집을 샀지만 출근에 걸리는 시간이 두 시간 이상 걸리는 곳이었다.

그것은 그가 원했던 집이 넓은 정원과 맑은 공기가 있는 곳이었기 때문이다.

왜냐하면 그는 시골 출신이었기 때문에 직장은 도심에 있어도 사는 곳만은 인간적인 곳이 좋다고 생각했기 때문이다.

그렇다고 해도 출근하는 데 두 시간 이상 걸린다면 견디기 힘들다.

그것은 처음부터 알고 있었다는 지적은 당연한 일이다.

하지만 사람이 집을 구입한다는 것은 흥분되는 일이기에 그런 점은 간단하게 극복할 수 있다고 생각해 버린 것이다.

하지만 매일 그렇게 출근한다면 역시 이겨내기 어렵다. 그럴 때에 소개해 준 친구가 있어서 집도 가깝고 도심에서 반대 방향인 회사로 전직했다.

새롭게 취직한 회사의 사람도 아침과 저녁 모두 다른 사람과는 반대 방향이기 때문에 출근이나 퇴근이 편하다고 말했었고 정말로 출퇴근만은 편해서 잘 됐다고 생각했었다.

하지만 얼마 지나서 무언가 모자란 느낌이 들었다고 한다.

시대에 뒤떨어지는 망연한 불안감이 엄습해 왔다고 했다.

현재는 컴퓨터 시대이고 어디에 살아도 최신 정보를 누구나 쉽게 알 수 있지만 그는 구체적인 체험을 통해서 가장 새로운 정보는 사람과 사람의 만남 속에 있지 않을까라는 것을 실감하게 되었다는 것이다.

이것은 새로운 곳에서 새 출발을 하려고 생각하는 사람들에게 도움이 될 만한 이야기라고 생각한다.

# 결의를 굳혔다면
# 전직은 빠를수록 좋다

전직이나 독립에 성공한 사람일수록 "좀 더 빨리 전직했으면 좋았을걸", "좀 더 빨리 독립했으면 좋았을걸"이라고 말한다.

어떤 일이나 그 일을 궤도에 올리고 발전시키기 위해서는 어느 정도 시간이 필요하기 때문이다.

실적이든, 신용이든, 인맥이든 하루아침에 이루어질 수 있는 것이 아니다. 실제로 일을 하고 있는 사람이라면 누구나 알고 있는 것이겠지만 로마는 하루아침에 이루어지지 않는 것과 마찬가지이다.

새로운 일을 맡은 뒤 어느 날 갑자기 새로운 고객이나 새로운 파트너를 만나는 것이 전혀 불가능한 것은 아니지만 그것도 그 때 그 일에 관계되어 있었기 때문에 만날 수 있는 것이다.

그렇다면 좀 더 빨리 새로운 일을 하고 있었더라면, 좀 더 많은 만남이 있었을지도 모른다는 생각을 하게 된다.

실제로는 어떨지 모르는 일이다. 그러나 반드시 그랬을 것이라고 생각을 하는 것이 인간이라는 동물인 것이다.

'잡다가 놓친 물고기는 크다' 라는 말이 있는데 이 경우에는 '잡지 않은 물고기는 크다' 가 될 것이다.

A는 이전에 출판사에서 근무를 했었는데 그 편집자부터 작가, 평론가가 된 선배들이 매우 많았다.

그리고 그런 사람들이 공통되게 했던 얘기가 "좀 더 빨리 회사를 그만둬야 했었다" 라는 것이었다.

필자 자신도 독립을 해보니 마찬가지로 '좀 더 빨리 이 일을 하고 있었더라면 지금은 좀 더 나았을 텐데' 라는 생각을 한다.

누구에게나 마찬가지겠지만 그 사람이 전직을 하거나 독립을 한 일을 세상에 알리기까지는 시간이 걸린다.

실적이나 능력을 평가받게 되기까지는 더 많은 시간이 필요하다.

그런 점을 생각하면 결의를 굳힌 사람에게는 조기 전직을 권하고 싶다.

나는 이럴 때 어떻게 대처해야 하는가?
**最强 對處力 최강 대처력**

**1판 1쇄 발행** 2020년 4월 25일
**지은이** 강준린
**펴낸곳** 북씽크
**펴낸이** 강나루
**주소** 서울시 서초구 명달로24길 46, 3층 302호
**등록번호** 제206-86-53244
ISBN 978-89-97827-53-4
**이메일** bookthink2@naver.com
Copyright© 2020 강준린